甲醇制烯烃生产运行与控制

主　编　贾国栋　张燕莉　方　卉

副主编　蔡　超　杨　晶

参　编　吴立涛　赵彩云　陈小玲

赵丽娟　张春峰　周辉山

曲　直

主　审　薛新巧

北京理工大学出版社

BEIJING INSTITUTE OF TECHNOLOGY PRESS

内 容 提 要

本书依托60万吨煤制烯烃教学工厂，根据产业需求，对接企业真实工作岗位，以甲醇制烯烃典型工作任务为载体，共涵盖2个模块8个项目：甲醇合成烯烃生产工艺选择，反应—再生系统运行与控制，急冷汽提系统运行与控制，热量回收系统运行与控制，烯烃分离生产工艺选择，压缩、净化、干燥系统运行与控制，精馏系统运行与控制，丙烯制冷系统运行与控制。本书内容设计以学生为主体，突出学生能力的培养和素质的提高，突出实用性、实践性、科学性，强调理论教学与实训相结合。采取校企双向融合、校企双元育人，用产业化思维、企业化理念构建教材内容，体现虚实结合、理实结合。本书的编写以满足甲醇制烯烃生产岗位需求为原则，充分体现职业性，重在深化产教融合，实现理论知识与生产实践紧密结合。

本书可作为煤化工企业中从事甲醇制烯烃生产与操作的技术人员的培训教材，也可作为高等院校应用化工技术、煤化工技术专业的教材。

图书在版编目(CIP)数据

甲醇制烯烃生产运行与控制 / 贾国栋，张燕莉，方卉主编. -- 北京：北京理工大学出版社，2024.10.

ISBN 978-7-5763-4546-9

Ⅰ. TQ221.2

中国国家版本馆CIP数据核字第2024KP8797号

责任编辑：阎少华　　文案编辑：阎少华

责任校对：周瑞红　　责任印制：王美丽

出版发行 / 北京理工大学出版社有限责任公司

社　　址 / 北京市丰台区四合庄路 6 号

邮　　编 / 100070

电　　话 / (010) 68914026（教材售后服务热线）

(010) 63726648（课件资源服务热线）

网　　址 / http：//www. bitpress. com. cn

版 印 次 / 2024 年 10 月第 1 版第 1 次印刷

印　　刷 / 河北鑫彩博图印刷有限公司

开　　本 / 787 mm × 1092 mm　1/16

印　　张 / 19

字　　数 / 434 千字

定　　价 / 82.00 元

前 言

本书贯彻职业教育改革精神，推进教育数字化，以培养学生可持续发展能力和职业能力为目标，参照化工行业岗位任职要求，建立“工学一体、实境育人”人才培养模式，开发基于工作过程的课程模式，培养生产、管理一线高素质技术技能人才。为此，本书力求突出以下特点。

（1）本书以甲醇制烯烃生产岗位人才培养需求为目标，适应现代化职业教育的发展趋势，以实用能力和必备素质为培养目标，以任务导向构建教材内容，教师分工协作编写可服务于在校学生、企业员工的工作手册式教材，为教师深化教法改革，推动课堂革命提供支持，从而使学生全面、系统地掌握甲醇制烯烃生产原理、操作技能、调节控制与故障处理，提升学生的综合职业能力和可持续发展能力，直接缩短学生就业后的岗位适应期，实现毕业就上岗。

（2）本书编写的理念是突出能力本位，校企联动，内容依托宁夏典型煤化工企业《煤制烯烃企业培训教材》《60万吨煤制烯烃实训指导书》，基于真实工作过程、对接生产岗位，将大国工匠、企业文化等素养元素及“1+X”证书——《化工精馏安全控制》《化工危险与可操作性（HAZOP）分析职业技能等级证书》的内容有机融入教材，德技并行、育训融合、书证融通；教材展现的形式体现虚实结合、教学互动，工作手册式教材根据学生学情的不同，通过学习目标、任务描述、知识储备、知识链接、能力训练，体现教材内容编写的差异化、个性化；教材服务对象不仅为在校学生，还面向企业员工、社会人员，体现教材的共享化、智能化。

（3）本书注重前后知识的连贯性、逻辑性，力求深入浅出；强化工程观念，以利于学生综合素质的形成和科学的思维能力及创新能力的培养。

（4）本书根据我国典型化工企业的甲醇制烯烃生产工艺装置进行编写，结合世界前沿煤化工技术、工艺、设备有机融入工作手册式教材中，动态调整，及时更新。

本书由宁夏工商职业技术学院贾国栋、张燕莉和方卉担任主编并负责统稿，宁夏大学蔡超、宁夏工业职业学院杨晶担任副主编。宁夏工商职业技术学院吴立涛、赵彩云及黎明职业大学陈小玲、兰州石化职业技术大学赵丽娟、宁夏恒有能源化工科技有限公司张春峰、宁夏宝丰能源集团股份有限公司周辉山、中石油宁夏石化分公司曲直等参与编写，并给予大力支持和指导，薛新巧教授对本书进行了审定。本书具体编写分工如下：绪论由吴立涛、周辉山负责编写，模块一由贾国栋、蔡超、陈小玲、曲直负责编写；模块二由方卉、张燕莉、赵彩云、杨晶、赵丽娟、张春峰负责编写。

在本书编写过程中，多位企业的专家提供了相应的资料，在此向他们表示衷心的感谢。

由于时间仓促，加上编者水平所限，书中难免存在不妥之处，恳请广大读者批评指正。

编　者

目　录

绪　论

学习目标

知识目标

(1)了解煤制烯烃产业发展的必要性。

(2)熟悉甲醇制烯烃生产工艺发展历程。

(3)煤制烯烃市场分析。

(4)了解煤制烯烃存在的问题。

(5)熟悉化工生产特点和主要危险因素。

能力目标

(1)能够进行煤制烯烃市场分析。

(2)能够进行60万吨煤制烯烃生产工艺介绍。

素质目标

(1)培养学生了解国家产业政策，了解全球能源与煤炭综合利用情况等能力。

(2)建立团队协作精神、安全、环保、经济意识。

(3)建立技术经济、成本效益及节能减排意识。

任务描述

了解煤制烯烃产业的发展趋势，能够进行煤制烯烃市场分析，树立必须安全生产的理念。

知识储备

一、甲醇制烯烃生产技术简介

烯烃是指含有碳碳双键的碳氢化合物，其种类繁多，既可作为燃料使用，又是重要的化工原料。在烯烃化合物中，乙烯和丙烯属于小分子烯烃，通过聚合反应可以合成多种高分子材料和化工中间体，应用十分广泛。一个国家乙烯、丙烯的生产技术和生产能力是衡量其石油化工技术发展水平的重要标志。由于我国的石油资源无法满足工业生产需求，通过发展煤制烯烃产业可以减少烯烃生产对石油化工的依赖，符合我国国情需求。

甲醇制烯烃工艺是煤制烯烃产业链中的关键步骤。其工艺流程主要是在合适的操作条件下，以甲醇为原料，选取适宜的催化剂(ZSM-5沸石催化剂、SAPO-34分子筛等)，在固定床或流化床反应器中通过甲醇脱水制取低碳烯烃。根据目的产品的不同，甲醇制烯烃工艺可分为甲醇制乙烯、丙烯(MTO)和甲醇制丙烯(MTP)。MTO工艺的代表技术是由环球石油公司(UOP)和海德鲁公司(Norsk Hydro)共同开发的 UOP/Hydro MTO 技术，中国科学院大连化学物理研究所自主创新研发的 DMTO 技术；MTP 工艺的代表技术是由鲁奇公司(Lurgi)开发的 Lurgi MTP 技术和我国清华大学自主研发的 FMTP 技术。

自 1976 年美国 UOP 公司科研小组首次发现甲醇在 ZSM-5 催化剂和一定的反应温度下，可以转化得到包括烯烃、烷烃和芳香烃在内的烃类以来，甲醇制烯烃工艺技术在各国工业研究和设计部门的努力研究下已经取得了长足的进展。尤其是其关键技术催化剂的选择和反应器的开发均已非常成熟。

(一)甲醇制乙烯、丙烯(MTO)

早在 20 世纪 70 年代，美国 Mobil 公司的研究人员发现，在一定的温度(500 ℃)和催化剂(改型中孔 ZSM-5 沸石)作用下，甲醇反应生成乙烯、丙烯和丁烯等低碳烯烃。从 20 世纪 80 年代开始，国外在甲醇制取低碳烯烃的研究中有了重大突破。美国联碳公司(UCC)科学家发明了 SAPO-34 硅铝磷分子筛(含 Si、Al、P 和 O 元素)，同时发现这是一种甲醇转化生产乙烯、丙烯(MTO)很好的催化剂。

SAPO-34 具有某些有机分子大小的结构，是 MTO 工艺的关键。SAPO-34 的小孔(大约 0.4 nm)限制大分子或带支链分子的扩散，得到所需要的直链小分子烯烃的选择性很高。SAPO-34 优化的酸功能使混合转移反应而生成的低分子烷烃副产品很少，在实验室的规模试验中，MTO 工艺不需要分离塔就能得到纯度达 97%左右的轻烯烃(乙烯、丙烯和丁烯)，这就使 MTO 工艺容易得到聚合级烯烃，只有在需要烯烃的纯度很高时才需要增设分离塔。

20 世纪 80 年代初，中国科学院大连化学物理研究所开始进行甲醇制烯烃研究工作，“七五”期间完成 300 吨/年装置中试，采用固定床反应器和中孔 ZSM-5 沸石催化剂，并于 20 世纪 90 年代初开发了 DMTO 工艺。反应床层为固定床，催化剂为改型 ZSM-5 沸石，反应温度为 550 ℃，常压，甲醇进料空速为 1～5 h^{-1}(原料甲醇含水 75%)，催化剂单程操作周期为 20～40 h，取得了甲醇转化率大于 95%、乙烯＋丙烯等低碳烯烃选择性大于 84%、催化剂寿命试验累计 1 500 h 活性无明显下降的结果。

2005 年，大连化学物理研究所(以下简称大连化物所)、中石化洛阳石油化工工程公司、陕西新兴煤化工科技发展有限责任公司合作建成万吨级 DMTO 工业化试验装置。该装置是根据该流化床中试获得的工艺和工程数据，经过长时间的研究探索和改进，并经过国内知名权威专家的反复论证后设计的。考核运行阶段的甲醇转化率为 99.8%，乙烯选择性为 40.1%，丙烯选择性为 39.1%，乙烯＋丙烯＋C4 选择性为 90.2%。

目前，Hydro 公司现已有一套示范装置在挪威的生产基地内建成，采用的是流化床反应器和连续流化床再生器。自 1995 年以来该示范装置就在周期性地运转，根据 UOP 公司的资料，这套装置实现了长期 99%的甲醇转化率和稳定的产品选择性。国内第一套采用的大连化物所 DMTO 技术为神华集团包头煤制烯烃项目，其规模为 60 万吨/年的煤基甲醇制烯烃大型工业装置。该项目于 2006 年 12 月获得国家发展和改革委员会核准，2010 年 5 月装置全部建成。2010 年 8 月 8 日甲醇投料，当天即达到设计负荷的 90%。2010 年总计生产聚烯烃超过 8 万吨。2011 年 1 月 1 日该装置正式商业化运行。2011 年 3 月 6 日该装置通过了性能考核，各项技术指标均达到了合同要求。2011 年总计生产聚烯烃 50.2 万吨，销售收入超过 58 亿元，利润超过 10 亿元。

（二）甲醇制丙烯（MTP）

德国Lurgi公司在改型的ZSM-5催化剂上，凭借丰富的固定床反应器放大经验，开发完成了甲醇制丙烯的MTP工艺。

Lurgi公司开发的固定床MTP工艺，采用稳定的分子筛催化剂和固定床反应器。首先将甲醇转化为二甲醚和水，然后在3个MTP反应器(2个在线生产、1个在线再生)中进行转化反应，反应温度为400～450 ℃，压力为0.13～0.16 MPa。丙烯产率达到70%左右。

Lurgi公司的MTP工艺所用的催化剂是改性的ZSM系列催化剂，由德国南方化学(Sud-chemie)公司提供。该催化剂具有较高的丙烯选择性，副产少量的乙烯、丁烯和C5、C6烯烃。C2、C4到C6烯烃可循环转化成丙烯，产物中除丙烯外还有液化石油气、汽油和水。

2001年，Lurgi公司在挪威Tjeldbergodden的Statoil工厂建设了MTP工艺工业的示范装置，到2004年3月已运行11 000 h，催化剂测试时间大于7 000 h，为大型工业化设计取得了大量数据。该示范装置采用了德国Sud-chemieAG公司MTP催化剂，具有低结焦性、丙烷生产量极低的特点，并已实现工业化生产。

自2002年起，验证装置已在挪威国家石油公司(Statoil)的甲醇装置上运行，Lurgi公司将使它运转8 000 h，以确认催化剂的稳定性，然后建设工业规模的甲醇制丙烯装置。2003年9月，Lurgi公司在该甲醇制丙烯示范装置上证实了该工艺的可行性。

2005年3月，Lurgi公司与伊朗Fanavaran石化公司正式签署MTP技术转让合同，建成世界上第一套MTP工业化生产装置，装置规模为10万吨/年。Lurgi公司与伊朗石化技术研究院共同向伊朗Fanavaran石化公司提供基础设计、技术使用许可证和主要设备。

在国内，对MTP工艺的开发研究也一直在进行。由新一代煤(能源)化工产业技术创新战略联盟成员——中国化学工程集团公司、清华大学、安徽淮化集团有限公司合作开发的流化床甲醇制丙烯(FMTP)工业化试验项目在淮化集团开工。该项目规模为年处理甲醇3万吨，年产丙烯近1万吨，副产液化石油气800吨，总投资约1.6亿元，在2009年3月投料试车并运行。

（三）DMTO技术

“八五”期间，大连化物所研制出了具有我国特色和价格较低的新一代微球小孔磷硅铝(SAPO)分子筛型催化剂(DO123型)，在实验室和常压500～550 ℃及二甲醚(或甲醇)质量空速6 h^{-1}的反应条件下，达到二甲醚(或甲醇)转化率100%、$C2^{=}$～$C4^{=}$低碳烯烃选择性为85%～90%，以及乙烯选择性为50%～60%和$C2^{=}$～$C3^{=}$烯烃选择性为80%的结果。DO123型催化剂为“八五”期间发展的定性催化剂。综合评价结果表明，DO123型催化剂具有优异的催化性能，再生性能良好，热稳定性及水热稳定性高，对原料水含量不敏感，与FCC催化剂物理性质相近，既适用于二甲醚为原料，也适用于甲醇为原料等诸多优点。

对于DO123型催化剂及其基质小孔SAPO-34分子筛，在“八五”期间均已成功地进行了接近工业规模的放大制备试验，该放大催化剂在小型流化床反应装置上及在反应温度550 ℃与二甲醚质量空速6 h^{-1}的反应条件下，取得了二甲醚转化率为100%、$C2^{=}$～$C4^{=}$烯烃选择性为90%及乙烯选择性为60%的结果，表明在接近工业级条件下制成的DO123

型催化剂的性能完全达到小试水平。在上海青浦化工厂建成的反应器直径为 100 mm 的流化反应中间扩大试验装置上，利用放大制备的 DO123 型催化剂，在反应温度 530～550 ℃与反应接触时间 1 s 左右的反应条件下，二甲醚的转化率为 98%以上、C2$^{=}$～C4$^{=}$烯烃选择性接近 90%及乙烯选择性为 50%左右、乙烯+丙烯选择性>80%，基本重复了实验室小试结果。

在流化反应工艺方面，大连化物所在上海青浦化工厂相继建设和改造建设了下行式稀相并流流化反应装置（Ⅰ型和Ⅱ型，两者的差别在于一级气固分类采用了不同的分类器，Ⅰ型为轴流式导叶旋风，Ⅱ型为常规旋风分类器）和密相流化反应装置，对多种流化反应方式进行了考察。在综合分析反应特点、工艺放大难度、能否借鉴 FCC 成熟经验等因素的基础上，最终决定采用密相循环流化反应作为工艺的研究重点。利用中型密相循环流化反应装置，优化了反应工艺条件，确定了最佳反应参数。为流化反应工艺的进一步放大奠定了基础。

“八五”之后，在中国科学院“九五”重大项目和国家“973”项目的支持下，通过基础研究方面的突破，大连化物所在 DO123 型催化剂的基础上又发展了新一代甲醇制烯烃催化剂。对该催化剂在喷雾干燥中试验装置上进行了成功放大。提出了催化剂生产的工艺流程，并提出了工业放大催化剂的产品规格和生产控制指标。

催化剂的放大包括分子筛合成和催化剂成型两部分。全部原料均采用工业品。大连化物所对分子筛合成和催化剂放大的每个步骤及相应的中间产品均进行了质量控制和监测，每一批催化剂均达到了设定的技术指标，通过这项工作建立了催化剂生产的质量控制技术体系和管理体系。在预定的时间内完成了催化剂生产工作。

为了顺利完成工业性试验，大连化物所又在实验室建立了新型循环流化床反应装置。利用中型循环流化床反应装置，对工业放大的催化剂（D803C－Ⅱ01）的性能进行了验证，对工业性试验的方案进行了预验证。

（1）建设成功世界第一套甲醇制烯烃工业性试验装置，该装置达到了设计预定参数和目标，能够满足反应—再生系统温度、压力、循环量、取热和烧焦的要求，仪表控制和 DCS 系统工作正常，数据采集及时、准确，原料和产品分析方法合理，分析结果可靠。

（2）在设计规模 1.67 万吨/年的试验装置上，完成了 DMTO 工业性试验，试验结果达到了预期目标。稳定运行阶段 234～475 h 的平均结果达到甲醇转化率达 99.84%，乙烯选择性为 40.08%，丙烯选择性为 39.07%，乙烯+丙烯选择性为 79.15%，乙烯+丙烯+C4 选择性为 90.23%。平稳阶段最佳结果达到乙烯+丙烯选择性为 81.78%，乙烯+丙烯+C4 选择性 92%。通过了现场专家对 DMTO 装置和结果的 72 h 标定考核。工业性试验从规模和技术指标等各方面均处于世界领先水平。

（3）DMTO 工业性试验表明，工业放大的 DMTO 专用催化剂理化指标和粒度分布数据比较合理，水热稳定性良好，可满足工业大型化流化反应装置的要求。

（4）通过 DMTO 工业性试验验证了中试结果，建立了中试装置和工业性试验装置之间的内在联系，获得了编制大型 DMTO 工业装置设计工艺包的全部数据，为 DMTO 的工业化奠定了技术基础。

（5）DMTO 工业化试验装置设备和安装质量良好。在惰性剂流态化试验及甲醇投料负荷试运行中没有发生跑、冒、滴、漏现象；经监测分析，排放物排放合格，未对环境造成影响；没有发生任何生产和人身安全事故，实现了试验装置的安全平稳运行。

(6)通过 DMTO 工业性试验，锻炼了一批高素质的技术管理干部，培训了一支熟练的操作队伍，能熟练应对 DMTO 装置开工、停工的全过程，并能及时处理各种不同的异常工况，为 DMTO 技术工业化奠定了人才基础。

(7)DMTO 工业性试验证实，工业性试验结果与中试结果有一定的差别，属于过程放大中的正常现象和必然过程，说明本次工业性试验是非常必要的。

二、甲醇制烯烃生产技术的意义

迄今为止，制取乙烯、丙烯等低碳烯烃的重要途径仍然是通过石脑油、轻柴油(均来自石油)的催化裂化、裂解制取的，作为乙烯生产原料的石脑油、轻柴油等原料资源，面临着越来越严重的短缺局面。另外，近年来我国原油进口量已占加工总量的 1/2 左右，以乙烯、丙烯为原料的聚烯烃产品仍将维持相当高的进口比例。因此，发展非石油资源来制取低碳烯烃的技术日益引起人们的重视。

甲醇制乙烯、丙烯的 MTO 工艺和甲醇制丙烯的 MTP 工艺是目前重要的化工技术。该技术以煤或天然气合成的甲醇为原料。生产低碳烯烃是发展非石油资源生产乙烯、丙烯等产品的核心技术。

(一)符合我国多煤少油的能源结构特点

随着国民经济的快速发展，我国对石油资源的需求日益增长，已经成为石油生产大国和消费大国。自 1993 年我国成为石油净进口国之后，进口石油的比重不断加大，对境外石油的依存度超过 50%。我国石油缺口逐年增大已是不可回避的严峻现实，并对能源的安全供应、国民经济的平稳运行及全社会的可持续发展构成了严重威胁。

我国拥有的煤炭资源保有储量约为 1 万亿吨，一次能源结构的特点是富煤、贫油、少气，在化石能源总量中，95.6%为煤炭，3.2%为石油，1.2%为天然气。目前，我国已成为世界上最大的煤炭生产国和消费国，能源消费以煤为主的状况在未来相当长的一段时间内不会有大的改变。

传统的石油化工需要消耗大量的石油资源，以规模 100 万吨/年乙烯工厂为例，如果用石脑油作为裂解原料，每年需要石脑油至少 300 万吨，而年产 300 万吨石脑油就需要有 1 000 万吨/年的原油加工能力。如果以煤炭为原料，一个 100 万吨/年规模的乙烯工厂，每年所需的煤炭量为 1 000 万吨。就我国煤炭和石油的储量对比关系来看，用煤炭为原料替代石油发展化工，可以扬长避短，能够满足未来相当长时间内的原料需求，同时可提高资源的合理、有效利用程度，在资源的有效利用方面具有明显的优势。因此，发展煤制烯烃产业符合我国资源结构特点，具有可靠的资源保障，并有利于缓解石油资源紧缺的局面，是保障我国石油战略安全的一项有力举措。

(二)能够替代进口，满足市场需求

我国已经成为世界原油的消费大国，为了保持国民经济增长对能源的需要，从 2005 年开始我国原油进口量已经超过 1 亿吨。在“十二五”和“十三五”期间，我国乙烯产能的增速分别达到 4.9%和 5.6%，尽管如此，乙烯仍然无法满足下游市场的需求，2010 年和 2020 年的自给率只有 56.4%和 62.1%。以“煤”代“油”生产低碳烯烃，是实现我国“煤代

油"能源战略，保证国家能源安全的重要途径之一。随着现代煤化工技术的发展，以煤为原料经适当的工艺路线来生产聚乙烯和聚丙烯产品已经成为可能。因此，利用我国丰富的煤炭资源，采用先进的煤化工技术，大力发展煤制烯烃产业，在我国拥有广阔的市场前景。

(三)可以调整煤炭企业产品结构，有效拓展发展空间

相对国际而言，我国煤炭市场价格低，煤炭企业的经济效益长期在低位徘徊。发展煤化工产业，将低价值的煤转变为具有高附加值的化工产品，可以大大提高煤炭企业的经济效益。此外，国内煤炭工业的发展长期存在着运力不足的问题，在国内各主要煤炭消费市场，煤炭价格高，而在煤炭产地，煤炭价格低，因此，煤炭企业为了实现产品的增值，不得不占用宝贵的运输资源，将大量的煤炭从坑口运输到消费市场。如果在煤炭产地发展煤化工，可以实现就地转化，将质量重、价值低的煤炭转变为质量轻、价值高的化工产品，既大大减少了运输压力，又实现了产品的增值。因此，发展煤化工产业，是煤炭企业调整产业结构，实现可持续发展的重要途径。

(四)有利于污染物的集中治理，改善环境保护

我国的能源消费结构中煤炭占67%左右，其中有80%以上采用的是效率低、污染严重的直接燃烧方式，大气中90%以上的 SO_2、67%的 NO_x、82%的酸雨及70%的粉尘都是由燃煤引起的。煤炭的低效利用还造成了 CO_2 温室气体的排放大大增加，严重地威胁到生态环境和人类健康。因此，国家从我国煤炭资源、水资源、生态环境等方面研究煤制烯烃产业的发展规模、产业布局、经济可行性等关键问题，提出适合国情的煤制烯烃产业布局建设，加强煤制烯烃行业管理，引导煤制烯烃产业科学、健康发展，重视资源综合利用和生态保护工作。

三、煤制烯烃的竞争力分析

(一)水煤资源竞争力分析

煤化工是一个高水耗的行业，最重要的两个自然资源是水资源和煤炭资源。就水资源而言，人的需求永远比工业需求重要，因此，人均水资源量比水资源总量更具表征意义；就煤炭资源而言，煤炭可采储量、开采难度、煤炭质量都是比较重要的指标。从国内煤炭可采储量数据来看，山西和内蒙古两个地区最具原料优势。内蒙古地区的采储量占全国的27.6%，略低于山西地区。但内蒙古人均水资源量远高于山西，内蒙古的水煤指标高达434.3，全国最高，而山西仅为79，内蒙古的煤化工产业资源优势明显。

总体来说，煤制烯烃在资源竞争力方面没有任何优势，这迥异于之前很多人认为中国富煤，因此煤化工行业资源丰富的认知。煤制烯烃的高水耗一直是该行业一个比较大的问题，此前烯烃耗水量约为30吨，而石油基吨烯烃耗水量仅1吨左右，差距很大。随着DMTO等技术的逐步完善，水单耗能够控制在8～10吨。即使这样，在与石油基烯烃的资源竞争力对比中，煤制烯烃也处于绝对的劣势。另外，从自然资源储备方面来看，也仅仅是内蒙古、陕西等少数几个地区具有比较好的资源禀赋。

(二)煤制烯烃的利润竞争力分析

基于乙烯，MTO的利润远远少于石油基路线。在国际原油价格为45美元/桶的低位

时，MTO 和乙烯裂解的利润接近。当国际原油价格回升，油制乙烯、丙烯成本进一步提升，MTO 成本处于持续下降的通道之中，未来成本竞争优势将逐步明显。

(三)煤制烯烃的战略竞争力分析

我国总体的能源格局是“富煤贫油少气”，在化工的三大源头里，天然气作为洁净能源，国内民用尚且不够，能补充进入天然气化工的不会太多；石油化工是全球的主流化工源头，在化工世界里，具有极大的话语权；而煤炭在我国有较丰富的储备，也很有竞争力。

目前我国年产石油约 2 亿吨，占总用油量的 40%左右。但我国的石油开采量已处于平稳区，接近下降区，这是因为国内的油田都已是老油田，先不论海底油田，目前陆上油田主要包括大庆、辽河、克拉玛依、胜利、延长等几个油田，都已开采了几十年，早过了 15 年的高产期，逐年下滑是必然的。至于新油田，我国本身就是贫油国，之前仅依赖油苗和地面构造发展就可以寻找油田，现在使用尖端地球物理工具和地质模型来寻找，都很难有大的突破。因此，未来很长的一段时间内，我国必须依靠原油进口，这与中国逐年升高的原油对外依存度趋势是一致的。

在世界能源的运输格局中，主要有海上运输通道系统、陆上能源运输管道系统及跨国电力输送网格系统三类系统。我国目前基本形成了海上运输通道及东北(中俄原油管道)、西北(中哈原油管道、中亚天然气管道)、西南(中缅油气管道)这三大陆上能源走廊，但还是以海运为主，其中最重要的两个通道是以中东和西非为源头的运输路径，都是海运。

我国进口石油的海运通道，主要是经过印度洋和太平洋。大约 50%的进口石油途经霍尔木兹海峡和亚丁湾，另外，近 30%的进口石油来自北非和南美洲，这些都要先经过印度洋，后经过马六甲海峡，再进入太平洋的南海，运输到我国。现在美国的军事基地几乎控制了全部的中国原油海运通道，尤其是马六甲海峡，地形狭长，毗邻南海，非常适合军事控制。而马六甲海峡是中国最重要的原油海运通道，约 85%的进口原油要通过此处。我国目前的煤炭探明储量是 1 145 亿吨，位居全球第三，而且大多处于西部、北部等内陆地区，具有较强的战略深度。从战略竞争力方面看，煤制烯烃相较石油基路线具备非常强的优势，可以说煤化工已到了能源战略安全的高度。

总之，煤制烯烃在未来有较好的发展前景，但产能集中度会进一步提高，技术突破是该行业关键因素；我国煤制烯烃在利润及资源竞争力上表现较弱，但拥有极强的战略竞争力。随着煤制烯烃行业规范发展及下游配套产业发展，国内煤制烯烃的利润会随着油价逐步回升而盈利。

四、化工生产与安全

科学技术的发展，不断提高着人们的物质生活和文化生活水平。特别是化工、石油化工的迅速崛起，有力地促进了国民经济的发展。如今，人们的“衣、食、住、行”样样都离不开化工产品，而且化学工业越来越与其他工业密切相关，化工产品广泛应用于农业、国防、轻工、纺织、建筑等行业，并成为发展国防工业和尖端科学技术不可缺少的原料。因此，化学工业对提高人们的生活水平，促进其他工业的迅速发展都起着十分重要的作用。

但是，随着新技术、新产品的不断开发和利用，潜在的危险因素随之增加。尤其是化工生产由于具有易燃易爆、有毒有害、腐蚀性强等特点，危险性较其他行业大，发生事故的后果也往往比较严重。因此，在化工生产中要特别重视安全，要从保护人身安全和健康出发，深入研究事故发生的客观规律，努力探讨控制危险的有效措施，防止各类事故的发生。

(一)化工生产的特点

国民经济的迅速发展，对化工产品的需求量与日俱增，从而也促进了化工生产的快速增长。特别是20世纪初兴起的石油化学工业，在六七十年代得到飞速发展，产品产量大幅度增长，品种迅速增加，目前化工产品的种类已达数万种。化学工业的发展有力地促进了工农业生产，巩固了国防，改善和提高了人们的生活水平。但是，化工生产过程存在着很多不安全因素和职业危害，比其他生产有着更大的危险性，这主要是由于化工生产具有以下特点。

(1)化工生产的物料绝大多数具有潜在危险性。化工生产使用的原料、中间体和产品绝大多数具有易燃易爆、有毒有害、腐蚀等危险性。例如，聚氯乙烯树脂生产使用的原料乙烯、甲苯和中间产品二氯乙烷和氯乙烯都是易燃易爆物质，在空气中达到一定的浓度，遇火源即会发生火灾爆炸事故；氯气、二氯乙烷、氯乙烯具有较强的毒性，氯乙烯还具有致癌作用；氯气和氯化氢在有水分存在的情况下具有强烈的腐蚀性。这些潜在危险性决定了在生产、使用、储存、运输等过程中稍有不慎就会酿成事故。

(2)生产工艺过程复杂、工艺条件苛刻。化工生产从原料到产品，一般都需要经过许多工序和复杂的加工单元，通过多次反应或分离才能完成。例如，炼油生产的催化裂化装置，从原料到产品要经过8个加工单元，乙烯从原料裂解到产品出来需要12个化学反应和分离单元。

化工生产的工艺参数前后变化很大。例如，以柴油为原料裂解生产乙烯的过程中，最高操作温度近1 000 ℃，最低则为－170 ℃；最高操作压力为11.28 MPa，最低只有0.07～0.08 MPa。高压聚乙烯生产最高压力达300 MPa。这样的工艺条件，再加上许多介质具有强烈腐蚀性，在温度应力、交变应力等作用下，受压容器常常因此而遭到破坏。有些反应过程要求的工艺条件很苛刻，像用丙烯和空气直接氧化生产丙烯酸的反应，各种物料比就处于爆炸范围附近，且反应温度超过中间产物丙烯醛的自燃点，控制上稍有偏差就有发生爆炸的危险。

(3)生产规模大型化、生产过程连续性强。现代化工生产装置规模越来越大，以求降低单位产品的投资和成本，提高经济效益。例如，我国的炼油装置最大规模已达年产1 000万吨，乙烯装置已在建成年生产能力95万吨。装置的大型化有效地提高了生产效率。但规模越大，储存的危险物料量越多，潜在的危险能量也越大，事故造成的后果往往也越严重。

化工生产从原料输入到产品输出具有高度的连续性，前后单元息息相关，相互制约，某一环节发生故障常常会影响整个生产的正常进行。由于装置规模大且工艺流程长，因此使用设备的种类和数量都相当多。如某厂年产30万吨乙烯装置有裂解炉、加热炉、反应器、换热器、塔、槽、泵、压缩机等设备共500多台件，管道上千根，还有各种控制和检测仪表，这些设备如维修保养不良，很容易引起事故的发生。

(4)生产过程自动化程度高。由于装置大型化、连续化、工艺过程复杂化和工艺参数要求苛刻，现代化工生产过程用人工操作已不能适应其需要，必须采用自动化程度较高的控制系统。化工生产中普遍采用了 DCS 集散型控制系统，对生产过程的各种参数及开停车实行监视、控制、管理，从而有效地提高了控制的可靠性。但是也有可能因控制系统和仪器仪表维护不好，性能下降，而导致检测或控制失效而发生事故。

(二)安全在化工生产中的重要地位

安全是人类赖以生存和发展的最基本需要之一。西方行为科学的“需要层次论”认为，人的需要有 5 个层次，即生理、安全、社交、尊重和自我实现。其中，生理(吃、穿、住、用、行等)需要是生存最基本的需要，其次就是希望得到安全，没有伤亡、疾病和不受外界威胁、侵略。可见安全也是人的基本和低层次的需要。化工生产由于具有自身的特点，一般发生事故的可能性及其后果比其他行业大，而发生事故必将威胁着人身的安全和健康，有时甚至给社会带来灾难性破坏。例如，1975 年美国联合碳化物公司比利时公司安特卫普厂，年产 15 万吨高压聚乙烯装置，因一个反应釜填料盖泄漏，受热爆炸，发生连锁反应，整个工厂被毁。1984 年 12 月 3 日发生在印度博帕尔市农药厂的毒气泄漏事故，由于储罐上安全装置有缺陷，管理上也存在问题，致使 45 吨甲基异氰酸酯几乎全部泄漏。造成 20 万人受到不同程度的中毒，死亡数千人，生态环境也遭到严重破坏。近年来，我国化工行业也发生几起重大的恶性事故，如 1988 年某厂球罐内大量液化气逸出，遇火种而发生爆燃，致使 26 人丧生，15 人烧伤。

血的教训充分说明了在化工生产中如果没有完善的安全防护设施和严格的安全管理，即使拥有先进的生产技术、现代化的设备，也难免发生事故。而一旦发生事故，人民的生命和财产将遭受到重大损失，生产也无法进行，甚至整个装置会毁于一旦。因此，安全在化工生产中有着非常重要的作用，安全是化工生产的前提和关键，没有安全作为保障，生产就不能顺利进行。随着社会的发展，人类文明程度的提高，人们对安全的要求也越来越高，企业各级领导、管理干部、工程技术人员和操作工人都必须做到“安全第一”，把安全生产始终放在一切工作的首位；同时，还必须深入研究安全管理和预防事故的科学方法，控制和消除各种危险因素，做到防患于未然。对于担负着开发新技术、新产品的工程技术人员，必须树立安全观念，认真探讨和掌握伴随生产过程而可能发生的事故及预防对策，努力为企业提供技术上先进、工艺上合理、操作上安全可靠的生产技术，使化工生产中的事故和损失降到最低限度。

(三)事故的预防

尽管生产过程存在着各种各样的危险因素，在一定条件下能导致事故发生，但只要事先进行预测和控制，事故一般是可以预防的。

事故是指人们在进行有目的的活动过程中，突然发生违背人们意愿，并可能使有目的的活动发生暂时性或永久性中止，造成人员伤亡或(和)财产损失的意外事件。

事故有自然事故和人为事故。自然事故是指由自然灾害造成的事故，如地震、洪水、旱灾、山崩、滑坡、龙卷风等引起的事故，这类事故在目前条件下受科学知识的限制还不能做到完全防止，只能通过研究预测预报技术，尽量减轻灾害所造成的破坏和损失；人为事故是指由人为因素而造成的事故，这类事故既然是人为因素引起的，原则上都能预防。据美国 20 世纪 50 年代统计，在 75 000 件伤亡事故中，天灾只占 2%，98%是人为造成的，即 98%的事故基本上是可以预防的。

事故之所以可以预防，是因为它与其他事物一样，具有一定的特性和规律，只要人们掌握了这些特性和规律，事先采取有效措施加以控制，就可以预防事故的发生及减少其造成的损失。

知识链接

新员工培训之安全篇——永远的责任

能力训练

一、填空题

1. 烯烃的官能团是________。

2. 进入生产岗位人员必须经过三级教育方可上岗，三级教育即________、________、________。

3. 乙烯、丙烯、C4、甲烷等都是________的气体。

二、选择题

1. 可燃气体的爆炸下限数值越低，爆炸极限范围越大，则爆炸危险性(　　)。

A. 越小　　B. 越大　　C. 不变　　D. 不确定

2. 在化工生产中，用于扑救可燃气体、可燃液体和电气设备的起初火灾，应使用(　　)。

A. 酸碱灭火器　　B. 干粉灭火器和泡沫灭火器

C. "1211"灭火器　　D. "1301"灭火器

3. 化学工业安全生产禁令中，操作工有(　　)条严格措施。

A. 3　　B. 5　　C. 6　　D. 12

4. 在罐内作业的设备，经过清洗和置换后，其氧含量可达(　　)。

A. 18%～20%　　B. 15%～18%　　C. 10%～15%　　D. 0～25%

三、简答题

化工生产企业厂区内进行动火作业时应严格遵守哪6条禁令？

模块一　甲醇合成烯烃生产运行与控制

项目一　甲醇合成烯烃生产工艺选择

学习目标

知识目标

(1)掌握甲醇制烯烃主要反应及反应特征。

(2)了解甲醇合成烯烃反应机理。

(3)掌握甲醇合成烯烃主要影响因素。

(4)了解甲醇制烯烃典型生产工艺。

(5)掌握 DMTO 生产工艺流程。

能力目标

(1)能够分析影响反应过程的因素。

(2)能够进行甲醇合成烯烃生产方法选择。

(3)能够进行甲醇制烯烃生产工艺流程的选择。

(4)能够识读 DMTO 工艺流程总图。

素质目标

(1)在确定甲醇合成烯烃生产方法的过程中培养学生的自学能力，团队协作精神，安全、环保、经济意识。

(2)在认识甲醇合成烯烃生产工艺的过程中培养学生工程技术观念，分析问题、处理问题的能力。

(3)建立技术经济、成本效益及节能减排意识。

任务一　甲醇合成烯烃生产方法选择

任务描述

进行甲醇合成烯烃技术路线选择，确定甲醇合成烯烃生产方法。

知识储备

甲醇制烯烃工艺是以煤为原料进行烯烃生产的关键工艺。其主要的工艺流程是在合适的操作条件下，以甲醇为原料，选取适宜的催化剂(ZSM-5 沸石催化剂、SAPO-34 分子筛等)，在固定床或流化床反应器中通过甲醇脱水制取低碳烯烃。

一、甲醇合成烯烃技术路线的选择

20 世纪 70 年代，美国 Mobil 公司研究人员发现在一定的温度和催化剂作用下，甲醇反应生成乙烯、丙烯和丁烯等低碳烯烃。从 20 世纪 80 年代开始，国外对甲醇制取低碳烯烃的研究有了重大突破。美国联碳公司科学家发明了 SAPO-34 硅铝磷分子筛(含 Si、Al、P 和 O 元素)，同时发现这是一种甲醇转化生产乙烯、丙烯很好的催化剂。

近年来，由于丙烯的需求量急剧增加，甲醇制丙烯技术受到了科研和企业界的追捧。需要注意的是，无论是甲醇制轻烯烃工艺还是甲醇制丙烯工艺，均是甲醇制烯烃反应的一种，从反应过程和机理上看均属于相同概念范畴，区别仅在于目的产物的不同决定了催化剂和工艺的不同。因此，在论述反应机理的研究进展时，统一采用甲醇制烯烃反应来代替不同形式的工艺技术。

(一)甲醇制烯烃生产类型

1. 甲醇制乙烯、丙烯(MTO)

甲醇制乙烯、丙烯工艺又称为 MTO 工艺，是以煤基或天然气基合成的甲醇为原料，借助类似催化裂化装置的流化床反应形式，主要生产乙烯的工艺技术。MTO 的产品是乙烯、丙烯和少量的正丁烯，MTO 的裂解反应器是流化床，催化剂是 SAPO-34 非沸石分子筛催化剂。

SAPO-34 非沸石分子筛催化剂具有某些有机分子大小的结构，是甲醇制轻烯烃工艺的关键。SAPO-34 非沸石分子筛催化剂的微孔直径约为 0.4 nm，限制了大分子或带支链分子的扩散，得到所需要的直链小分子烯烃的选择性很高。SAPO-34 优化的酸功能使混合转移反应而生成的低分子烷烃副产品很少。在实验室的规模试验中，甲醇制轻烯烃工艺不需要分离塔就能得到纯度达 97%左右的轻烯烃(乙烯、丙烯和丁烯)，这就使该工艺容易得到聚合级烯烃，只有在需要纯度很高的烯烃时才需要增设分离塔。

2. 甲醇制丙烯(MTP)

甲醇制丙烯工艺又称为 MTP 工艺，是以煤基或天然气基合成的甲醇为原料，借助类似催化裂化装置的流化床反应形式，主要生产丙烯的工艺技术。MTP 的产品是丙烯、石脑油、LPG[LPG 是指常温下加压(约 1 MPa)而液化的石油气，主要成分是 C3 及 C4 烃类]和很少量的乙烯。MTP 的裂解反应器是固定床，催化剂是 ZSM-5 沸石催化剂。

以 ZSM-5 沸石分子筛作为催化剂，受沸石晶孔大小控制，只有比晶孔小的分子可以出入催化剂晶孔进行催化反应。沸石催化剂对反应物和产物分子的大小与形状表现出极大的选择性。ZSM-5 沸石十元环构成的孔道体系具有中等大小孔口直径，使它具有很好的择形选择性。改性的 ZSM-5 沸石催化剂结焦慢，可减少催化剂再生的次数，乙烯选择性为 5%，丙烯选择性为 35%，当进行部分 C2 和 C4 馏分循环回反应系统时，丙烯收率可达到 67%。

（二）MTO/MTP 主要反应

微课：甲醇制烯烃主要反应及反应特征

在专用催化剂的作用下，在制取烯烃的过程中，甲醇转化为二甲醚，二甲醚或甲醇生成乙烯、丙烯、丁二烯等。同时发生副反应，主要为甲醇或二甲醚分解、低碳烯烃氢转移、烯烃低聚等反应。

1. MTO 主要反应

$$2CH_3OH \rightarrow CH_3OCH_3 + H_2O \tag{1-1-1}$$

$$CH_3OH \rightarrow C_2H_4 + C_3H_6 + C_4H_8 \tag{1-1-2}$$

$$CH_3OCH_3 \rightarrow C_2H_4 + C_3H_6 + C_4H_8 \tag{1-1-3}$$

2. MTP 主要反应

$$2CH_3OH \rightarrow CH_3OCH_3 + H_2O \tag{1-1-4}$$

$$nCH_3OCH_3(DME) \longrightarrow 2C_nH_{2n} + nH_2O \tag{1-1-5}$$

$$CH_3OCH_3 \rightarrow C_2H_4 + C_3H_6 + C_4H_8 \tag{1-1-6}$$

3. 副反应

（1）甲醇、二甲醚的副反应：

$$CH_3OH \rightarrow CO + 2H_2 \tag{1-1-7}$$

$$CH_3OH \rightarrow CH_2O + H_2 \tag{1-1-8}$$

$$CH_3OCH_3 \rightarrow CH_4 + CO + H_2 \tag{1-1-9}$$

$$CO + H_2O \rightarrow CO_2 + H_2 \tag{1-1-10}$$

$$2CO \rightarrow CO_2 + C \tag{1-1-11}$$

（2）烯烃的副反应（低聚）：

$$C_2H_4 \rightarrow C_4H_8 \rightarrow \cdots\cdots \rightarrow C_nH_{2n}\ (C_nH_{2n}\text{：低聚物}) \tag{1-1-12}$$

$$C_3H_6 \rightarrow \cdots\cdots \rightarrow C_nH_{2n+2} \tag{1-1-13}$$

$$C_4H_8 \rightarrow \cdots\cdots \rightarrow C_nH_{2n+2} \tag{1-1-14}$$

（3）烯烃的双分子氢转移反应（形成二烯烃、炔烃、环状烃、芳烃）：

$$C_nH_{2n} + C_mH_{2m} \rightarrow C_2H_{2n+2} + C_mH_{2m-2} \tag{1-1-15}$$

$$C_2H_{2n} + C_mH_{2m-2} \rightarrow C_nH_{2n+2} + C_mH_{2m-4}\ (C_mH_{2m-2}\text{：炔烃、二烯烃}) \tag{1-1-16}$$

$$C_2H_{2n-2} + C_mH_{2m-2} \rightarrow C_nH_{2n} + C_mH_{2m-4} \tag{1-1-17}$$

$$C_2H_{2n} + C_mH_{2m-4} \rightarrow C_nH_{2n+2} + C_mH_{2m-6}\ (m>6,\ C_mH_{2m-6}\text{：芳烃}) \tag{1-1-18}$$

在上述副反应中，式(1-1-7)～式(1-1-11)的反应具有金属催化的特征。因此，要求反应体系中严格限制过渡金属离子的引入。其他副反应则属于酸性催化的特征，但对催化剂的酸性要求及催化中心的空间要求与主反应有所差别。如果长期运转过程中在催化剂上引入了金属离子（特别是碱金属、碱土金属离子），必然引起催化剂酸性甚至结构的变化，造成主反应能力的降低和副反应的增加，并且这种变化是不可逆和不可再生的。因此，要求甲醇合成烯烃工艺设计中充分考虑保护催化剂性能长期稳定性这一基本原则。

（三）甲醇制烯烃反应特征

1. 酸性催化特征

甲醇转化为烯烃的反应包含甲醇转化为二甲醚和甲醇或二甲醚转化为烯烃两个反应。前一个反应在较低的温度（150～350 ℃）即可发生，生成烃类的反应在较高的反应温度（>300 ℃）。两个转化反应均需要酸性催化剂。通常，无定形固体酸可以作为甲醇转化的催化剂，容易使甲醇转化为二甲醚，但生成低碳烯烃的选择性较低。

2. 高转化率

以分子筛为催化剂时，在高于 400 ℃的温度条件下，甲醇或二甲醚很容易完全转化(转化率 100%)。

3. 低压反应

原理上，甲醇转化为低碳烯烃反应是分子数量增加的反应，因此，低压有利于提高低碳烯烃尤其是乙烯的选择性。

4. 强放热

在 200～300 ℃，甲醇转化为二甲醚的反应热为 −10.9～−10.4 kJ/mol 甲醇；−77.9～−75.3 kcal/kg 甲醇；在 400～500 ℃，甲醇转化为低碳烯烃的反应热为 −22.4～−22.1 kJ/mol 甲醇；−167.3～−164.8 kcal/kg 甲醇。反应的热效应显著。

5. 快速反应

甲醇转化为烃类的反应速度非常快。根据大连化物所的试验研究，在反应接触时间短至 0.04 s 便可以达到 100%的甲醇转化率。从反应机理推测，短的反应接触时间可以有效地避免烯烃进行二次反应，提高低碳烯烃的选择性。

6. 分子筛催化的形状选择性效应

原理上，低碳烯烃的高选择性是通过分子筛的酸性催化作用结合分子筛骨架结构中孔口的限制作用共同实现的。对于具有快速反应特征的甲醇转化反应的限制，所带来的副作用便是催化剂上的结焦。结焦的产生将造成催化剂活性降低，同时，又对产物的选择性产生影响。

(四)甲醇制烯烃技术路线选择

具有代表性的甲醇制烯烃技术主要是 UOP/Hydro MTO 技术、大连化物所 DMTO 技术、鲁奇 MTP 技术。

1. 技术条件

(1)MTO 技术特点。采用流化床反应器和再生器，连续稳定操作；采用专有催化剂，催化剂需要在线再生，保持活性；甲醇的转化率达 100%，低碳烯烃选择性超过 85%，主要产物为乙烯和丙烯；可以灵活调节乙烯/丙烯的比例；乙烯和丙烯达到聚合级。

(2)MTP 技术特点。采用固定床由甲醇生产丙烯，首先将甲醇转化为二甲醚和水，然后在三个 MTP 反应器中转化为丙烯。催化剂是采用德国南方化学公司开发改进的 ZSM-5 催化剂，有较高的丙烯选择性。甲醇和 DME 的转化率均大于 99%，对丙烯的回收率则约为 71%。产物中除丙烯外还将有液化石油气、汽油和水。

从技术上讲，MTO 和 MTP 技术已经成熟可行，具备工业化推广的条件。

2. 工业化应用现状

目前，国内在建的大型煤制烯烃项目对各种技术都有应用。其主要有以下几个项目。

(1)MTO 技术应用。神华集团包头煤制烯烃项目甲醇制烯烃技术采用国内自主知识产权的 DMTO 技术。

该项目于 2006 年 12 月获得国家发展和改革委员会核准，建设地点位于内蒙古自治区包头市，建设规模为 180 万吨/年煤制甲醇、60 万吨/年甲醇制烯烃、30 万吨/年聚乙烯、30 万吨/年聚丙烯、4 套 60 000 m^3/h 空分制氧、3 套 480 t/h 蒸发量的热电站，以及辅助生产设施和公用工程等。其他主要工艺装置均采用世界先进的煤化工/石油化工技术，包括GE水煤浆气化技术、德国林德公司低温甲醇洗技术、英国DAVY公司甲醇合成技术、美国DOW公司聚丙烯技术、美国Univation公司聚乙烯技术等。

(2)MTP技术应用。采用鲁奇MTP技术的项目主要有国能宁煤煤制烯烃项目、大唐国际多伦煤制烯烃项目。

1)国能宁煤煤制烯烃项目于2005年年底开工，是宁夏宁东能源化工基地煤化工基地规划建设的重点项目，年产中间产品甲醇167万吨，最终产品聚丙烯50万吨，副产汽油18.48万吨、液态燃料4.12万吨。其主要工艺技术采用德国西门子GSP干煤粉气化工艺，德国鲁奇低温甲醇洗工艺、甲醇合成工艺和MTP工艺，德国ABB气相聚丙烯工艺。

2)大唐国际多伦煤制烯烃项目的建设总规模为年产138万吨煤基烯烃(中间产品500万吨甲醇)。一期项目年产煤基烯烃46万吨(中间产品168万吨甲醇)，建设地点位于内蒙古锡林郭勒盟多伦县。其主要采用壳牌粉煤气化、鲁奇低压甲醇合成、鲁奇MTP丙烯生产工艺、Spheripol聚丙烯生产工艺等系列生产技术。

3. 经济性对比

根据神华MTO煤制烯烃项目和大唐MTP煤制烯烃项目的投资与最终产品方案和当前产品价格，以180万吨甲醇为基础作对比分析，见表1-1-1。

表1-1-1 MTO、MTP技术经济性对比分析表

工艺技术	总投资/亿元	最终产品	规模/(万吨·年$^{-1}$)	平均价格/(吨·元$^{-1}$)	销售总和/(万元·年$^{-1}$)
MTO	116	聚乙烯	30	10 000	647 000
		聚丙烯	30	9 900	
		丁烯/C5	10	5 000	
MTP	120	聚丙烯	49	9 900	592 140
		汽油	14	6 000	
		液化气	7.2	3 200	

4. 工艺技术的选择

从最终产品上讲，MTP产品为聚丙烯，副产汽油和液化石油气，其副产品附加值不高。MTO产品为聚乙烯、聚丙烯，并且产品比例可根据市场进行调节，具有良好的市场灵活性。在MTO技术中，国内的DMTO技术与UOP/Hydro MTO技术在工艺技术上基本相同，但DMTO技术专利费和催化剂费用更具有经济优势，国内在建的大型烯烃项目已成功应用。

选择甲醇制烯烃工艺应对该技术大型化生产的应用情况、产品市场定位及专利技术投资进行综合考虑。

二、甲醇合成烯烃反应机理的认识

甲醇制烯烃工艺是以煤为原料进行烯烃生产的关键工艺。其主要的工艺流程是在合适的操作条件下，以甲醇为原料，选取适宜的催化剂(ZSM-5 沸石催化剂、SAPO-34 分子筛等)，在固定床或流化床反应器中通过甲醇脱水制取低碳烯烃。

甲醇转化为烃类是非常复杂的反应，其中包含了甲醇转化为二甲醚的反应，与催化剂表面的甲氧基团进一步形成 C—C 键的反应和一系列形成烯烃的反应。到目前为止，甲醇转化为二甲醚的反应已经得到证实，但第一个 C—C 键的形成机理仍不清楚。在酸性分子筛催化剂上，目前比较一致的看法：甲氧基通过与分子筛内预先形成的“碳池”中间物作用，可以同时形成乙烯、丙烯、丁烯等烯烃，“碳池”具有芳烃的特征，反应是并行的，如图 1-1-1 所示。通常，新鲜催化剂中是不含有芳烃类物质的，而以富氢和氧的甲醇为原料在分子筛微孔内形成芳烃类并非易事。因此，在适当的条件下可以发现甲醇转化为烃类的反应存在诱导期。“碳池”一旦形成，后续形成烯烃的反应是快速反应(快于 0.01 s)，因此，也可以通过试验观察到反应具有自催化的特征。

微课：甲醇合成烯烃反应机理

采用小孔分子筛可以有效地扩大乙烯、丙烯和丁烯分子在分子筛孔道中扩散时的差别，提高低碳烯烃的选择性。

甲醇转化的产物乙烯、丙烯、丁烯等均是非常活泼的，在分子筛的酸催化作用下，可以进一步经环化、脱氢、氢转移、缩合、烷基化等反应生成分子量不同的饱和烃、C6＋烯烃及焦炭。根据大连化物所的研究结果，甲醇、二甲醚也可以与产物烯烃分子发生偶合催化转化反应，这些偶合的反应将比烯烃单独的反应更容易发生，形成复杂的反应网络体系。

C_2H_4 ⇌ [Me_n] ← CH_3OH；⇌ C_3H_6；⇌ C_4H_8

图 1-1-1　碳池机理

(一)表面甲氧基生成机理

甲醇首先在分子筛表面反应生成二甲醚和水，反应可逆，并迅速达到热力学平衡，形成甲醇、二甲醚和水的平衡物。该反应机理比较明确，甲醇与分子筛表面 Brons ted 酸中心作用通过亲核反应脱水形成表面甲氧基(SMS)，高活性的 SMS 再与甲醇分子作用生成二甲醚，二甲醚与 B 酸位作用同样可以脱去一个甲醇分子生成 SMS，而 SMS 又可以与水反应重新生成甲醇，从而使整个反应生成了甲醇、二甲醚和水的平衡物。稳定高活性的 SMS 是该步反应的关键，研究者通过原位红外、核磁技术和同位素试验证实了不同分子筛催化剂上 SMS 的存在，亨格(Hunger)等人考察了 SMS 的活性，认为在不同的温度下 SMS 的 C—O 键和 C—H 键均可以活化，获得高反应活性。库佩尔科娃(Kupelkova)通过固体核磁研究了 SMS 在催化剂表面的吸附形态，认为 SMS 除与 B 酸中心结合外，还可以通过与端羟基的作用存在。

(二)乙烯、丙烯产品生成机理

碳池机理关于乙烯、丙烯生成的路径有“环外甲基化”和“消去反应”两种观点。“环外甲基化”观点认为甲醇不断与“碳池”活性物质反应，在芳环上生成侧链烷基，然后脱侧链烷基生成乙烯、丙烯；“消去反应”观点认为多甲基苯离子是通过单分子机理生成烯烃的。

(三)积碳生成机理

关于 SAPO-34 分子筛催化剂上的 MTO 反应积碳机理有两种说法。坎佩洛(Campelo)认为当反应温度在 400 ℃左右时催化剂上的积碳主要来源于催化剂孔道内烯烃低聚物。烯烃低聚物与轻强酸性物强烈作用产生积碳堵塞在催化剂孔道，导致催化剂失去活性。陈(Chen)等人的观点与碳池机理一致，认为积碳的生成取决于吸附在催化剂表面的中间体。试验结果表明，反应时间越长生焦量越大；反应温度越高结焦越快，但甲醇的分压和空速对结焦没有影响。

(四)副产物生成机理

甲醇制烯烃副产物有CO_x、甲烷、乙烷、丙烷等，这些物质的存在会影响低碳烯烃的选择性。催化剂及催化剂积碳、反应温度、空速、稀释剂用量都对副产物的生成有影响。

在甲醇制烯烃过程中生成CO_x主要反应有甲醇与水蒸气反应生成CO_2，甲醇直接热分解生成CO，甲醇的甲烷化反应生成CH_4、CO等，这3个反应均是吸热反应，随着反应温度升高，生成的CO_x会显著增加。CO_x的存在会使下游催化剂中毒，MTO生产中应采取中等温度和空速操作以降低CO_x的产率。

在MTO生产过程中有3种途径可以生成甲烷：一是上述甲醇的甲烷化反应；二是催化剂表面的甲氧基与甲醇或二甲醚的反应；三是芳烃的脱甲基反应。MTO生产中在中等温度和空速下操作可以减少甲烷的生成量。

乙烷的生成主要是催化剂笼内的某些芳烃发生脱烷基反应生成的，而乙烯的氢转移反应几乎没有，所以，乙烷的生成只与反应温度有关。丙烷主要是丙烯的氢转移反应生成的，尤其在反应初期、反应温度较低时丙烷的选择性很高。

总之，在MTO生产过程中，为了降低副产物的产率，反应温度不宜过高，一般须控制在500 ℃以内。

能力训练

一、填空题

1. 烯烃分离单元接收甲醇制烯烃装置送来的________，并对其进行杂质脱除，和乙烯、丙烯及C4等分离提纯。

2. 二烯烃的分子通式是________，炔烃的分子通式是________。

二、选择题

1. 甲醇转化为二甲醚的反应在(　　)温度下即可发生。

A. 较高　　B. 较低　　C. 恒温　　D. 任何

2. 化学反应速率随反应浓度增加而加快，其原因是(　　)。

A. 活化能降低

B. 活化分子数增加，有效碰撞次数增大

C. 反应速率常数增大

D. 活化能降低，有效碰撞次数增大

3. 对于放热反应，一般是反应温度(　　)，有利于反应的进行。

A. 升高　　B. 降低　　C. 不变　　D. 改变

4. 对于可逆反应来说，其正反应和逆反应的平衡常数间的关系为(　　)。

A. 相等

B. 两者正、负号相反

C. 两者之和为1

D. 两者之积为1

三、简答题

通过查阅资料，简述烯烃生产技术的类型。

任务二　甲醇合成烯烃生产工艺的认识

任务描述

了解国内外甲醇制烯烃典型生产工艺，能进行甲醇制烯烃生产工艺选择。

知识储备

甲醇合成烯烃的工业化研究已进行了多年，国际上一些著名的石油和化学公司，如美孚公司(Mobil)、巴斯夫公司(BASF)、埃克森石油公司(Exxon)、环球油品公司(UOP)、海德罗公司(Norsk Hydro)等，都投入了大量的资金进行研究。甲醇制烯烃技术的关键是催化剂活性和选择性及相应的工艺流程设计，其研究工作主要集中在催化剂的筛选和制备上。

一、认识 MTO 典型工艺

MTO 生产工艺总体流程与催化裂化装置相似，主要包括反应—再生系统、急冷汽提系统和热量回收系统。各种 MTO 的工艺主要区别在于反应—再生系统的形式和辅助多产工艺的不同。目前具有代表性的甲醇制烯烃工艺有美孚(Mobil)公司的 MTO 工艺、UOP 公司的 MTO 工艺、UOP/Hydro 公司的 MTO 工艺、中国科学院大连化学物理研究所的 DMTO 工艺、神华集团开发的 SHMTO 工艺。

(一)Mobil 公司的 MTO 工艺

MTO 工艺技术商业化所面临的一个重大挑战是开发具有良好活性、选择性和稳定性的催化剂。分子筛材料是完成 MTO 的最好催化剂种类之一。埃克森美孚公司已发现，如 ZSM-5 之类的沸石在 MTO 过程中具有良好的活性；而 UOP 和 Norsk Hydro 公司已发现，非沸石的硅铝磷酸盐(SAPO)也具有良好的活性。埃克森美孚公司现在披露，用一种改良剂处理分子筛，并暴露到适当等级的电磁辐射，能够改善用于完成 MTO 工艺的催化剂性能。根据专利中给出的数据，最好的催化剂看起来应该是用水蒸气处理过的 SAPO-34。SAPO-34 粉末被放到石英管中进行处理。具体的处理条件为有电磁能量(2～450 MHz，功率为 40 W)存在，使用的气流含有 85%(摩尔)的水蒸气和 15%的氮气，流量为 30 mL/min，温度为 250 ℃，时间为 2 h。处理好的催化剂被装载到钢管反应器中，加热到 450 ℃。以 0.8 h^{-1} WHSV(质量时空速度)的速率，向反应器中供入 4∶1 的水和甲醇混合物。反应器出口压力保持在 1.5 磅/英寸^2(表压)。最后，甲醇的转化率为 100%，对 C2－C4 烯烃的选择性为 93%(质量)(不包括水)。但因没有给出关于未经处理的 SAPO-34 的数据，故无法进行比较；也没有报道催化剂性能随时间延长的变化。筛选过的其他改良剂包括锶、钙、钡和硅。

授予埃克森美孚公司的另一项专利描述了这样一个过程：将沸石催化剂分子筛上的焦炭保持在一定的水平，能够最好地促进由甲醇生产乙烯和丙烯的反应。专利声称，当积焦相对于分子筛总反应体积的含量处于 2%～30%(质量)时，对期望烯烃的选择性增加。该工艺过程涉及分离出一部分具有较高焦炭沉积含量的催化剂进行再生；也就是说，除焦到低于可接近的水平，然后将处理过的分子筛催化剂重新放回到大部分的催化剂中。

该项专利显示通过只允许所谓的期望碳质沉积聚集到分子筛上，从而最大化乙烯和丙烯的产量，最小化甲烷、乙烷、丙烷和 $C5^+$ 物料的产量。该过程要求一部分催化剂的完全再生，包括沉积在甲醇到丙烯反应发生之处的催化剂微孔隙中的焦；而不是全体催化剂的部分再生。完全再生的目标是将较低选择性表面和较高选择性微孔隙中的焦炭全部除去。当再生过的一部分催化剂混合到未再生的大部分催化剂中时，结果是维持期望的碳质沉积、阻塞再生过的那部分催化剂中较低选择性的表面积，增加可用来有选择地将甲醇转化为轻质烯烃的部位。反应可发生的部位就是再生过的那部分催化剂中的微孔隙。专利确定了期望的碳质沉积量在 2%～30%；以结焦催化剂的总反应体积的质量为基础。期望的碳质沉积能够首先阻塞对轻质烯烃没有选择性的那部分催化剂表面。专利规定，实际上任何小的(孔隙直径小于 5.0 Å)或中等孔隙(5～10 Å)的分子筛催化剂都可以使用。专利推荐使用 SAPO 催化剂，特别是 SAPO-34，反应器温度保持在 450 ℃，再生器中的温度保持在 620 ℃。

另一项埃克森美孚公司专利描述了 SAPO-34 的使用，使甲醇原料在含有 15%(体积)或更少催化剂的反应区域内接触，同时，将原料的转化率维持在 80%～99%。反应可以是固定床或流体床结构，操作温度为 300～500 ℃，压力为 48 kPa～0.34 MPa。具有最高烯烃选择性的专利示例出现在 88%的甲醇转化率之处。Modil 公司的 MTO 工艺流程如图 1-1-2 所示，甲醇通过 3 个主要工艺单元供料，它们分别是流化床反应器与再生器、压缩工号、分离工号。压缩工号和分离工号在很多方面都类似于具有一定模块、假定为冗余配置的蒸汽裂化装置(如乙炔加氢处理装置)。在该过程中，新鲜的甲醇与重复循环的甲醇一起与流化床流出物进行换热，然后通向流体床。甲醇在流化床中转化为烃类和水。流出物在供给急冷塔之前先进行换热。这种经过改良的急冷塔能够实现某些烃类分离，类似于蒸汽裂化装置，但更重要的是氧化物去除也在此完成。通过蒸馏，重复循环的甲醇与挟带的水分离。在实际操作中，流化床的进料中存在着一定量的水。热力学原理建议，希望有一些水来减少副产物的生成；而专利中公开的细节为水与甲醇的供料混合比为 4∶1。工艺过程的压缩/分离工号产生了三股物流：一股富含芳香烃的热解汽油类物流、一股较轻的冷凝液流(它被送到脱丙烷塔)和一股轻质烃类物流。压缩之后，烃类物流被汽提，除去残余的氧化物。然后该物流去往脱甲烷塔，在此以类似于蒸汽裂化的方式进行冷冻。可以想象成一个简化的冷冻箱，因为这里生成的烃要比蒸汽裂化中少得多。甲烷被除去，成为燃料气。来自脱甲烷工号的底部产品被送到脱乙烷塔。该单元的塔顶产品通向 C2 分离塔。塔底产品与冷凝液物流组合，供给到脱丙烷塔。来自脱丙烷塔的底部产品供给到脱丁烷塔，在此形成一股 C4 物流和一股重质物流。这里的重质物流与来自压缩/分离工号的重质物流组合，形成一股富含芳香烃的物流。最后形成的物流被称为热解汽油物流。富含乙烯和丙烯的物流被送到它们各自的分离塔。C1－C3 气体从塔顶排出，作为燃料气。

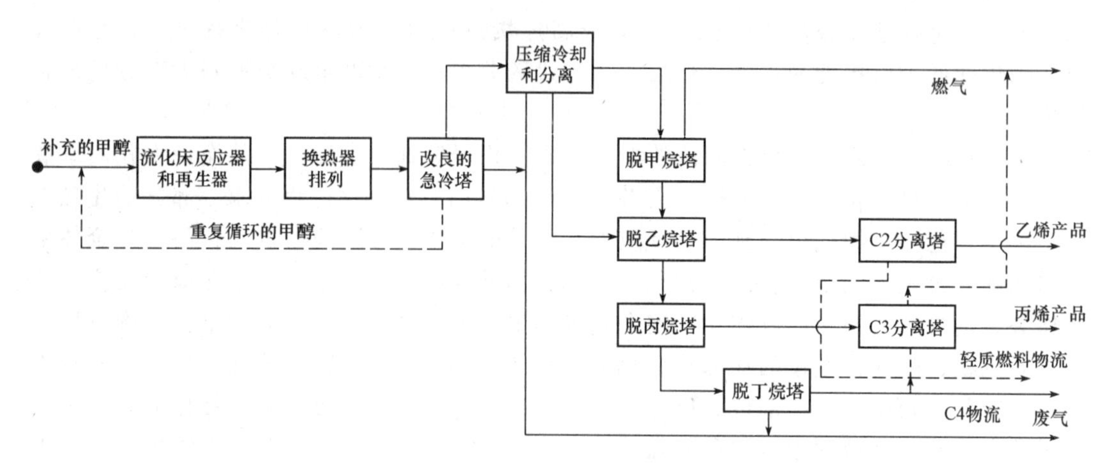

图 1-1-2　Mobil 公司的 MTO 工艺流程图

(二)UOP/Hydro 公司的 MTO 工艺

与美孚公司的工艺过程相比，UOP/Hydro 公司的“由甲醇生产烯烃(MTO)”工艺又向前迈进了一大步；这主要是由于他们开发了以 SAPO-34 为基础的新型催化剂 MTO-100。MTO-100 催化剂对于乙烯和丙烯的选择性为 80%。因为在催化剂上形成了焦炭，所以催化剂需要连续再生。

虽然经过改良的 SAPO-34 是一种适用于这种工艺的催化材料，但对于流化床操作来说，它的结实程度还不够。因此，MTO 催化剂是 SAPO-34 与一系列特别选出的粘合材料的组合体。对于这样的工艺过程，胶粘剂的选择非常重要；因为它既要使整个催化剂足够结实，但又不能妨碍催化剂的选择性。据 Chem Systems 推测，所用的胶粘剂是经过处理的氧化硅和氧化铝，能够给出精选的孔隙率、酸性和强度。为了允许甲醇和 MTO 产品快速扩散进出 SAPO-34，胶粘剂的孔隙率很重要。催化剂能够以类似于 FCC(流化床催化裂化)催化剂的方式通过喷雾干燥而制得。这样，一种催化剂的再生对于将焦炭从催化剂上烧去的方式是敏感的。催化剂内部的燃烧控制将决定催化剂转化和选择性能的长期稳定性。

UOP/Hydro 公司的 MTO 工艺流程如图 1-1-3 所示。因为几乎没有重馏分联产品需要分离和处理，所以简化了分离序列装置；虽然图中显示的是将脱乙烷塔布置在第一位置的回收系统，但是也可以同样容易地采用将脱甲烷塔作为第一的布置方式。该工艺过程的原料是甲醇。粗甲醇就能满足此目的。因此，制造 AA 级甲醇(纯度为 99.85 质量百分比)所需的蒸馏步骤就不再有必要，从而使上游甲醇装置能够节省一部分基建投资。但是，删除这个塔意味着，如果市场情况发生变化，甲醇也不能用于任何其他用途，从而限制了甲醇生产装置的灵活性。同美孚公司的 MTG 工艺一样，还需要使用流化床，以便能够相对容易地维持恒定的温度和产率。该工艺的操作温度范围是 350～525 ℃，最佳温度是 350 ℃。MTO 工艺的剧烈程度能够通过工艺生产量、温度、压力和催化剂重复循环速率的组合来控制。温度基本上确定了该工艺的热力学操作性能，而生产量则决定了接触时间。工艺的转化和选择性能也还取决于压力。UOP/HYDRO 公司 MTO 工艺的反应器操作压力为 1～3 巴(表压)(29～58 磅/英寸^2 绝压)。

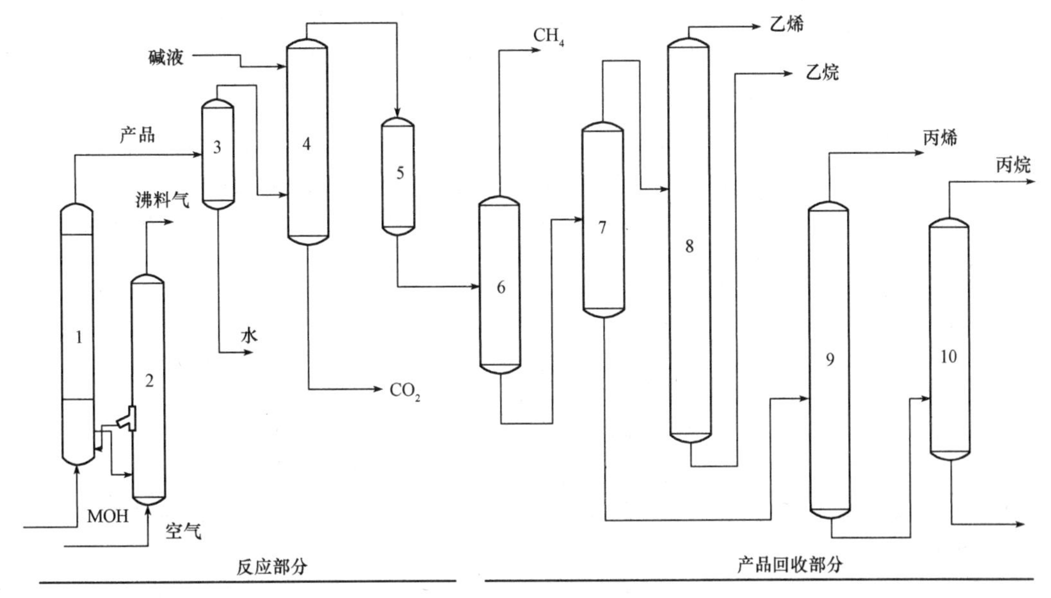

图 1-1-3 UOP/Hydro 公司的 MTO 工艺流程图

1—反应器；2—再生器；3—分离器；4—碱洗塔；5—干燥塔；6—脱甲烷塔；7—脱乙烷塔；8—乙烯分离塔；9—丙烯分离塔；10—脱丙烷塔

(三)DMTO 工艺

如图 1-1-4 所示，DMTO 工艺流程简图由原料气化部分、反应—再生部分、产品急冷及预分离部分、污水汽提部分、主风机组部分、蒸汽发生部分 6 部分组成。

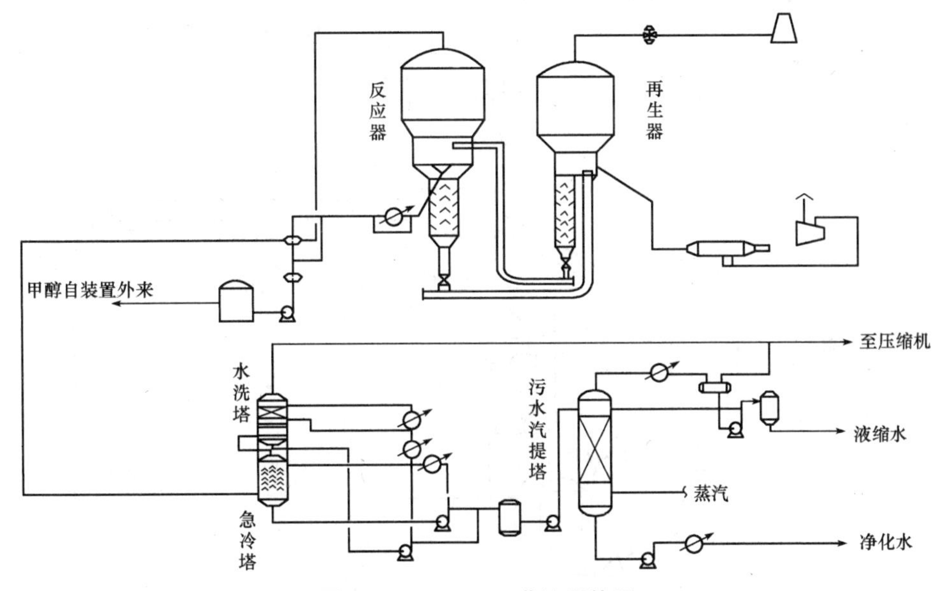

图 1-1-4 DMTO 工艺流程简图

与 FCC 工艺相比较，DMTO 处理的甲醇原料是纯净物，一般不含重金属离子。DMTO 催化剂也不像 FCC 催化剂那样会在长时间运行后沉积大量的金属离子。因此，DMTO 三级旋风分离器收集的催化剂细粉可以直接添加到反应器中继续使用。反应器床层的温度主要通过改变原料入口温度和改变内取热器负荷来控制。反应器内取热器由若干组内取热盘管组成，盘管内可以通液相甲醇来进行取热。这与常规采用蒸汽取热相比较，更加安全可靠。

（四）中国石化上海石油化工研究院 SMTO 工艺

SMTO 技术是中国石化上海石油化工研究院开发的甲醇制烯烃技术，SMTO 反应系统由流化床反应器和催化剂再生器组成。2005 年建立一套 12 吨/年的循环流化床热模试验装置，实现甲醇转化率大于 99.8%，乙烯和丙烯选择性大于 80%，乙烯、丙烯和 C4 选择性超过 90%。

2007 年 11 月，100 吨/日甲醇制烯烃（SMTO）工业试验装置成功投产运行。2011 年 10 月采用 SMTO 技术在中原石化建成 60 万吨/年甲醇制 20 万吨/年烯烃装置，并投入正常运行，并于 2014 年 1 月通过竣工验收。

2013 年中石化贵州项目（投资约 200 亿元，180 万吨甲醇、60 万吨烯烃、30 万吨聚乙烯和 30 万吨聚丙烯等）与河南项目（投资 170 亿元，180 万吨甲醇、60 万吨烯烃）均采用 SMTO 技术。

（五）神华 SHMTO 工艺

神华集团依据大连化学物理研究所 DMTO 技术建设了世界首套甲醇制烯烃国家示范装置并成功商业化运行。同时，自主研发了新型 MTO 催化剂 SMC－001，并在神华包头 180 万吨/年甲醇 MTO 工业安置进行了工业试验。试验结果表明，该催化剂甲醇转化率为 99.82%（质量分数，下同），乙烯＋丙烯选择性为 79.24%，乙烯＋丙烯＋丁烯选择性为 90.82%，完全能够满足工业化生产要求。在研发催化剂的同时，开发了新型甲醇制烯烃神华 SHMTO 工艺技术，如图 1-1-5 所示。

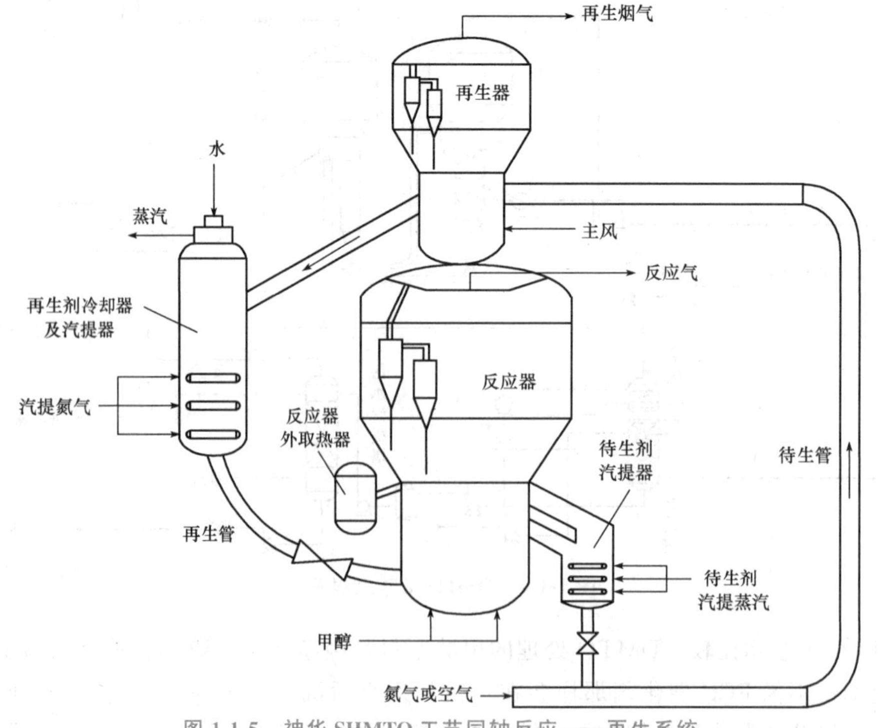

图 1-1-5　神华 SHMTO 工艺同轴反应——再生系统

神华 SHMTO 工艺反应—再生系统采用同轴布置，再生器设置在反应器上方，再生后的催化剂利用重力进入反应器床层，减少了催化剂的磨损。同时，再生器设置催化剂冷却器，降低再生催化剂的温度，防止高温再生反应催化剂与甲醇接触发生反应，从而提高乙烯和丙烯的选择性。

二、认识 MTP 典型工艺

(一)Lurgi 公司的 MTP 工艺

Lurgi 公司开发的固定床 MTP 工艺流程如图 1-1-6 所示。该工艺同样将甲醇首先脱水为二甲醚。然后将甲醇、水、二甲醚混合进入第一个 MTP 反应器，同时，还补充水蒸气。反应在 400～450 ℃、0.13～0.16 MPa 条件下进行，水蒸气补充量为 0.5～1.0 kg/kg 甲醇。此时甲醇和二甲醚的转化率在 99%以上，丙烯为烃类中的主要产物。为获得最大的丙烯回收率，还附加了第二和第三 MTP 反应器。反应出口物料经冷却，并将气体、有机液体和水分离。其中，气体先经压缩，并通过常用方法将痕量水、CO_2 和二甲醚分离。然后，清洁气体进一步加工得到纯度大于 97%的化学级丙烯。不同烯烃含量的物料返至合成回路作为附加的丙烯来源。为避免惰性物料的累积，需要将少量轻烃和 C4、C5 馏分适当放空。汽油也是本工艺的副产物，水可作为工艺发生蒸汽，而过量水则可在做专用处理后供农业生产使用。

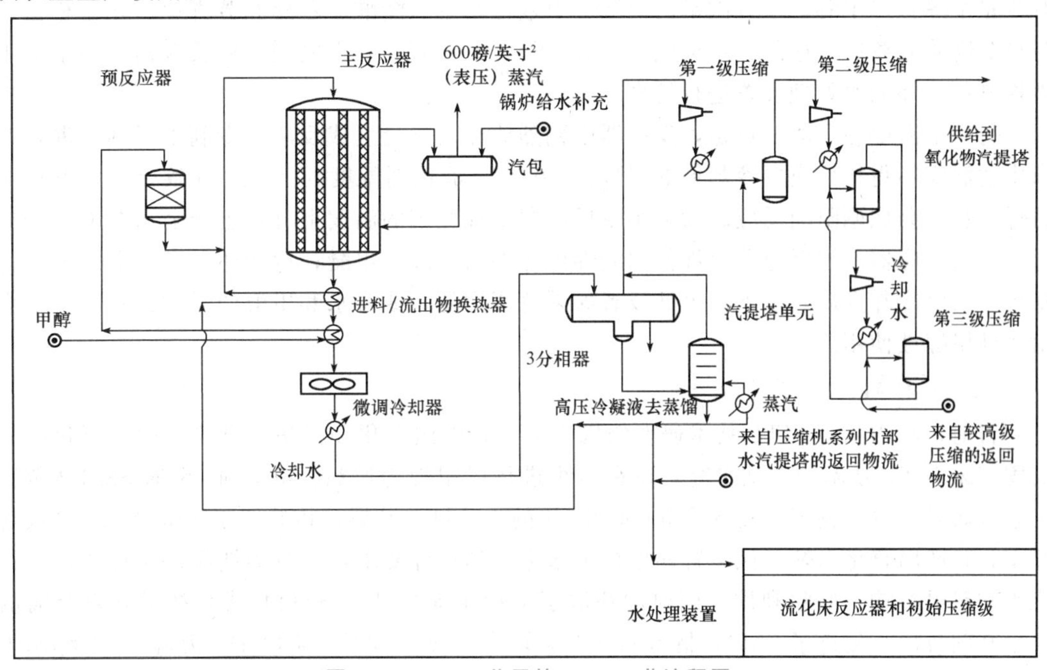

图 1-1-6　Lurgi 公司的 MTP 工艺流程图

Lurgi 公司的 MTP 工艺过程采用了一台管式反应器。甲醇首先被反应器流出物预热到 250～350 ℃(从而被汽化)，然后进入预反应器；在预反应器中，一些甲醇被转化成二甲醚和水。在另一台反应器流出物换热器中，生成的蒸汽被组合到预反应器的流出物中，一起送到固定床反应器。

主反应器是一台带有盐浴冷却系统的管式反应器。反应器管子的长度一般是 1～5 m,

内径为 20～50 mm。流出物被冷却，首先是通过使用重复循环的水生成蒸汽，然后用甲醇进料冷却。最后，通过一个空气和水冷却的组合，它被冷却到冷凝点。混合物被送到分相器。液态烃去往下游蒸馏工号。水被汽提出来，一部分重复循环回到反应器。蒸汽通向装置的压缩和蒸馏工号。

装置的压缩和蒸馏工号类似蒸汽裂化装置尾端看到的样子。首先，蒸汽被压缩到 400～500 磅/英寸^2（表）的压力。经过压缩的蒸汽被干燥，二氧化碳之类的氧化物都被除去。

清洁干燥的蒸汽被送到脱乙烷塔；乙烷和较轻的气体在此除去，送到燃气系统。乙烯的产量小，可以设想聚合级乙烯的回收没有经济价值。从脱乙烷塔底部出来的物流被送到脱丙烷塔。丙烯和丙烷从塔顶采出，送到 C3 分离塔，回收聚合级丙烯。对于化学级丙烯，现在还不清楚是否需要一台分离塔。脱丙烷塔底部出来的物流含有各种 C4 和更重的物质。可以使用一个脱丁烷塔来回收各种 C4，将它们重复循环回到 PropylurTM 单元中，以生产更多的丙烯。来自脱丁烷塔底部的各种 C5 和更重的物质被送到汽油组分总成。

对于 MTPTM 工艺的设计，有几个重点需要强调：第一，将会生成大量的水。甲醇的水含量为 56%。此外，转化需要在一定的水和甲醇或甲醇等价物的质量比之下进行；一般为 0.2～1.0，最好是 0.3～0.8。这些被加到甲醇的水含量中。对于一套年产 50 万吨丙烯的 MTPTM 装置，水的产量每年要超过 90 万吨。从反应器中出来的水是透明液体，含有少量甲醇和二甲醚，还有微量的丙酮、甲基乙基酮、醋酸、乙醇和芳香烃。在分相器中与烃类物质分离后，这部分水被汽提(在现场)，大约有 2/3 重复循环回反应器。多余的水被送到厂区外的水处理装置进行处理。

另一个需要注意的要点是，反应器中剧烈放热的烯烃生成反应。专利中提到，催化剂床中的温度不得比反应器冷却剂的温度高 60 ℃。催化剂温度的上升将导致一开始就形成乙烯，从而会加剧附加反应。为减小主反应器中催化剂的温度上升，鲁奇公司在上游增加了一台预反应器。预反应器允许使用酸性催化剂来生成二甲醚；后面还加了一套附加的冷却级。只要冷却介质处于下边界处或者如果总压力低，或者水和甲醇的质量比高，就不会阻止纯甲醇被使用。

(二)国内 MTP 技术情况

目前，国内从事 MTP 技术研发的机构主要有中国石化和清华大学等。中国石化已完成固定床 MTP 技术的中试研究，正在组织进行以甲醇为原料 150 万吨/年的 SMTP 装置工艺包研发，并在扬子石化建设 5 000 吨/年的工业试验装置，该装置于 2012 年 12 月成功开车，并产出合格丙烯。该装置各项技术指标达到设计要求，运行周期超过设计值，且净化水和粗甲醇均可回收利用，同时，获取了大型工业化装置 SMTP 成套技术开发所需的大量基础数据，促进了 SMTP 技术实现工业转化步伐，为下一阶段 180 万吨/年甲醇制丙烯工艺包的设计提供了坚实基础。

清华大学联合中国化学工程集团、安徽淮化集团共同开发了流化床甲醇制丙烯(FMTP)技术，其工艺流程如图 1-1-7 所示。2009 年 12 月，在淮南建设了规模为 3 万吨/年的 FMTP 中试装置。利用该技术生产以丙烯为目标产物的烯烃产品，丙烯总收率达 77%，原料消耗为 3 吨甲醇/吨丙烯；生产以丙烯为主的烯烃产品，双烯(乙烯＋丙烯)总收率达 88%，原料消耗为 2.62 吨甲醇/吨双烯。

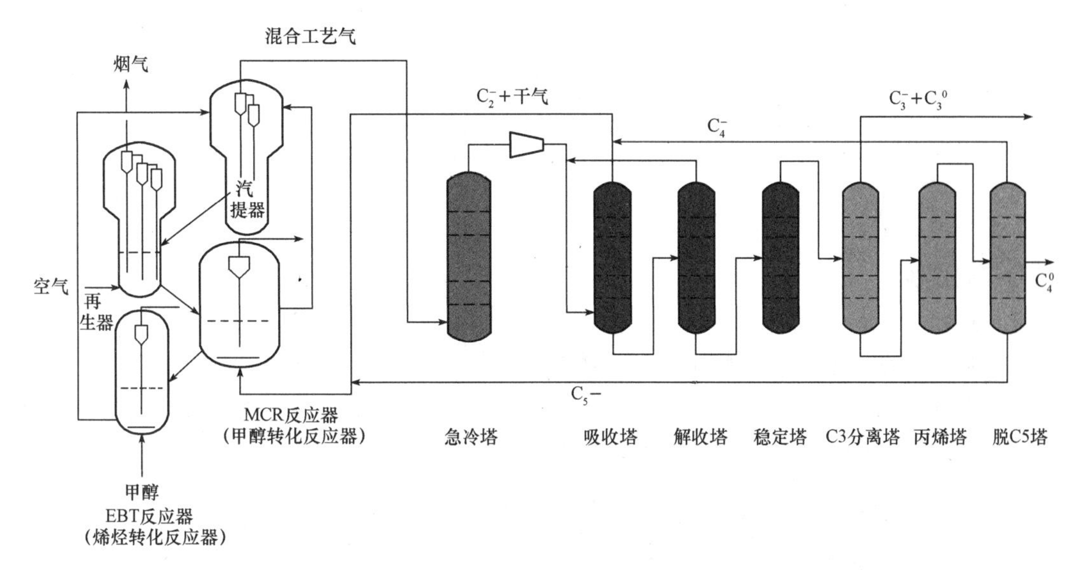

图 1-1-7　FMTP 工艺流程图

知识链接

化工工艺流程图识读基本知识

能力训练

一、选择题

1. MTO 装置设计的乙烯和丙烯产品比例可在(　　)进行调整。

A. 0.8～1.1　　B. 0.7～1.1　　C. 0.8～1.2　　D. 0.7～1.2

2. 转化率 Z、选择性 X、单程收率 S 的关系是(　　)。

A. $Z=XS$　　B. $X=ZS$　　C. $S=ZX$　　D. 以上关系都不是

3. 工艺物料代号 PA 是(　　)。

A. 工艺气体　　B. 工艺空气

C. 气液两相工艺物料　　D. 气固两相工艺物料

4. 在带控制点工艺流程图中，仪表位号的第一个字母表示(　　)。

A. 被测变量　　B. 仪表功能　　C. 工段号　　D. 管段序号

二、判断题

1. 带控制点工艺流程图一般包括图形、标注和图例三个部分。(　　)

2. 化工工艺图主要包括化工工艺流程图、化工设备布置图和管路布置图。(　　)

3. UOP 公司在 SAPO-34 分子筛的基础上开发出了 MTO-100 甲醇转化制烯烃专用催化剂。(　　)

4. 早期的 MTO 研究集中在中孔 ZSM-5 分子筛为基础的催化剂方面。(　　)

项目二　反应—再生系统运行与控制

学习目标

知识目标

(1)了解反应—再生系统的任务和生产原理。

(2)了解反应—再生系统原料、产品气的主要物理化学性质、规格、用途及技术经济指标。

(3)掌握反应—再生系统的工艺流程、工艺指标。

(4)熟悉反应—再生系统控制点的位置、操作指标的控制范围及其作用、意义和相互关系。

(5)掌握反应—再生系统正常操作要点、系统开停车程序和注意事项。

(6)了解反应—再生系统不正常现象和常见事故产生的原因及预防处理知识。

(7)了解反应—再生系统所用催化剂的成分、作用、装卸方法、升温还原的原理及操作方法。

(8)了解反应—再生系统防火、防爆、防毒知识，熟悉安全技术规程，掌握有关的产品气质量标准及环境保护方面的知识。

能力目标

(1)能够进行原料、催化剂、惰性剂、配套化学品的选择，能够进行必要的原料、产品气的质量分析。

(2)认识反应—再生系统工艺流程图，能够识读仪表联锁图和工艺技术文件，并能够熟练画出反应—再生系统工艺流程图。

(3)能够熟悉反应—再生系统关键设备，并能够进行反应器等设备的操作、控制及必要的维护与保养。

(4)能够进行反应—再生系统的开停车操作，并能与上下游岗位进行协调沟通。

(5)能够熟练操作反应—再生系统 DCS 控制系统进行工艺参数的调节与优化，确保产品气质量。

(6)能够根据生产过程中异常现象进行故障判断，并能进行一般处理。

(7)能够辨识反应—再生系统危险因素，查找岗位上存在的隐患并进行处理，能够根据岗位特点做到安全、环保、经济和清洁生产。

素质目标

(1)培养学生独立思考、分析问题、解决问题的能力。

(2)培养学生合作学习、团结协助的精神。

(3)培养学生勤于思考、善于表达、易于沟通及动手的能力。

(4)培养学生养成细致、耐心、爱岗、敬业的职业操守和习惯。

(5)培养学生的节能意识。

反应—再生系统是甲醇合成烯烃生产工艺的核心部分，采用循环流化床的反应—再生形式，两器内需要设置催化剂回收系统、原料及主风分配设施、取热设施、催化剂汽提设施，催化剂输送系统的设计应能够满足反应操作条件的要求。

反应—再生系统的任务是将 250 ℃左右的甲醇于 400～550 ℃的流化床反应器中在催化剂的作用下，生成富含乙烯、丙烯的气体，送到下游烯烃分离装置。同时，将反应后因结碳失去活性的催化剂(称作待生催化剂，简称待生剂)，通过待生输送管送到再生器进行烧焦再生，恢复催化剂的活性和选择性。再生后的催化剂(称作再生催化剂，简称再生剂)通过再生输送管送到反应器再参与反应。通过优化反应—再生系统的工艺条件，使催化剂保持较高的活性和选择性，最大限度地提高乙烯、丙烯的收率，以满足生产的要求。

任务一　反应—再生系统生产准备

任务描述

了解反应—再生系统原料、反应气的理化性质、规格、用途及技术经济指标，根据生产要求进行生产准备。

知识储备

为了确保 MTO 装置的性能，减少反应副产物，特别是对下游分离造成影响的微量杂质副产物的生成，MTO 工艺技术对甲醇原料的指标有严格的限定，同时，对原料的碱度、碱金属、总金属含量等指标都有一定的要求。DMTO 工业装置是全世界第一套大型装置，为了保证装置的可靠性，同时，为了避免造成价格较高的 DMTO 专用催化剂的损失，DMTO 专有技术中包含了惰性剂及其使用技术。惰性剂的用途是在装置初次装载催化剂前验证其是否存在问题。惰性剂的流化性能与 DMTO 专用催化剂一致，物理性能(密度、孔体积、磨损指数)则有一定差别。

一、原料的选配

甲醇是极为重要的有机化工原料和洁净液体燃料，是碳—化工的基础产品。甲醇化工是化学工业的一个重要分子。固体原料煤炭、液体原料石脑油和渣油、气体原料天然气和油田气或煤层气等经部分氧化法或蒸汽转化法制得合成气。合成气的主要成分是一氧化碳和氢气。一氧化碳加氢气可制得甲醇，这就构成了碳—化工的基本原料。甲醇的生产工艺简单，反应条件温和，技术容易突破，因此，甲醇及其衍生物有着广泛的用途，世界各国都将甲醇作为碳—化工的重要研究领域。现在甲醇已成为新一代能源的重要起始原料，生产一系列深度加工产品，并成为碳—化工的突破口。在世界能源紧缺及清洁能源、环保需求的情况下，以煤为原料生产甲醇，甲醇就有希望成为替代石油的清洁燃料、化工原料与二次能源。

(一)甲醇性质及制取方法

甲醇(Methyl Alcohol)是最简单的饱和醇，俗称“木醇”“木精”，其分子式为 CH_4O，

结构简式 CH_3—OH，碳原子以 sp^3 杂化轨道成键，氧原子以 sp^3 杂化轨道成键，为极性分子，相对分子质量 32.04。

1. 甲醇的物理性质

在常温常压下，纯甲醇是无色透明、易流动、易挥发的可燃液体，对金属无腐蚀性(铅、铝除外)，略有酒精气味。其相对密度为 0.792(水的相对密度为 1)，熔点为 −97.8 ℃，沸点为 64.5 ℃，闪点为 12.22 ℃，自燃点为 463.89 ℃。

甲醇比水轻，是易挥发的液体，具有很强的毒性；内服 5～8 mL 有失明的危险，30 mL 能使人中毒身亡，故操作场所空气中允许的最高甲醇蒸汽浓度为 0.05 mg/L。甲醇蒸汽与空气能形成爆炸性混合物，爆炸范围为 6.0%～36.5%，燃烧时呈蓝色火焰。甲醇能与水、乙醇、乙醚、苯、酮、卤代烃和其他许多有机溶剂相混溶。甲醇不具酸性，其分子组成中虽然有碱性极微弱的羟基，但也不具有碱性，对酚酞和石蕊呈中性。甲醇的主要物理性质见表 1-2-1。甲醇的饱和蒸汽压和密度见表 1-2-2。

表 1-2-1　甲醇的主要物理性质

<table>
<tr><th colspan="2">性质</th><th>数值</th><th>性质</th><th>数值</th></tr>
<tr><td colspan="2">冰点/℃</td><td>−97.68</td><td>25 ℃下生成热(液体)/(kJ·mol^{-1})</td><td>−239.03</td></tr>
<tr><td colspan="2">沸点/℃</td><td>64.70</td><td>25 ℃下生成自由能(液体)/(kJ·mol^{-1})</td><td>−166.81</td></tr>
<tr><td colspan="2">自燃点/℃</td><td>470</td><td>25 ℃下燃烧热(液体)/(kJ·mol^{-1})</td><td>726.09</td></tr>
<tr><td rowspan="2">闪点/℃</td><td>开杯法</td><td>16.0</td><td>熔融热/(kJ·mol^{-1})</td><td>3.300</td></tr>
<tr><td>闭杯法</td><td>12.0</td><td>沸点下汽化热/(kJ·mol^{-1})</td><td>36.173</td></tr>
<tr><td colspan="2">临界温度/℃</td><td>239.4</td><td>25 ℃下蒸汽热容/[J·$(g\cdot K)^{-1}$]</td><td>1.370</td></tr>
<tr><td colspan="2">临界压力/MPa</td><td>8.096</td><td>25 ℃下液体热容/(kJ·mol^{-1})</td><td>2.533</td></tr>
<tr><td colspan="2">临界体积/(mL·mol^{-1})</td><td>118</td><td>表面张力/(mN·m^{-1})</td><td>22.6</td></tr>
<tr><td colspan="2" rowspan="2">临界压缩分子
(在 PV=znRT 中)</td><td rowspan="2">0.224</td><td>折射率(n_D^{20})</td><td>1.3284</td></tr>
<tr><td>25 ℃下液体黏度/(MPa·s^{-1})</td><td>0.541</td></tr>
<tr><td colspan="2">25 ℃蒸汽压 kPa</td><td>16.96</td><td>25 ℃下介热常数</td><td>32.7</td></tr>
<tr><td colspan="2">25 ℃下密度/(g·cm^{-3})</td><td>0.7 866</td><td>25 ℃下导热系数/[W/$(m\cdot K)^{-1}$]</td><td>0.202</td></tr>
<tr><td colspan="2">相对密度(d_D^{20})</td><td>0.7 913</td><td>在空气中爆炸上限(体积分数)/%</td><td>6.0</td></tr>
<tr><td colspan="2"></td><td></td><td>在空气中爆炸下限(体积分数)/%</td><td>36.5</td></tr>
</table>

表 1-2-2　甲醇的饱和蒸汽压和密度

温度/℃	蒸汽压/Pa	密度/(kg·m^{-3})	温度/℃	蒸汽压/Pa	密度/(kg·m^{-3})
−97.71	0.1 887	2 412×10^2	70	1.246×10^5	0.6 717
−90	0.6 319	7 521×10	80	1.801×10^5	0.4 722
−70	9.212	5 722	90	2.546×10^5	0.3 383
−50	8.043×10	719.5	100	3.524×10^5	0.2 475
−30	4.778×10^2	131.8	110	4.790×10^5	0.1 838
−10	2.114×10^3	32.13	130	8.376×10^5	0.1 063
0	4.065×10^3	17.29	150	1.384×10^6	0.06 404

续表

温度/℃	蒸汽压/Pa	密度/(kg·m^{-3})	温度/℃	蒸汽压/Pa	密度/(kg·m^{-3})
10	7.432×10^{3}	9.767	170	2.186×10^{6}	0.03 938
20	1.299×10^{4}	5.757	190	3.308×10^{6}	0.02 420
30	2.180×10^{4}	3.525	210	4.832×10^{6}	0.01 427
40	3.529×10^{4}	2.231	230	6.882×10^{6}	0.007 538
50	5.531×10^{4}	1.457	239.5	8.103×10^{6}	0.00 364
60	8.414×10^{4}	0.9 771			

甲醇与水无限互溶，甲醇水溶液的密度随温度的升高而降低，也随甲醇的浓度增加而降低，甲醇水溶液的沸点随甲醇浓度增加而降低。甲醇可以与许多有机化合物按任意比例混合，并与其中100多种有机化合物形成共沸混合物，见表1-2-3。许多共沸混合物的沸点与甲醇的沸点相近，在精馏粗甲醇时，可以蒸馏出表1-2-3中列出的混合物。

表1-2-3　甲醇有机化合物共沸物组成与沸点

化合物	沸点/℃	共沸物	
		共沸点/℃	甲醇浓度/%
丙酮(CH_3COCH_3)	56.4	55.7	12.0
醋酸甲酯(CH_3COOCH_3)	57.0	54.0	19.0
甲酸乙酯($HCOOC_2H_5$)	54.1	50.9	16.0
丁酮($CH_3COC_2H_5$)	79.6	63.5	70.0
丙酸甲酯($C_2H_5COOCH_3$)	79.8	62.4	4.7
甲酸丙酯($HCOOC_3H_7$)	80.9	61.9	50.2
二甲醚[$(CH_3)_2O$]	38.9	38.8	10.0
乙醛缩二甲酯[$CH_3CH(OCH_3)_2$]	64.3	57.5	24.2
乙基丙烯酸酯($CH_2=CHCOOC_2H_5$)	43.1	64.5	84.4
甲酸异丁酯($HCOOC_4H_9$)	97.9	64.6	95.0
环乙烷(C_6H_{12})	80.8	54.2	61.0
二丙醚[$(C_3H_7)_2O$]	90.4	63.8	72.0
碳酸二甲酯[$(CH_3O)_2CO$]	90.5	80.0	70.0

2. 甲醇的化学性质

在甲醇的分子结构中含有一个甲基与一个羟基，因为含有羟基，所以它具有醇类的典型反应；又因含有甲基，所以它又能进行甲基化反应。甲醇可以与一系列物质反应，所以甲醇在工业上有着十分广泛的应用。

(1)甲醇氧化。甲醇在空气中可被氧化生成甲醛、甲酸。

$$CH_3OH+1/2O_2\rightarrow HCHO+H_2O \tag{1-2-1}$$

$$HCHO+1/2O_2\rightarrow HCOOH \tag{1-2-2}$$

甲醇在600～700 ℃通过浮石银催化剂或其他固体催化剂，如铜、五氧化二钒等，可以直接氧化为甲醛。

(2)甲醇氨化。将甲醇与氨以一定比例混合，在温度为370～420 ℃、压力为5.0～20.0 MPa下，以活性氧化铝为催化剂进行反应，可以得到一甲胺、二甲胺及三甲胺的混合物，再经精馏，可以得到一、二或三甲胺产品。

$$CH_3OH+NH_3 \rightarrow CH_3NH_2+H_2O \tag{1-2-3}$$

$$2CH_3OH+NH_3 \rightarrow (CH_3)_2NH+2H_2O \tag{1-2-4}$$

$$3CH_3OH+NH_3 \rightarrow (CH_3)_3N+3H_2O \tag{1-2-5}$$

(3)甲醇羰基化。甲醇与一氧化碳在温度为250 ℃、压力为50～70 MPa下，通过碘化钴催化剂，或者在温度为180 ℃、压力为3～4 MPa下，通过铑的羰基化合物催化剂(以碘甲烷为催化剂)，合成醋酸。

$$CH_3OH+CO \rightarrow CH_3COOH \tag{1-2-6}$$

(4)甲醇酯化，生成各种脂类化合物。

1)甲醇与甲酸反应生成甲酸甲酯。

$$CH_3OH+HCOOH \rightarrow HCOOCH_3+H_2O \tag{1-2-7}$$

2)甲醇与硫酸作用生成硫酸氢甲酯、硫酸二甲酯。

$$CH_3OH+H_2SO_4 \rightarrow CH_3HSO_4+H_2O \tag{1-2-8}$$

$$2CH_3OH+H_2SO_4 \rightarrow (CH_3)_2SO_4+2H_2O \tag{1-2-9}$$

3)甲醇与硝酸作用生成硝酸甲酯。

$$CH_3OH+HNO_3 \rightarrow CH_3NO_3+H_2O \tag{1-2-10}$$

(5)甲醇氯化。甲醇与氯气、氢气混合，以氯化锌为催化剂可生成一、二、三氯甲烷，直至四氯化碳。

$$CH_3OH+Cl_2+H_2 \rightarrow CH_3Cl+HCl+H_2O \tag{1-2-11}$$

$$CH_3Cl+Cl_2 \rightarrow CH_2Cl_2+HCl \tag{1-2-12}$$

$$CH_2Cl_2+Cl_2 \rightarrow CHCl_3+HCl \tag{1-2-13}$$

$$CHCl_3+Cl_2 \rightarrow CCl_4+HCl \tag{1-2-14}$$

(6)甲醇与氢氧化钠反应。甲醇与氢氧化钠在85～100 ℃下反应脱水可生成甲醇钠。

$$CH_3OH+NaOH \rightarrow CH_3ONa+H_2O \tag{1-2-15}$$

(7)甲醇的脱水。在高温下，在ZSM-5型分子筛或0.5～1.5 mm的金属硅铝催化剂下，甲醇可脱水生成二甲醚。

$$2CH_3OH \rightarrow (CH_3)_2O+H_2O \tag{1-2-16}$$

(8)甲醇与苯反应。在3.5 MPa、340～380 ℃下，甲醇与苯在催化剂存在下生成甲苯。

$$CH_3OH+C_6H_6 \rightarrow C_6H_5CH_3+H_2O \tag{1-2-17}$$

(9)与光气反应，生成碳酸二甲酯，光气先与甲醇反应生成甲酸甲酯。甲酸甲酯进一步与甲醇反应生成碳酸二甲酯。

(10)甲醇与二硫化碳反应。甲醇与二硫化碳以$\gamma-Al_2O_3$作催化剂先合成二甲基硫醚，再与硝酸氧化生成二甲基亚砜。

$$4CH_3OH+CS_2 \rightarrow 2(CH_3)_2S+CO_2+2H_2O \tag{1-2-18}$$

$$3(CH_3)_2S+2HNO_3 \rightarrow 3(CH_3)_2SO+H_2O \tag{1-2-19}$$

(11)甲醇的裂解。甲醇在加温、加压下，可在催化剂上分解为 CO 和 H_2。

$$CH_3OH \rightarrow CO + 2H_2 \tag{1-2-20}$$

(二)甲醇的工业规格要求

甲醇合成烯烃技术是以甲醇为原料来制取乙烯、丙烯的。为了确保甲醇合成烯烃装置的性能，减少反应副产物，特别是对下游分离造成影响的微量杂质副产物的生成，甲醇合成烯烃工艺技术对甲醇原料的指标有严格的限定。对甲醇合成烯烃装置原料甲醇的质量要求除符合国家一级品指标外(水量不作特殊要求)；特别要求碱度、碱金属、总金属含量等指标。精甲醇产品的国家标准见表 1-2-4，甲醇制烯烃装置原料甲醇质量要求(符合国家一级品指标外)见表 1-2-5。

甲醇的用途

表 1-2-4　精甲醇产品的国家标准

项目		指标		
		优等品	一等品	合格品
色度(铂—钴色号)	≤	5		10
密度(20 ℃)/(g·cm^{-3})		0.791～0.792	0.791～0.793	
温度范围(0 ℃，101 325 Pa)/ ℃		64.0～65.5		
沸程(包括 64.6±0.1 ℃)	≤	0.8	1.0	1.5
高锰酸钾试验/min	≥	50	30	20
水溶性试验		澄清		—
水分含量(W_t)/%	≤	0.10	0.15	—
酸度(以 HCOOH 计)/%	≤	0.001 5(15 ppm)	0.003(30 ppm)	0.00 5(50 ppm)
碱度(以 NH_3 计)/%	≤	0.000 2(2 ppm)	0.000 8(8 ppm)	0.0 01 5(15 ppm)
羰基化合物(CH_2O 计)/%	≤	0.002(20 ppm)	0.005(50 ppm)	0.010(100 ppm)
蒸发残渣含量/%	≤	0.001(10 ppm)	0.003(30 ppm)	0.005(50 ppm)

表 1-2-5　甲醇制烯烃装置原料甲醇质量要求(符合国家一级品指标外)

内容	数值	内容	数值
色度(Pt—Co)	≤5	羰基化合物(以 HCOH 计)	≤0.002%(20 ppm)
高锰酸钾试验	≥30	蒸发残渣含量	≤0.003%(30 ppm)
水溶性试验	澄清	总氨氮含量	不大于 1 ppm
酸度(以 HCOOH 计)	≤0.001 5%(15 ppm)	碱金属含量	不大于 0.1 ppm
碱度(以 NH_3 计)	≤0.000 15%(1.5 ppm)	总金属含量	不大于 0.5 ppm

(三)甲醇泄漏处理

甲醇是具有很强毒性的易挥发液体，在生产中一旦泄漏，容易造成人员伤亡和财产损失。甲醇作为甲醇合成烯烃装置的原料，它要与其他介质换热后再进入反应器进行反应，甲醇存在于整个装置区，在生产过程中要防止甲醇泄漏和人员中毒。

微课：甲醇泄漏处理

1. 甲醇的危害特性

(1)燃烧爆炸。甲醇蒸汽与空气形成爆炸性混合物，遇明火高热引起燃烧爆炸。与氧化剂能强烈反应。其蒸汽比空气重。能在较低处扩散到相当远的地方，遇明火会引着回燃，若遇高热，容器内压增大，有开裂和爆炸的危险，燃烧时无火焰。燃烧分解产物为一氧化碳和二氧化碳。

(2)毒性及健康危害。甲醇属Ⅲ级危害(中度危害)毒物，对呼吸道及胃肠道黏膜有刺激作用，对血管神经有毒作用，引起血管痉挛，形成淤血或出血，对视神经和视网膜有损害作用。人吸入 10 mL 就会双目失明；吸入 30 mL 就会致命，空气中的最大甲醇浓度为 50 mg/m^3。

2. 甲醇中毒现场救护

(1)甲醇中毒症状。

1)轻度中毒表现为神经衰弱症状，头晕、头痛、乏力、失眠、步态蹒跚、恶心、耳鸣、视力模糊。

2)重者表现为视力减退、眼球疼痛、怕光、瞳孔扩大、胸闷、供给失调。

3)严重者出现酸中毒，脑水肿及脑组织出血，出现剧烈头痛，抽搐和痉挛，以致呼吸衰竭，可以遗留视神经及周围神经方面的后遗症。

4)一般误服 5～10 mL，可严重中毒；10 mL 可致视网膜炎、失明；30 mL 可致死。

(2)甲醇中毒急救措施。

1)皮肤接触，脱去污染的衣着，立即用流动的清水彻底冲洗。

2)眼睛接触，立即提起眼睑，用流动清水或生理盐水冲洗至少 15 min。

3)吸入者，迅速脱离现场至新鲜空气处。

4)呼吸停止时，立即进行人工呼吸。

5)误服者用清水或硫代硫酸钠溶液洗胃，并及时就医。

3. 甲醇发生泄漏时应采取的措施

(1)撤离现场无关人员，切断火源。

(2)处置人员戴自给式呼吸器，穿消防防护服。

(3)不要直接接触泄漏物，在确保安全的情况下堵漏。

(4)喷水雾减少蒸发。

(5)用砂土或其他不燃烧吸附剂混合吸收，然后使用无火花工具收集运输至废物处理场所处置。

(6)可以用大量水进行冲洗，经稀释的洗水放入废水系统。

(7)如大量泄漏，应立即进行紧急停工，泄漏的甲醇利用围堤收容，然后收集、转移、回收或无害处理后废弃。

二、产品质量标准确定

甲醇制烯烃装置的主要产品为低碳烯烃混合气和水，其产品质量标准要求如下。

(一)低碳烯烃混合气质量标准

作为下游烯烃分离装置的原料，其质量标准要求符合烯烃分离装置产品气压缩机入口轻烯烃混合气主要组成要求。产品气压缩机入口轻烯烃混合气主要组成见表1-2-6。

表1-2-6　产品气压缩机入口轻烯烃混合气主要组成表

气压机入口产品气组成			质量百分比(1.45 kg/cm^2，乙烯/丙烯=1.03)	波动范围
序号	组分	分子式	正常	
1	水	H_2O	2.410 5	2～4
2	氢气	H_2	0.175 8	0.1～0.5
3	氮气	N_2	0.194 2	0.1～0.4
4	二氧化碳	CO_2	0.070 2	0.06～0.16
5	一氧化碳	CO	0	0.1～0.4
6	氧气	O_2	0.0002	0.000 2～0.016
7	氮氧化物	NO_x	0	3 ppb
8	甲烷	CH4	1.7610	0.5～2.3
9	乙烷	C_2H_6	0.782 5	0.7～1.5
10	乙烯	C_2H_4	39.420 5	32～42
11	乙炔	C_2H_2	0.001 9	0～0.005
12	丙烷	C_3H_8	2.595 8	2.5～5.0
13	丙烯	C_3H_6	38.368 9	34～43
14	丙炔	C_3H_4	0.000 2	0.000 2～0
15	2号丙烯精馏塔炔	C_3H_4	0.000 2	0.000 2～0
16	环丙烷	C_3H_6	0.003 7	0.003～0.01
17	正丁烷	NC_4H_{10}	0.434 6	9.0～12
18	异丁烷	IC_4H_{10}	0.021 8	
19	正丁烯	NC_4H_8	2.719 7	
20	异丁烯	IC_4H_8	0.388 4	
21	顺—2—丁烯	CC_4H_6	2.922 4	
22	反—2—丁烯	TC_4H_6	4.010 2	
23	1,3—丁二烯	C_4H_6	0.222 3	
24	丁炔	C_4H_6	0.024 4	
25	C5及C5以上	$C5^+$	3.161 6	2.9～4.5
26	甲醇	CH_3OH	0.016 6	0.01～0.2
27	二甲醚	CH_3OCH_3	0.048 8	0.01～1.17
28	其他有机物		0.025 7	
合计			100	

(二)产品水及急冷水洗水质量标准

按照甲醇合成烯烃工艺包要求，甲醇合成烯烃装置出界区产品水中的甲醇含量应低于100 ppm(质量百分比)，使这部分产品水能够回收利用。装置产品水中杂质含量见

表 1-2-7，急冷水洗水中杂质含量见表 1-2-8。

表 1-2-7　产品水中杂质含量

名称	含量(w_t)/ppm	名称	含量(w_t)/ppm
二甲醚	20	2—丁酮	70
乙醛	50	异丙醇	6
丙醛	10	乙醇	20
丙酮	200	2—戊酮	6
丁醛	1	乙酸钠	110
甲醇	100	丙酸钠	10

表 1-2-8　急冷水洗水中杂质含量

名称	含量(w_t)/ppm	名称	含量(w_t)/ppm
二甲醚	192	2—丁酮	未检出
乙醛	未检出	异丙醇	2
丙醛	未检出	乙醇	未检出
丙酮	634	2—戊酮	未检出
甲乙酮	161	乙酸	204
丁醛	未检出	丙酸	未检出
甲醇	216	烃类	146

三、催化剂的选配

甲醇转化为烯烃的反应包含甲醇转化为二甲醚和甲醇或二甲醚转化为烯烃两个反应。根据甲醇转化反应的特征，两个转化反应均需要酸性催化剂。通常，无定形固体酸可以作为甲醇转化的催化剂，容易使甲醇转化为二甲醚，但生成低碳烯烃的选择性非常低。所以，MTO 专用催化剂通过酸性和结构各个方面的调节限制副反应。

催化剂与催化作用

催化剂类型

催化剂的组成

催化剂的使用性能

(一)甲醇合成烯烃催化剂组成及类型

1. 组成

甲醇转化制烯烃所用的催化剂以分子筛为主要活性组分，以氧化铝、氧化硅、硅藻土、高岭土等为载体，在胶粘剂等加工助剂的协同作用下，经加工成型、烘干、焙烧等工艺制成分子筛催化剂。

2. 类型

(1)SAPO-34 分子筛催化剂。MTO 工艺所用催化剂为 SAPO-34 分子筛，一般采用水热法合成。合成组分包括铝源、硅源、磷源、模板剂和去离子水，在密闭高压釜内进行合成。MTO 反应是典型的酸催化反应，分子筛催化剂在 MTO 反应中催化性能的差异，除受自身骨架拓扑结构的影响外，分子筛的酸性质(包括酸密度、酸强度、酸性位在晶体中的分布等)也有重要的影响。酸性太强或酸性中心密度过高会促进氢转移反应的发生，催化剂上积碳速率大会导致快速失活，而酸性太弱则有可能使甲醇不能完全转化，中等强度的酸中心和较低的酸密度有利于提高 MTO 反应产物中乙烯和丙烯的选择性，延长催化剂寿命。

以三乙胺为模板剂制备了一系列具有不同硅含量的 SAPO-34 分子筛，随着样品中硅含量的增加，催化剂中强/强酸量和酸强度都相应增大，相应的 MTO 反应结果则呈现相反的趋势。具有相对最弱酸强度和最少酸量的 SAPO-34－0.2Si 样品展现了最长的催化寿命 384 min，而 SAPO-34－0.4Si 和 SAPO-34－0.6Si 上的反应寿命依次降低到 244 min 和 202 min。SAPO-34－0.2Si 样品同时也显示了高的低碳烯烃选择性，其初始和最高乙烯＋丙烯选择性都要高于 0.4Si 和 0.6Si 样品。丙烷/丙烯选择性常被用作衡量 MTO 反应产物中烯烃发生二次氢转移反应的程度，随着样品中酸量和酸强度的增加，氢转移反应程度明显增强，说明具有较强酸中心的样品上容易发生副反应(如齐聚、环化和氢转移反应)，从而导致较快速的积碳失活。随着反应时间的推移，氢转移指数均呈现下降趋势，这是由于反应积碳首先发生在具有最强酸性质的酸中心上，随着这些活性中心被积碳物种所覆盖，氢转移反应的程度逐渐降低。

分子筛由于具有规整的孔道结构和分子维度的孔口尺寸，在许多催化反应中都表现出良好的择形能力。但这些微孔孔道有可能对反应物或产物的扩散传质产生限制，从而导致快速的积碳失活。研究表明，发生在分子筛催化剂上的 MTO 反应过程也存在扩散传质方面的问题，尤其对小孔的 SAPO-34 分子筛，降低分子筛粒度有利于消除扩散传质限制，获得长的催化寿命。

(2)ZSM-5 催化剂。丙烯作为重要的化工原料，其需求量在逐年攀升，甚至超过了乙烯。目前，国内的丙烯生产主要有两种来源：一是裂解丙烯，来自乙烯蒸汽裂解装置；二是炼厂丙烯，从催化裂化炼厂气中分离得到。这两种方式均完全依赖于石油资源，因此，发展非石油原料制备丙烯的新技术是非常有意义的。甲醇制丙烯(MTP)技术的发展为丙烯来源多元化开辟了新路线。德国 Lurgi 最早进行了 MTP 工艺技术的研发，该技术采用德国南方化学公司研制的 ZSM-5 催化剂和固定床反应器，通过将反应后的乙烯和 $C4^+$ 馏分循环回反应系统，进一步转化生成丙烯，预期可实现 71%的丙烯收率(碳基收率)。我国的国能宁煤和大唐多伦均采用 Lurgi 的 MTP 技术。清华大学开发了基于流化床技术的 FMTP 工艺，采用小孔 SAPO－34 分子筛作为催化剂，完成了 100 吨/日的工业性试验，丙烯选择性 67.3%。FMTP 工艺中包含乙烯和 $C4^+$ 烃的歧化反应过程，以提高过程的丙烯总收率。上海石油化工研究院开发了 SMTP 技术，其总体技术路线与 Lurgi 的 MTP 工艺相似。

ZSM-5 分子筛是固定床 MTP 过程的首选催化剂，但常规方法合成的 ZSM-5 具有较强的酸性，孔口尺寸较大，不能有效限制芳烃及长链烃类的生成，直接用于甲醇转化反应时低碳烯烃选择性偏低。研究表明，较高的硅铝比(对应较低的酸中心密度)能够抑制烯烃产物的二次反应从而增加丙烯的选择性；小的晶体尺寸或介微孔复合 ZSM-5 有利于反应物和产物的扩散传质，提高丙烯的选择性并延长催化剂寿命。

多种改性方法也被用于ZSM-5分子筛，通过调节表面酸性及改善孔道结构，可以提高丙烯选择性、降低芳烃等副产物、延缓结焦，增加催化剂寿命。常用的改性方法有高温水热处理、磷改性、金属改性等，这几种改性方法也可以联合使用。高温水热处理是常用的分子筛改性手段，可以脱除骨架铝降低酸性中心密度，增加低碳烯烃选择性，同时，也有利于增加分子筛的中孔容，增加催化剂的抗积碳能力。磷改性可以覆盖ZSM-5的强酸位，降低酸性位密度，有效抑制芳烃和积碳的形成，并且由于磷在分子筛孔道内的空间占位，对分子筛孔道也会起到一定的修饰作用，有利于丙烯等低碳烯烃的形成。金属改性与磷改性的原理类似，常用的金属有Mg、Ca、CoNi等。在磷改性或金属改性中，具体的改性元素用量与分子筛的性质(如硅铝比、孔结构等)都有关系。

由于ZSM-5自身较大的孔口特征，虽然反应产物中丙烯/乙烯比例较高，但丙烯的单程收率小且有较多的长链产物和芳烃。通过工艺方面的优化，将丁烯等非丙烯产物循环裂解，可以达到增产丙烯的目的，但这样会导致较大的循环量，增加装置负荷，丙烯的总体选择性依然偏低。开发具有单程高丙烯选择性的催化剂仍为新技术研发的关键。

(二)甲醇合成烯烃催化剂的工业规格要求

甲醇制烯烃装置一般采用专用催化剂，如DMTO装置采用D803C－Ⅱ01专用催化剂。D803C－Ⅱ01专用催化剂不仅具有优异的催化性能，高的热稳定性和水热稳定性，适用于甲醇和二甲醚及其化合物等多种原料，还具有合适的物理性能。特别是其物理性能和粒度分布与工业催化裂化催化剂相似，流态化性能也相近。D803C－Ⅱ01专用催化剂规格见表1-2-9。

表1-2-9　D803C－Ⅱ01专用催化剂规格

<table>
<tr><th colspan="2">项目</th><th>单位</th><th>指标</th><th>工业性试验
催化剂实测值</th></tr>
<tr><td colspan="2">比热</td><td>kcal/(kg·℃)</td><td></td><td>0.2～0.25</td></tr>
<tr><td colspan="2">骨架密度</td><td>g/mL</td><td>2.2～2.8</td><td>2.6</td></tr>
<tr><td colspan="2">颗粒密度</td><td>g/mL</td><td>1.5～1.8</td><td>1.7</td></tr>
<tr><td colspan="2">沉降密度</td><td>g/mL</td><td>0.6～0.8</td><td>0.7</td></tr>
<tr><td colspan="2">堆积密度</td><td>g/mL</td><td>0.65～0.90</td><td>0.75</td></tr>
<tr><td colspan="2">孔体积</td><td>mL/g</td><td>0.15～0.25</td><td>0.21</td></tr>
<tr><td colspan="2">比表面积</td><td>m^2/g</td><td>150～250</td><td></td></tr>
<tr><td colspan="2">磨损指数</td><td>%</td><td>＜2</td><td>0.4～0.8</td></tr>
<tr><td rowspan="5">粒度分布
(w)</td><td>0～20 μm</td><td>%</td><td>≤5</td><td>0</td></tr>
<tr><td>20～40 μm</td><td>%</td><td>≤10</td><td>7.03</td></tr>
<tr><td>40～80 μm</td><td>%</td><td>30～50</td><td>41.34</td></tr>
<tr><td>80～110 μm</td><td>%</td><td>10～30</td><td>21.43</td></tr>
<tr><td>110～149 μm</td><td>%</td><td>10～30</td><td>15.53</td></tr>
</table>

四、惰性剂及化学品的选配

(一)惰性剂的工业规格

为保证装置的可靠性及避免甲醇制烯烃专用催化剂的损失，DMTO 装置在进行初次装载催化剂前需采用专用惰性催化剂进行装置验证。

1. 对惰性剂的基本要求

(1)流化性能与 DMTO 催化剂一致。

(2)惰性剂不引起甲醇转化的副反应。

2. 惰性剂工业规格要求

DMTO 惰性剂主要规格见表 1-2-10。

表 1-2-10　DMTO 惰性剂规格

项目		单位	指标	工业性试验催化剂实测值
比热		kcal/kg·℃		0.2～0.25
骨架密度		g/mL	2.2～2.8	2.6
颗粒密度		g/mL	1.6～2.0	1.9
沉降密度		g/mL	0.7～0.9	0.8
堆积密度		g/mL	0.75～0.95	0.88
孔体积		mL/g	−0.1	0.1
磨损指数		%	<2	0.4～0.8
粒度分布(w)	0～20 μm	%	≤5	0
	20～40 μm	%	≤15	11.56
	40～80 μm	%	30～50	44.40
	80～110 μm	%	10～30	20.30
	110～149 μm	%	10～30	13.57
	>149 μm	%	≤20	10.17

3. 惰性剂的反应性能要求

在 500 ℃，纯甲醇为原料，进料空速(WHSV)＝$2h^{-1}$ 的条件下，除水外的所有副产物(不包括二甲醚)占全部产物(不含水)的质量分数不大于 8%。

(二)化学品的工业规格

1. 磷酸三钠

无色至白色针状结晶或结晶性粉末，无水物或含 1～12 分子的结晶水，无臭。十二水合物熔点为 73.4 ℃，易溶于水，不溶于乙醇。

(1)用途。

1)作硬水软化剂，磷酸三钠作锅炉用水炉内处理剂。

2)作软水剂，能使织物毛细管效应提高。

3)作去垢剂、金属洁净剂。

(2)规格。符合《工业用磷酸三钠》(HG/T 2517—2009)规格要求，磷酸三钠浓度≥98%。

2. 氢氧化钠

氢氧化钠的化学式为 NaOH，俗称烧碱、火碱、苛性钠，是一种具有强腐蚀性的强碱，一般为片状或颗粒形态，易溶于水(溶于水时放热)并形成碱性溶液，另有潮解性，易吸取空气中的水蒸气(潮解)和二氧化碳(变质)，易溶于乙醇、甘油。

(1)用途。氢氧化钠的用途极广，用于造纸、肥皂、染料、人造丝、制铝、石油精制、棉织品整理、煤焦油产物的提纯，以及食品加工、木材加工与机械工业等方面。

(2)规格。符合《工业用氢氧化钠》(GB/T 209—2018)要求，氢氧化钠溶液浓度的 20%。

(3)危害。车间空气中有害物质的最高容许浓度 2 mg/m^3，有强烈刺激性和腐蚀性。粉尘或烟雾会刺激人的眼睛和呼吸道，腐蚀鼻中隔，皮肤和眼睛与氢氧化钠直接接触会引起灼伤，误服可造成消化道灼伤，黏膜糜烂、出血和休克。

氢氧化钠不会燃烧，遇水和水蒸气大量放热，形成腐蚀性溶液；与酸发生中和反应并放热；危害环境。

能力训练

一、选择题

1. 在催化反应过程中，原料分子由催化剂外表面到催化剂内表面活性中心的过程，称为(　　)过程。

A. 吸附　　B. 脱附
C. 外扩散　　D. 内扩散

2. 磷酸三钠的主要作用是(　　)。

A. 防止和减缓水垢的形成　　B. 除氧
C. 防腐　　D. 除二氧化碳

3. 甲醇的沸点为(　　)℃。

A. 64.5　　B. 97.8
C. 12.2　　D. 470

4. 空速越大，单位催化剂藏量通过的原料甲醇(　　)。

A. 越多　　B. 越少
C. 不变　　D. 无法确定

二、判断题

1. 根据 DMTO 催化剂的特性，待生催化剂定碳的高低将影响产品气分布。(　　)

2. 分子筛只能吸附小于其孔径的分子。(　　)

3. 开工时，装置引入甲醇前，进料系统的管线应用水进行置换。(　　)

任务二　反应—再生系统工艺认识

任务描述

认识反应—再生系统关键设备，进行原料预热及气化工艺流程、MTO 反应工艺流程及催化剂再生工艺流程的识读与绘制。

微课：认识 MTO 工艺反应—再生系统

知识储备

反应—再生系统主要包括甲醇进料系统、反应—再生系统和主风系统。甲醇进料系统采用气相进料的方式，从界区外来的 MTO 级液相甲醇经加热气化和过热后进入反应器进行反应；反应产物经三级旋风分离器回收夹带的少量细粉并后送急冷水洗塔，反应—再生系统采用循环流化床和不完全再生工艺；主风系统设置两台电动离心式主风机提供足够的再生烧焦用风，两台主风机一开一备。

一、原料预热及气化工艺流程

原料预热及气化工艺流程如图 1-2-1、图 1-2-2 所示，来自装置外的甲醇进入甲醇缓冲罐(D1201)，经甲醇进料泵(G1101A/B)升压后，再经反应器内取热器、甲醇—净化水换热器(一)(HE1104A/B)和甲醇—凝结水换热器(HE1102A/B)换热到 100 ℃，分成三路：第一路经甲醇—汽提气换热器(HE1103A/B)换热；第二路经甲醇—蒸汽换热器(HE1201A/B)换热使甲醇气化；第三路由甲醇升压泵(G1102A/B)升压后经雾化喷嘴雾化后与前两路气化后的甲醇在甲醇—产品气换热器(HE1202A/B)前混合，然后进入甲醇—产品气换热器(HE1202A/B)，与来自反应器(R1101)的高温产品气充分换热以回收高温位热量，甲醇换热到 250 ℃左右进入反应器(R1101)进料分配器。甲醇—产品气换热器(HE1202A/B)旁路设有甲醇一净化水换热器(二)(HE1203A)以微调甲醇进料温度(正常不用)。

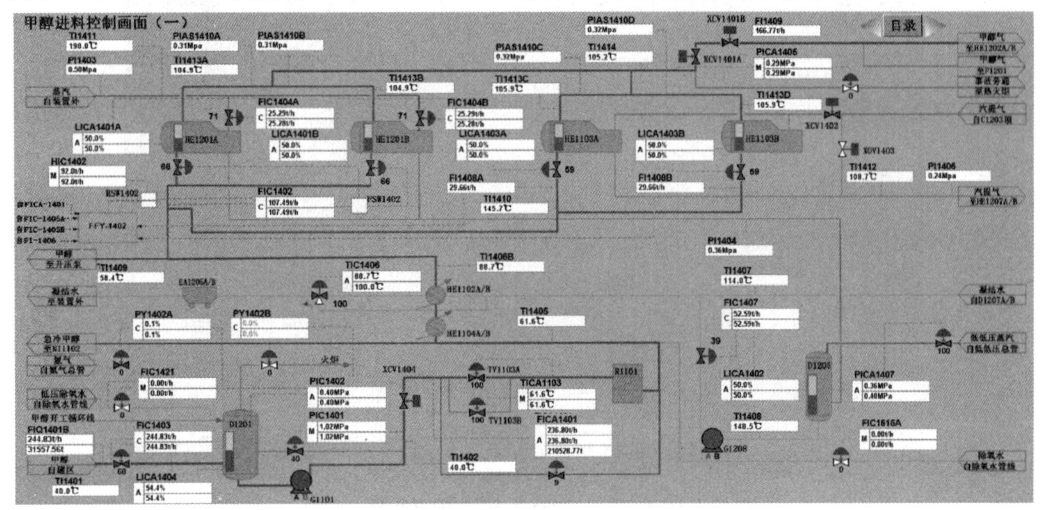

图 1-2-1　原料预热及气化工艺流程图(一)

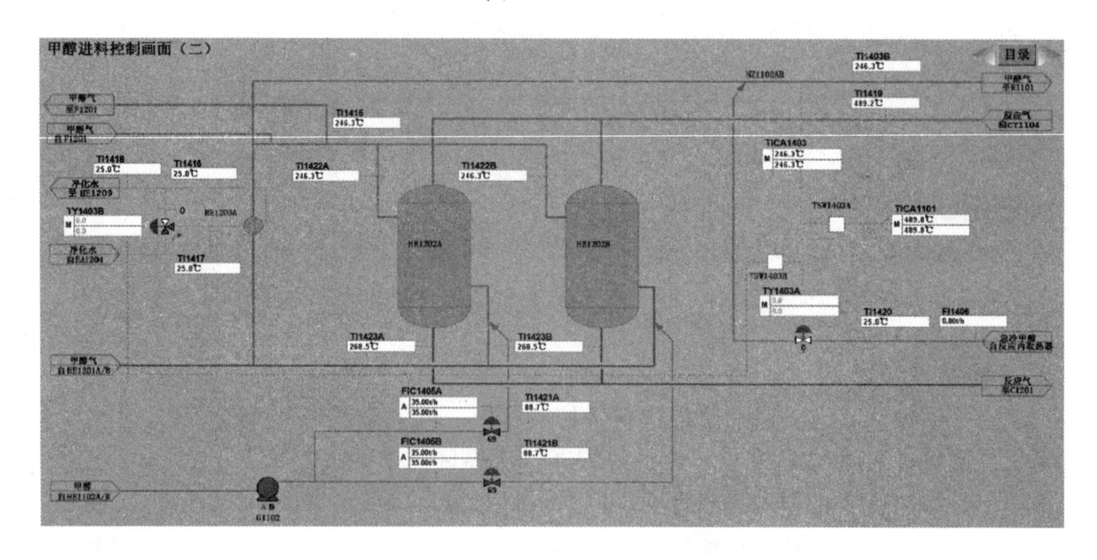

图 1-2-2　原料预热及气化工艺流程图(二)

二、MTO 反应工艺流程

MTO 反应工艺流程如图 1-2-3 所示，在反应器(R1101)内甲醇与来自再生器的高温再生催化剂直接接触，在该催化剂的作用下迅速进行放热反应，产品气经两级旋风分离器除去携带的大部分催化剂后，再经反应器三级旋风分离器(CY1104)除去所夹带的催化剂后引出，经甲醇—产品气换热器换热到～263℃后送至后部急冷塔(C1201)。由产品气三级旋风分离器和反应器四级旋风分离器回收下来的催化剂进入废催化剂储罐，经卸剂管线进入废催化剂罐。

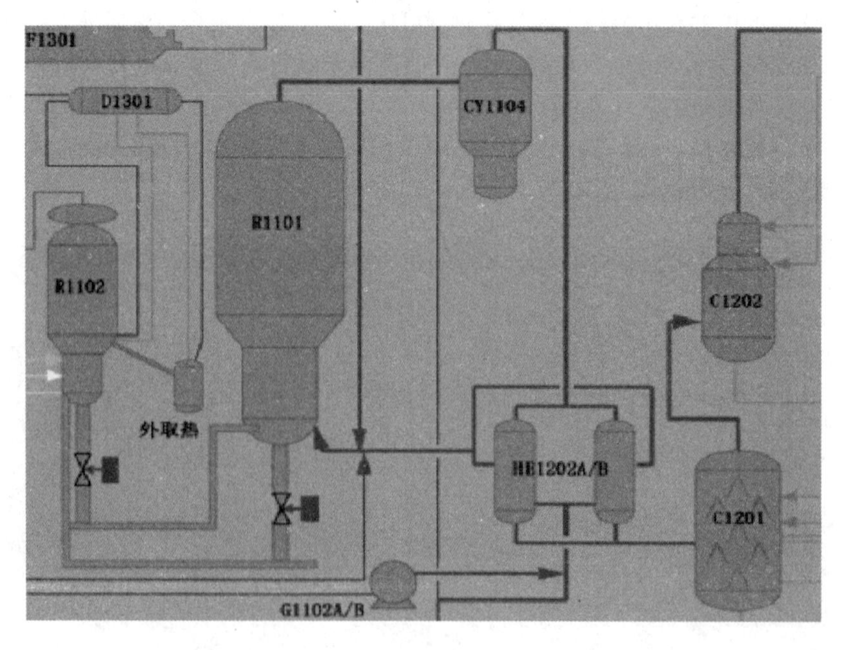

图 1-2-3　MTO 反应工艺流程图

三、催化剂再生工艺流程

催化剂再生工艺流程如图 1-2-4 所示，反应后积炭的待生催化剂进入待生汽提器汽提，待生汽提器设有 3 个汽提蒸汽环管，用于汽提待生催化剂携带的产品气，汽提后的待生催化剂经待生滑阀后进入待生管，在氮气的输送下进入再生器(R1102)。在再生器内(R1102)与主风逆流接触烧焦后，再生催化剂进入再生汽提器汽提，再生汽提器设有 3 个汽提蒸汽环管，用于汽提再生催化剂携带的烟气，汽提后的再生催化剂经再生滑阀后进入再生管，在 1.0 MPa 蒸汽的输送下进入反应器。

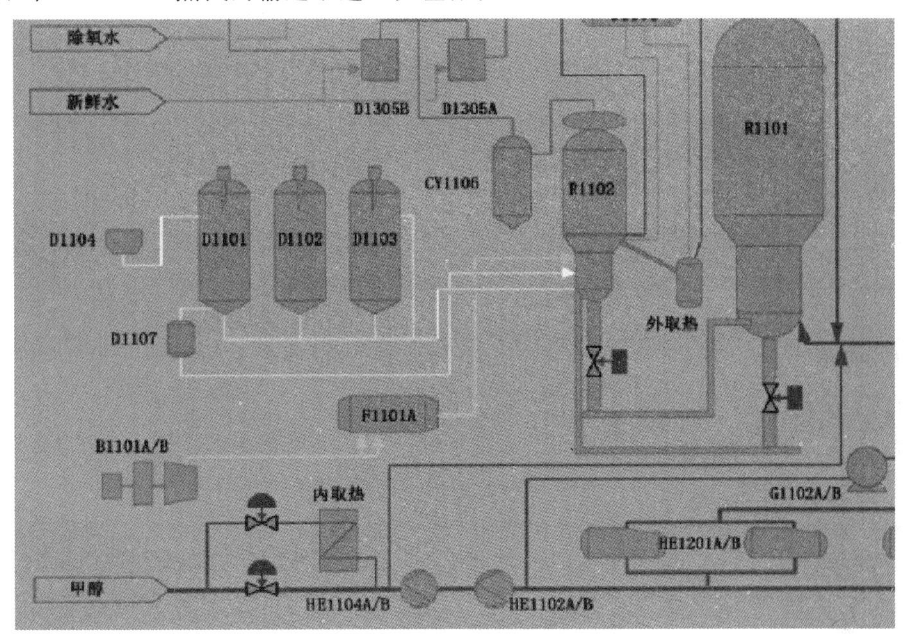

图 1-2-4　催化剂再生工艺流程图

能力训练

一、选择题

1. 正常生产中待生催化剂输送介质是(　　)。

   A. 工厂风　　B. 仪表风　　C. 低压蒸汽　　D. 氮气

2. 气体进入旋风分离器的方向是(　　)。

   A. 切向　　B. 径向　　C. 轴向　　D. 没有特殊要求

3. 催化剂卸料线用风吹扫的目的是(　　)。

   A. 风管线脱水　　B. 贯通卸料线

   C. 冷却卸料线　　D. 检查风压是否正常

4. 再生器补充氮气的作用是(　　)。

   A. 降低再生器密相温度　　B. 增加再生催化剂定碳

   C. 降低再生器内氧气浓度　　D. 维持再生器旋风分离器入口线速

二、判断题

1. MTO 装置中的三级旋风分离器主要是用于回收催化剂。 （ ）

2. 单动滑阀安装在烟气管道上，正常操作时调节再生和待生催化剂循环量，控制反应—再生两器的温度，停工或装置故障时兼作切断阀使用。 （ ）

3. 在化工生产过程中，通常用空速的大小来表示催化剂的生产能力，空速越大，单位时间、单位体积催化剂处理的原料气量就越大，所以空速越大越好。 （ ）

三、简答题

简述 MTO 装置反应—再生系统的任务。

任务三 反应—再生系统操作与控制

任务描述

进行主风机、辅助燃烧室、开工加热炉、旋风分离器的操作与维护；进行原料预热及气化系统、反应系统及再生系统操作；进行反应—再生系统联锁控制。

知识储备

甲醇合成烯烃生产装置岗位设置主要为反应—再生岗位、急冷岗位和热工岗位。装置在开车前，首先要进行仪表风系统、工业风系统、蒸汽及凝液系统、低压氮气系统、燃料油系统、燃料气系统、除氧水系统和新鲜水系统等公用工程的投用。然后逐步进行反应—再生系统、急冷水洗系统和热工系统的投用。

一、主风机操作与维护

DMTO 生产工艺中主风系统设置两台电动离心式主风机提供足够的再生烧焦用风，两台主风机一开一备。

(一)认识主风机

主风机的主要作用是为反应器进入再生器的催化剂提供烧焦风和反应—再生两器系统流化提供动力。机组组成包括离心式压缩机、齿轮箱、三相异步电动机和联轴器。辅助设备主要包括润滑油站、高位油箱，主风机进、出口工艺管路设备及电器仪表检测控制系统。机组及其辅机系统的控制一般采用三重冗余压缩机控制系统(Compressor Control System，CCS)完成。

机组自动保护逻辑压缩机控制系统包括启动程序、自动操作程序、安全运行程序、紧急停车程序、润滑油箱电加热投用程序、润滑油泵投用程序。

离心式压缩机的结构

离心式压缩机工作原理

离心式压缩机的特点

离心式压缩机类型

DMTO生产工艺所采用的压缩机一般是多级离心式压缩机，由异步电动机驱动。级间密封和叶轮口圈密封为迷宫式密封，安装有轴振动、轴位移探头。压缩机每个径向轴承部位安装2个(互成90°)振动探头。压缩机推力轴承侧安装2个轴位移探头。增速机低速轴与高速轴靠近联轴器侧径向轴承部位安装2个(互成90°)振动探头。压缩机每个径向轴承瓦块上埋(Pt100型)单点双支三线制铂热电阻轴承温度探测器2个。压缩机每个推力轴承主推力面瓦块上埋(Pt100型)单点双支三线制铂热电阻轴承温度探测器2个，副推力面瓦块上埋(Pt100型)单点双支三线制铂热电阻轴承温度探测器2个。

(二)主风机开车及运行维护

实训视频：主风机开车及运行维护

1. 开车前检查

主风机在启动前首先要做好以下准备工作。

(1)机组安装检修全部完成，质量验收合格，润滑油开路循环清洗质量验收合格。

(2)机组润滑油系统检查无泄漏，润滑油牌号正确、质量分析合格、油量满足循环最小倍率的8.5倍。

(3)仪表、电器、设备控制单元检测全部校验检查合格，一次测量显示仪表规格等级安装符合要求。

(4)机组控制逻辑自保系统联锁、报警和监测系统调试完毕，性能可靠无误，记录完全。

(5)辅助系统水、电、气、风送到现场。

(6)润滑油闭路循环建立，各辅助系统加热器、冷却器、过滤器、蓄能器、高位箱、排油烟机、调节器正常投入使用，各注油点压力调节正常回油情况良好。

(7)盘车系统运行。

2. 正常开机

(1)润滑油系统建立循环后，检查油箱液位在规定范围内，各部压力在规定值，采样化验分析润滑油，各项指标达到开机要求。

(2)检查出口电动机阀闸、入口蝶阀、放空阀灵活好用。

(3)手动盘车灵活好用，无卡涩现象，卸掉手动盘车工具。

微课：主风机的工作原理

(4)满足以下条件。

1)压缩机放空阀全开。

2)压缩机入口蝶阀微开(5%～15%)。

3)润滑油温正常40 ℃。

4)润滑油压正常0.25 MPa以上。

5)冷却水压力正常0.4 MPa。

6)压缩机投入。

7)电机具备开车条件。

逻辑电路动作，具备启动条件的灯亮方可启动。

(5)确认无问题后，按主风机的电机启动按钮(或按机组旁启动程序的控制系统启动机组)注意电流指针回到正常位置后，及时缓慢开大入口蝶阀，控制风量不低于最小流量，严防主风机飞动。

(6)全面检查机组运行情况，声音、振动、电流、温度正常后，逐渐控制流量与压力在所需范围内。

(7)接到反应岗位送风通知后，逐渐打开出口电动闸阀，同时逐渐关闭出口放空阀，保持压力，平衡流量，直到将主风机切入系统。

3. 运行中的操作

(1)严格按巡回检查路线定点详细检查，认真做记录，确保设备正常运行和环境整齐清洁。

(2)定期监听主风机内部声音及轴承振动情况，轴承振动应在允许的范围内，如果超标应查明原因和及时汇报，排除存在问题。

(3)经常检查润滑油液位，并注意脱水检查，随时注意电流、电压、润滑油压力、温度、轴承温度和机组声音，如有变化应及时调整。

(4)为防止飞动，必须密切注意风机入口流量，严禁在飞动区运行，一旦飞动应打开喘振阀，打开的同时注意，不得过快，以免泄压过快引起催化剂倒流。

(5)根据反应要求，出口压力或风量如果过高，这时可通过出口风量调节阀控制。相反，如果入口风量过低，可通过开进口风量调节阀的开度，来提高风量。

(6)定期联系分析润滑油质量，确保黏度、含水、机械杂质、酸值符合要求。

(7)备机处于备用状态，并按要求盘车。

4. 运行中的维护

(1)凡是参加主风机组操作、维护、管理的人员应通晓各单机的结构，特性、操作及维护要点。

(2)按时巡回检查，发现问题及时处理。检查油泵进油管法兰接合处的严密性防止空气吸入油泵。

(3)经常检查油温、油压、主风流量、出口压力、电流、机组振动和声响情况，并做好记录，异常时采取措施妥善处理，机组严禁在喘振工况运行。

(4)润滑油定期化验，每月一次，根据分析结果予以添加新油，置换旧油，认真执行三级过滤制度。

(5)经常检查润滑油冷却后温度，控制在指标之内，检查油箱中的油位，不得低于最低油位线。每周脱水一次，防止乳化。

(6)观察油站滤油器前后压差不大于 150 kPa，超过规定值时应及时进行清洗。

(7)按时做好操作记录，及时调整操作，经常对仪表盘上数字显示与现场读数进行校验，如有不符，应联系仪表工精确校正。

(8)经常做好卫生，以使机组区周围保持清洁。烟机壳体定期排凝，辅助油泵每个早班盘车一次，机组备用期间每个早班盘车一次且每次盘动 1 圈半。

(9)润滑油泵应定期切换或每星期试验辅助油泵自启动一次。

(三)主风机切换

当主风机故障或进行停机检修时，要进行主风机切换。

1. 主风机有下列情况时应进行紧急切换

(1)机组振动值大于 0.05 mm 有增大趋势无法消除。

(2)润滑油箱液位低于 383 mm 以下，采取措施无法恢复。

(3)机组轴承温度大于 80 ℃以上，有上升趋势。

(4)压缩机轴位移大于 0.5 mm 以上，有增大趋势无法消除。

(5)润滑油压力小于 0.15 MPa 以下，无法恢复。

微课：主风机投用

2. 正常切换步骤

(1)备用机按正常步骤启动，启动前联系有关单位到现场，启动后控制出口压力流量与运行机相同，检查一切正常。

(2)与反应岗位密切协作，做好切换准备工作，专人保持电话联系。

(3)打开备用机出口阀，并缓慢关闭出口放空阀，同时缓慢关闭运行机出口阀，并打开放空阀，在切换进程中保持送风压力，流量平衡，直到运行机出口阀全关闭而放空阀全开，备用机切入系统，切换中严防机组发生飞动。

(4)备用机运行全面检查，确认供风正常后按正常停机步骤停运行机，停机前应先通知有关单位。

3. 紧急切换步骤

(1)启动润滑油泵，检查油压，油温及备机与阀门工艺条件于开车状态时，立即启动备用机。

(2)按正常切换步骤迅速切换，但一定要严防机组飞动及催化剂倒流。

(3)切换完毕后，按照正常停机步骤停运行机。

(四)主风机停车

主风机停车可分为正常停机和紧急停机。

1. 正常停机操作

(1)打开防喘振阀关闭出口阀，机组切除系统后调节入口阀降低机组负荷。

(2)将单向阻尼阀手动关闭。

(3)按动停机按钮停止运行，停机指示正常。

(4)机组完全停止运行，启动盘车系统运行正常。

(5)润滑油泵系统运行正常。

(6)当润滑油回油温差小于 15 ℃时停止盘车，并停止润滑油系统运行。

2. 紧急停机操作

(1)迅速和反应岗联系，关闭出口电动闸阀，打开出口放空阀，联系电工送备用机电源，按紧急情况启动备用机。

(2)运行机切除系统后，停电机电源。

(3)其他按正常停机步骤进行。

(4)及时向班长及有关人员汇报故障经过。

微课：主风机事故处理

(五)主风机事故处理

主风机常见的异常运行事故及处理措施见表 1-2-11。

表 1-2-11 主风机常见的异常运行事故及处理措施

序号	事故名称	事故现象	处理措施
1	停水	润滑油温度升高，定子温度升高，轴瓦温度升高	切换备用水源，如果没有机组各部温度不能维持，按手动停车处理

续表

序号	事故名称	事故现象	处理措施
2	停 24 V 仪表电	仪表盘失电、显示丢失，机组自保动作停车	检查自保动作满足要求，按事故停车处理
3	停 380 V 仪表电	润滑油泵停止运行，低油压自保动作，出口阀不能调节	按自保停车处理，出口阀改手动关闭
4	停 10 000 V 仪表电	停机自保动作，润滑油泵运行	按自保停车处理
5	停仪表风	机组安全运行模式，防喘振阀全开单向阻尼阀全关	将单向阻尼阀改为手动强制关闭，将防喘振阀改为手动全开，待仪表恢复后按开车处理
6	主风机喘振	主风机出口压力忽高忽低，主风流量大幅度波动；主电机电流波动；再生器压力上升；入口温度升高；机组振动，进出口有喘振冲击声	联系反应岗位，检查原因，消除喘振。防喘振控制器在自动位置，机组不会进入喘振区。如进入喘振区则防喘振控制器失灵，可以手动打开防喘振阀；主风机出口放空阀开度可遵照正常机出口压力操作值进行调节，以避免恶化再生器操作

二、辅助燃烧室的操作与维护

60 万吨煤制烯烃生产工艺中，MTO 装置一般安装两台辅助燃烧室。辅助燃烧室由火嘴、炉膛和炉膛侧壁夹套三部分组成，用于开工时候两器升温和加热催化剂，正常生产中为主风通道，开工时，一次风通过炉膛被加热到一定温度，与走炉膛侧套的二次风在炉子出口相遇混合，通过分布管进入再生器，两器利用被加热的主风升温，热量由燃料气和柴油提供。

(一)辅助燃烧室的结构

再生器辅助燃烧室结构如图 1-2-5 所示，主要用于开工时烘再生器衬里、加热主风和催化剂，正常时作为主风通道。反应器辅助燃烧室结构如图 1-2-6 所示，主要用于开工时烘反应器衬里。

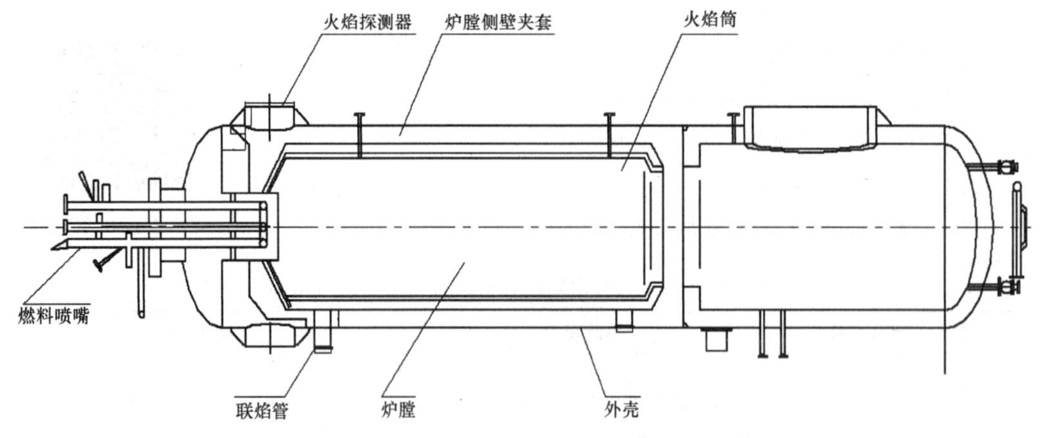

图 1-2-5　再生器辅助燃烧室结构图

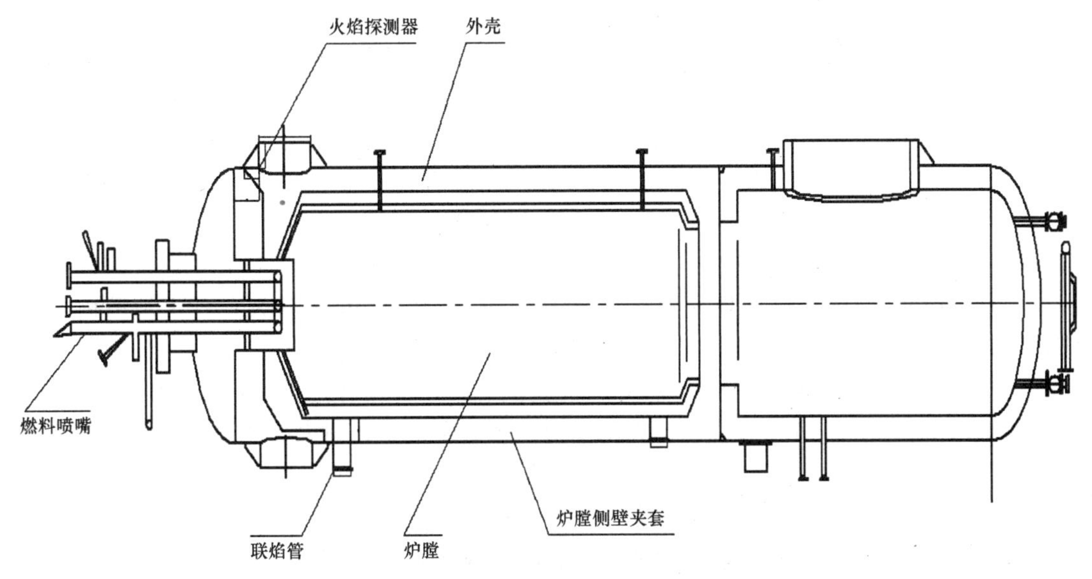

图 1-2-6　反应器辅助燃烧室结构图

(二)辅助燃烧室技术参数

两台辅助燃烧室的主要技术参数表 1-2-12。

表 1-2-12　两台辅助燃烧室的主要技术参数

序号			1			2		
设备名称			再生器辅助燃烧室			反应器辅助燃烧室		
数量/台			1			1		
结构类型			卧式炉			卧式炉		
设备规格			ϕ2 200×8 300			ϕ2 600×9 100		
操作条件	介质名称		空气、烟气	燃烧油	燃料气	空气、烟气	燃烧油	燃料气
	流量/($Nm^3 \cdot h^{-1}$)		45 300			93 000		
	温度/℃	入口	100	40	30/70	100	40	30/60
		出口	650～700			500～650		
	压力/kPa	入口	180	400	300/700	190	500	600
		出口	150			160		
	热负荷/kW		9 304			19 000		

(三)辅助燃烧室的投用

1. 准备工作

(1)检查阀门、压力表是否齐全，用蒸汽或风试通火嘴。

(2)联系电工接线送电，安装好电打火器，打火试验灵活好用，安装好直通电话。

(3)联系仪表安装好就地温度检测及指示仪表，包括炉膛、辅助燃烧室外出口、分布管下、再生密相、提升管出口、再生器旋风分离器入口各一点。

(4)引燃料气到火嘴前，排凝，放空并将管路中的空气赶出，燃料气含氧<1%，控制好燃料气压力<0.2 MPa，以防止燃料气带油。

微课：辅助燃烧室的操作与维护

(5)引燃烧油到火嘴前脱水，压力控制在0.25～0.35 MPa。

(6)引雾化蒸汽到火嘴前脱水，压力控制在0.3～0.4 MPa，引非净化风到炉前。

(7)检查一、二次风阀开度，一次风开30%左右，二次风开70%，赶出炉膛内可燃物，检查火嘴、主风仪表是否好用。

(8)检查燃料气火嘴和燃料气畅通情况，相应燃料气管线有无泄漏，尤其检查燃料气，燃料油阀门是否内漏，并检查点火燃料气限流孔板、阻火器、油火嘴畅通情况及管线有无泄漏。

(9)检查点火燃料气阀，升温燃料气阀是否关严，燃料气、风、蒸汽机燃料油管线上压力表是否好用；检查方法：先打开燃料气总阀，观看压力表数值，再关闭燃料气总阀，观看压力是否下降，如压力下降，说明后面燃料气阀门内漏，需要处理。

(10)准备好烘炉升温曲线图、记录笔和记录本。

2. 点火操作

(1)关闭一次风阀(可留一点)。

(2)将胶皮管连接燃料气火嘴，打开火嘴放空，使炉膛内主风反吹后关闭。

(3)启动电打火，并同时打开燃料气阀门，如10 min内点不着，须立即关闭燃料气阀门及电打火。打开一次风阀门往炉膛内吹风2～3 min，打开燃料气火嘴放空让主风反吹2～3 min，然后关闭，再重新进行上述点火步骤。

(4)燃料气火点着后应根据情况调节一二次风阀，根据各部温度，按升温曲线要求调整火焰，从看火窗观察燃料气火焰，正常时应呈浅蓝色，如果一次风过大，则火焰发亮短促；如果一次风过小，则火焰发暗，长而飘摇不定。

(5)使用燃料气嘴时油嘴给少量雾化蒸汽进行掩护降温，以防止烧坏油嘴。

3. 切换油火

当燃料气火不能使温度继续上升时，须切换油火。

(1)切换油火时，燃料油再次脱水，并稍开蒸汽疏通喷嘴，吹扫火嘴后关小，留少许做雾化蒸汽。

(2)调节好燃料油压力，缓慢打开燃料油阀，注意炉膛温度变化情况，如未点着，立即关闭油阀，用蒸汽吹扫5～10 min再点着。

(3)点着油火后，逐步减少燃料气量，一般燃料气火嘴不要熄灭，以备油嘴熄灭时立即点燃。

(4)为保证燃料气火嘴或油火嘴燃烧良好，必要时可提高再生压力，以降低烟气流速。

(5)若在升温过程中油火突然熄灭，应立即关闭油阀，蒸汽吹扫后重新点火，若燃料气火也熄灭，则先点燃燃料气火，再点燃油火，严禁直接喷油点火，升温时逐步开大一次风，关小二次风火增加主风量，使燃料燃烧完全，炉膛温度≤950 ℃，混合段温度≤850 ℃，保持分布管下温度≤650 ℃。

(四)辅助燃烧室正常操作

根据操作要求，按照升温曲线进行升温、恒温、降温，注意火焰的燃烧情况、炉膛温度、燃料气的压力。如在升温过程中，温度升不上去，则可以考虑用油火嘴升温。注意，在炉膛火焰燃烧过程中，温度不能超温，控制炉膛温度不大于 900 ℃，再生辅助燃烧室出口温度不大于 650 ℃，反应辅助燃烧室出口温度不大于 590 ℃。

(五)辅助燃烧室停用及事故处理

1. 停车

(1)当床层温度能正常控制在 450 ℃以上，再生器燃料油喷嘴喷着后，可以停炉；或再生器装一定量催化剂且再生器燃料油喷着后，接到通知后按降温曲线(不大于 50 ℃每小时)均匀降温，直至熄灭。

(2)当停燃料气时，先关闭燃料气阀，然后用压缩风吹扫火嘴，再关压缩风吹扫阀。

(3)熄火后，先将燃料气炉前手阀关死、排凝。然后加上盲板，防止发生意外。

2. 辅助燃烧室常见的异常运行事故及处理措施

辅助燃烧室常见的异常运行事故及处理措施见表 1-2-13。

表 1-2-13　辅助燃烧室常见的异常运行事故及处理措施

序号	事故名称	事故原因	处理措施
1	炉膛超温	一次风量小，热量带不出去，燃料气量过大	提一次风量或调节燃料气量
2	炉火突然熄灭	燃料气管网压力低；阻火器堵塞	立即关闭燃料气阀，主风继续吹扫；查明原因，及时处理
3	主风突然中断	停电；主风机故障；主风机出口放空阀失灵全开	立即关燃料气，防止燃料气大量进入炉膛造成危险；打开压缩风吹扫几分钟；待正常后，按步骤重新点火
4	电打火点不着	电打火没电；电打火器故障；火花塞脏、距离太远；燃料气带水；一、二次风比例调节不合适；压缩风带水	检查电源，清洁电打火器或更换新的电打火器；清洁火花塞，调整火花塞与燃烧室之间的距离；检查燃料气的供应管道，在燃料气供应管道上安装干燥器或过滤器；调整一、二次风的比例，定期排除管道内的水分

三、开工加热炉的操作与维护

开工加热炉是在开工时，利用燃料在炉内燃烧释放化学能，生成不同温度的热烟气，间接加热氮气和原料甲醇，为反应器提供反应的初始热量。

烘炉

微课：开工加热炉的操作与维护

(一)开工加热炉结构

开工加热炉主要由炉体、燃烧器、调节挡板、烟囱等构成。其结构简图如图 1-2-7 所示。

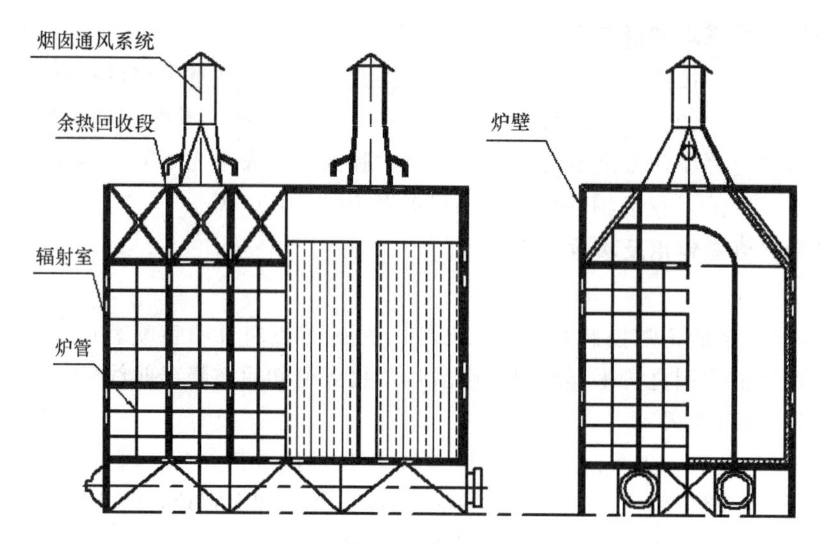

图 1-2-7　开工加热炉结构简图

(二)开工加热炉投用

1. 开工加热炉投用前检查

(1)确认开工加热炉符合投用前要求。

(2)进行燃料气、燃料油流程确认，确认炉区外燃料气、燃料油压力正常平稳，确认燃料气、燃料油伴热线投用正常。

(3)确认投用蒸汽正常。

(4)确认辐射段炉管内工艺介质流动正常，辐射段炉管出入口压力、温度指示正常。

(5)确认仪表、电气系统正常。

2. 系统试压、炉膛吹扫

(1)燃料系统贯通试压，确认流程中各阀门开度正确，确定给汽点及排汽点，关闭控制阀、流量计前后手阀，打开导淋阀。

(2)吹扫介质脱水，确认排放点周围处于安全状态，缓慢打开蒸汽，系统升压至规定压力。

(3)检查静密封点，确认试压合格，关闭吹扫试压介质阀并隔离，打开排放点阀门排放吹扫介质，排尽后关闭排放点阀门，关闭吹扫试压蒸汽阀并设置好盲板。

(4)准备好炉膛吹扫流程，确认流程中各阀门开度正确，缓慢打开吹扫介质阀门，引入吹扫介质，进行系统吹扫 15 min。

(5)关闭吹扫试压介质阀，环形管各排凝打开，排尽凝结水后关闭。

(6)做好开工吹扫试压记录。

3. 引燃料气、长明灯点火

(1)引燃料气至炉火嘴双阀前，确认燃料气线中的气体置换干净，保持燃料气系统压力正常，投用燃料气压力控制阀，置于手动状态，使炉区具备点火操作条件。

(2)打开炉膛吹扫蒸汽，必须保证烟道顶部见汽 15 min 以上，然后停汽。对炉膛进行爆炸性气体分析，燃料气含量不应大于 0.2%。

(3)配备带防护面罩的头盔，点燃长明灯。

4. 点燃燃料气主火嘴

(1)燃料气分液罐排凝，防止点火时回火。

(2)检查长明灯燃烧正常，其他燃料气火嘴手阀关闭。

(3)调整主火嘴风门和烟道挡板开度，使炉膛形成负压。

(4)缓慢打开主火嘴手阀，点燃火嘴。

5. 开工加热炉投入运行

(1)点燃生产需要的其他燃料气主火嘴。

(2)升温过程中加热炉火嘴燃烧、排烟情况正常，燃料油系统、燃料气系统、炉管、炉体无泄漏，炉出口温度、烟气温度、炉膛温度不超工艺卡片要求，烟气氧含量在规定范围内，保持炉膛负压。

(3)开工加热炉进行燃料油、燃料气投用，确保可燃气体无泄漏，烟气中氧含量符合要求，炉膛负压符合要求，烟气温度不超标，炉出口温度偏差不超标。

(4)调整火嘴数量，燃料压力保持在正常运行范围内。

(三)开工加热炉正常操作

1. 火嘴调节

(1)火嘴熄火。

1)燃料空气量大，关小主火嘴风门。

2)燃料气压力过高，调节燃料气系统压力。

(2)火焰过长、无力、无规则飘动。

1)燃烧用空气量不足，调整风门，直至火焰稳定。

2)若是燃料气过多，降低燃料气流量。

(3)火焰脉动，时着时灭。

1)通风不足，立即降低燃料气量，检查风门和烟道挡板，必要时开大烟道挡板和风门，增加风量。

2)燃料气带液，加强切液。

(4)发热量不足。

1)若燃料气压力过低，导致流量不足，则增加燃料气流量。

2)若燃料气中氢气含量较高，致使燃料气热值过低，通知调度改善燃料气管网组成以增加热值。

(5)火焰太短。

1)空气量太多，关小风门。

2)燃料气量少，提高燃料气流量。

2. 炉出口(膛)温度的控制

(1)导致炉出口(膛)温度波动的原因：主要是燃料气压力变化或燃料气带液、仪表自动控制失灵、外界气候变化、火嘴风门开度变化、烟道挡板开度变化及入炉甲醇(开工氮气)的温度、流量、性质变化。

(2)调节方法：为了保持炉出口温度平稳，应该随时掌握入炉甲醇(开工氮气)的温度、流量和压力的变化情况，密切注意炉子各点温度的变化，及时调节。为了保证出口温度波动在工艺指标范围内，主要调节的措施如下。

1)做到四勤：勤看、勤分析、勤检查、勤调节，统一操作方法，提高操作技能。

2)及时、严格、准确地进行“三门一板”的调节，做到炉膛内燃烧状况良好。

3)根据炉子负荷大小、燃烧状况，决定点燃的火嘴数，整个火焰高度不大于炉膛高度的2/3，炉膛各部受热要均匀。

4)燃料气压力平稳，严格要求燃料的性质稳定。

5)在处理量不变，气候不变时，一般情况下调整和固定好炉子火嘴风门与烟道挡板，调节时幅度要小，不宜过猛。

6)炉出口(膛)温度在自动控制状态下控制良好时，应尽量减少人为调节过多造成的干扰。

7)进料温度发生变化时，可根据进料流速情况进行调节。当变化较大时，可同时或提前1～2 min调节出口温度。

8)提降进料量时，可根据进料流量变化幅度调节，进料量一次变化1%时，一般同时调节或提前1～2 min调节炉出口温度。进料一次变化2%时，必须提前调节。

9)炉子切换火嘴时，可根据燃料的发热值、原火焰的长短、原点燃的火嘴数进行间隔对换火嘴。切不可集中在一个方向对换。对换的方法是先将原火焰缩短，开启对换火嘴的阀门，待对换火嘴点燃后，再关闭原火嘴的阀门。

3. 预防炉管结焦

(1)结焦原因。

1)火焰不均匀，使炉膛内温度不均匀，造成局部过热。

2)进料量变化太大或突然中断。

3)火焰贴近炉管，造成局部过热。

(2)预防措施。

1)保持炉膛温度均匀。

2)保持进料稳定，进料中断时，及时熄火。

3)调整火焰，做到多火嘴、齐火焰、短火苗、炉膛明亮、火焰垂直，不燎烧炉管，不产生局部过热区。

4)各路进料量及出口温度均匀。

4. 炉膛温度调节

(1)进料量、进料温度的变化调节。进料量大、进料温度低，炉膛温度高；进料量小、进料温度高，炉膛温度低。进料量大，进料温度低时适当降低料量，提高进料温度；进料量小，进料温度高时适当提高进料量，降低进料温度。

(2)火焰燃烧变化。火焰燃烧不正常时，调节火焰燃烧情况，使火焰燃烧正常。

(3)炉出口温度变化。炉出口温度高，炉膛温度高，炉出口温度低，炉膛温度低。调节燃料气压力与炉出口温度，保证炉出口温度不超标。

(4)烟道挡板开度与风门开度。根据炉膛负压与烟气氧含量适当调节烟道挡板开度与风门开度，控制炉膛温度。

5. 炉膛负压调节

操作开工加热炉时，辐射室内应具有负压，强制通风或自然通风加热炉应保持整台加热炉处于负压。要求将辐射室拱形部位的负压控制在−2～−4 mmH_2O。炉膛负压大小主要由风门与烟道挡板开度决定。炉膛负压大应关小烟道挡板，或关小火嘴风门。炉膛负压小应开大烟道挡板或开大火嘴风门。

6. 过剩空气调节

过剩空气系数的大小直接影响加热炉热效率。过剩空气的调节与炉膛负压调节密切相关。要获得合适的抽力和过剩空气，烟道挡板与燃烧器调风器应联合调节。O_2 及负压高则关小烟道挡板，O_2 及低负压低则开大烟道挡板；O_2 高及低负压则关小燃烧器调风器，O_2 低及高负压开大燃烧器调风器。

(四)开工加热炉维护

(1)检查炉内负荷，判断炉管是否存在弯曲脱皮、鼓泡、发红发暗等现象，注意观察弯头、堵头、法兰等处有无漏油。

(2)检查火焰燃烧情况，炉出口温度、炉膛温度。

(3)检查燃料气是否带液。

(4)注意炉膛内负压情况，经常检查风门、烟道挡板开度，并根据氧含量指示进行调整。

(5)内外操作员做好联系，掌握炉子进料量变化，做好预先调节。

(6)检查消防设备是否齐全，做到妥善保管。

(7)严格按工艺要求把炉出口温度控制平稳，炉膛温度不应大于 800 ℃，炉出口温度不应大于 450 ℃(氮气工况)、不应大于 400 ℃(甲醇工况)。

(8)将物料流量调节均衡(前、后)，出口温度变化不大于 5 ℃。

(9)经常进行燃料气分液罐排凝，检查燃料气入炉系统的控制阀、压力、流量等。

(10)正常操作情况下应是多火嘴、短火焰、齐火苗。火焰不能扑到任何一根炉管上；炉膛应清晰明亮，若发暗发黑、火苗发红，烟囱冒黑烟，则是燃烧不完全，应调整烟道挡板和一二次风门。炉管正常情况呈黑灰色，如局部出现樱桃红或白热磷斑，表示局部过热，严重时炉管局部变粗甚至出现网状纹路，表示炉管很快就有烧穿的可能，应立即按紧急停炉处理。

(五)开工加热炉停用

1. 停燃料气火嘴

(1)关闭一个燃料气主火嘴手阀，停一个燃料气主火嘴，确认该燃料气火嘴熄灭，关闭该燃料气火嘴风门，关闭火嘴二道阀手阀。

(2)停燃料气主火嘴。选择对称火嘴减火，按照炉膛温度均衡的原则，逐步熄灭，停燃料气主火嘴。

(3)停长明灯。

(4)关闭主燃料气至长明灯燃料气线的第一道隔离阀。

(5)停用、吹扫置换燃料气系统。

(6)采样分析燃料气管线中的可燃气体含量。

注意：如果可燃气体含量不合格，则使用蒸汽继续吹扫，重新分析可燃气体含量，直至合格为止。

2. 开工加热炉准备交付检修

(1)根据要求，加热炉降温。

(2)调节风门。

(3)退出辐射段炉管内的工艺介质。

(4)吹扫辐射段炉管。

(5)辐射段炉管入口、出口隔离。

(6)炉膛及烟道消防蒸汽、吹扫蒸汽加盲板。

(7)确认炉膛冷却至常温。

(8)确认烟道挡板全开、风门全开、看火孔打开。

(9)打开加热炉人孔。

(10)确认辐射室底部采样分析氧含量合格(对角采两个)。

(11)确认辐射室中部采样分析氧含量合格(对角采两个)。

(12)确认辐射室上部采样分析氧含量合格(对角采两个)。

(六)开工加热炉事故处理

开工加热炉主要有炉管破裂着火、炉管弯头泄漏着火、燃料气带液、火嘴回火、加热炉燃料气压力大幅度波动等事故。其各类异常事故现象、原因及处理措施见表1-2-14。

表1-2-14 开工加热炉常见的异常运行事故及处理措施

序号	事故名称	事故现象	事故原因	处理措施
1	紧急停炉处理	—	—	(1)关闭燃料气(或燃料油)、气态甲醇线(或开工氮气)进出加热炉手阀。 (2)关闭燃料气、燃料油温度控制阀及前手阀，确认副线阀关闭。 (3)根据现场实际情况，确定是否停长明灯。 (4)关闭炉前两道火嘴手阀
2	炉管破裂着火	炉膛温度、烟气温度突然上升，烟囱冒黑烟，炉膛看不清。破裂严重时，炉子周围泄漏甲醇着火，甲醇进料泵压力下降	(1)炉管长时间失修，平时发现有炉管膨胀鼓泡、脱皮、管色变黑以致破裂。 (2)炉管局部过热。 (3)炉管长时间失修，平时发现有缺陷。 (4)炉管材质不好，受高温氧化及油料的冲蚀腐蚀发生砂眼或裂口。 (5)炉管检修中遗留的质量上的缺陷	(1)炉管破裂应立即关闭燃料阀门，切断燃料；切断加热炉进出物料；及时汇报调度、报火警和有关单位。 (2)立即打开炉膛消防蒸汽阀。 (3)适当关小烟道挡板，减少炉内空气量(但不能关得太小，以防止炉膛爆炸)。 (4)其他按紧急停工处理

续表

序号	事故名称	事故现象	事故原因	处理措施
3	炉管弯头泄漏着火	—	弯头有砂眼，年久腐蚀，检修质量不好，操作变化大而引起剧烈胀缩等	轻微泄漏甲醇时立即用蒸汽将火熄灭，并可以用蒸汽掩护，维持生产，根据情况可继续维持生产或停炉。严重漏甲醇时应立即打开消防蒸汽灭火，并按紧急停炉处理
4	燃料气带液	炉温上升，烟囱冒黑烟，甚至发生炉内火灾	(1)燃料气管网带液。 (2)凝液罐排凝不及时，液面过高	(1)加强凝液罐脱液排凝，如燃料气管网带液严重，可紧急切换燃料油火，切断燃料气，同时通知调度。 (2)将加热炉出口温度控制改为手动控制，适当减少火嘴数。 (3)如大量带液炉底发生火灾，应立即关闭燃料气总阀，火灾清除后重新点火
5	火嘴回火	火焰由风门或看火窗穿出，并有外爆声	(1)燃料气控制阀阀后压力过低或一次风门过大。 (2)炉负荷大且烟道挡板开度小。 (3)燃料气带液或燃料气流量及压力不稳	(1)减少火嘴数，联系稳定系统控制燃料气压力。 (2)关小一次风门，调节炉子负荷，开大烟道挡板。 (3)加强 V1206 排凝
6	加热炉燃料气压力大幅度波动	—	(1)燃料气管网出现故障。 (2)加热炉燃料气压力控制阀故障，阀位波动	(1)联系调度，维持生产，如果不能维持及时切换燃料油火。 (2)现场改副线调节燃料气量，联系仪表处理

四、再生器操作

再生系统的任务是将反应后失去活性的待生催化剂在再生器中烧焦再生，使催化剂恢复活性和选择性，然后送入反应器。通过优化反应—再生的工艺条件，最大限度地提高乙烯、丙烯的收率，使催化剂保持较高的活性和选择性，以满足反应的要求。

微课：再生器结构、再生器主要操作参数

(一)再生器的结构

再生器的结构如图 1-2-8、图 1-2-9 所示，主要包括再生器筒体、两级旋风分离器、主风分布管、补燃喷嘴、待生剂分配器、内取热器、再生剂汽提段、外取热器。再生器的主要作用是通过燃烧的方式将反应过程中沉积在催化剂表面的碳烧掉，恢复催化剂的活性，同时回收燃烧过程中产生的热量，并将燃烧产生的烟气和再生后的催化剂进行快速分离。

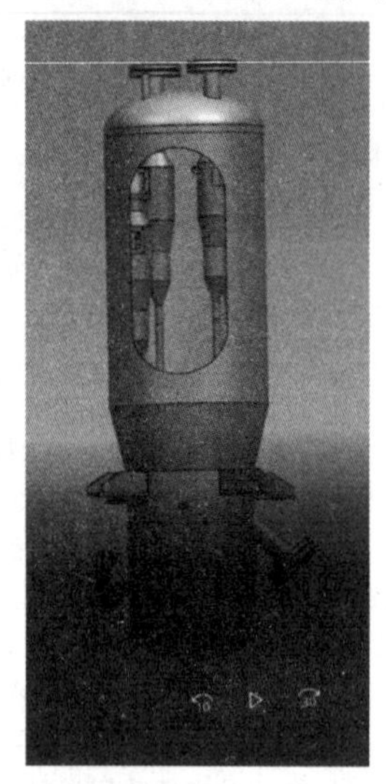

图 1-2-8　再生器外部结构示意

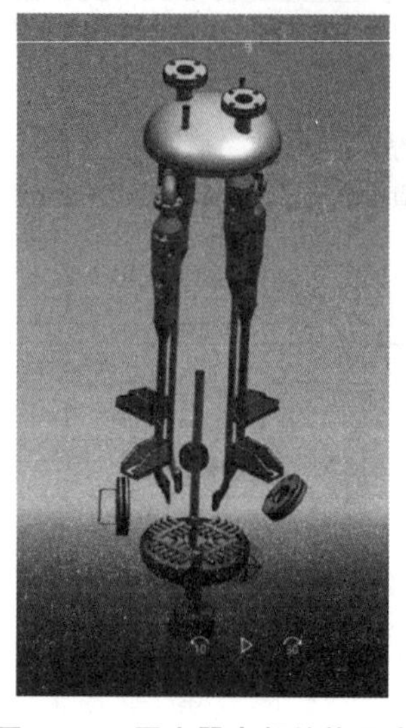

图 1-2-9　再生器内部结构示意

(二)再生器主要操作参数

1. 再生温度

再生是恢复催化剂活性的必要手段。再生温度对催化剂烧焦是非常敏感的。再生温度太高将会对催化剂性能产生不可逆的影响，降低催化剂选择性。DMTO 工艺推荐的再生温度小于 650 ℃。

2. 再生压力

再生压力对两器催化剂的流化及输送有影响，要求控制在 0.115 MPa，控制范围在 0.105～0.125 MPa。

3. 再生剂定碳

再生剂定碳是用来衡量再生器烧焦效果好坏、催化剂再生程度的重要参数，再生剂定碳的高低对再生剂活性和选择性有重要的影响。在 DMTO 工艺中，催化剂再生采用流化反应方式进行，失活后的催化剂通过与空气接触烧除催化剂上的部分结碳。因此，DMTO 催化剂对再生催化剂定碳有特殊要求。一般通过调节再生器主风量的大小来保证再生剂定碳。

(1)再生剂定碳的主要影响因素。

1)床层温度的影响，再生器床层温度降低，再生剂含碳量增加。

2)反应器汽提效果变差，再生剂含碳量上升。

3)主风量不足，再生剂含碳量上升。

4)当再生器床层流化状况不好时，再生剂含碳量升高。

5)再生器内催化剂藏量的影响。藏量高，再生剂定碳低。

(2)再生剂定碳调节方法。

1)再生器的床层温度和压力控制在指标的范围内，保证再生剂的再生效果。

2)反应器汽提段必须有足够的汽提蒸汽，以保证汽提效果。

3)依据反应的生焦量，及时调整主风量满足烧焦要求。

4)在保持其他条件不变的情况下，可通过调整再生器密相藏量满足再生定碳的要求。

4. 再生时间

在DMTO工艺中，催化剂再生采用流化反应方式进行，失活后的催化剂通过与空气接触烧除催化剂上的部分结碳。DMTO催化剂对再生催化剂定碳有特殊要求，因此必须严格控制再生条件，以达到定碳的要求。图1-2-10给出了600 ℃再生温度时，催化剂再生定碳与再生时间的关系；催化剂再生定碳是随时间的增加而降低的，到达一定程度时趋于稳定。

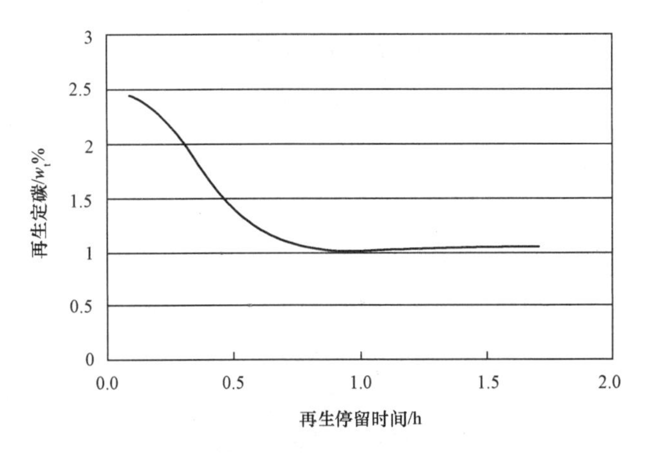

图1-2-10 催化剂再生时间与再生定碳的关系(600 ℃)

5. 主风量控制

主风量的大小取决于反应的生焦量，主风量大小是否合适，可以从再生烟气中的氧含量和再生器的稀、密相温差来判断。如果再生烟气中的氧含量相对稳定，说明主风量大小合适，再生烟气中氧含量逐渐降低，说明主风量偏小。用主风流量控制阀控制进入再生器的主风量。

(1)主风量影响因素。

1)气温的影响，气温升高，主风量减少。

2)主风机工作状况的影响，主风机工作状况不好，主风量降低。

3)主风机出口主风放空管线上调节阀泄漏，主风量降低。

4)主风机出口补氮气管线上调节阀泄漏，主风量增加。

5)来自系统的工艺空气管线压力调节阀组泄漏，主风量增加。

(2)主风量调节方法。

1)主风量设置定值控制。

2)在事故状态下，如再生器内出现CO尾燃，再生器温度超温时，可以通过调节补氮气管线上调节阀和主风机出口主风放空管线上调节阀增加外补氮气量，同时放空等量的主风量，有效地控制再生器中烟气的氧含量处于合适的范围内，防止事故的发生。

(三)再生器操作

1. 再生密相中部温度控制

催化剂再生的主要过程是一个烧焦的放热过程，再生反应所产生的热量除满足本身烧焦需求外，多余的热量需要由再生器的内、外取热器移出再生器。再生温度的高低主要受生焦量和主风量的影响。通过控制再生温度可以控制催化剂的烧焦，达到控制再生催化剂定碳的目的。

再生器正常生产时再生密相中部温度要求控制在 650 ℃，控制范围为 650～680 ℃。通过调整再生器内外取热负荷与再生器烧焦负荷的平衡，在反应进料量及生焦量发生变化时，再生器取热负荷相应作出调节而使再生温度处于稳定状态。再生器中部温度控制如图 1-2-11 所示。

再生器装剂及升温

微课：再生器再生温度和再生压力控制

微课：再生器装剂及升温

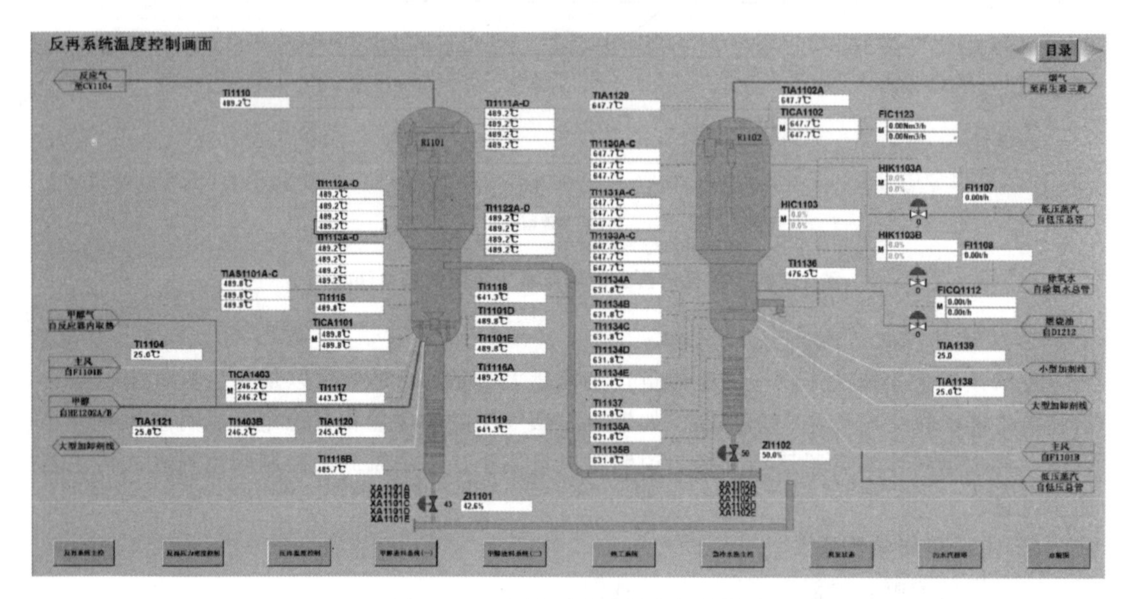

图 1-2-11　再生器中部温度控制图

(1)再生密相中部温度影响因素。

1)反应生焦量。生焦量发生变化时，为了保证再生催化剂定碳值的要求，需要相应调整烧焦强度。生焦量增大，则再生密相床温升高；生焦量减少，则再生密相床温降低。

2)主风量的变化。正常生产时，要求主风机提供与烧焦负荷相匹配的主风量。主风量不足则烧焦强度不足，再生温度降低；主风量过剩，则烧焦强度过大，再生温度升高。

3)再生器内、外取热器负荷。取热负荷低，则再生温度高；取热负荷高，则再生温度低。

4)外补氮气量的影响，在保持总风量不变的情况下，增加氮气量，降低烟气中的氧含量，再生器床层温度明显下降。

5)待生汽提效果的影响。汽提效果变差，再生床层温度升高。

6)反应温度的影响。反应温度高，再生温度高；反应温度低，再生温度低。

7)再生器料位和流化状况的影响。料位低流化状况差，床层温度降低。

8)催化剂补入量的影响。加催化剂时补入量过猛床温明显下降。

9)内取热器泄漏时，再生器床层温度明显下降。

10)再生器稀相喷水或蒸汽的影响。在事故状况下，再生器温度超温时，需要采取再生器稀相喷水或蒸汽的紧急措施。喷入水或蒸汽量增加，床层温度下降。

(2)再生密相中部温度调整方法。

1)相应调整再生器内外取热的取热负荷来保证再生温度。

2)根据反应器定碳情况(即反应生焦情况)控制进入再生器的主风量，达到控制再生烟气中过剩氧小于1%。

3)当再生器密相床层温度超限时，由再生器床层温度超限调节器调节进入再生器的氮气流量。根据加入氮气后混合气流量或再生器床层稀相氧含量逐步打开主风放空阀，放出部分主风。在防止再生器床层超温的同时，也要求保持进入再生器的混合气流量处于一定范围内。

2. 再生稀相温度控制

由于MTO催化剂的再生采用不完全再生的方案，含有大量CO的烟气在有过剩氧的情况下，有在再生器稀相和再生器出口烟道发生尾燃导致超温的可能。要求控制在680 ℃，控制范围为650～680 ℃。正常生产时通过严格控制再生烟气氧含量来控制再生器稀相温度。

(1)再生稀相温度影响因素。

1)再生烟气氧含量。烟气中氧含量过多，有在稀相和烟道发生尾燃导致超温的可能。

2)再生器密相温度。再生器密相温度直接影响稀相温度，密相温度高则稀相温度高。

3)再生器稀相喷蒸汽。

4)再生器稀相喷水。

(2)再生稀相温度调整方法。

1)正常生产时要求再生烟气氧含量控制在<1%，在主风氧含量过剩、再生器稀相温度升高时，通过向再生器内补入一定量的氮气及放掉部分主风来调节烟气的氧含量。

2)根据再生定碳和待生定碳的要求合理调配烧焦负荷与取热负荷，保持再生器密相床层温度稳定。

3)当以上手段不能控制稀相温度而发生超温时，则向再生器稀相喷入降温蒸汽。

4)当喷入降温蒸汽不能控制稀相温度而发生超温时，则向再生器喷入降温水。

(四)再生器压力控制

再生器压力对两器催化剂的流化及输送有影响，要求控制在0.115 MPa，控制范围为0.105～0.125 MPa。由于MTO的反应器和再生器设有两器差压联锁，正常生产时反应器和再生器压力都设成自动控制，则两器差压稳定。当反应压力发生变化时，可以控制双动滑阀的开度自动调节再生压力，以防止两器差压联锁。再生压力控制如图1-2-12所示。

1. 再生压力影响因素

(1)双动滑阀开度。双动滑阀开度增大，则再生器压力降低；双动滑阀开度减小，则再生压力升高。

(2)主风量。主风量增大，则再生器压力升高；主风量减少，则再生器压力降低。

(3)再生汽提蒸汽量。再生汽提蒸汽量加大，再生器压力升高。

(4)再生器内、外取热器密封性。再生器内、外取热器泄漏，再生器压力升高。

2. 再生压力控制

正常生产时双动滑阀自动调节再生器压力。

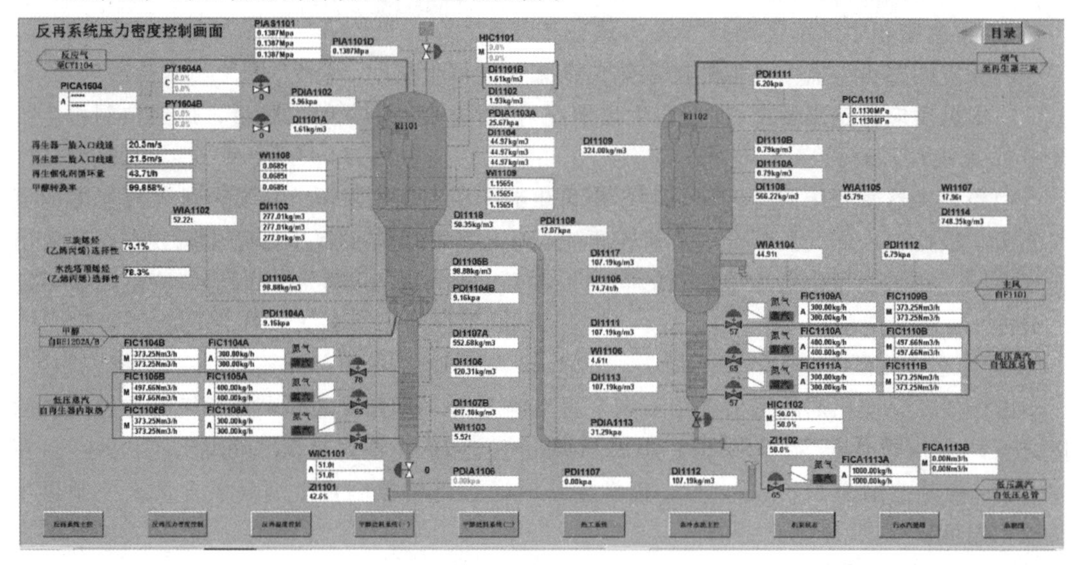

图 1-2-12 再生压力控制图

五、反应器操作

微课：反应器结构及反应器主要操作参数

反应器的任务是将 250 ℃左右的甲醇在 400～550 ℃的流化床反应器中在催化剂的作用下，生成富含乙烯、丙烯的气体，送到下游烯烃分离单元。同时，将反应后失去活性的待生催化剂送往再生器中烧焦再生，将产品气与催化剂通过一、二、三、四级旋风分离器进行快速分离。反应系统主要由反应器、三级旋风分离器、四级旋风分离器组成。

(一)反应器结构

反应器结构如图 1-2-13、图 1-2-14 所示，主要包括反应器筒体、两级旋风分离器、进料分布管分配器、内取热器、待生剂汽提段。反应器的主要作用是为甲醇合成烯烃提供一定的反应温度、反应时间和反应空间的容器，并能够使产品气和催化剂快速分离。由于甲醇是非常活泼的化学品，在高温条件下，金属材质可能造成甲醇分解。根据模拟试验，1Cr18Ni9Ti 钢材在 450 ℃以下对甲醇造成的副反应造成的甲醇转化率小于 0.3%，500 ℃小于 0.5%。

(二)反应器主要操作参数

甲醇制烯烃工艺以小孔分子筛为活性基质，经过改性，添加胶粘剂，喷雾干燥成型及适当温度焙烧后，即可制成适用于流化床使用的高选择性催化剂。利用该催化剂，在进行甲醇合成烯烃生产过程中，对反应的主要影响因素是反应温度、反应压力、催化剂停留时间、催化剂与物料接触时间、催化剂结焦量、催化剂再生条件、催化剂热稳定性、催化剂水热稳定性、气体离开催化剂密相床后的停留时间对产品分布的影响、预热器材质的影响及产品气中烟气含量等。在实际生产过程中，这些影响因素是互相联系密不可分的，同时变化并产生着影响。通过综合分析，可以进行生产工艺条件的确定，并根据工艺数据的变化进行影响因素的判定，采取正确的对应措施。

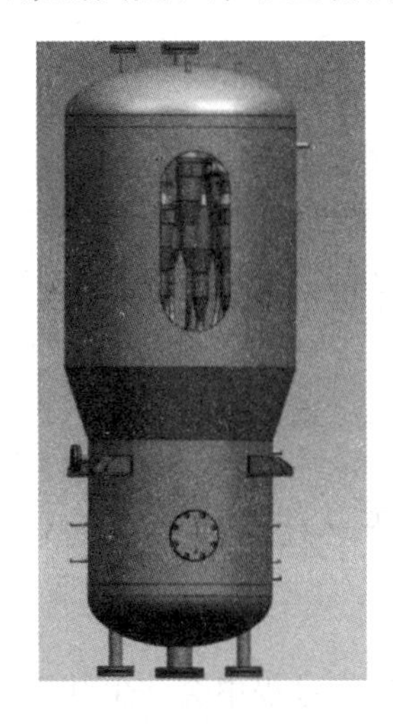

图 1-2-13　反应器外部结构示意

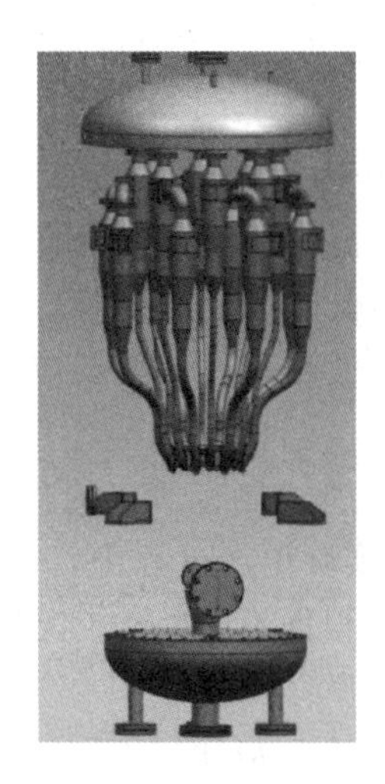

图 1-2-14　反应器内部结构示意

1. 反应温度

(1)反应温度的影响。甲醇转化率和产物低碳烯烃的选择性对反应温度非常敏感，对于甲醇制烯烃反应，是非可逆反应，温度的变化对化学平衡没有影响，但高温有利于提高甲醇的转化率，加快反应速度。甲醇制烯烃的反应速度非常快，所以，要考虑在高温下温度的变化对催化剂结焦速率的影响，从而对甲醇转化率的影响及对产物低碳烯烃选择性的影响。

一般反应温度低于 400 ℃，不能保证甲醇接近完全转化，此时乙烯＋丙烯选择性较低。当反应温度高于 400 ℃时，随着反应温度升高，乙烯选择性逐渐升高，丙烯选择性逐渐下降；乙烯＋丙烯选择性在 425 ℃左右时接近最大值，再升高反应温度乙烯＋丙烯选择性基本保持不变。甲醇转化率和烯烃选择性随反应温度的变化关系如图 1-2-15 所示。

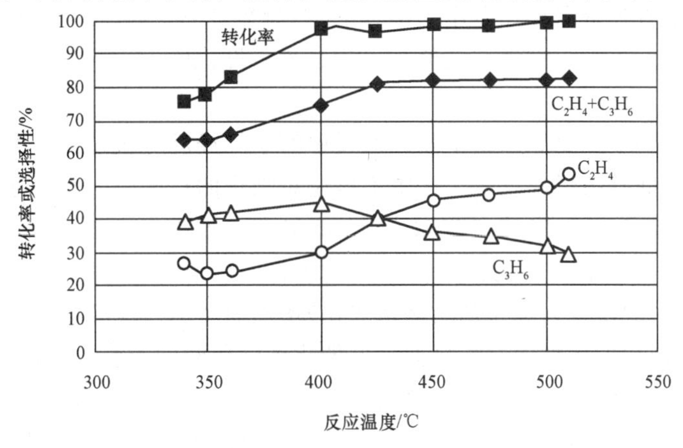

图 1-2-15　甲醇转化率和烯烃选择性随反应温度的变化关系

(2)反应温度控制范围。为保证甲醇转化率和烯烃选择性，MTO反应过程中要求反应器床层温度维持在425～525 ℃。由于MTO反应过程是一个强放热过程，利用反应放出的热量即可维持反应器床层温度，多余热量则由反应器中的内取热器移出床层，取热介质是甲醇原料。在实际生产过程中，一般控制反应器的反应温度为495 ℃，上下浮动不超过5 ℃，可根据不同生产工况进行调整。

2. 反应压力

(1)反应压力的影响。原理上，甲醇转化为低碳烯烃和水的反应是分子数增加的反应，因此，提高反应压力将降低低碳烯烃的选择性，降低甲醇原料在反应体系的分压，将有利于提高低碳烯烃选择性。甲醇分压越低，催化剂生焦速率越慢，催化剂寿命越长，烯烃选择性越高。一般反应压力每增高0.1 MPa，会造成1%～2%的乙烯＋丙烯选择性降低。

(2)反应压力控制范围。为保证低碳烯烃选择性，MTO工艺要求反应总压力不大于0.2 MPa。在实际生产过程中，一般控制反应器反应压力为0.12 MPa，上下浮动不超过0.01 MPa，可根据不同生产工况进行调整。

3. 催化剂停留时间

(1)催化剂在反应床层停留时间。MTO催化剂在反应过程中会产生结焦，这些结焦逐渐累积在催化剂表面或分子筛微孔中，一方面造成催化活性的逐步丧失，另一方面会使催化剂的选择性逐渐提高，这是互为矛盾的两个方面。为了达到最佳选择性和降低结焦产率，MTO工艺要求催化剂在反应床层有一定的停留时间。在设计基础条件下，推荐的催化剂停留时间为55 min。

(2)催化剂与物料接触时间。甲醇转化为低碳烯烃的反应在专用催化剂作用下是一个极快的反应。根据反应机理，催化剂与原料接触(反应时间)越短，越有利于提高低碳烯烃的选择性。一般在良好的流化条件下，接触时间大于0.2 s均能保证反应转化率接近100%，但反应接触时间从0.6 s增大至3 s，会造成乙烯＋丙烯选择性降低3%～5%。

通常缩短反应时间与增大空速有一定的联系。DMTO工艺所使用的D803C－Ⅱ01催化剂具有适应大空速操作的特点。这一特点可以容许实际过程中以较大的原料空速操作，减小设备规模，节省投资和操作费用。推荐的空速(WHSV)为5 h^{-1}，在进料量稳定和保障反应接触时间的前提下，空速即定值，可适当偏离设计值。

4. 催化剂结焦量

催化剂失活的一个主要原因是结焦。通过甲醇制烯烃反应机理的研究，以分子筛为催化剂，甲醇转化为低碳烯烃的反应过程中不能避免结焦的产生。但是，通过优化工艺条件可以减少结焦，降低焦炭产率，提高原料利用率。如图1-2-16、图1-2-17所示，在DMTO工艺的操作范围内，催化剂上的焦炭量随着催化剂在反应床层的停留时间或醇/剂比(单位时间进料甲醇质量与催化剂循环量之比)增加而增加；反应的焦炭产率则随着催化剂停留时间或醇/剂比的增加而有所降低，但催化剂停留时间过长或醇/剂比过高，均会使反应转化率降低。另外，应当认识到，催化剂结焦也有其有利的一面，即催化剂表面适当结焦可以一定程度地改善低碳烯烃选择性，降低反应的焦炭产率，DMTO工艺催化剂待生定碳为7.5%(催化剂结炭量的质量分数)。

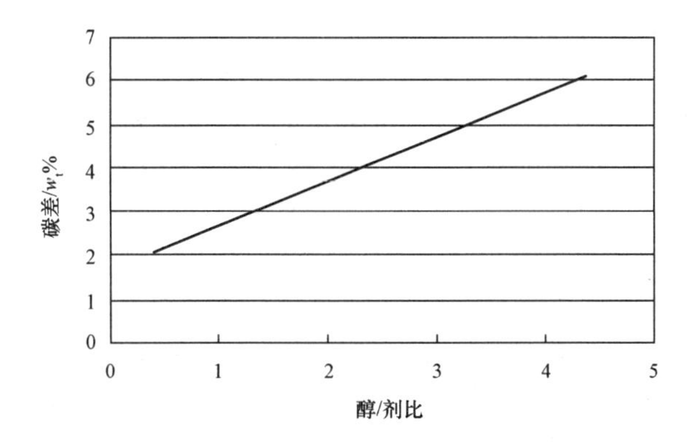

图 1-2-16　催化剂碳差与醇/剂比的变化关系(460～480 ℃)

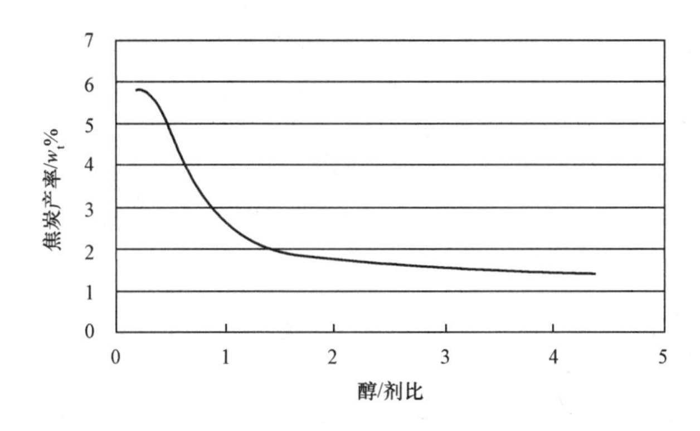

图 1-2-17　焦炭产率与醇/剂比的变化关系(460～480 ℃)

5. 催化剂热稳定性、水热稳定性

D803C－Ⅱ01 专用催化剂具有优异的热稳定性和水热稳定性，但长时间高温处理，特别是高温水蒸气处理仍然会对催化剂造成一定影响，这些影响将导致催化剂活性降低和选择性变化。因此，在实际操作过程中，在保障催化剂定碳要求的前提下，应尽可能采用缓和的条件。综合考虑各因素，推荐的再生温度<650 ℃。D803C－Ⅱ01 催化剂经受 100 h 左右水蒸气处理(800 ℃)过程中催化剂的物性变化，如图 1-2-18 所示。

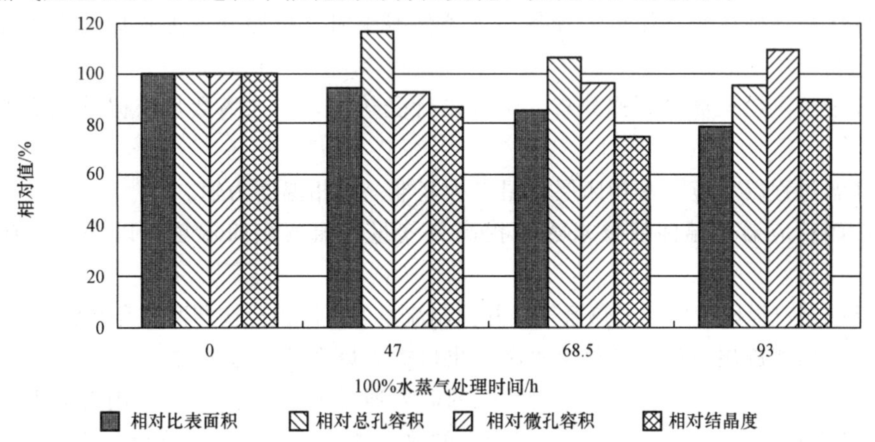

图 1-2-18　D803C－Ⅱ01 催化剂经 800 ℃长时间(100 h)100%水蒸气处理过程中的物性变化

6. 气体离开催化剂密相床后的停留时间

根据模拟试验，气体离开催化剂密相床后，在沉降段与催化剂长时间接触，低碳烯烃在催化剂作用下发生二次反应，气体组成发生变化。反应接触时间为 20 s 时，在沉降段与相当于 10%密相藏量的催化剂接触，可以造成 1%～3%的乙烯＋丙烯选择性降低；在沉降段与相当于 20%密相藏量的催化剂接触，可以造成 3%～5%的乙烯＋丙烯选择性降低；同时造成乙烯/丙烯比例明显下降。

7. 产品气中烟气含量

微课：反应器投用和反应温度控制

微量的烟气对反应本身的影响也是微量的，即对甲醇转化率和低碳烯烃选择性的影响并不显著。但是，烟气的存在，特别是烟气中氧的存在会造成产品中炔烃、二烯烃的增加，同时，也可能形成新的含氧化合物。由于这些产品是微量的，虽然变化的绝对值并不大，但其相对变化幅度一般较大。以聚合级乙烯、丙烯为中间产品时，需要对低碳烯烃产品进行严格精制。因此，应限制进入反应体系中的氧气量，以控制上述微量产品的变化幅度。

烟气进入反应器的主要原因是催化剂再生后的汽提效率改变。因此，应严格按照设计的汽提条件进行操作。

(三)反应器投用

反应器操作时 DCS 控制及现场如图 1-2-19、图 1-2-20 所示。

1. 反应器升温

反应器由开工加热炉加热开工氮气提供热量升温至 430 ℃，反应器升温放空流程示意如图 1-2-21 所示。

在升温过程中，反应器压力由产品气管线上放空阀和水洗塔顶部安全阀上游阀控制。升温曲线如图 1-2-22 所示。升温过程如下。

(1)反应器引开工氮气，点开工加热炉升温并置换空气；反应器和再生器两器恒温气密后，关闭待生、再生滑阀，切断反应器和再生器。

(2)通知生产调度，引开工氮气入反应器，控制好氮气流量和反应器压力控制在 0.1 MPa 左右。

(3)再次检查确认开工加热炉具备点火条件要求时，按照开工加热炉的点火程序点燃开工加热炉。

(4)开工炉点燃火嘴要对称分布，保证炉管受热均匀。火嘴数量依据升温需要进行逐步点燃。

(5)升温过程以反应器密相床层测温点为基准，稀相温度为辅。

(6)按照反应器升温曲线要求逐渐提高氮气量和氮气出口温度，以满足反应器升温要求。

(7)反应器汽提段投用开工热氮气，并控制流量保证汽提段按照两器升温速度进行升温。

(8)反应器四旋出口通过排放至水洗塔出口放火炬系统进行烘衬。

(9)三旋出口、大立换至急冷塔管线烘衬时要通过大立换主、副线(内有衬里)。

(10)升温过程中通过调节产品气三旋后的放空阀控制氮气的排放量，达到反应器各点的升温要求。

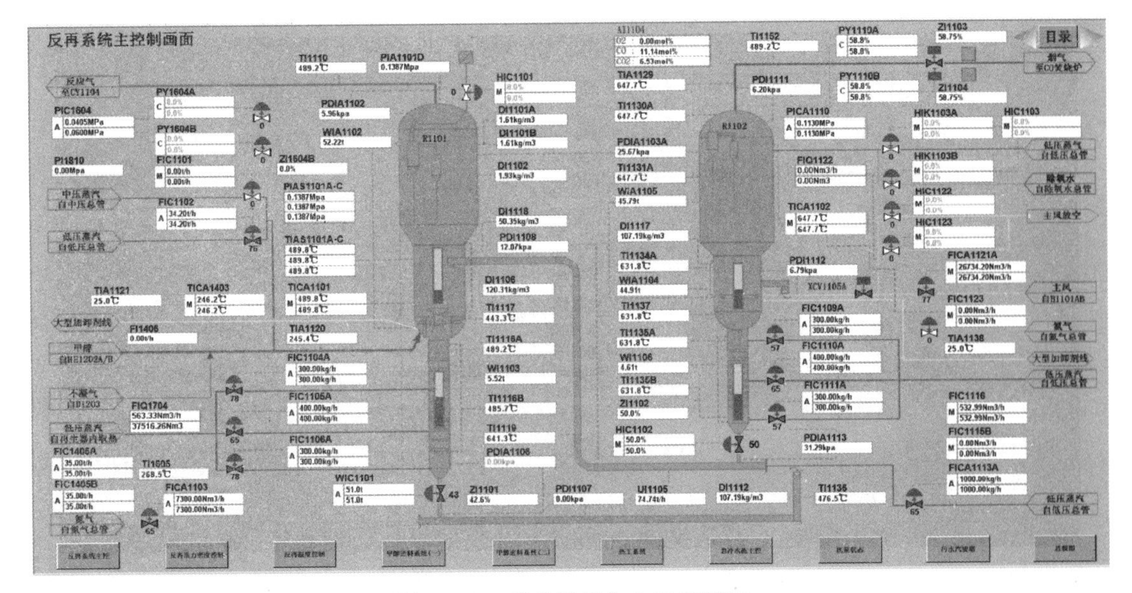

图 1-2-19　反应器操作 DCS 控制图

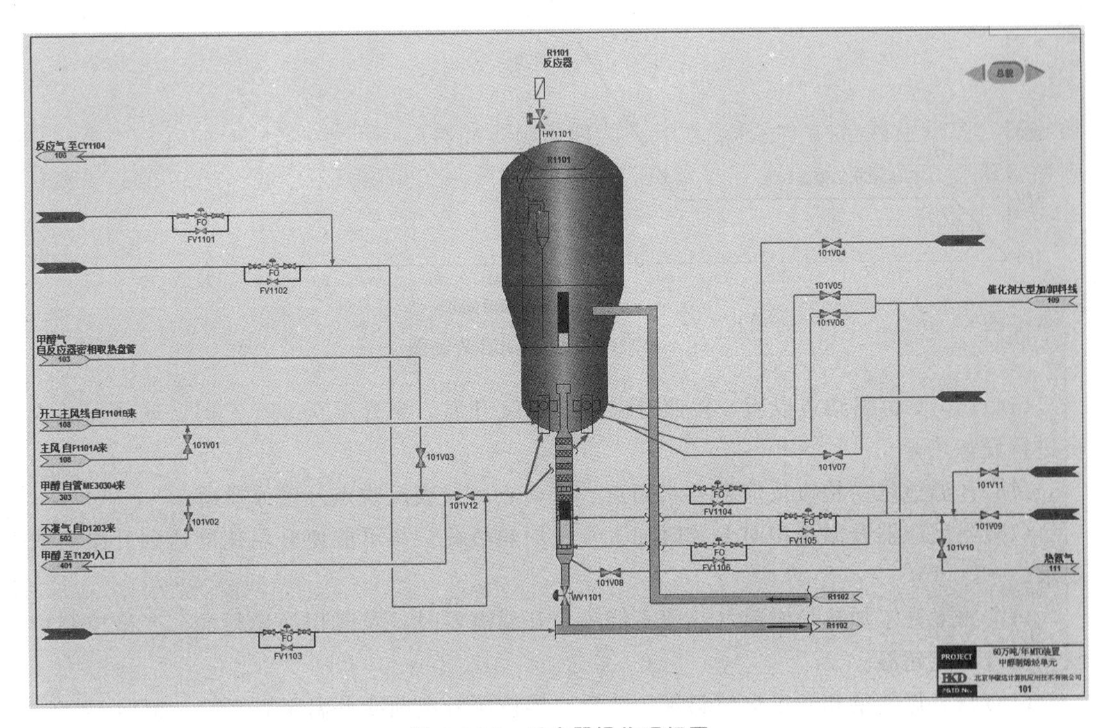

图 1-2-20　反应器操作现场图

(11)升温过程中每 30 min 活动一次再生滑阀、待生滑阀，防止升温过程中阀板变形卡死。

(12)当反应器密相温度升至 150 ℃时，反应器内取热器盘管通入少量保护蒸汽，出口放空。

(13)当反应器密相温度升至 150 ℃时，恒温 24 h。

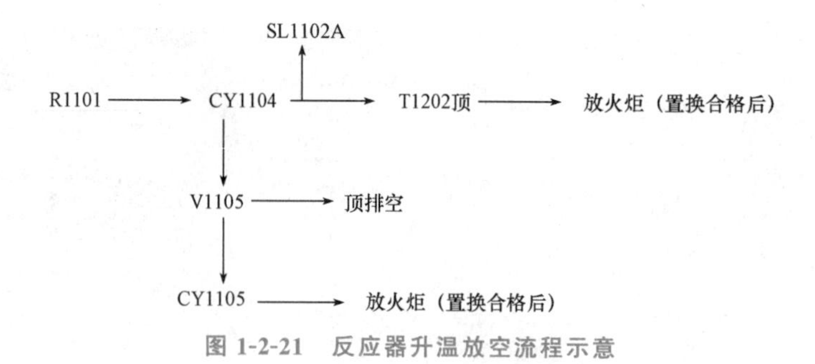

图 1-2-21　反应器升温放空流程示意

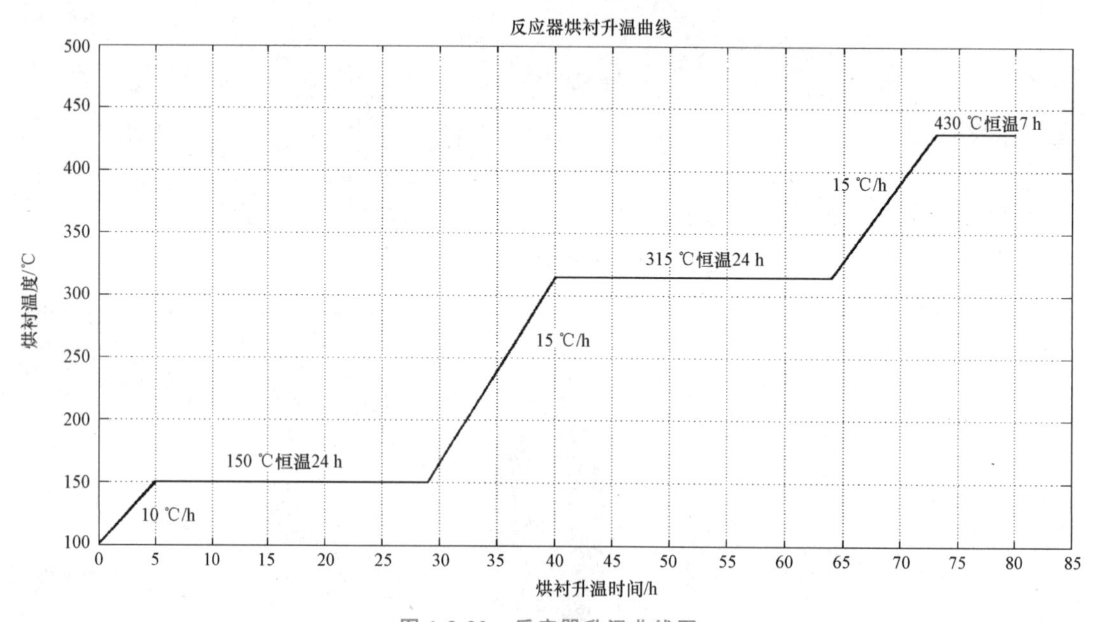

图 1-2-22　反应器升温曲线图

(14)150 ℃恒温结束以后，按照升温曲线继续升温，当升温至 250 ℃时，联系保运人员进行设备热紧。

(15)升温过程中检查反应器各吹扫点、松动点、仪表反吹点，确保畅通。

(16)当反应器升温缓慢时要及时加大开工炉热负荷，尽可能使升温速度达到升温曲线要求。

(17)如果开工加热炉燃料气热值不能满足升温需要时，及时切换燃料油，严格控制炉膛和出口不能超温。

(18)调节氮气量和开工炉燃料量，使反应器按照升温曲线升温至 315 ℃，恒温 12 h。

(19)315 ℃恒温结束以后，按照升温曲线继续升温，将温度升至 430 ℃，恒温 4 h。

(20)随着反应器升温的需要开工氮气量会逐渐增大，反应器内的空气逐渐被置换干净，通过界区阀前采样分析氧含量<0.5%为置换合格。

(21)配合烯烃分离装置反向置换产品气管线内氧含量至合格。拆除盲板，由放火炬压力控制阀反应器密相温度升至 150 ℃时，恒温 12 h。

2. 反应器装剂

当再生器升温 550 ℃左右、反应器 430 ℃时准备给反应器装剂。装剂前，反应器汽提段通入热氮气，反应器与急冷水洗系统贯通。急冷塔、水洗塔塔内循环已建立。开工氮气供给平稳，开工加热炉运行正常，反应器压力用放火炬压力控制阀控制。

反应器在装剂前需达到表 1-2-15 的操作条件。

表 1-2-15　反应器装剂操作条件

项目	单位	再生器	反应器
顶部压力	MPa	0.085	0.105
主风分布管主风量	Nm^3/h	35000	—
待生输送管工厂风量	Nm^3/h	50	—
再生输送管氮气量	kg/h	—	50
再生汽提段氮气量	Nm^3/h	400	—
待生汽提段氮气量	Nm^3/h	—	400
进料分布管高温氮气量	Nm^3/h	—	68 000
密相温度	℃	～400	～400
炉膛温度	℃	≤900	—
出口温度	℃	≤650	—
密相线速	m/s	0.8	0.27
稀相线速	m/s	0.55	0.15
汽提段线速	m/s	0.27	0.23
提升管线速	m/s	—	—
一级旋分器入口线速	m/s	～19	5.2
二级旋分器入口线速	m/s	～20	5.8
装剂量(测量值)	t	～55	～45
外取热器	t	～7	—

按照装剂操作条件调整操作，并做好装剂的准备工作，确保反应器压力高于再生器压力，避免主风进入反应器；向反应器装剂尽量采用氮气作为输送介质。

(1)用开工加热炉向反应汽提段通入热氮气控制反应器温度。

(2)关闭再生滑阀及待生滑阀，启用大型加剂向反应器装剂。

(3)在装催化剂的过程中，及时检查待生立管的各松动点畅通情况，发现问题及时处理。在两器流化前采用氮气松动，甲醇进料前按流程改为蒸汽松动。

(4)在装催化剂的过程中，及时检查再生输送管各氮气松动点畅通情况，发现问题及时处理，并依据再生输送管内催化剂的密度变化及时调节输送氮气量，保证再生立管内催化剂不堆积死床。

(5)在装催化剂的过程中，在控制反应器温度不小于 150 ℃时，应尽量加快装剂速度。当反应器藏量达 45 吨时，停止加剂，进行反应器升温。

(6)在装催化剂的过程中，及时检查产品气三旋催化剂细粉收集罐料位，掌握催化剂跑损情况。

(7)按表1-2-15中所列的条件进行反应器催化剂升温，升温时间为5～6 h，反应器密相温度可达到300 ℃左右。

(8)在向反应器装剂过程中派专人对催化剂罐进行检尺，以防止由于仪表误差而使反应器装剂量超高引起催化剂大量跑损。

(9)如果反应器升温较慢、再生器升温较快时，采用两器流化进行升温加快反应器升温速度。

3. *向反应器转剂*

反应器在转剂前需达到表1-2-16所示的操作条件。

表1-2-16　向反应器转剂操作条件

项目	单位	再生器	反应器
顶部压力	MPa	0.085	0.10
主风分布管主风量	Nm^3/h	36 000	—
待生提升管主风量	Nm^3/h	1 600	—
再生提升管蒸汽量	kg/h	—	1 000
再生汽提段高温氮气量	Nm^3/h	400	—
待生汽提段高温氮气量	Nm^3/h	—	400
进料分布管高温氮气量	Nm^3/h	—	80 000
密相温度	℃	～400	～300
炉膛温度	℃	≤900	—
出口温度	℃	≤650	—
密相线速	m/s	0.8	0.27
稀相线速	m/s	0.55	0.15
汽提段线速	m/s	0.27	0.23
提升管线速	m/s	～10	～10
一级旋分器入口线速	m/s	～19.6	5.3
二级旋分器入口线速	m/s	～20.7	5.9
装剂量(测量值)	t	～49	～100
外取热器	t	～7	—

按转剂操作条件调整操作，并做好转剂的准备工作；确保反应器压力高于再生器压力，避免主风进入反应器。

(1)逐渐打开再生滑阀向反应器转剂，当反应器温度上升，调整再生滑阀开度控制转剂速度。

(2)当反应器藏量开始上升时，稍稍打开待生滑阀，使催化剂少量循环升温，促进待生管流化。同时开大再生滑阀，加快转剂速度。开大待生滑阀开度的同时提高待生提升管风量至1 600 Nm^3/h，建立两器流化。若汽提段密度大于700 kg/m^3时，可以适当加大气提热氮气量；若汽提段密度小于 300 kg/m^3 时，可适当减小气提热氮气量。

在向反应器转剂过程中，应注意再生器藏量下降情况及反应器藏量上升情况，以防止反应器藏量表问题而引起将大量催化剂转入反应器，造成催化剂大量跑损。若再生滑阀开度已很大转剂速度仍较慢时，可适当降低反应器顶压力或增加再生提升管氮气量。

向反应器转剂时应注意再生器藏量变化，再生器藏量不应小于 23 吨。当再生器藏量小于 23 吨时，应启用催化剂加料系统向再生器加料。装剂和转剂过程应尽量缩短时间。当反应器、再生器藏量达到要求后，停止装剂、转剂过程。

建立两器流化后，调整各部藏量：再生器密相 46 吨，再生汽提段 3 吨，反应器密相 100 吨，待生汽提段 3 吨，外取热器 7 吨，此时两器总藏量(测量值)约 160 吨。若总藏量不足，应向再生器补剂。

当反应器、再生器藏量达到要求后，停止装剂、转剂工作，进入两器流化升温阶段。

4. 两器流化升温

两器流化升温前需达到表 1-2-17 所示的操作条件。

表 1-2-17　两器流化升温操作条件

项目	单位	再生器	反应器
顶部压力	MPa	0.085	0.1
主风分布管主风量	Nm^3/h	36 000	—
待生提升管主风量	Nm^3/h	1 600	—
再生提升管蒸汽量	kg/h	—	1 000
再生汽提段高温氮气量	Nm^3/h	400	—
待生汽提段高温氮气量	Nm^3/h	—	400
进料分布管高温氮气量	Nm^3/h	—	80 000
密相温度	℃	～400	～280
炉膛温度	℃	≤900	—
出口温度	℃	≤650	—
密相线速	m/s	0.8	0.27
稀相线速	m/s	0.55	0.15
汽提段线速	m/s	0.27	0.23
提升管线速	m/s	～10	～10
一级旋分器入口线速	m/s	～19.6	5.3
二级旋分器入口线速	m/s	～20.7	5.9
装剂量(测量值)	t	～49	～110
外取热器	t	～7	—

在反应器升温期间配合烯烃分离装置反向置换产品气管线内的空气，从临时消声器处放空采样分析氧含量<0.50%(vol)为置换合格。置换合格后，调节氮气量保持氮封。随着反应器升温，开工氮气量会逐渐增大至 80 000 Nm^3/h，反应器内的空气逐渐被置换干净。当再生器密相温度达到 350 ℃、反应器密相温度达到 240 ℃时，对反应器和后续急冷

水洗系统进行置换，从临时消声器处采样分析氧含量<0.50%(vol)为置换合格。系统氮气置换合格后，将放火炬盲板置于“通”的位置。反应器压力改由放火炬压力控制阀门控制，安全阀按照使用规定正确投用。

投用甲醇汽化器，切换氮气前确认甲醇进料系统甲醇冷运循环正常。通过观察分析反应器和再生器温度、压力、床层料位、床层密度、旋分压降等参数，确认反应系统和再生系统流化正常。确认水联运循环正常且分析急冷塔底水中固含量<10 g/L。反应器4.0 MPa蒸汽、1.0 MPa蒸汽引至反应事故蒸汽调节阀前脱水待用。

将甲醇进料汽化器0.50 MPa加热蒸汽引至调节阀前暖管脱水，按照先投甲醇后投蒸汽的顺序投10%负荷甲醇进行汽化器预热，汽化后甲醇蒸汽泄入热火炬。甲醇进开工加热炉的流程是甲醇→蒸汽换热器→甲醇自保阀→甲醇—反应气换热器→开工加热炉前甲醇切断阀门。氮气进开工加热炉流程是装置内氮气管网→开工加热炉前氮气切断阀。确认反应器单器流化正常，反应器床温为300～350 ℃，反应器压力由放火炬大小阀控制平稳，烯烃分离装置产品气压缩机自循环运转正常、反应器具备进甲醇条件后逐渐关闭开工循环线手阀，同时开大甲醇汽化器甲醇入口阀，建立10%～30%液位，加大加热蒸汽量，保证甲醇汽化效果。

打通切换流程，将汽化甲醇并入开工加热炉。切换过程要缓慢并保证反应温度持续升高，保持好氮气与甲醇量的匹配，以维持反应器催化剂线速在一定范围内减少催化剂跑损。调整开工加热炉负荷，严禁开工加热炉出口甲醇温度超过350 ℃。

反应器准备进甲醇升温，反应器升温是依靠甲醇在反应器床层温度大于220 ℃时可发生反应放热为反应器催化剂升温提供热量。反应步骤和转化率为200～250 ℃甲醇转化为二甲醚，转化率约为88%；在250～300 ℃甲醇转化为二甲醚，同时开始有烯烃生成，转化率约为88%；在300～350 ℃甲醇转化为二甲醚，同时有30%烯烃生成，转化率约为80%；大于350 ℃甲醇可转化为烯烃，转化率约为100%。

反应器甲醇升温条件见表1-2-18。

表1-2-18　反应器甲醇升温条件表

项目	单位	反应器			
		甲醇转化成二甲醚(转化率88%)	甲醇转化成二甲醚(转化率88%)开始有烯烃转化	甲醇转化成二甲醚(转化率80%，有30%转化成烯烃)	甲醇转化成烯烃(转化率100%)
顶部压力	MPa	0.10	0.10	0.10	0.10
再生提升管氮气量	Nm^3/h	1 600	1 600	1 600	1 600
待生汽提段高温蒸汽量	Nm^3/h	400	400	400	400
进料分布管高温氮气量	Nm^3/h	16 800	16 800	7 800	0
甲醇进料量	t/h	～100	～100	～105	110
密相温度	℃	200～250	250～300	300～350	350～450
开工加热炉出口温度	℃	～450	～450	～450	～450
密相线速	m/s	0.26	0.28	0.28	0.28

续表

项目	单位	反应器			
		甲醇转化成二甲醚（转化率 88%）	甲醇转化成二甲醚（转化率 88%）开始有烯烃转化	甲醇转化成二甲醚（转化率 80%，有 30%转化成烯烃）	甲醇转化成烯烃（转化率 100%）
稀相线速	m/s	0.14	0.15	0.15	0.15
汽提段线速	m/s	0.3	0.33	0.33	0.33
待生提升管线速	m/s	9.6	9.6	9.6	9.6
一级旋分器入口线速	m/s	5	5.5	5.5	5.5
二级旋分器入口线速	t	5.5	6	6	6
装剂量	t	～103	～103	～103	～103
其中：汽提段藏量	t	～3	～3	～3	～3
密相床藏量	t	～100	～100	～100	～100

表 1-2-18 中反应器升温阶段提供的甲醇进料量仅作为参考，进甲醇后，应根据反应器温升情况调整甲醇进料量。当反应温度不再上升时，先缓慢增加甲醇进料量，此时如反应温度仍有下降趋势，可考虑再次打开再生滑阀，将再生器的高温催化剂适量转入反应器。但在反应床层温度＞280 ℃后即停止催化剂循环。

当反应温度快速上升时，切断再生滑阀进行单容器升温。当反应温度＞400 ℃且反应器升温缓慢时，应及时进行两器循环。当再生器温度高于反应器温度时应减小催化剂循环量，尽量快速提高再生温度。当反应温度＞400 ℃时，进料量可逐渐向正常值调整。反应器温度达到 450 ℃后，应提高催化剂循环量(53 t/h)，同时调整甲醇进料量，稳定反应温度在 450 ℃。在两器流化升温过程中，每间隔 30 min 进行一次反应和再生定碳的检测。及时调整急冷塔及水洗塔塔底液位及温度，控制急冷塔底温度不大于 120 ℃。

当再生器密相温度达到碳燃烧的温度且再生器温度有明显上升时，应根据再生器的温升情况，逐渐减少主风进入量(调整至主风量与烧焦平衡)，同时通入 N_2 以维持再生器旋分入口线速。此步骤的目的是避免再生器烧焦产生的 CO 在没有催化剂的情况下发生二次燃烧。最终控制再生器密相温度为 650 ℃左右，此阶段应及时对烟气中氧含量进行分析，并根据再生器温升情况适时投用再生器内取热器。

建立两器流化后，调整各部藏量：再生器密相 46 吨，再生汽提段 3 吨，反应器密相 100 吨，待生汽提段 3 吨，外取热器 7 吨，此时两器总藏量(测量值)约 160 吨。若总藏量不足，应向再生器补剂。

当各部位藏量达到指标后，按两器流化操作条件调整各路主风及各器顶压力，当调整好条件后，再生滑阀手动控制，待生滑阀、双动滑阀投自动，建立两器正常流化。

在上述各项步骤完成后，装置进入操作调整阶段。

5. 操作调整

完成反应器、再生器流化升温后进行两器操作调整，调整分以下两步进行。

(1)提处理量达设计处理量的 70%，即 165 t/h，调整操作(反应温度 470 ℃、再生温度 660 ℃)、稳定操作，进行初步操作调整工作。

(2)当急冷水中催化剂含量在正常范围内，减少进入开工加热炉的甲醇流量。提处理量达设计处理量，即 236.842 t/h。调整操作(反应温度 470 ℃、再生温度 660 ℃)、稳定操作。

操作调整阶段反应—再生部分操作条件见表 1-2-19。

表 1-2-19　操作调整阶段反应—再生部分操作条件

项目	单位	再生器	反应器
顶部压力	MPa	0.115	0.12
主风分布管主风量	Nm^3/h	22 800	—
主风分布管氮气量	Nm^3/h	3 600	—
待生提升管主风量	Nm^3/h	2 490	—
再生提升管蒸汽量	kg/h	—	1 000
汽提段蒸汽量	kg/h	400	400
外补蒸汽量	t/h	—	33
甲醇进料量	t/h	—	236.8
密相温度	℃	～660	495
密相线速	m/s	0.8	0.85～1.0
稀相线速	m/s	0.52	0.56
汽提段线速	m/s	0.31	0.3
提升管线速	m/s	9	7.5
一级旋分器入口线速	m/s	18	20
二级旋分器入口线速	m/s	19	22
三级旋分器入口线速	m/s	23	23
装剂量	t	～46	60～70
原料预热温度	℃	—	～250
催化剂循环量	t/h	53～70	53～70
空速	h^{-1}	—	4～3
催化剂停留时间	min	—	—
过剩氧	V%	～1	—
取热负荷	104 kcal/h	～850	200～300

操作调整阶段控制主风流量在 22 800 Nm^3/h，用氮气补充再生器旋分器入口线速，通过反应器定碳的升高程度调整主风流量，及时分析再生烟气中过剩氧含量。如发现有 CO 尾燃现象，应及时减少主风量。再生器密相床温要控制在 660 ℃左右，再生催化剂定碳小于 2%，进甲醇后要严格控制反应器密相温度不得小于 400 ℃(否则大量生成二甲醚)。

反应器进甲醇后，观察水洗塔顶产品气组成在线分析数据，当反应气组成中甲醇和二甲醚含量(w_t)都≤1.5%时，联系生产调度准备向烯烃分离装置送产品气，接到通知后在烯烃分离装置缓慢打开产品气至烯烃分离装置电动阀的同时逐渐关闭入口放火炬阀；将产品气引至烯烃分离产品气压缩机，产品气压缩机逐渐升速，用产品气压缩机转数控制反应器压力平稳。

及时采样分析甲醇、产品气、待生催化剂、再生催化剂、再生烟气、急冷水、水洗水、污水等，依据分析结果及时调整操作。当甲醇进料量达到 236.8 t/h 时，全面调整并稳定操作，控制乙烯和丙烯产率，产出合格产品气。

（四）反应器操作

1. 反应温度控制

反应器在操作过程中要严格控制反应温度，要求反应器（R1101）床层温度维持在 425～525 ℃，MTO 反应过程中多余热量由反应器（R1101）中的内取热器移出床层，维持反应器温度稳定。反应温度控制如图 1-2-23 所示。

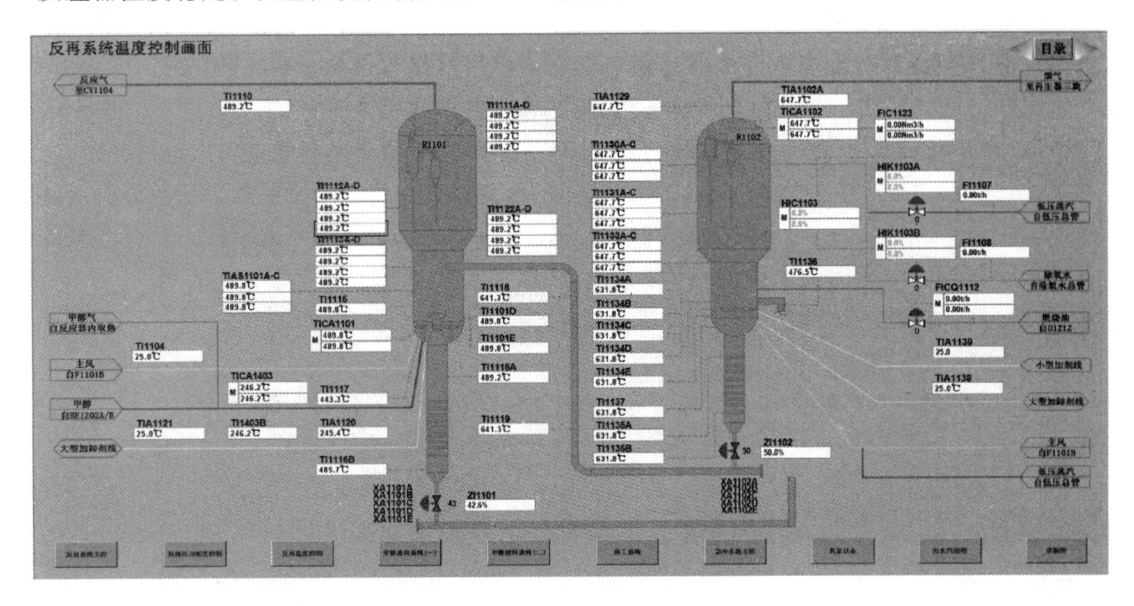

图 1-2-23　反应温度控制图

为维持反应器反应温度稳定，一般采用反应器温度调节器自动控制调节急冷甲醇量改变进料温度的方法，来调节密相床层温度。当急冷甲醇量不能满足温度调节要求时，则通过调节甲醇—净化水换热器的净化水量来调节甲醇进料温度。在生产过程中，甲醇进料量增加，反应放热增加，导致反应温度升高；反之，反应温度降低。甲醇进料温度高，则反应温度升高，进料温度低则反应温度低。反应内取热负荷增大，则反应温度降低；反应内取热负荷减少，则反应温度升高。因为在生产过程中要进行催化剂再生，当进入反应器的再生剂温度升高，一定循环量的再生催化剂带入反应器内热量增加，反应温度上升；反之，反应温度降低。催化剂循环量增加，反应温度升高；反之，反应温度下降。甲醇进料稀释蒸汽量增加，反应温度下降；反之，反应温度升高。根据反应器反应温度影响因素，主要的处理措施如下。

（1）根据生产工况通过甲醇进料流量调节器使甲醇进料量保持稳定。

（2）采用反应器反应温度调节器控制调节急冷甲醇量改变进料温度的方法，来调节密相床层温度，当急冷甲醇量不能满足温度调节要求时，则通过控制甲醇—净化水换热器的净化水的量来调节甲醇进料温度。

(3)通过调节启用的取热盘管组数，或者调节进入内取热盘管甲醇的量，来调节反应取热量，使反应内取热负荷和装置生产负荷保持对应。

(4)通过平衡再生烧焦和取热负荷，保持再生温度相对稳定。

(5)根据生产工况，通过待生滑阀和再生滑阀的开度，保持催化剂循环量稳定。

2. 进料温度控制

微课：反应器进料温度、反应压力控制

甲醇进料温度是调节反应器温度的一个重要手段，是实施反应床层微调的关键参数。同时，DMTO 工艺还要求甲醇进料温度控制在 200～350 ℃，设计进料温度在 250 ℃左右。进料温度太低，会影响烯烃的选择性；进料温度过高，则会使甲醇产生副反应。进料温度控制如图 1-2-24 所示。

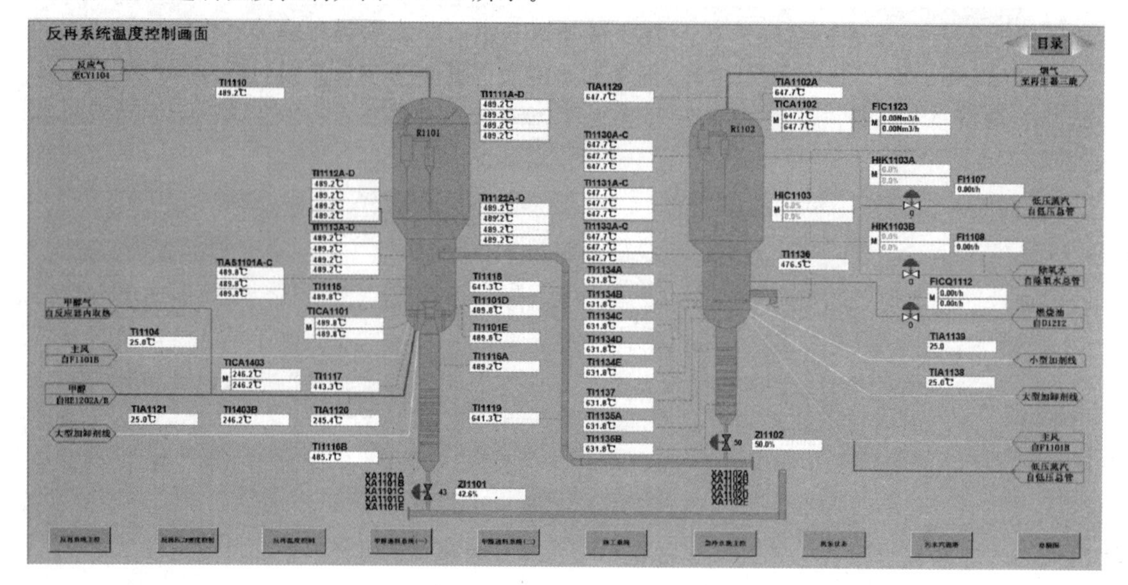

图 1-2-24　进料温度控制图

反应器进料温度主要通过自动控制调节急冷甲醇量改变进料温度的方法来调节。当急冷甲醇量不能满足温度调节要求时，则通过控制甲醇—净化水换热器的净化水的量来调节甲醇进料温度。在生产过程中，急冷甲醇量增大，则进料温度降低；急冷甲醇量减少，则进料温度升高。甲醇—净化水换热器投用时，净化水量大，则进料温度低，甲醇升压泵出口流量增大，则进料温度降低，反之则进料温度升高。根据反应器进料温度影响因素，主要的处理措施如下。

(1)通过自动控制调节急冷甲醇量改变进料温度来调节反应器进料温度。

(2)在急冷甲醇量开到最大进料温度仍然高的情况下，先增加至立换的雾化甲醇量来粗调，再用进料温度调节阀 A 调节至正常。急冷喷嘴如果堵塞，则通过手动切换开关，切换到用进料温度调节阀 B 控制净化水通过甲醇—净化水换热器的量来降低甲醇进料温度，净化水通过甲醇—净化水换热器的量增加，则进料温度降低。

(3)通过控制甲醇升压泵出口流量与产品气温度相对应，从而保证甲醇进料和产品气进急冷塔温度稳定。

3. 反应压力控制

MTO反应要求将反应压力控制在(0.12±0.01)MPa，正常生产时反应压力是由烯烃分离装置通过产品气压缩机转速、防喘振返回线开度和一段入口放火炬压力控制阀保持压缩机入口压力稳定控制的。由于反应器出口到产品气压缩机入口之间的设备和管线压降固定，调节压缩机入口压力的即调节了反应压力。在压缩机不开或故障停机的情况下，通过水洗塔顶放火炬压力控制阀调节水洗塔顶压力，进而保持反应压力稳定。

影响MTO装置反应压力的因素主要是烯烃分离装置产品气压缩机转速、烯烃分离装置产品气压缩机防喘振返回量、甲醇进料量、稀释蒸汽量等。烯烃分离装置产品气压缩机转速提高则反应压力降低，转速降低则反应压力升高。为防止压缩机喘振，产品气压缩机设置有二段出口返回一段入口，三段出口返回三段入口，四段出口返回四段入口，保证压缩机吸入流量的同时也保证了压力的稳定，返回量过大则压力升高；反之则降低。甲醇进料量增大，反应压力升高；进料量减少，反应压力降低。稀释蒸汽量增大，反应压力升高；稀释蒸汽量减少，反应压力降低。当使用水洗塔顶放火炬压力控制阀调节反应压力时，放火炬压力控制阀开度大则反应压力降低；反之则升高。根据反应压力影响因素，在反应器反应压力发生波动时可采取以下措施进行调节。

(1)正常生产时，根据反应进料量的情况，适当设定产品气压缩机的转速，当反应压力有波动时，可微调压缩机转速(一般在几转到十几转范围内调整)。

(2)正常生产时，应尽量减少防喘振返回量以减少压缩机的无用功。低负荷的情况下，用防喘振返回量调节压缩机入口压力时，应注意控制压力的变化在正常范围内。

(3)在进料量发生变化时，应及时通知烯烃分离单元注意压力变化并作出相应调整。

(4)当使用水洗塔顶放火炬压力控制阀调节时，放火炬压力控制阀控制投自动。

4. 反应器密相床藏量控制

微课：反应器密相床藏量、催化剂循环量控制

反应器密相床催化剂的藏量与反应停留时间有着密切的联系，进而影响转化率和产品分布；反应密相床层料位太低，则甲醇易穿透床层而使转化率降低，反应密相床层料位太高，则易发生副反应和二次聚合反应，影响产品分布。MTO装置反应要求将反应器密相床催化剂的藏量控制在(75±10)t。正常生产过程中通过调节待生滑阀的开度来控制反应器密相床藏量。反应器密相床藏量控制如图1-2-25所示。

影响MTO装置反应器密相床催化剂藏量的因素主要是待生滑阀开度、再生滑阀开度、再生器藏量和反应—再生两器总藏量。待生滑阀开度大，则反应器藏量降低；待生滑阀开度小，则反应器藏量升高。再生滑阀开度大，则反应器藏量升高；再生滑阀开度小，则反应器藏量降低。在两器总藏量不变的情况下，再生器藏量高则反应器藏量低；再生器藏量低则反应器藏量高。生产过程中催化剂会有一定的跑损，两器总藏量不足以达到控制范围的底线时，反应器藏量降低，应及时补充新鲜催化剂或平衡催化剂。

根据MTO装置反应器密相床催化剂藏量的影响因素，通过待生滑阀投自动方式进行控制。

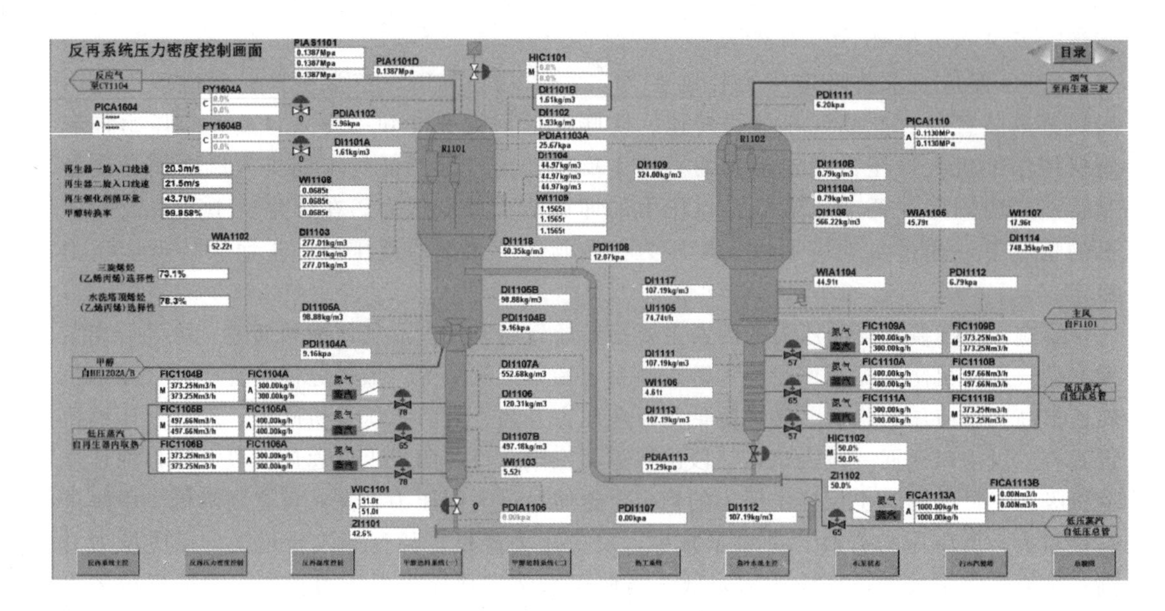

图 1-2-25　反应器密相床藏量控制

5. 催化剂循环量控制

催化剂循环量的大小由 MTO 反应装置本身的特点决定，在催化剂的藏量一定时，与催化剂的停留时间有着直接的联系。根据 MTO 工艺反应和再生定碳的要求，一般控制在 57.8 t/h。正常生产过程中通过手动给定再生滑阀开度控制催化剂循环量，要求控制在催化剂输送管线和待生、再生滑阀的最大和最小输送量之间。

影响催化剂循环量的主要因素是甲醇进料量、再生滑阀开度、两器差压、再生 U 形提升管密度、提升蒸汽流量、两器系统藏量及流化状态。甲醇进料量加大后，催化剂的循环量应该增加，以增加反应器中的活性中心。再生器滑阀开度增大，催化剂循环量增大。两器压差增大，催化剂循环量增大。提升蒸汽流量增大，则催化剂循环量增大。两器系统藏量增大，则循环量减小。流化状态直接影响循环量的大小，流化状态越好，循环量越大。根据催化剂的循环量的影响因素，在催化剂的循环量发生波动时可以采取以下措施进行调节。

(1)根据反应器定碳调节再生滑阀开度。

(2)调整中压蒸汽流量调节阀的阀位，调节提升蒸汽流量，调整再生催化剂输送管密度和压降。

(3)调稳两器差压，保持两器良好的流化状态。

(五)反应—再生系统停车

1. 停车准备工作

(1)停止小型自动加剂，试通反应器、再生器、外取热器、反应—再生汽提段卸剂管线，设定好卸剂流程。

(2)催化剂罐倒空并泄压，1.0 MPa 蒸汽引至催化剂罐抽空器前脱水待用。

(3)三级旋风分离器回收催化剂，细粉储罐内催化剂细粉全部卸净。

(4)调试产品气压缩机入口放火炬阀，确认灵活好用。

(5)反应器中压事故蒸汽(4.0 MPa)脱水待用。

(6)将反应器压力控制在0.12 MPa，再生器压力控制在0.115 MPa，反应温度不低于450 ℃，再生温度大于550 ℃。

2. 反应降温降量，再生器卸催化剂

(1)降量前，停止催化剂的小型自动加料器。

(2)通知生产调度降低进料量，调节甲醇进料流量调节阀，按照(30～50) t/h流量平稳降甲醇进料量。

(3)降量的同时，调节反应器内取热负荷，切除内取热器液态甲醇投用甲醇保护蒸汽，保证反应温度不低于450 ℃；随着进料量的降低，调节甲醇汽化器蒸汽量，控制甲醇进料温度不超过250 ℃。

(4)降量的同时，调节中压蒸汽流量调节阀、低压蒸汽流量调节阀开度，相应提高进反应器蒸汽量，保证反应器内旋风分离器线速在17 m/s以上。

(5)降量的同时，产品气压缩机转速相应降低，控制反应器压力不低于0.12 MPa。当产品气压缩机转速降至临界转速以下时，产品气压缩机停机，反应器压力改由产品气压缩机入口放火炬控制。

(6)控制好两器压力，维持两器差压在5 kPa，维持催化剂的正常流化循环。

(7)视再生器密相温度情况停再生器外取热器流化氮气，停外取热器；外取热器汽包继续上水，保持汽包液位稳定。

(8)降量的同时，催化剂罐抽真空，开始从再生器内卸剂。控制卸剂温度不高于450 ℃，控制卸剂速度，逐渐关小再生滑阀，维持再生器催化剂藏量不低于25 t。

(9)控制较低的反应器料位，维持反应正常进行，逐渐把反应器内催化剂转入再生器。降低反应内取热负荷，必要时取热盘管全部投用保护蒸汽。

(10)降量的同时，急冷塔、水洗塔调整操作，污水汽提塔随着反应降量逐渐降低负荷，并控制净化水质量合格。

(11)当进料量降至142 t/h(60%负荷)时，逐渐关闭甲醇至甲醇—汽提气换热器流量控制阀，当甲醇—汽提气换热器甲醇液位至0%时，切除汽提气并及时投用污水汽提塔顶气冷却器，控制汽提气温度不超温。

(12)当进料量降至142 t/h时，投用开工加热炉，介质为氮气。

(13)依据污水汽提塔压力变化，当系统压力低于0.2 MPa时，停止不凝气回炼，改放火炬；停止浓缩水回炼，改至甲醇废液罐。

3. 切断进料

(1)逐渐降低甲醇汽化器甲醇液位至5%～10%，调节蒸汽量控制甲醇进料温度不超温；当甲醇汽化器甲醇液位至0%，停止加热蒸汽。

(2)随着逐渐降量，当产品气压缩机转速降至临界转速以下时，产品气压缩机停机，反应器压力改由产品气压缩机入口放火炬控制。

(3)当甲醇缓冲罐液位降至10%时，派专人监护甲醇进料泵，泵出现抽空时停甲醇进料泵。

(4)将反应器、再生器汽提蒸汽改为氮气。

(5)适当增加开工加热炉氮气量，维持催化剂流化循环和温度。

(6)关闭再生滑阀，单器流化烧焦并卸剂。

(7)先用氮气将气相甲醇吹扫至反应器，然后用氮气将液相甲醇吹扫至甲醇缓冲罐。

(8)用产品气放火炬阀控制反应器压力并略高于再生器，严防空气窜入反应器，有必要时水洗塔通入氮气维持反应器压力。

(9)调节汽提氮气量，控制汽提段料位稳定。

(10)降低再生器内外取热器的负荷，避免再生器降温过快，必要时切除内取热器。

(11)降低主风量，控制再生器温度不低于 500 ℃，防止温度太低卸剂困难(根据实际烧焦情况，可以考虑使用辅助燃烧室)。

(12)控制两器压力平稳，保证单器流化烧焦及反应器赶反应气。

4. 转、卸催化剂

(1)单器流化烧焦 60 min，提高反应器压力，将反应器催化剂全部转入再生器，待反应器汽提段料位转空时关闭待生单动滑阀(滑阀不严发生倒窜时可采取降压降操作)。

(2)增大开工加热炉氮气量，赶净反应器内反应气混合气。

(3)加快再生器卸剂速度，注意大型卸剂线温度不能超过 450 ℃。

(4)打开再生器外取热器和汽提段底部卸剂阀将催化剂卸净。

(5)卸剂完成后关闭再生器的所有给汽点。

5. 两器吹扫

(1)手摇关闭再生滑阀及待生滑阀。

(2)用开工加热炉的氮气吹扫反应器 24 h 以上，通过水洗塔顶放火炬阀放空。

(3)用双动滑阀控制再生器压力略低于反应器压力，严禁空气进入反应器。

认识旋风分离器

(4)卸剂结束后，用主风吹扫再生器。

(5)继续吹扫再生器至再生器密相温度降至 150 ℃，按照机组操作法停主风机 B1101A 进行自然降温。

(6)急冷、水洗蒸塔结束，在界区采样合格，方可停氮气。

六、反应—再生系统联锁控制

(一)切断反应器进料联锁逻辑控制

1. 联锁逻辑图

切断反应器进料联锁逻辑如图 1-2-26 所示。

2. 联锁逻辑说明

当出现下列情况之一时，将切断进料。此时，进料切断阀关闭，进料返回阀通过压力调节器自动打开，同时信号送至烯烃分离部分产品气压缩机监控系统。

(1)反应温度低低(三取二)。

(2)反应压力高高(三取二)。

(3)产品气压缩机组停车(人工判断)。

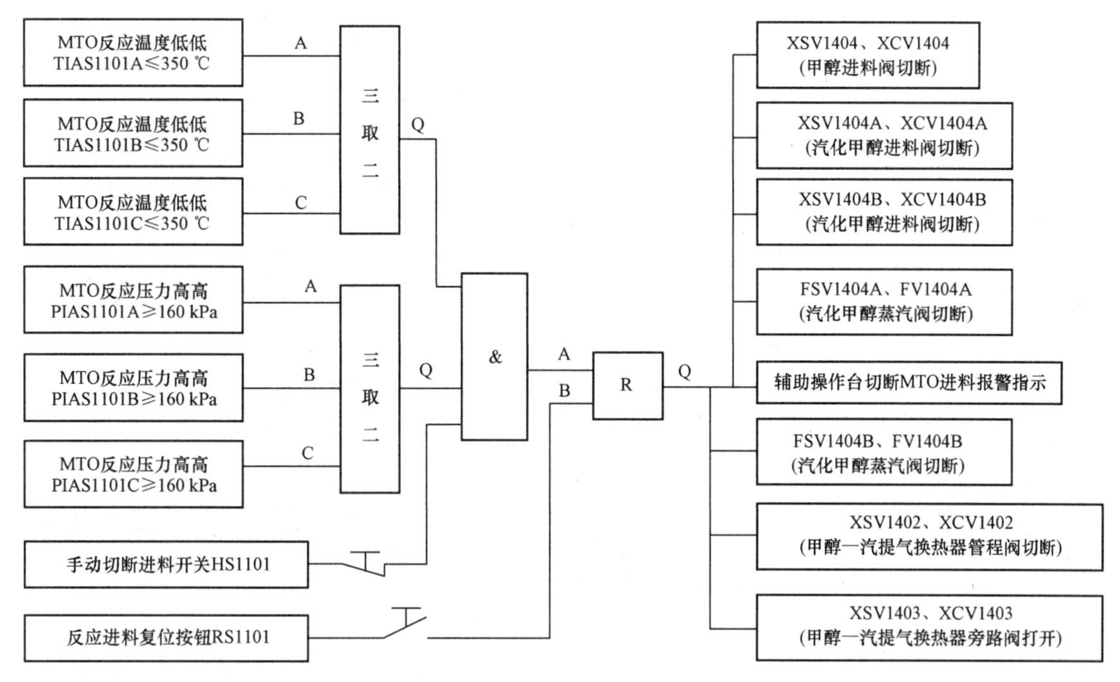

图 1-2-26 切断反应器进料联锁逻辑图

(二)切断两器循环逻辑控制

1. 联锁逻辑图

切断两器循环逻辑控制如图 1-2-27 所示。

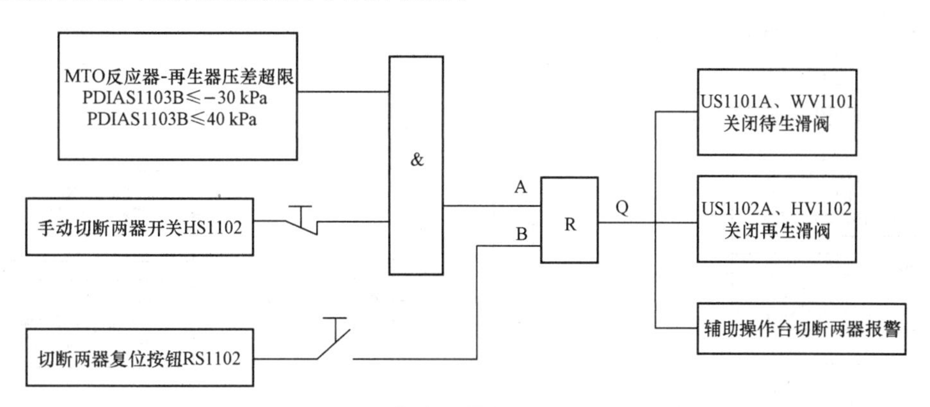

图 1-2-27 切断两器循环逻辑控制图

2. 联锁逻辑说明

当出现下列情况之一时，将切断两器循环。此时，待生滑阀关闭，再生滑阀关闭。

(1)两器差压超限。

(2)手动切断两器(硬手操)。

(三)切断主风联锁

1. 联锁逻辑图

切断主风联锁逻辑控制如图 1-2-28 所示。

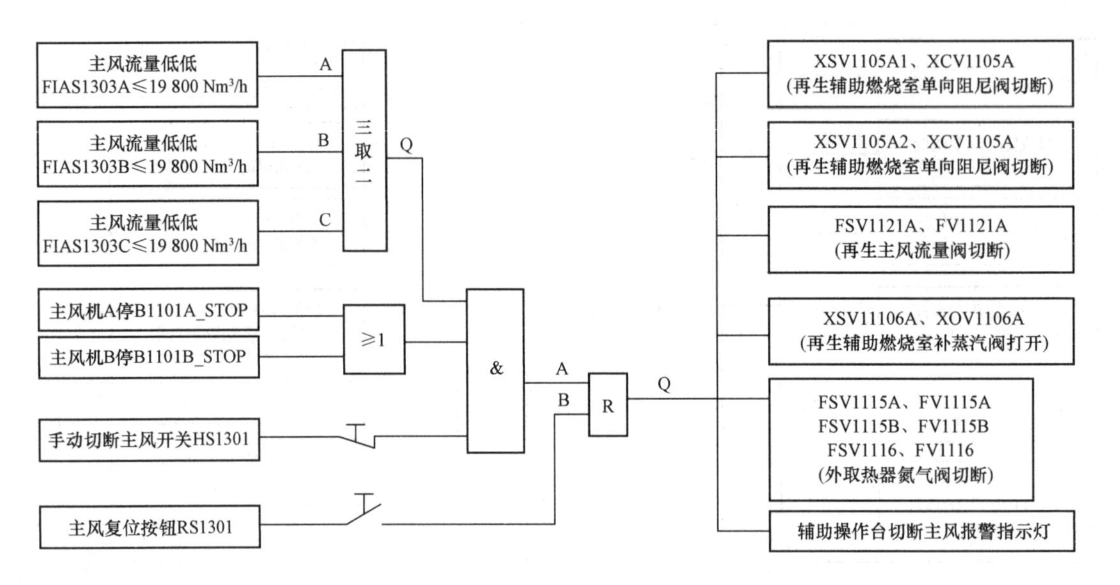

图 1-2-28　切断主风联锁逻辑控制图

2. 联锁逻辑说明

当出现下列情况之一时，将切断主风。此时，反应器、再生器主风阻尼单向阀关闭，再生器主风事故蒸汽阀开，主风机组保安运行。

(1)主风流量低低(三取二)。

(2)主、备风机组停机或安全运行。

(3)手动切断主风(硬手操)。

(四)甲醇—汽提气换热器联锁

1. 联锁逻辑图

甲醇—汽提气换热器联锁逻辑控制如图 1-2-29 所示。

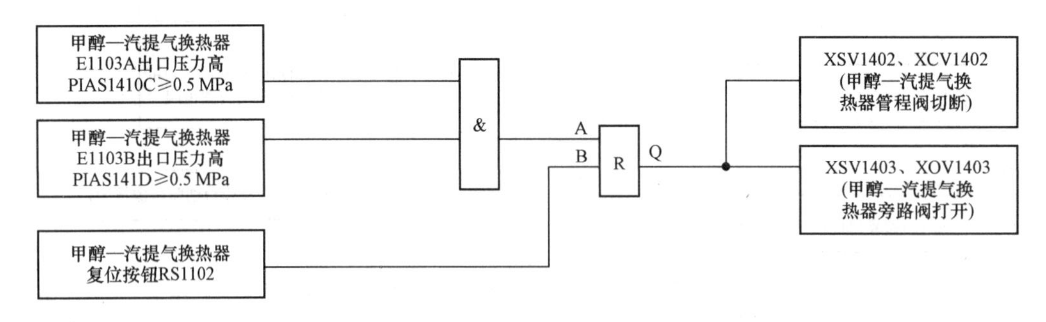

图 1-2-29　甲醇—汽提气换热器联锁逻辑控制图

2. 联锁逻辑说明

当出现下列情况之一时，将切断甲醇—汽提气换热器。将换热器管程阀切断，将换热器旁路阀打开。

(1)甲醇汽提气换热器 A 出口压力高。

(2)甲醇汽提气换热器 B 出口压力高。

(五)甲醇—蒸汽换热器联锁

1. 联锁逻辑图

甲醇—蒸汽换热器联锁逻辑控制如图 1-2-30 所示。

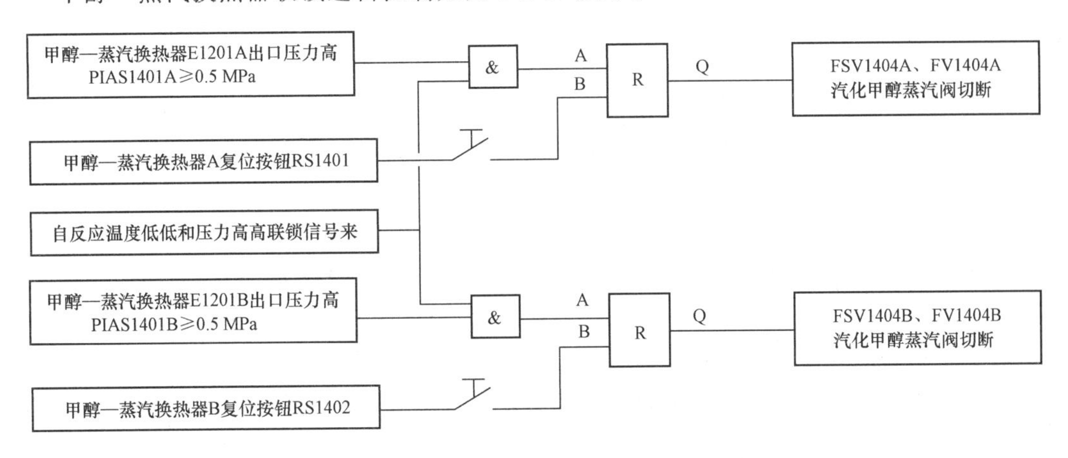

图 1-2-30 甲醇—蒸汽换热器联锁逻辑控制图

2. 联锁逻辑说明

甲醇蒸汽换热器 A、B，如有出口压力高联锁将其汽化甲醇蒸汽阀切断。

(六)氮气加热器联锁

1. 联锁逻辑图

氮气加热器联锁逻辑控制如图 1-2-31 所示。

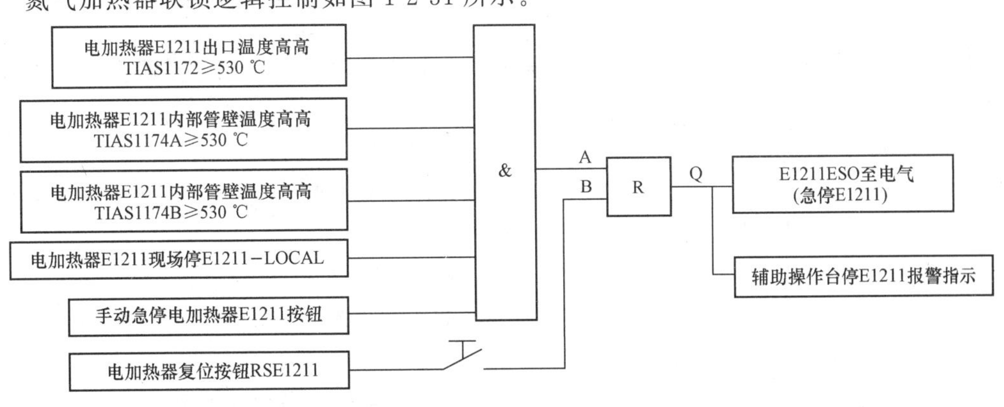

图 1-2-31 氮气加热器联锁逻辑控制图

2. 联锁逻辑说明

氮气电加热器出口温度内部管壁温度高高将联锁急停 E1211。

能力训练

一、选择题

1. MTO 主风机的叶轮类型为(　　)。

A. 闭式　　B. 半闭式　　C. 开式　　D. 以上均不对

2. 机组停机后，盘车的目的是(　　)。

A. 防止轴弯曲　　B. 促进轴瓦冷却

C. 防止泄漏　　D. 加快润滑油回油速度

3. 主风机正常运行中，应经常检查润滑油过滤器差压，一旦压差超过(　　) MPa，立即切换清洗。

A. 0.05　　B. 0.1　　C. 0.15　　D. 0.2

4. 再生辅助燃烧室在烘衬过程中，炉膛温度应控制在(　　)。

A. 不大于 900 ℃　　B. 不大于 950 ℃

C. 不大于 1 000 ℃　　D. 不大于 1 050 ℃

5. 辅助燃烧室正常燃烧时，火焰呈浅蓝色，如(　　)，火焰发亮短促。

A. 一次风过大　　B. 一次风过小

C. 二次风过大　　D. 二次风过小

6. 开工加热炉在点火前要进行置换，采样分析燃料气含量应不大于(　　)。

A. 0.20%　　B. 0.30%　　C. 0.40%　　D. 0.50%

7. 下列各种温度计中，适用于检测加热炉壁温的是(　　)。

A. 热电阻式温度计　B. 电阻式温度计　C. 压力式温度计　D. 辐射式温度计

8. 气固相催化反应器，分为固定床反应器、(　　)反应器。

A. 流化床　　B. 移动床　　C. 间歇　　D. 连续

9. 转化率不变，反应温度升高，焦炭产率(　　)。

A. 上升　　B. 不变

C. 下降　　D. 无法确定

10. 在其他条件不变的情况下，反应温度从 475 ℃提高到 480 ℃，产品气中乙烯的选择性将(　　)。

A. 提高　　B. 降低

C. 不变　　D. 影响不大

11. 提升管增加蒸汽量，导致生焦量(　　)。

A. 降低　　B. 增加

C. 不变　　D. 无法确定

12. 催化剂碳堆积的现象是(　　)。

A. 再生剂含碳量减少　　B. 再生器稀密相温差增加

C. 再生器旋分器压降减少　　D. 反应压力明显下降

二、判断题

1. MTO 装置使用的 MTO 专用催化剂型号是 803-201；由于催化剂性质的特殊要求，装置催化剂长期储存需要用氮气进行保护。(　　)

2. 开工加热炉点火前必须对炉膛进行氧含量分析。(　　)

3. 当离心压缩机的操作流量小于规定的最小流量时，可能会发生紧急停车。(　　)

4. 反应器一、二级旋风分离器的临界限速在 16～24 m/s，因此在投料过程中，在反应温度不降的前提下，应尽快提高进料量，防止反应器大量跑催化剂。(　　)

5. 再生温度越高，烧焦速度越快。(　　)

6. 两器升温时要调整好一次风和二次风，除保证燃料需要外，还应保证炉膛不超温和再生器床层温度升高和降低的需要。（　）

7. MTO 装置中主风机最简便的反喘振方法是主风机出口放空。（　）

8. 润滑油温度太高时，由于黏度小、承载能力低，带不走热量，因此会影响轴承工作。（　）

9. 提高反应温度可提高反应速度，即可缩短甲醇气和催化剂接触时间。（　）

10. 一般来说，对于给定大小的设备，提高再生压力是增加装置处理能力的手段。（　）

11. 要形成流化床，气体的速度必须保持在临界流化速度和带出速度之间。（　）

12. 催化剂上含碳量无论多少，都有可能发生二次燃烧。（　）

三、简答题

1. 反应进料为什么要有雾化蒸汽？

2. 简述一、二级旋风分离器的主要结构。影响分离效率的因素有哪些？

3. 开工时，反应器投料要注意哪些问题？

4. MTO 装置离心压缩机组（主风机）的切换方法是什么？

5. 如何控制 MTO 反应器反应压力？

6. 串级控制系统的特点是什么？

任务四　反应—再生系统生产异常现象判断与处理

任务描述

及时判断反应—再生系统生产异常现象并作出正确处理，防止事故发生。

知识储备

一、主风机停运故障处理

1. 事故现象

再生器压力迅速下降。

2. 事故原因

主风机坏。

3. 处置方法

启动备用风机。

微课：反应—再生系统生产异常现象判断与处理

4. 处理步骤

(1)确认再生、待生滑阀关闭，切断两器流化阀位回零。

(2)反应降进料量。

(3)外取热器停止流化，同时控制好汽水分离器的水位。

(4)手动打开备用风机放空阀。

(5)手动打开备用风机进气阀。

(6)点击主风机启动复位按钮，启动备用风机。
(7)现场打开备用风机出口阀门。
(8)手动关小备用风机放空阀。

二、开工加热炉炉管爆管着火处理

1. 事故现象

炉膛温度突然上升，烟气温度上升。

2. 事故原因

炉管年久失修。

3. 处置方法

关燃料气，开消防蒸汽。

4. 处理步骤

(1)关闭燃料阀门，SIS 系统解除联锁并及时汇报调度，报火警。
(2)全开炉膛消防蒸汽。
(3)切断甲醇进料。

三、停甲醇进料故障处理

1. 事故现象

甲醇进料中断，甲醇进料流量计显示为零。

2. 事故原因

泵坏。

3. 处置方法

启动甲醇进料备用泵。

4. 处理步骤

(1)手动开大中压蒸汽流量调节器 FIC1102 的开度，稳定反应温度。
(2)打开甲醇进料备用泵的入口阀。
(3)启动甲醇进料备用泵。
(4)打开甲醇进料备用泵的出口阀门。

四、停氮气故障处理

1. 事故现象

氮气中断，反应器密相料位升高，反应器总料位指示显示增大。

2. 事故原因

氮气管路损坏。

3. 处置方法

启用进料自保切断进料。

4. 处理步骤

(1)启用进料自保切断进料 HS1101—手动切断—执行。

(2)停主风机，再生器闷床。

(3)启用切断反应—再生两器切断按钮，手动切断执行。

(4)关闭再生管输送氮气阀门。

(5)关闭再生汽提段汽提蒸汽阀门。

(6)关闭反应汽提段汽提蒸汽阀门。

(7)关闭再生器外取热流化氮气阀门，同时注意汽水分离器汽包液位。

(8)关闭中压蒸汽流量调节器阀门。

(9)热工系统中，开大燃料气压力调节器阀门，注意余热锅炉炉膛温度不超过1 050 ℃。

知识链接

预防事故选择对策的基本原则

能力训练

一、选择题

1. MTO装置氮气系统开工时，各用户置换合格的标准：各单元泄压至0.03 MPa后，各用户端采样分析氧含量小于(　　)。

A. 0.2%　　B. 0.3%　　C. 0.4%　　D. 0.5%

2. 防止主风机喘振最简便的方法是(　　)。

A. 降低再生压力　　B. 增加主风流量

C. 打开主风机防喘振阀　　D. 停主风机

二、简答题

1. 简述催化剂倒流的现象。怎样防止催化剂的倒流？

2. 甲醇原料中断后怎样处理？

项目三　急冷汽提系统运行与控制

学习目标

知识目标

(1)了解急冷汽提系统的任务和生产原理;

(2)熟悉急冷汽提系统的工艺流程、工艺指标;

(3)了解急冷汽提系统的机械设备、管道、阀门的位置,以及它们的构造、材质、性能、工作原理、操作维护和防腐知识;

(4)了解急冷汽提系统控制点的位置、操作指标的控制范围及其作用、意义和相互关系;

(5)了解急冷汽提系统正常操作要点、系统开停车程序和注意事项;

(6)了解急冷汽提系统不正常现象和常见事故产生的原因及预防处理知识;

(7)了解急冷汽提系统各种仪表的一般构造、性能、使用及维护知识;

(8)了解急冷汽提系统防火、防爆、防毒知识,熟悉安全技术规程,掌握有关环境保护方面的知识。

能力目标

(1)能够进行公用工程的投用;

(2)认识急冷汽提系统工艺流程图,能够识读仪表联锁图和工艺技术文件,能够熟练画出急冷汽提系统 PFD 图和 PID 图,能够在现场熟练指出各种物料走向及工艺控制点位置;

(3)熟悉急冷汽提系统关键设备,并能够进行水洗塔等设备的操作、控制及必要的维护与保养;

(4)能够进行急冷汽提系统的开停车操作,并能够与上下游岗位进行协调沟通;

(5)能够熟练操作急冷汽提系统 DCS 控制系统进行工艺参数的调节与优化,确保产品气质量;

(6)能够根据生产过程中异常现象进行故障判断并能进行一般处理;

(7)能够辨识急冷汽提系统危险因素,能够查找岗位上存在的隐患并进行处理,并能够根据岗位特点做到安全、环保、经济和清洁生产。

素质目标

(1)培养学生养成细致、耐心、爱岗、敬业的职业操守和习惯;

(2)培养学生工程技术观念,分析问题、处理问题的能力;

(3)培养学生的职业道德及敬业爱岗、严格遵守操作规程、团结协作的职业素质和沟通协调、语言表达的能力。

急冷水洗的任务是洗涤产品气夹带的少量催化剂、冷凝产品气中的水分和脱除杂质,因此，急冷水洗系统的操作稳定与否将直接关系到产品气的质量。污水汽提的目的是回收装置生成水中夹带的少量有机物进行回炼，同时产出合格的净化水，以供回收利用。这两个系统的操作主要是控制好三塔的液位、温度和压力。

任务一　急冷汽提系统工艺认识

任务描述

认识急冷汽提系统关键设备，进行急冷汽提系统的工艺流程识读和绘制。

知识储备

急冷汽提系统工艺流程如图 1-3-1 所示，经过甲醇—产品气换热器降温到 263℃，富含乙烯、丙烯的产品气进入急冷塔(C1201)下部，产品气自下而上与急冷塔顶冷却水逆流接触，洗下携带的少量催化剂和部分杂质，同时将产品气的温度降低到 104 ℃左右，经过急冷后的产品气经急冷塔顶进入水洗塔(C1202)下部，自下而上与水洗水逆流接触，洗涤下所含有的氧化合物杂质，温度降低到不大于 45 ℃，作为产品混合气(简称产品气)，送至下游烯烃分离装置的产品气压缩机入口一段吸入罐进行产品分离；产品气事故状态下送至低压重烃火炬管网。

微课：认识急冷汽提系统

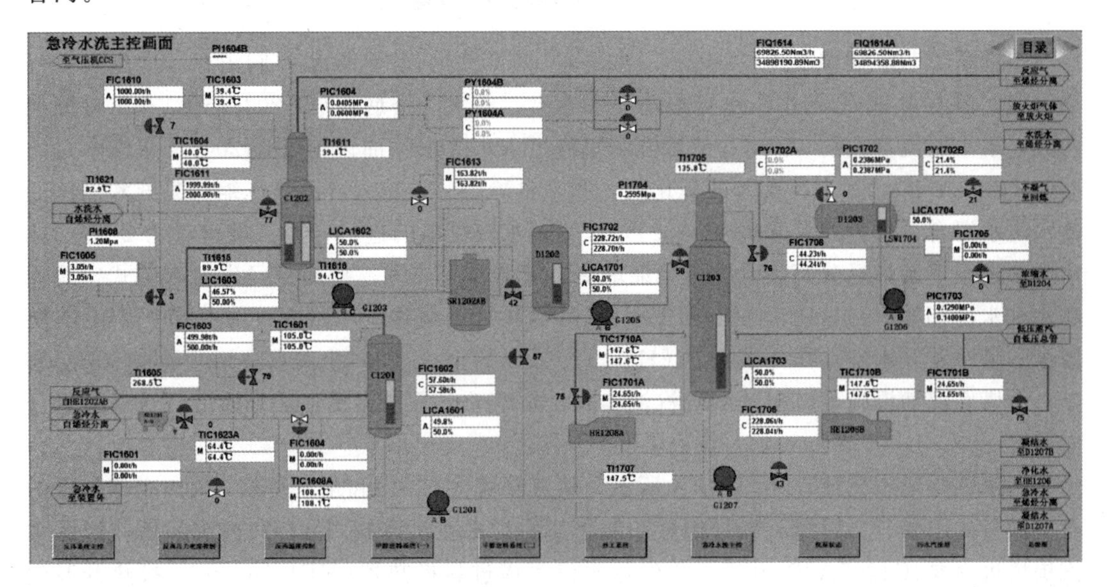

图 1-3-1　急冷汽提系统工艺流程图

急冷塔工艺流程如图 1-3-2 所示。急冷塔内设有 14 层人字挡板，急冷塔底共有两股急冷水抽出。第一股温度为 108 ℃、流量为 580 t/h，急冷水从急冷塔底抽出后，经急冷塔底泵(G1201A/B)升压后分成两路，一路送至烯烃分离装置作为低温热源，经取热后返回的急冷水再经急冷水干式空冷器(EA1201A-N)冷却到 60 ℃后，正常工况下全部作为冷却循环返回急冷塔，当急冷塔底液位高时，可以将其中一部分冷却后的急冷水送至装置外的污水处理场；另一路未经换热的急冷水直接进入污水沉降罐(D1202)，作为污水汽提塔的进料。第二股温度为 108 ℃、流量为 220 t/h 含有催化剂的急冷水从急冷塔底另外一个抽出口抽出后，经急冷水旋液泵(G1202A/B)升压后进入急冷水旋液分离器(SR1201A/B)，除去急冷水中携带的催化剂，分离后的清液由旋液分离器顶部排出，经急冷水过滤器后返回急冷塔，其余急冷水携带绝大部分催化剂由旋液分离器底部排出，送至污水池或污水罐(图 1-3-2)。

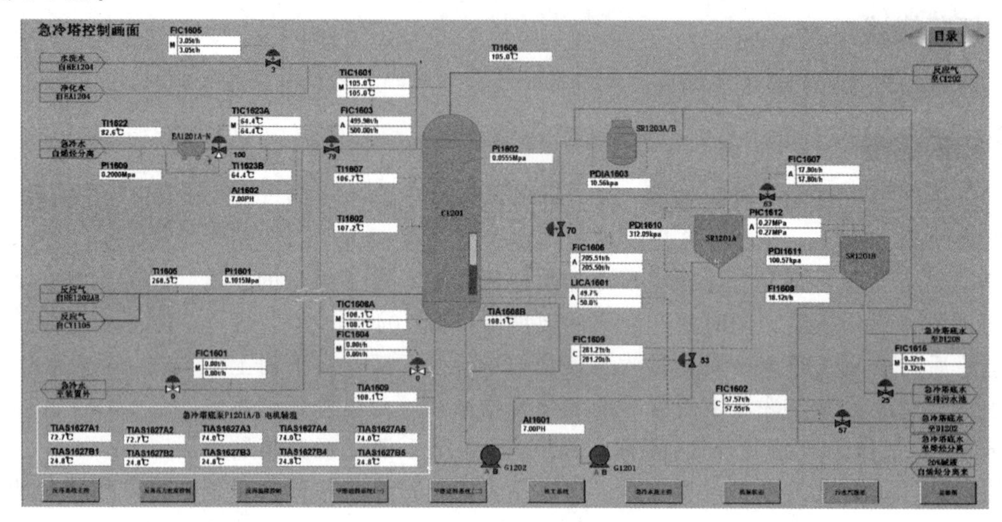

图 1-3-2　急冷塔工艺流程图

水洗塔工艺流程如图 1-3-3 所示，水洗塔(C1202)内设有 18 层浮阀塔盘，塔底设有隔油设施。温度为 85 ℃的水洗水自水洗塔底抽出，经水洗塔底泵(G1203A～C)升压后分成两股，第一股流量大约 170 t/h 的水洗水首先进入水洗水除油设施(SR1204)、水洗水过滤器(SR1202A/B)，除去所携带的催化剂，和来自烯烃分离装置产品气压缩机凝液和碱洗后的水洗水混合，再进入沉降罐(D1202)，作为污水汽提塔的进料；第二股流量为 2 550 t/h 水洗水送至下游烯烃分离装置丙烯精馏塔底重沸器作为热源，换热后经水洗水干式空冷器和水洗水冷却器(一)(HEA1204)冷却至 55 ℃后再分为两路，一路进入水洗塔中部第 10 层塔盘，另一路经水洗水冷却器(二)(HEA1205)冷却至 37℃，进入水洗塔上部第 18 层塔盘。由塔底隔油设施分离出的少量汽油经水洗塔底汽油泵(G1204A/B)抽出后送至烯烃分离装置。

污水汽提塔工艺流程如图 1-3-4 所示，从急冷塔(C1201)和水洗塔(C1202)底部抽出的含有微量的甲醇、二甲醚、烯烃组分和催化剂的污水在沉降罐(D1202)内沉降后，经污水汽提塔进料泵(G1205A/B)升压，再经污水汽提塔进料换热器(HE1206A～D)换热升温到 130 ℃，进入污水汽提塔(C1203)第 41 层塔盘。污水汽提塔自上而下设有 52 层高效浮阀塔盘。污水汽提塔(C1203)底设有两台重沸器(HE1208A、B)，采用 250 ℃、1.0 MPa 低压过热蒸汽作为热源，其蒸汽凝结水经凝结水罐(二)、(三)(D1207 A/B)后送至凝结水罐(一)(D1205)与来自甲醇—蒸汽换热器的凝结水混合后，经凝结水泵升压，一起送至甲醇—凝结水换热器(HE1102)与甲醇换热，温度降至 101℃后送出装置。

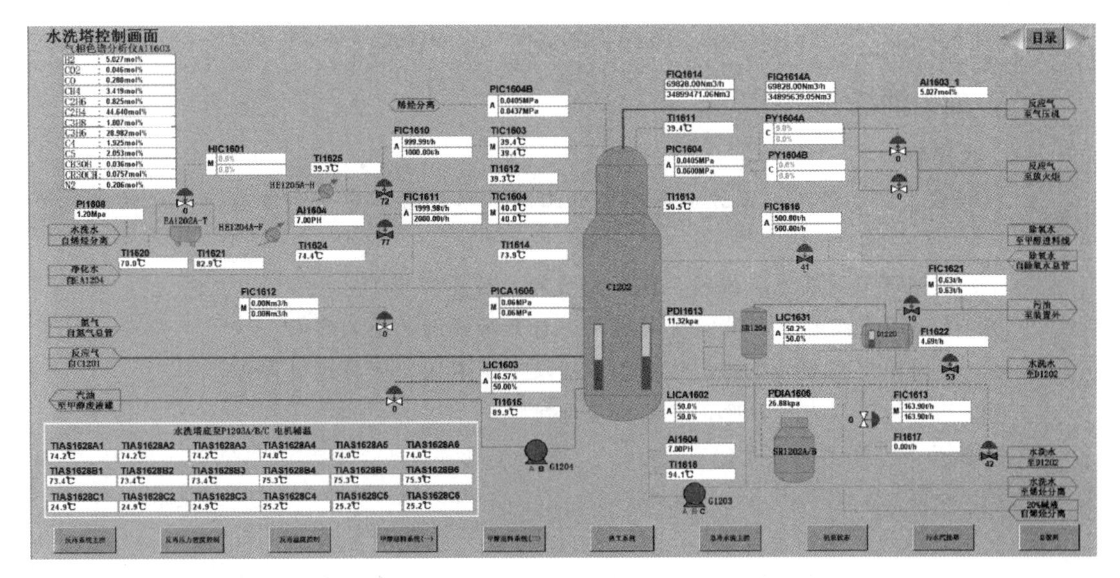

图 1-3-3　水洗塔工艺流程图

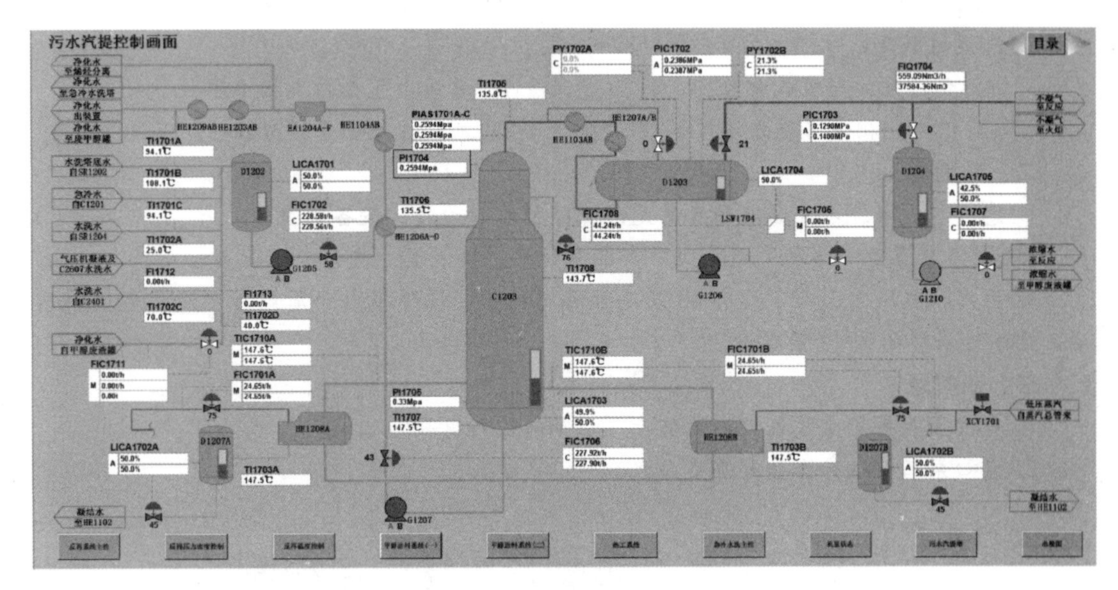

图 1-3-4　污水汽提塔工艺流程图

从污水汽提塔底抽出的净化水经过净化水泵（G1207）升压后，再经过污水汽提塔进料换热器（HE1206A～D）、甲醇一净化水换热器（HE1104A/B）、净化水干式空冷器冷却至60 ℃后分两路，一路经净化水冷却器冷却到40 ℃后送至污水处理厂，另一路送至烯烃分离装置作水洗水。

污水汽提塔（C1203）塔顶汽提气经甲醇—汽提气换热器（HE1103A/B）、污水汽提塔顶气冷却器冷却后作为浓缩水进入污水汽提塔顶回流罐（D1203）。浓缩水（含有甲醇和二甲醚）经污水汽提塔顶回流泵（G1206A/B）升压，一部分作为塔顶冷回流返回污水汽提塔（C1203）上部，也可以一部分进入浓缩水储罐，与甲醇进料混合后，送至反应器回炼。污水汽提塔顶回流罐顶的不凝气送至反应器回炼。

能力训练

一、选择题

1. 根据装置实际情况，为防止水洗塔开工除氧水线在冬季发生冻凝，采取的措施为(   )。

A. 关闭调节阀及上下游阀，稍开副线阀，过量即可

B. 关闭调节阀的上下游阀及副线阀，打开跨线阀的小副线阀

C. 关闭调节阀及副线阀，稍开调节阀及上下游阀，保持过量即可

D. 只需将管线内水放净，定期检查即可

2. 装置开工水洗水的水是(   )。

A. 新鲜水　　B. 除氧水　　C. 循环水　　D. 工业水

3. 空冷迎风速过低的后果是(   )。

A. 加剧空冷管束腐蚀　　B. 引起空冷管束表面结垢

C. 增加风机消耗　　D. 降低空冷冷却效果

4. 汽提过程是(   )。

A. 传质方向与吸收相反　　B. 溶质由气相向液相传递

C. 增大气相中溶质分压　　D. 减小溶液的平衡分压

二、判断题

1. 急冷水、水洗水注碱液的目的是防止酸性水对管线、设备的腐蚀。(   )

2. MTO 装置急冷塔的作用是脱出产品气过热并洗涤其中夹带的催化剂。(   )

3. 污水汽提塔自上而下设有 52 层高效浮阀塔盘，沉降罐内介质经污水汽提塔进料泵后，最终进入塔的第 42 层塔盘。(   )

三、简答题

1. 当装置人员发生氢氧化钠灼伤后，应如何进行急救？

2. 离心泵正常运行检查有哪些内容？

任务二　急冷汽提系统操作与控制

任务描述

急冷塔、水洗塔、污水汽提塔建立水联用并进行急冷塔、水洗塔、污水汽提塔正常操作，进行急冷汽提系统联锁控制。

知识储备

一、急冷塔操作

富含乙烯、丙烯的产品气经过甲醇—产品气换热器降温到 263 ℃后进入急冷塔下部，

产品气自下而上与急冷塔顶冷却水逆流接触，洗下携带的少量催化剂和部分杂质，同时，将产品气的温度降低到 104 ℃左右。

实训视频：烯烃合成工段急冷塔的投用(仿真)

(一)急冷塔结构

急冷塔结构如图 1-3-5 所示，内设有若干层“人”字形挡板，一方面可使产品气迅速冷却；另一方面洗涤掉所夹带的催化剂粉尘。

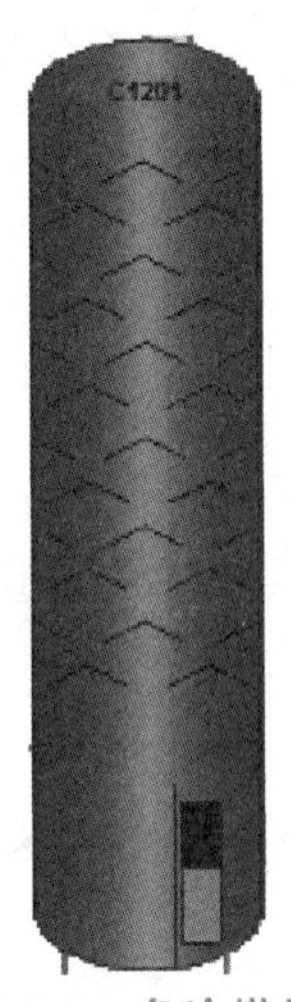

图 1-3-5　急冷塔结构

(二)急冷塔工作原理

产品气自下而上与急冷塔塔顶冷却水逆流接触，洗涤产品气中携带的少量催化剂，同时降低产品气的温度。

(三)急冷塔投用

急冷塔操作时，DCS 控制、SIS 系统及现场如图 1-3-6～图 1-3-8 所示。

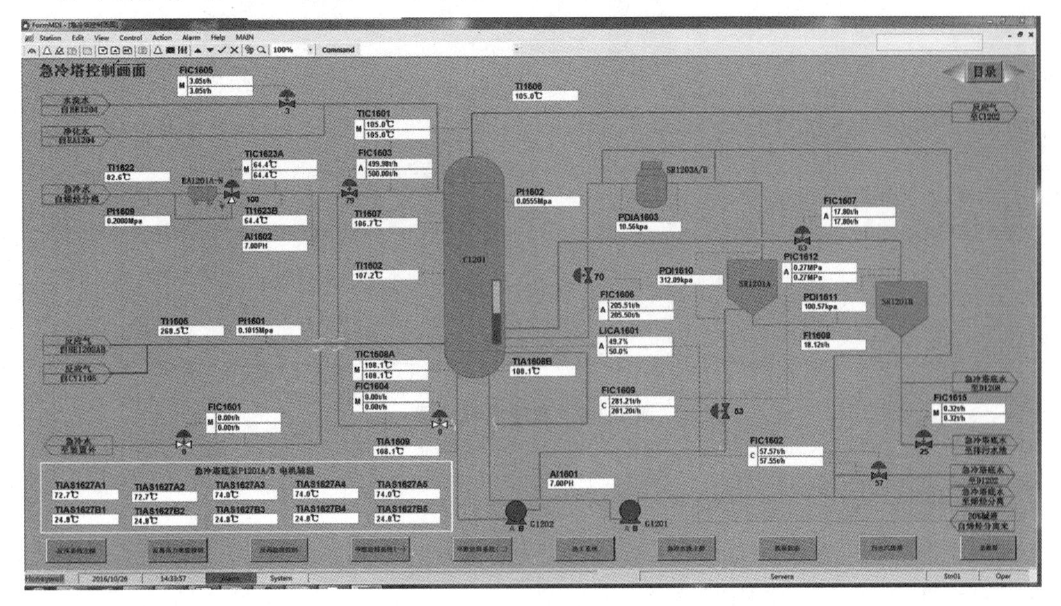

图 1-3-6　急冷塔 DCS 控制图

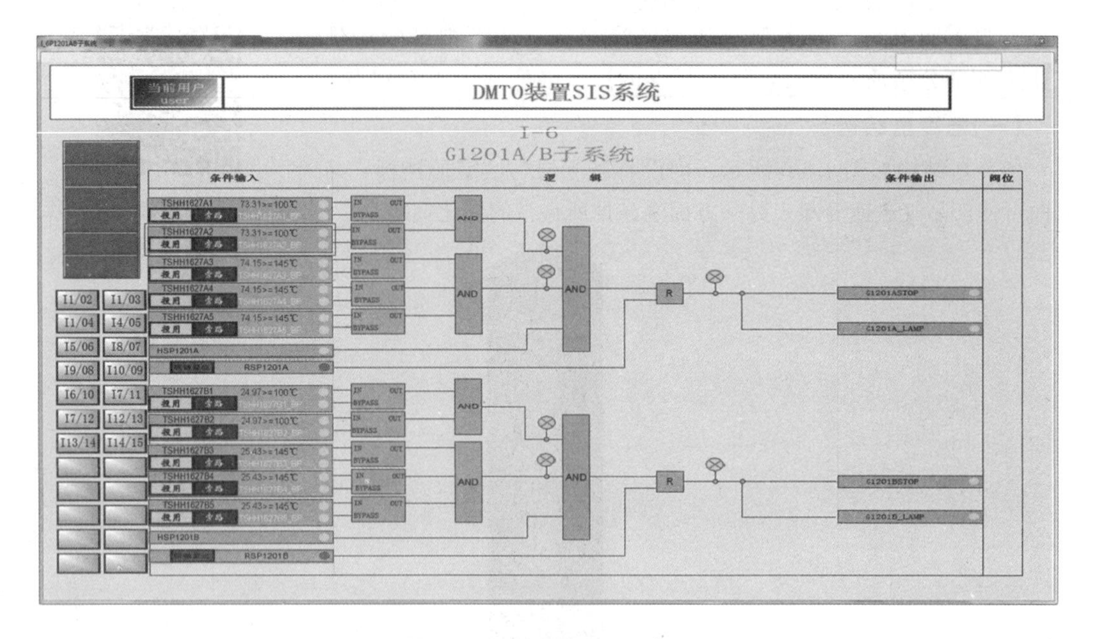

图 1-3-7 急冷塔 SIS 系统图

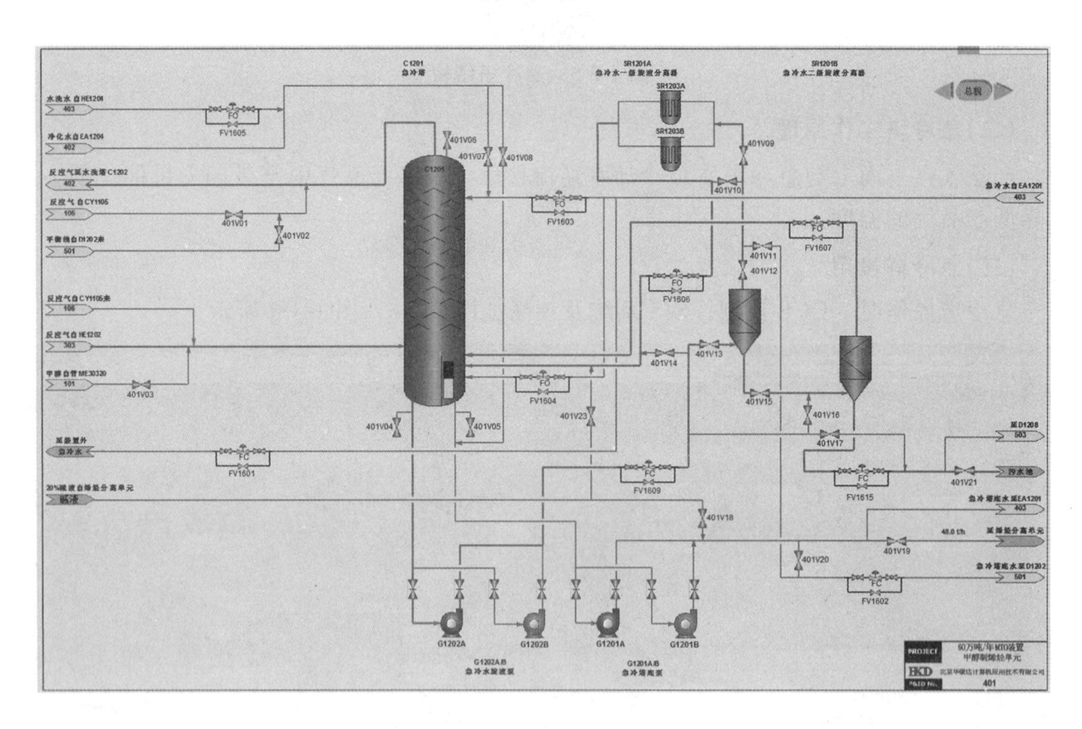

图 1-3-8 急冷塔现场图

1. 全面大检查

(1)检查确认机泵试运行合格，处于完好备用状态。

(2)检查确认工艺管线、阀门、垫片、盘根、螺栓齐全完好。

(3)检查确认开工气密流程设定正确。

(4)蒸汽、除氧水、氮气引入本岗位待用，蒸汽加强脱水。

(5)检查确认系统所属盲板拆装正确。

(6)检查确认塔、容器、管线上压力表安装完好并已投用。

(7)检查确认急冷塔液位计好用。

(8)检查确认急冷系统调节阀灵活好用。

(9)检查确认急冷水干式空冷器完好备用。

急冷塔气密试验

(10)检查确认消防、气防设施齐全备用。

(11)检查确认装置污水系统具备投用条件。

(12)检查确认急冷系统在线分析仪表校验完毕具备投用条件。

(13)检查确认烯烃分离装置具备供应20%氢氧化钠溶液的条件。

2. 急冷塔上水，建立急冷水循环

水洗水循环建立后，水洗塔继续补水，经水洗水下返塔管线向急冷塔补水，逐渐建立急冷塔液位。补水时，注意保持水洗塔液位和控制好补水量，并打开产品气入急冷塔前低点排凝，防止急冷塔液位过高或指示失灵时产品气管线进水浸泡。待急冷塔液位至70%～90%时，在SIS系统进行联锁复位，启运急冷塔底泵，经烯烃分离副线、急冷水干式空冷器，再经上、下返塔管线返回急冷塔。启运泵时出口流量控制小些，避免塔底液位降低过快。运行一段时间后，观察急冷塔底泵出口水样颜色，如果浑浊，采取补水、静置、排放的方法置换干净；如果清澈，投用烯烃分离急冷水换热器、急冷水干式空冷器冷路，关闭空冷器热路阀进行急冷水系统的循环。

用急冷水上下返塔流量控制阀控制循环流量，使急冷塔液位、返塔流量平稳。急冷水、水洗水建立循环后，控制好系统水平衡。

3. 反应器进甲醇，急冷塔调整操作

反应器进甲醇前联系仪表人员投用急冷系统在线分析仪表并确保好用，反应器进甲醇后依据产品气温度和流量变化，联系烯烃分离装置逐渐取急冷水的热量，调整急冷水返塔温度和流量，保证急冷塔塔底温度不超过109 ℃，急冷塔塔顶不超过105 ℃，避免塔底急冷水汽化。

定期开启二级旋液分离器底部的排污阀，将含催化剂细粉的污水排入污水罐。依据急冷塔塔底pH值在线分析仪表数据，塔底及时投用20%氢氧化钠溶液，控制塔底急冷水中pH值为6.5～7。根据急冷塔塔底液位上涨的情况，将部分急冷水送至沉降罐(D1202)，控制好流量，保证急冷塔塔底液位为50%±10%。

(四)急冷塔操作

微课：急冷塔操作

1. 急冷塔塔底温度控制

急冷塔塔底温度控制流程图如图1-3-9所示。急冷塔塔底温度应处于过冷状态，保证急冷塔塔底泵不抽空。一般控制在109 ℃±1 ℃，生产过程中急冷塔塔底温度与急冷水下返塔流量组成串级调节回路，通过调整急冷水的返塔温度和返塔量进行调节。

影响急冷塔塔底温度的因素主要有以下几个方面：

(1)产品气入急冷塔温度的变化。产品气温度升高(降低)，急冷塔塔底温度升高(降低)。

(2)产品气流量的变化。产品气流量增大(减少)，急冷塔温度升高(降低)。

(3)下返塔流量的变化。流量增大(减小)，急冷塔塔底温度降低(升高)。

(4)下返塔温度的变化。温度升高(降低)，急冷塔塔底温度升高(降低)。

当急冷塔塔底温度发生变化时，反应岗位尽量控制急冷塔入口产品气温度和流量稳定，出现变化应及时告知急冷岗位。在塔底温度变化时利用下返塔温度和流量调节。

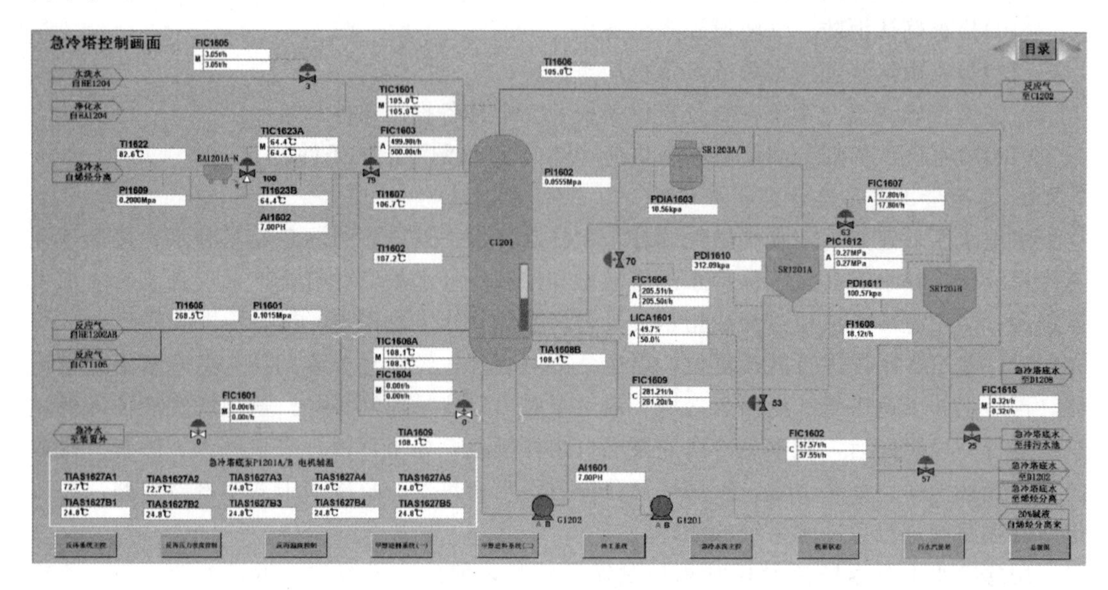

图 1-3-9　急冷塔塔底温度控制流程图

2. 急冷塔塔顶温度控制

急冷塔塔顶温度控制流程图如图 1-3-10 所示。控制原则是保证有少量产品水冷凝。一般控制在 104 ℃±1 ℃，主要通过调整急冷水的上返塔流量和温度进行调整。

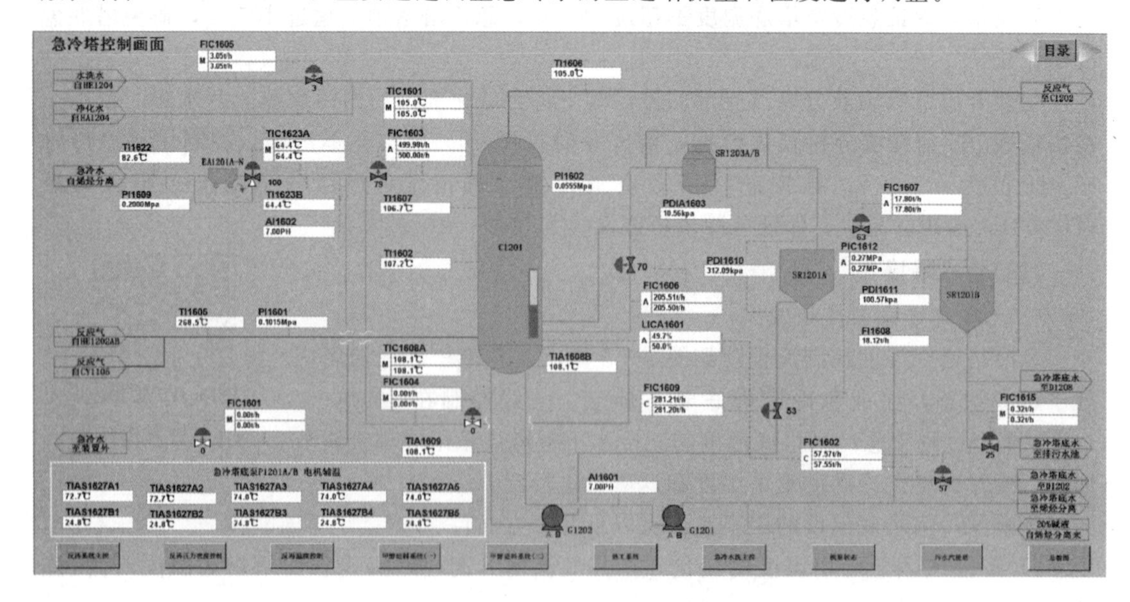

图 1-3-10　急冷塔塔顶温度控制流程图

影响急冷塔塔顶温度的因素主要有以下几个方面。

(1)产品气入急冷塔温度的变化。产品气温度升高(降低)，急冷塔塔顶温度升高(降低)。

(2)产品气流量的变化。产品气流量增大(减少)，急冷塔温度升高(降低)。

(3)急冷水上返塔流量的变化。流量增大(减小)，急冷塔塔顶温度降低(升高)。

(4)急冷水上返塔温度的变化。温度升高(降低)，急冷塔塔顶温度升高(降低)。

(5)空冷器投用数量的变化，数量多则返塔温度低，反之则高。

生产中急冷塔塔顶温度发生变化，反应岗位尽量控制急冷塔入口产品气温度和流量稳定，出现变化应及时告知急冷岗位，在塔顶温度变化时利用上返塔温度和流量调节。

3. 急冷塔液位控制

为了洗涤产品气中的催化剂和脱除过热，急冷塔需要大量的急冷水循环，急冷塔液位正常是保证急冷水正常循环的重要条件。急冷塔液位控制流程图如图 1-3-11 所示，一般控制在 50%±5%，在急冷塔液位超出控制范围时，可以通过流量调节器控制急冷水外甩。

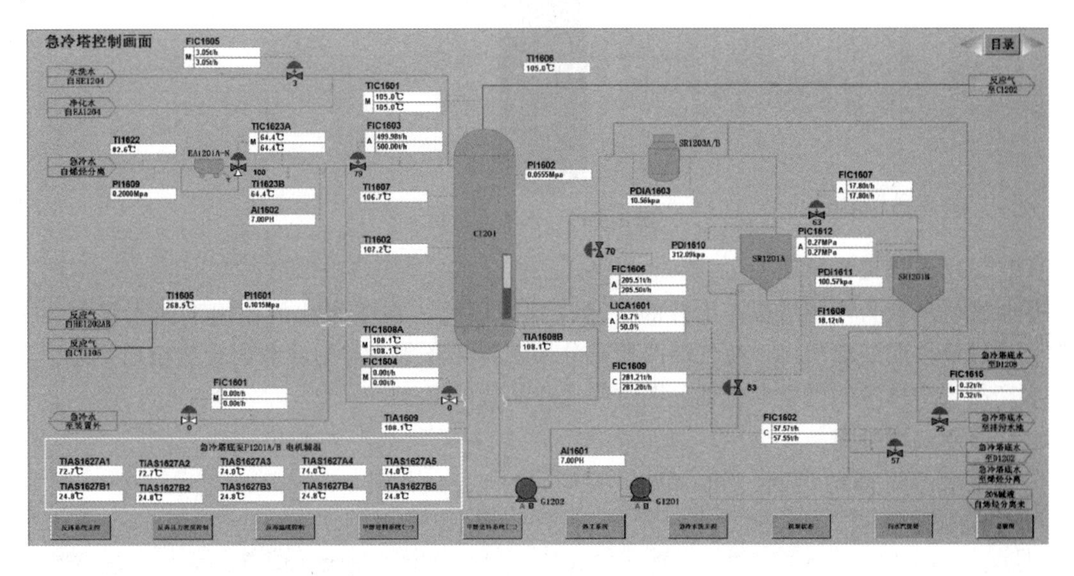

图 1-3-11　急冷塔液位控制流程图

影响急冷塔液位的主要因素有以下几个方面。

(1)急冷水到沉降罐的流量增大(减小)，急冷塔液位降低(升高)。

(2)急冷水外排水流量增大(减小)，急冷塔液位降低(升高)。

(3)水洗水补急冷水量增大(减小)，急冷塔液位升高(降低)。

(4)下返塔流量增大(减小)，急冷塔液位升高(降低)。

(5)急冷塔温度升高，液位降低；温度降低，液位升高。

如果急冷塔液位发生变化，调节控制急冷塔至沉降罐的水量，使塔底液位保持稳定；调节急冷塔的外排水量，使塔底液位保持稳定；调节急冷水的返塔流量，使塔底液位保持稳定；正确使用水洗水补急冷水，控制合适的流量；调节急冷塔上返塔流量，或急冷塔返塔温度，保持急冷塔温度。

二、水洗塔操作

实训视频：烯烃合成工段水洗塔的投用（仿真）

水洗塔的主要作用是自急冷塔来的产品气自下而上与水洗水逆流接触，洗涤产品气中所含有的含氧化合物杂质，温度降低到不大于 45 ℃，作为产品混合气，送至下游烯烃分离装置的产品气压缩机入口一段吸入罐进行产品分离；产品气事故状态下送至低压重烃火炬管网。

(一)水洗塔结构

水洗塔结构如图 1-3-12 所示，内设有 18 层浮阀塔盘，塔底设有隔油设施。

图 1-3-12　水洗塔结构

(二)水洗塔工作原理

水洗塔塔板为浮阀塔板，上升的产品气穿过阀孔，在浮阀片的作用下向水平方向分散，通过液体层鼓泡而出，使气液两相充分接触，洗涤所含有的含氧化合物杂质，进一步除去产品气中携带的微量催化剂，同时降低产品气的温度。

(三)水洗塔投用

水洗塔系统 DCS 控制、SIS 系统及现场如图 1-3-13～图 1-3-16 所示。

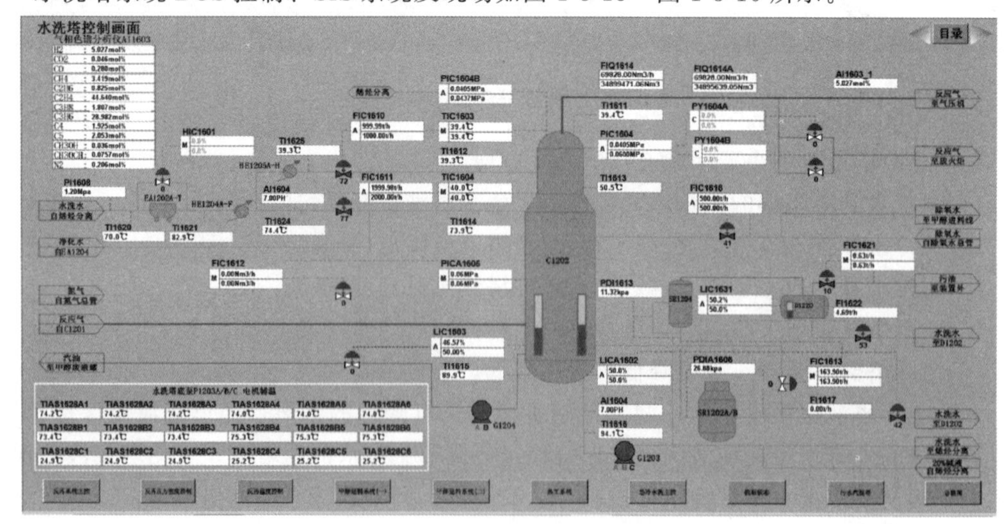

图 1-3-13　水洗塔系统 DCS 控制图

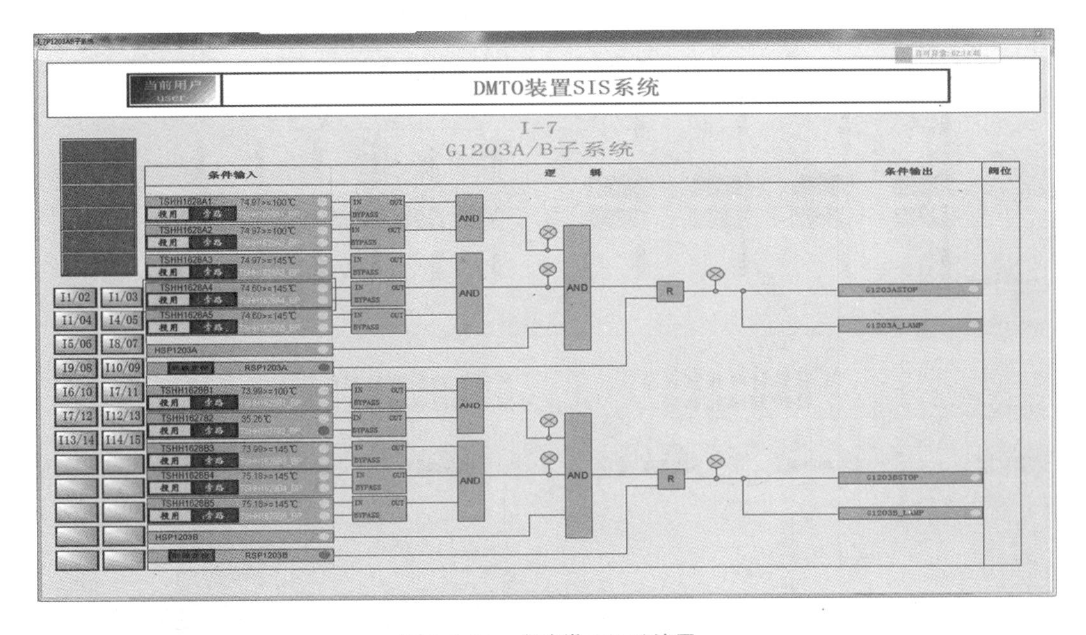

图 1-3-14　水洗塔 SIS 系统图

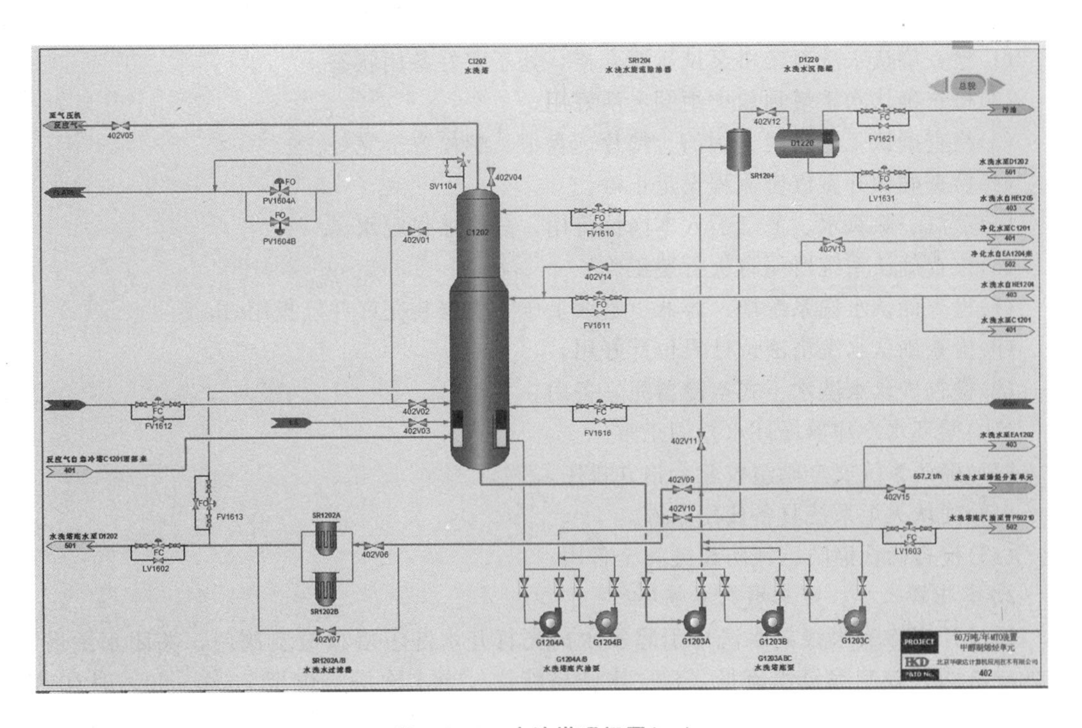

图 1-3-15　水洗塔现场图(一)

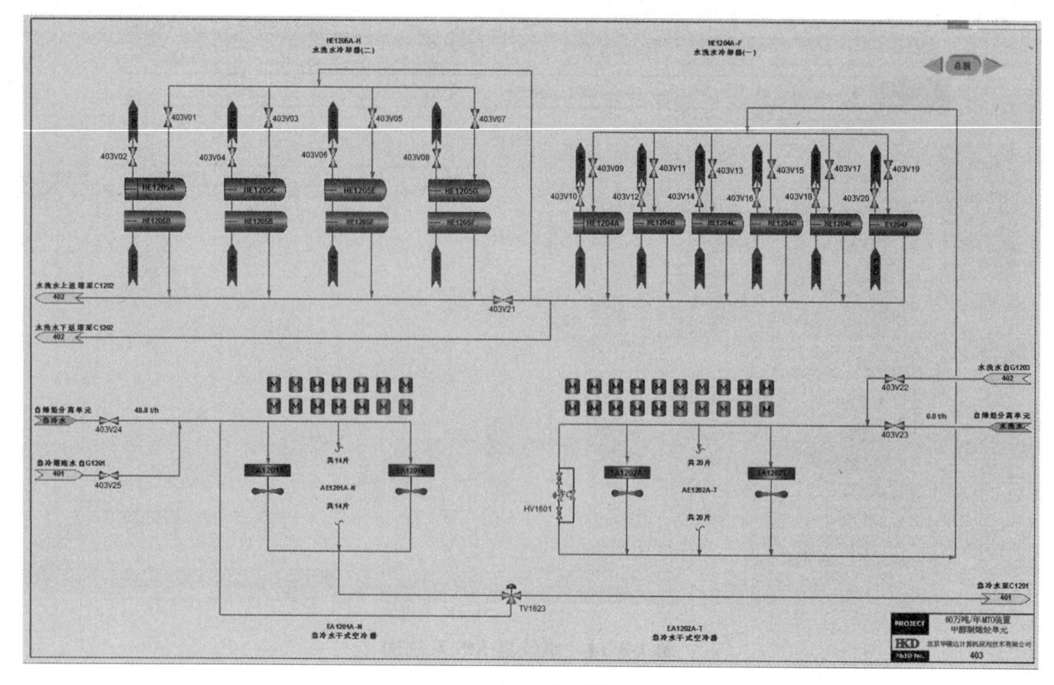

图 1-3-16　水洗塔现场图(二)

1. 全面大检查

(1)检查确认水洗系统机泵试运行合格，处于完好备用状态。

(2)检查确认水洗塔顶放火炬阀灵活好用。

(3)检查确认工艺管线、阀门、垫片、盘根、螺栓齐全完好。

(4)检查确认开工气密流程设定正确。

(5)蒸汽、除氧水、氮气引入本岗位待用，蒸汽加强脱水。

(6)检查确认系统所属盲板拆装正确。

(7)检查确认水洗系统塔、容器、管线上压力表安装完好并已投用。

(8)检查确认水洗塔液位计界位计好用。

(9)检查确认水洗水干式空冷器完好备用。

(10)循环水冷却器循环水投用正常。

(11)确认系统安全阀组校验合格并投用。

(12)确认火炬系统具备使用条件。

(13)检查确认消防、气防设施齐全备用。

2. 水洗塔上水，建立水洗水循环

通过开工除氧水线向水洗塔引除氧水前先打开水洗塔塔顶放空阀门，关闭水洗塔塔底的导淋阀；控制除氧水流量，建立水洗塔液位。当水洗塔液位至70%～90%时在SIS系统进行联锁复位，启动水洗塔底泵，经至烯烃分离装置副线、水洗水空冷器副线进入水洗水冷却器(一)后，一路通过下返塔流量制阀返回水洗塔下部；另一路先经水洗水冷却器(二)副线，通过上返塔流量控制阀返回水洗塔上部，控制返回水洗塔上部的流量。

开始启运水洗泵时，出口流量要适当控制得小一些，注意塔内液位，若液位过低应及时进行补除氧水。运行一段时间后，观察水洗塔底泵出口水样颜色，如果浑浊，应采取注水、静置、排放的方法进行多次置换；如果清澈，则投用水洗水至烯烃分离换热器、水洗水空冷器和水洗水冷却器(二)，关闭副线阀，进行水洗水系统循环。

用水洗水上、下返塔流量控制阀控制好循环流量，使水洗塔液位、返塔流量平稳。

3. 反应器进甲醇，水洗塔调整操作

反应器进甲醇后依据反应气温度和流量变化，联系烯烃分离装置逐渐收取水洗水的热量，调整水洗水返塔温度及流量，控制水洗塔塔底温度不超过 85 ℃，水洗塔塔顶温度不超过 40 ℃，防止产品气带液。根据水洗塔塔底液位上涨情况，投用水洗水过滤器，将部分水洗水送至沉降罐(D1202)，用液位控制阀控制水洗塔塔底温度在 50%±10%。

(四)水洗塔操作

1. 水洗塔中部温度控制

水洗塔需要进行塔中部温度和塔顶温度控制。水洗塔中部温度控制流程如图 1-3-17 所示，水洗塔中部温度的高低，将会影响水洗塔的冷凝效果。一般控制在 50 ℃±3 ℃，主要通过水洗塔中部温度控制调节器(TIC1604)与中部返塔水洗水流量调节器(FIC1611)串级控制。

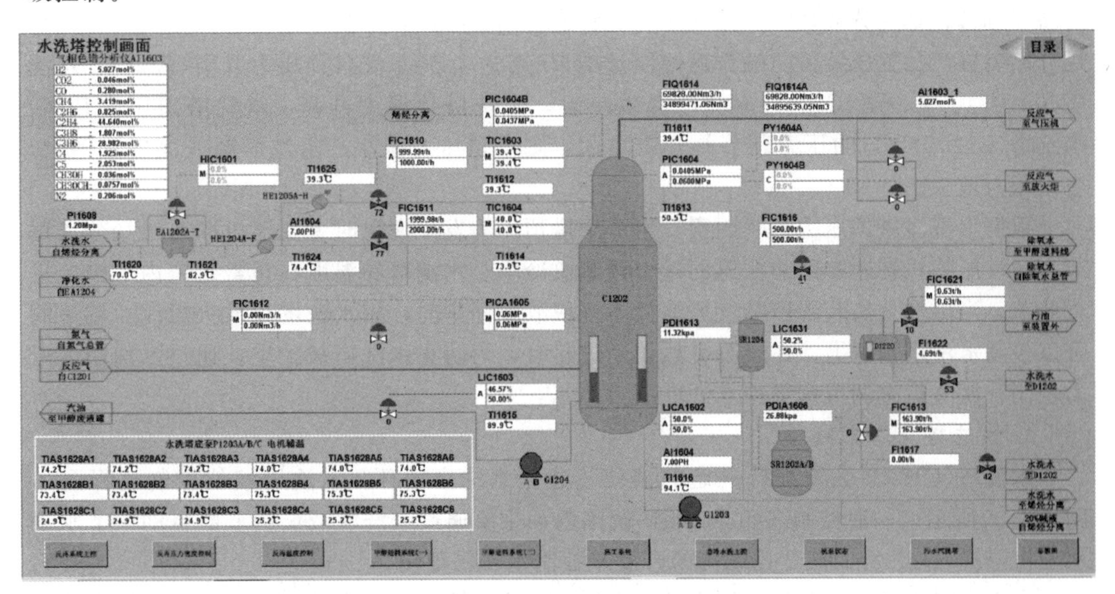

图 1-3-17　水洗塔中部温度控制流程图

影响水洗塔中部温度的因素主要有以下几个方面：

(1)产品气入水洗塔温度升高(降低)，水洗中部底温度升高(降低)；

(2)中部返塔流量增大(减小)，水洗塔中部温度降低(升高)；

(3)中部返塔温度升高(降低)，水洗塔中部温度升高(降低)。

微课：水洗塔操作

生产中水洗塔中部温度发生变化后需要控制合适的产品气入塔温度，同时调节水洗水的返塔流量和调节水洗水的返塔温度，保持水洗塔中部温度稳定。

2. 水洗塔塔顶温度控制

水洗塔塔顶温度控制流程如图 1-3-17 所示。如果水洗塔塔顶温度过高，则会导致重组分没有冷凝下来而带到产品气压缩机，影响产品气压缩机的操作。因此，在生产中水洗塔塔顶温度应控制在 40 ℃±3 ℃，通过水洗水的上返塔流量和温度进行调整。

影响水洗塔塔顶温度的因素主要有以下几个方面：

(1)水洗水的上返塔流量增大(减小)，水洗塔塔顶温度降低(升高)；

(2)水洗水的上返塔温度升高(降低)，水洗塔塔顶温度升高(降低)；

(3)产品气入水洗塔温度大幅度温度升高(降低)，水洗塔塔顶温度升高(降低)。

如果水洗塔塔顶温度发生变化，通过合适的产品气入塔温度、调节水洗水的返塔流量和水洗水的返塔温度进行控制。

3. 水洗塔塔顶压力控制

控制水洗塔顶压力，实际上是控制反应器的压力。水洗塔塔顶压力控制如图 1-3-17 所示，一般控制在 0.045 MPa±0.005 MPa 范围内，正常操作时水洗塔顶压力通过烯烃分离产品气压缩机转速和防喘振返回流量进行控制。

影响水洗塔塔顶压力的因素主要有以下几个方面：反应压力升高(降低)，水洗塔压力升高(降低)；烯烃分离装置产品气压缩机转速升高(降低)，水洗塔顶压力降低(升高)；烯烃分离装置产品气压缩机防喘振返回流量增大(减少)，则水洗塔顶压力升高(降低)；水洗塔(C1202)、急冷塔(C1201)冷却冷却效果差，水洗塔顶温度升高，水洗塔顶压力升高；水洗塔(C1202)出口的压力调节阀开度增大，则塔顶压力减小；水洗塔补入氮气量增大，塔顶压力增大。

根据水洗塔塔顶压力影响因素，生产中塔顶压力发生变化时主要通过联系烯烃分离调节产品气压缩机转速和防喘振返回量、调节急冷塔、水洗塔的温度在正常范围内等措施进行调节。当烯烃分离装置产品气压缩机不开或故障停车时，用水洗塔顶放火炬压力调节阀可以控制水洗塔顶压力。在装置突然切断进料时，为防止水洗塔被抽空，通过水洗塔底压力控制补氮气流量调节阀维持水洗塔压力。

4. 水洗塔液位控制

水洗塔(C1202)必须维持一定的液位，建立水洗水循环。水洗塔液位控制流程图如图 1-3-17 所示，一般控制在 50%±5%范围内，主要通过水洗塔液位调节器自动调节水洗水至沉降罐(D1202)的液位控制阀的开度来控制水洗塔液位。

在生产时水洗水至沉降罐的流量增大(减小)，水洗塔液位降低(升高)；水洗塔塔顶温度高，液位低；塔顶压力高，液位高；水洗水补急冷水量大则液位低，反之则高。

为保证水洗塔液位稳定，在水洗塔塔底设液位控制器，水洗塔液位发生变化时通过调节经水洗水过滤器过滤后的水洗水进沉降罐流量来稳定塔底液位。也可以通过调节水洗塔上返塔流量或水洗塔中部返塔流量保持水洗塔液位稳定。

三、污水汽提塔操作

含有微量的甲醇、二甲醚、烯烃组分和催化剂的污水在沉降罐内沉降后，经污水汽提塔分离后送至反应器回炼。从污水汽提塔底抽出的净化水一部分送至污水处理厂，另一路送至烯烃分离装置作水洗水。

实训视频：污水汽提塔进料（仿真）

实训视频：污水汽提气冷凝回流系统投用（仿真）

(一)污水汽提塔结构

污水汽提塔结构如图 1-3-18 所示，自上而下设有 52 层高效浮阀塔盘。

图 1-3-18 污水汽提塔结构

(二)污水汽提塔工作原理

污水汽提塔以低压蒸汽为热源，在再沸器中将釜液加热沸腾并部分气化，产生的水蒸气自下而上穿过浮阀塔板阀孔，在浮阀片的作用下向水平方向分散，通过废水层鼓泡而出，使气液两相充分接触，废水中的溶解性含氧化合物向气相转移，从而达到脱除水中污染物的目的。根据相平衡原理，在一定温度下的液体混合物中，每一组分都有一个平衡分压，当与之液相接触的气相中该组分的平衡分压趋于零时，气相平衡分压远远小于液相平衡分压，则组分将由液相转入气相。

(三)污水汽提塔投用

污水汽提塔系统 DCS 控制、SIS 系统及现场如图 1-3-19～图 1-3-22 所示。

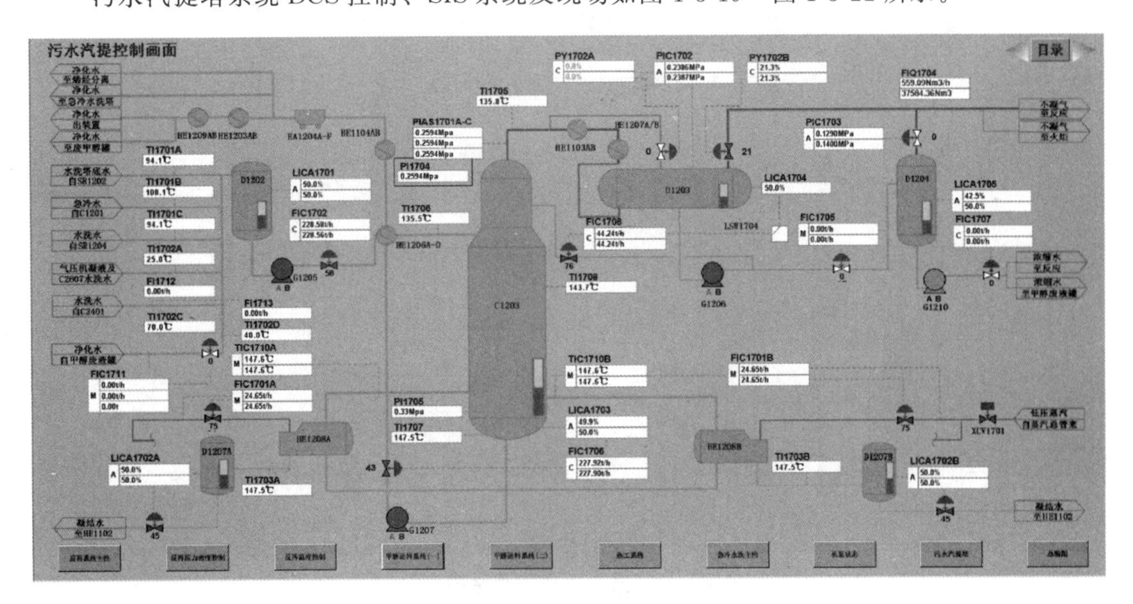

图 1-3-19 污水汽提塔 DCS 控制图

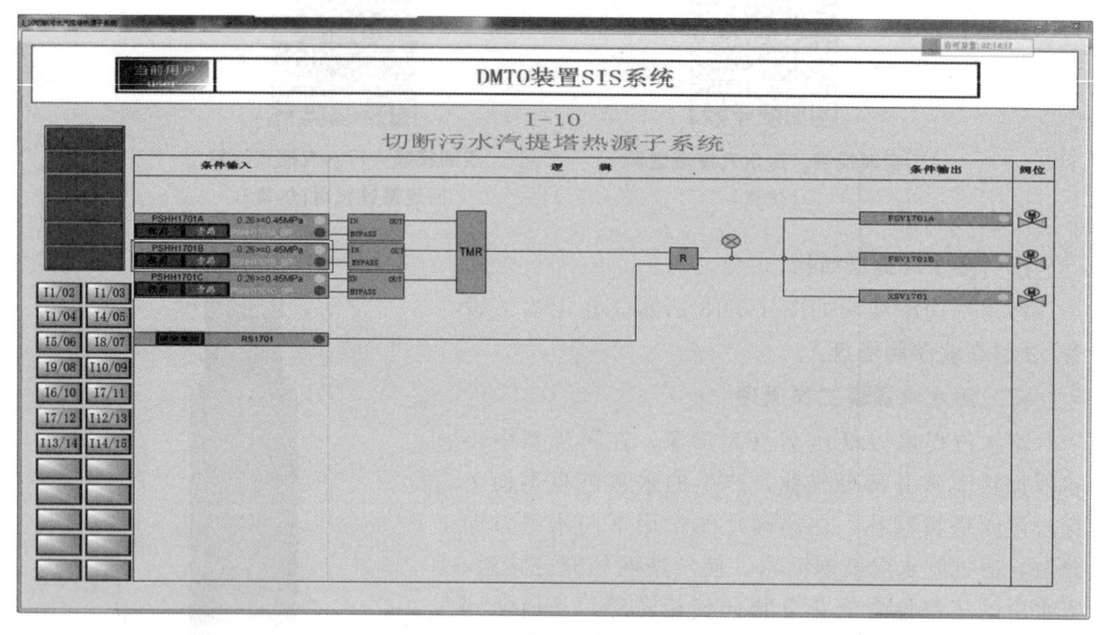

图 1-3-20　污水汽提塔 SIS 系统图

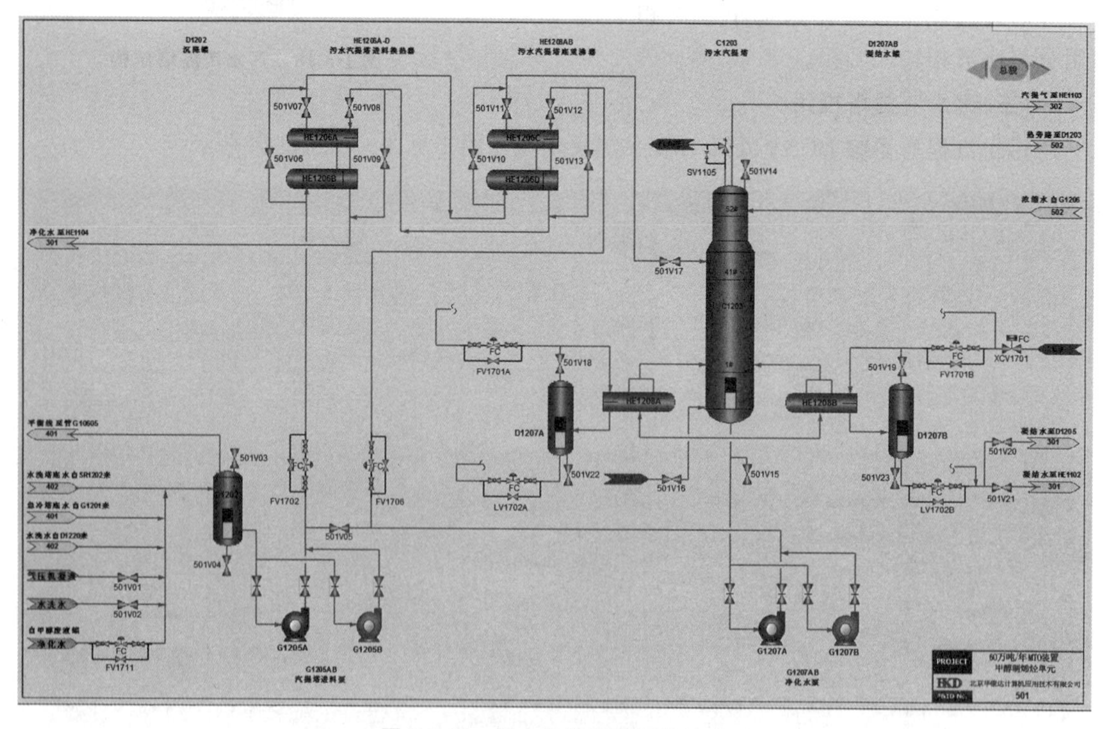

图 1-3-21　污水汽提塔现场图(一)

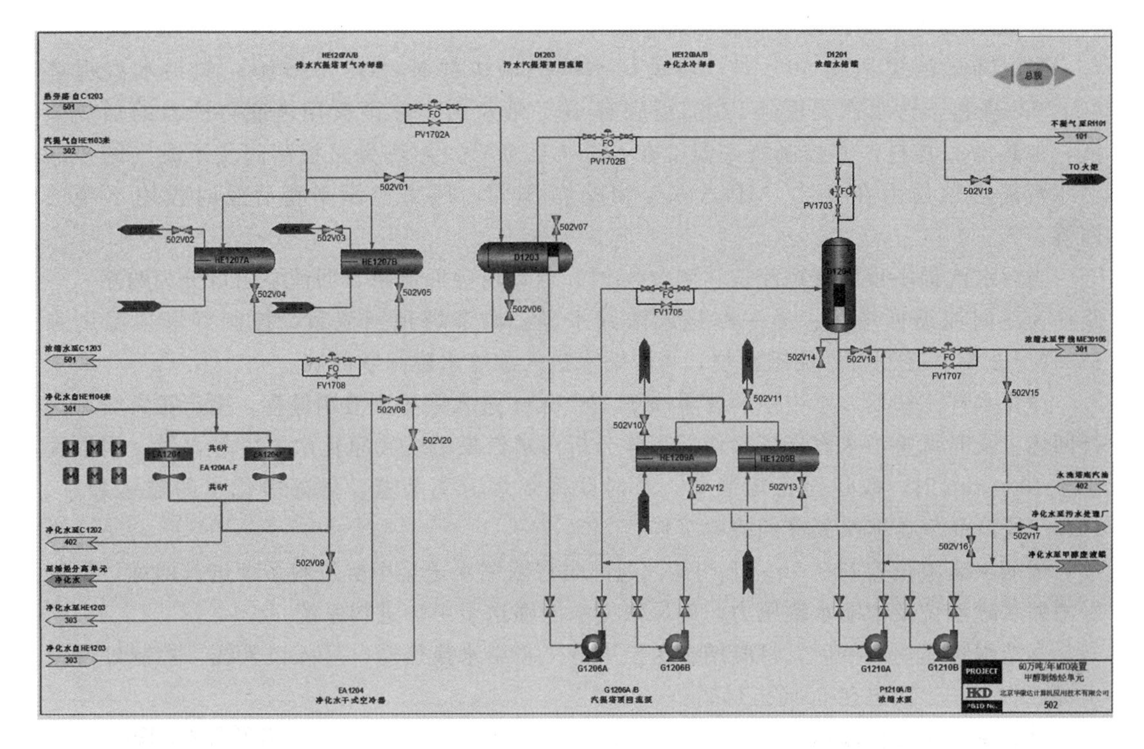

图 1-3-22　污水汽提塔现场图(二)

1. 全面大检查

(1)检查确认污水汽提系统机泵试运行合格，处于完好备用状态。

(2)检查确认工艺管线、阀门、垫片、盘根、螺栓齐全完好。

(3)检查确认开工气密流程设定正确。

(4)蒸汽、除氧水、氮气引入本岗位待用，蒸汽加强脱水。

(5)检查确认系统所属盲板拆装正确。

(6)检查确认塔、容器、管线上压力表安装完好并已投用。

(7)检查确认急污水汽提塔、沉降罐、回流罐、浓缩水罐液位计及界位计好用。

(8)检查确认污水汽提系统调节阀灵活好用。

(9)检查确认净化水干式空冷器、凝结水干式空冷完好备用。

(10)确认系统安全阀组校验合格并投用。

(11)确认火炬系统具备使用条件。

(12)检查确认消防、气防设施齐全备用。

(13)检查确认装置污水系统具备投用条件。

污水汽提塔气密试验

污水汽提塔投运，建立三塔水联用

2. 反应器进甲醇，污水汽提塔调整操作

当沉降罐液位达到 50%时，启动污水汽提塔进料泵(G1205A/B)，向污水汽提塔(C1203)进料。污水汽提塔(C1203)塔底有 30%液位时，逐渐投用塔底再沸器的加热蒸汽，加热塔底物料，并控制塔底温度在 145 ℃±2 ℃。用热旁路控制阀及不凝气阀控制污水汽提塔顶压力在 0.27 MPa±0.1 MPa 范围内，压力控制平稳后及时投用不凝气回炼。

当污水汽提塔顶回流罐液位达到 30%时，启动塔顶回流泵，回流泵出口分为两路：一路作为冷回流返回塔顶；另一路进入浓缩水罐。调节塔顶回流量，控制好塔顶温度在 133 ℃±2 ℃；控制好回流罐液位，将浓缩水送入浓缩水罐间歇回炼。

净化水开工初期，水中甲醇含量高于 100 ppm 进入甲醇废液罐储存，生产正常时再进行回炼。及时调整污水汽提塔操作，采样分析污水汽提塔塔底净化水中甲醇含量，当浓度小于 100 ppm 时，改送至备煤装置。及时联系烯烃分离装置，做好净化水的输送和一、二、三段产品气压缩机凝液的接收工作。

浓缩水罐液位控制在 50%±10%，超高时将浓缩水送至甲醇进料系统进行回炼，控制好浓缩水罐液位及浓缩水罐压力，确保浓缩水能够送至甲醇进料系统。

凝结水罐建立液位后，将凝结水送至甲醇—凝结水换热器(一)入口管线，控制好凝结水罐(二)、(三)液位在 50%±10%。

(四)污水汽提塔操作

微课：污水汽提塔操作

1. 污水汽提塔塔底温度控制

污水汽提塔塔底温度的变化将直接影响污水汽提塔的操作压力和汽提效果。其控制流程如图 1-3-23 所示，一般控制在 146 ℃±3 ℃，主要通过调整重沸器蒸汽的用量来控制。

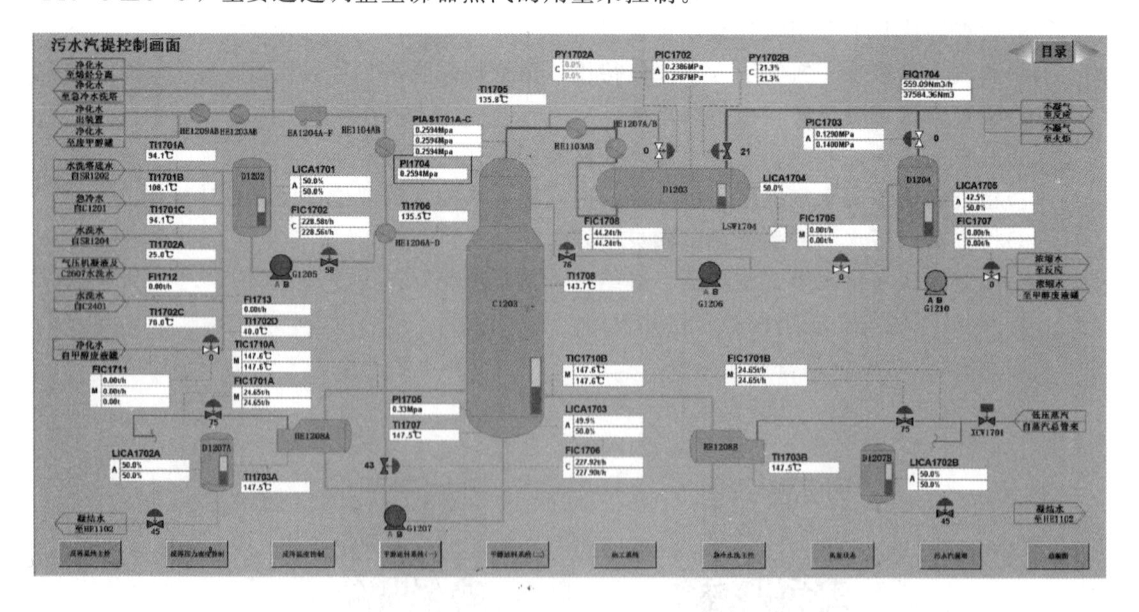

图 1-3-23 污水汽提塔控制流程图

影响污水汽提塔塔底温度的因素主要有以下几个方面：

(1)污水汽提塔的进料温度的变化，温度升高(降低)，污水汽提塔塔底温度升高(降低)。

(2)污水汽提塔的进料量的变化，流量增加(降低)，污水汽提塔塔底温度降低(升高)。

(3)污水汽提塔塔底重沸器的负荷变化，负荷升高(降低)，污水汽提塔塔底温度升高(降低)。

根据污水汽提塔塔底温度的变化因素，通过控制污水汽提塔进料温度稳定或调节污水汽提塔塔底重沸器的蒸汽流量来控制污水汽提塔塔底温度稳定。

2. 污水汽提塔塔顶压力控制

污水汽提塔塔顶的压力主要由污水汽提塔塔顶回流罐的压力间接控制，塔顶压力影响汽提效果。

污水汽提塔控制流程图如图 1-3-23 所示，一般控制在 0.27 MPa±0.02 MPa 范围内，主要通过由塔顶回流罐的压力调节阀组控制。

影响污水汽提塔塔顶压力的因素主要有以下几个方面：一是污水汽提塔的进料量的变化，进料量增加(降低)，污水汽提塔塔顶压力升高(降低)；二是污水汽提塔温度变化，温度升高(降低)，则压力升高(降低)；三是污水汽提塔塔顶回流罐的压力变化，污水汽提塔塔顶回流罐压力升高(降低)，污水汽提塔塔顶压力升高(降低)。

当污水汽提塔塔顶压力发生变化，可采取用污水汽提塔蒸汽量调节污水汽提塔温度在正常范围内或通过塔顶回流罐的压力调节阀组进行压力调节。

过滤器投用

水洗水旋流除油器投用

旋液分离器投用

四、急冷汽提系统联锁控制

1. 联锁逻辑图

机泵电机联锁逻辑控制图如图 1-3-24 所示。

2. 联锁逻辑说明

G1201A/B、G1202A/B、G1203A/B/C 电机轴承及转子温度高将联锁停泵。

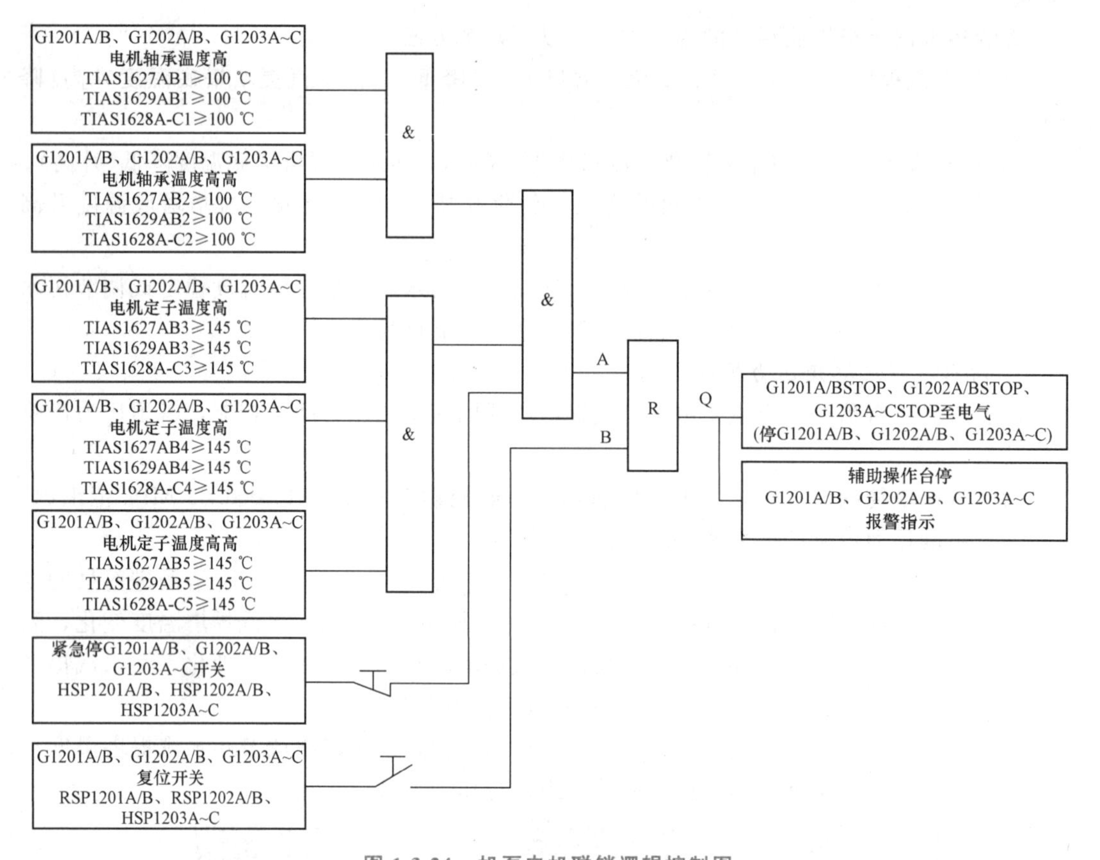

图 1-3-24　机泵电机联锁逻辑控制图

能力训练

一、选择题

1. 开工过程中反应器及急冷水洗塔氮气置换合格的标准：采样分析氧含量＜(　　)为置换合格。

A. 0.5%　　B. 0.8%

C. 1%　　D. 1.5%

2. 根据实际操作情况，为保证烯烃分离压缩机正常操作，水洗塔顶温度一般控制在(　　)℃。

A. 30±5　　B. 40±5

C. 35±5　　D. 30±3

3. MTO 装置急冷、水洗泵运转时的轴承温度一般不大于(　　)℃。

A. 70　　B. 80

C. 90　　D. 100

4. 当急冷泵定子温度高于(　　)℃时，触发联锁，停泵。

A. 100　　B. 120

C. 135　　D. 145

二、判断题

1. 装置蒸汽再沸器采用控制蒸汽冷凝水流量的大小来控制加热温度。（　　）

2. 连续精馏预进料时，先打开放空阀，充氮置换系统中的空气，以防在进料时出现事故。（　　）

3. 在气体吸收过程中，操作气速过大会导致大量的雾沫夹带，甚至造成液泛，使吸收无法进行。（　　）

三、简答题

1. 以MTO装置急冷塔底泵(G1201A/B)为例，简述泵切换过程。

2. 简述水洗塔塔顶温度的控制指标、影响因素和调节方法。

任务三　急冷汽提系统生产异常现象判断与处理

任务描述

及时判断急冷汽提系统生产异常现象并做出正确处理，防止事故发生。

知识储备

由于各种原因，装置可能发生停水、停汽、停电、停风及着火爆炸紧急事故，当发生紧急事故时，要做到沉着、冷静、正确地分析判断，果断地处理，统一指挥，不同岗位要密切配合，在保证安全的前提下，从保护设备和不使事故扩大蔓延等方面出发，尽量按正常停工步骤进行。

紧急停工主要指启用自保切断甲醇进料、切断两器，维持单容器流化，控制好急冷系统各点温度、各塔液位，必要时急冷系统改为水联运循环。

当装置切断进料后，热工自产中压蒸汽量急骤下降，严重时将对4.0 MPa系统的蒸汽管网产生较大冲击。因此，当装置切断进料后，应及时与调度提高管网压力，保证装置内蒸汽管网压力平稳。

一、停循环水处理

1. 事故现象

水洗塔中部温度、顶部温度持续上升，水洗水返塔温度持续上升，水洗塔塔顶压力持续上升。

2. 事故原因

循环水管路中断。

3. 事故处置步骤

由于装置所有使用冷却水的换热器停止换热，导致在生产中遇到停循环水的状况，通过以下措施进行降温：

(1)通知调度循环水停。

(2)加大水洗水空冷器负荷，启动未运行空冷风机。

(3)调整水洗水返塔阀门开度，增大水洗水流量。

(4)调整净化水进水洗塔阀门开度，增加净化水的回用量。

(5)若及时恢复供应循环水，及时投用并调整才操作。

(6)若长时间停循环水，反应切断进料，装置紧急停工处理。

具体的处置步骤如下：

(1)加大洗水空冷器负荷，启动未运行空冷风机。

(2)调整水洗水返塔阀门开度，增大水洗水流量。

(3)调整净化水进水洗塔阀门开度，增加净化水的回用量。

(4)快速降低加工量至满负荷的60%。

(5)切除反应器内取热。

(6)投用保护蒸汽，使反应温度控制在给定的范围内。

(7)开低压蒸汽进反应器内取热器温度控制阀前后手阀。

(8)开低压蒸汽进反应器内取热器温度控制阀，开度为30%。

(9)打开低压蒸汽进反应器内取热器阀门。

(10)打开反应器内取热器排污阀门。

(11)打开中压蒸汽进反应器的前后截止阀。

(12)开大中压蒸汽进反应器压力调节器，将反应压力控制在正常的范围。

二、停1.0 MPa蒸汽故障处理

正常情况下，1.0 MPa蒸汽管网不会发生停汽现象，即使外管网停汽，由外取热器汽包自产蒸汽通过压力调节阀维持生产。

1. 事故现象

各蒸汽用点流量迅速下降。

2. 事故原因

蒸汽中断。

3. 事故处置步骤

这时需启用进料自保、切断进料。其具体处置步骤如下：

(1)启用进料自保，切断进料。在反应再生部分切断进料子系统SISI1/02中点击HS1101和反应再生部分切断反应—再生两器子系统SISI1/03中点击HS1102，手动切断执行。

(2)适当通入事故蒸汽维持反应器流化，维持反应器温度300～400 ℃。打开中压蒸汽进反应器流量调节阀前后手阀，手动打开中压蒸汽进反应器流量调节器。

(3)联系烯烃分离停产品气至压缩机控制阀、水洗水至烯烃分离单元控制阀，关闭急冷水至烯烃分离单元控制阀。

(4)关闭急冷水至装置外阀门和至污水池阀门，控制急冷水不外排。

(5)稍开水洗塔除氧水控制阀门进行补水，建立三塔循环，保持液位稳定。

(6)停部分空冷风机，调节好冷后温度。

(7)将蒸汽管线全部改成氮气。

(8)关闭自甲醇升压泵至甲醇—反应气换热器的甲醇流量调节器。

(9)关闭中压汽包至低压蒸汽管网压力调节器，除氧水进余热锅炉温度调节器打成手动，控稳至中压管网的中压过热蒸汽温度。

(10)手动关闭低压蒸汽至污水汽提塔流量调节阀和前后手阀。

(11)停净化水泵。

(12)关闭净化水至水洗塔、急冷塔控制阀。

(13)关净化水至污水处理厂阀门，全开净化水至甲醇废液罐阀门。

三、急冷塔液位超高、满塔处理

1. 事故现象

急冷塔液位显示调节塔釜液位调节器快速上升满塔，急冷塔液位满。

2. 事故原因

急冷塔废水至沉降罐流量减少。

3. 事故处置步骤

(1)增加急冷水外排量。

(2)操作步骤。

1)增加急冷水外排量。

2)减少水洗水补急冷水流量。

3)适当调小自烯烃分离工段来水流量。

四、污水汽提塔超温处理

1. 事故现象

污水汽提塔温度过高

2. 事故原因

污水汽提塔进料量减少。

3. 事故处置步骤

(1)处置方法：稳定进料，减少塔底蒸汽量。

(2)操作步骤。

1)调整塔的进料流量调节器，手动调整至55%。

2)将沉降罐液位控制器打成自动，进塔流量调节器打成串级。

3)关小蒸汽调节器的开度至20%～50%。

4)开大回流流量调节器的开度至85%。

知识链接

人身安全的十大禁令

能力训练

一、选择题

1. 在吸收操作中，气流若达到(　　)，将有大量液体被气流带出，操作极不稳定。

A. 液泛气速　　B. 空塔气速

C. 载点气速　　D. 临界气速

2. 造成离心泵气缚的原因是(　　)。

A. 安装高度太高　　B. 启泵前未完成灌泵步骤

C. 入口管路阻力太大　　D. 泵不能抽水

3. 安全阀的作用是(　　)。

A. 排放液体　　B. 排放气体

C. 防止系统内压力超压　　D. 防止系统内温度超温

4. 压力表的刻度上红线标准指示的是(　　)。

A. 工作压力　　B. 最高允许工作压力

C. 压力表的整定压力　　D. 最低工作压力

二、判断题

1. 为了缓解水系统中油含量过高的问题，MTO装置目前采用的方法是将水洗塔塔底的汽油槽和烯烃分离二段入口罐凝液间歇排放到污水池，经沉降后将水回炼、油装车外卖。(　　)

2. 连续精馏预进料时，先打开放空阀，充氮置换系统中的空气，以防止在进料时出现事故。(　　)

3. 在精馏操作中，严重的雾沫夹带将导致塔压增大。(　　)

三、简答题

离心泵在启动时为什么要关闭出口阀?

项目四　热量回收系统运行与控制

学习目标

知识目标

(1)了解热量回收系统的任务和生产原理；

(2)了解热量回收系统技术经济指标；

(3)熟悉热量回收系统的工艺流程、工艺指标；

(4)了解热量回收系统的机械设备、管道、阀门的位置，以及它们的构造、材质、性能、工作原理、操作维护和防腐知识；

(5)了解热量回收系统控制点的位置、操作指标的控制范围及其作用、意义和相互关系；

(6)了解热量回收系统的正常操作要点、系统开停车程序和注意事项；

(7)了解热量回收系统不正常现象和常见事故产生的原因及预防处理知识；

(8)了解热量回收系统各种仪表的一般构造、性能、使用及维护知识；

(9)了解热量回收系统防火、防爆、防毒知识，熟悉安全技术规程，掌握有关的烟气排放质量标准及环境保护方面的知识。

能力目标

(1)能够进行烟气排放质量分析；

(2)认识热量回收系统工艺流程图，能够识读仪表联锁图和工艺技术文件，能够熟练画出热量回收系统 PFD 图和 PID 图，能够在现场熟练指出各种物料走向并指出工艺控制点位置；

(3)熟悉热量回收系统关键设备，并能够进行 CO 焚烧炉、余热锅炉等设备的操作、控制及必要的维护与保养；

(4)能够进行热量回收系统的开停车操作，并与上下游岗位进行协调沟通；

(5)能够熟练操作热量回收系统 DCS 控制系统进行工艺参数的调节与优化，确保产品气质量；

(6)能够根据生产过程中异常现象进行故障判断并能进行一般处理；

(7)能够辨识热量回收系统危险因素，查找岗位上存在的隐患并进行处理，能够根据岗位特点做到安全、环保、经济和清洁生产。

素质目标

(1)培养学生的自学能力，安全、环保、经济意识；

(2)培养学生的工程技术观念，分析问题、处理问题的能力；

(3)培养学生的职业道德及敬业爱岗、严格遵守操作规程、团结协作的职业素质和沟通协调、语言表达的能力。

任务一　热量回收系统工艺认识

任务描述

认识热量回收系统关键设备，进行热量回收系统工艺流程识读及绘制。

知识储备

热量回收系统主要包括再生器内外取热器、CO焚烧炉和余热锅炉。其主要作用是回收催化剂再生烧焦过程中产生的热量并副产4.0 MPa蒸汽。再生器内设置内取热器，外部设置外取热器。内取热器设8组光管，外取热器设38组肋片管。正常工况内取热器8组光管全部产中压饱和蒸汽，外取热器同时运行产中压饱和蒸汽；最大工况下内、外取热器同时运行产生中压饱和蒸汽。内、外取热器共用一个中压汽水分离器。

微课：热量回收系统工艺

反应器内设置6组内取热盘管，正常工况下全部通入蒸汽保护内取热盘管，开停工时通入保护蒸汽。

一、热量回收工艺流程认识

如图1-4-1、图1-4-2所示，自总管来的中压给水(104 ℃，5.8 MPa)进入余热锅炉(F1302)省煤器预热至195 ℃后分为两路，一路送至中压汽水分离器(D1301)，一路送至余热锅炉本体汽包(D1303)。余热锅炉(F1302)自产中压饱和蒸汽(257 ℃，4.4 MPa)，内外取热器中压汽水分离器产生中压饱和蒸汽(257 ℃，4.4 MPa)。余热锅炉产汽与内外取热产汽混合进入余锅中压蒸汽过热段过热至428～439 ℃，送入全厂4.0 MPa蒸汽管网。

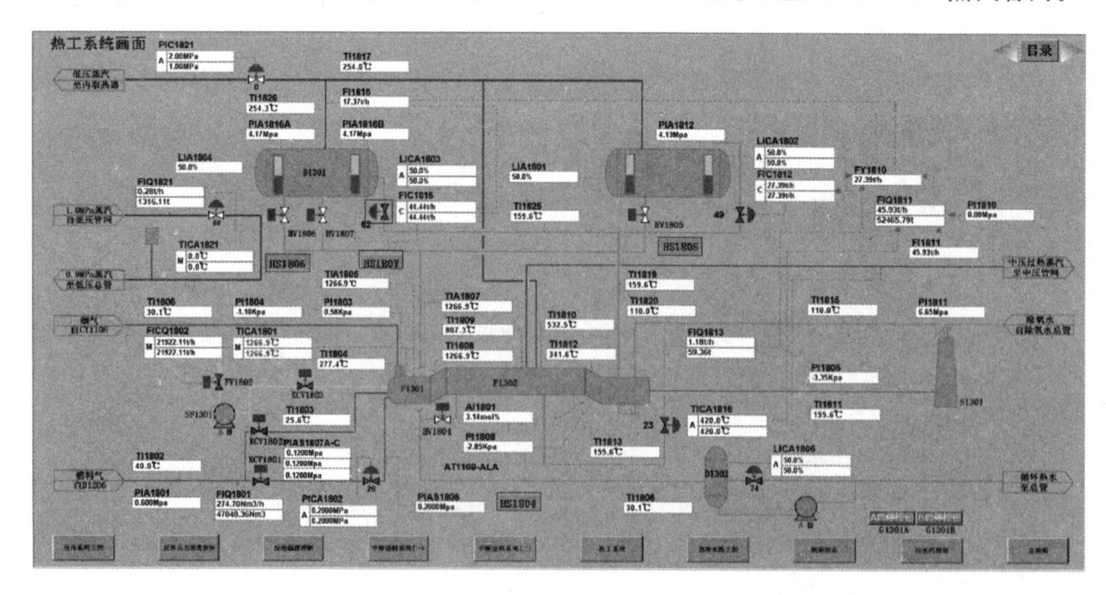

图1-4-1　热工系统主控图

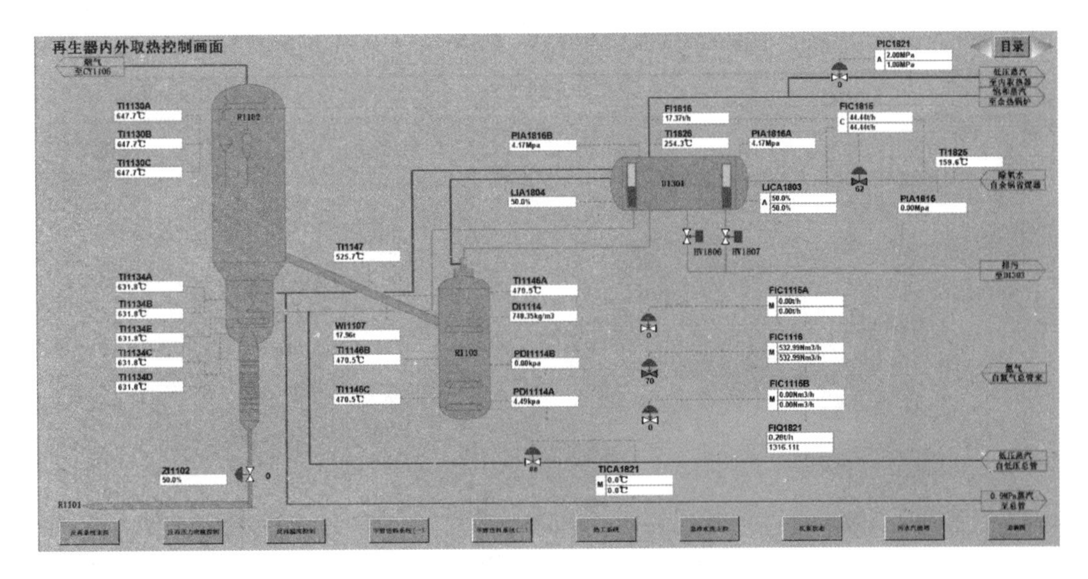

图 1-4-2 再生器内外取热控制图

二、再生烟气处理流程认识

再生后的烟气经两级旋风分离器除去携带的大部分催化剂后，再经再生烟气三级旋风分离器(CY1106)和再生烟气四级旋风分离器(CY1107)除去所夹带的催化剂，经双动滑阀(PV1110A/B)、降压孔板后送至 CO 焚烧炉、余热锅炉回收热量。其工艺流程如图 1-4-3 所示。

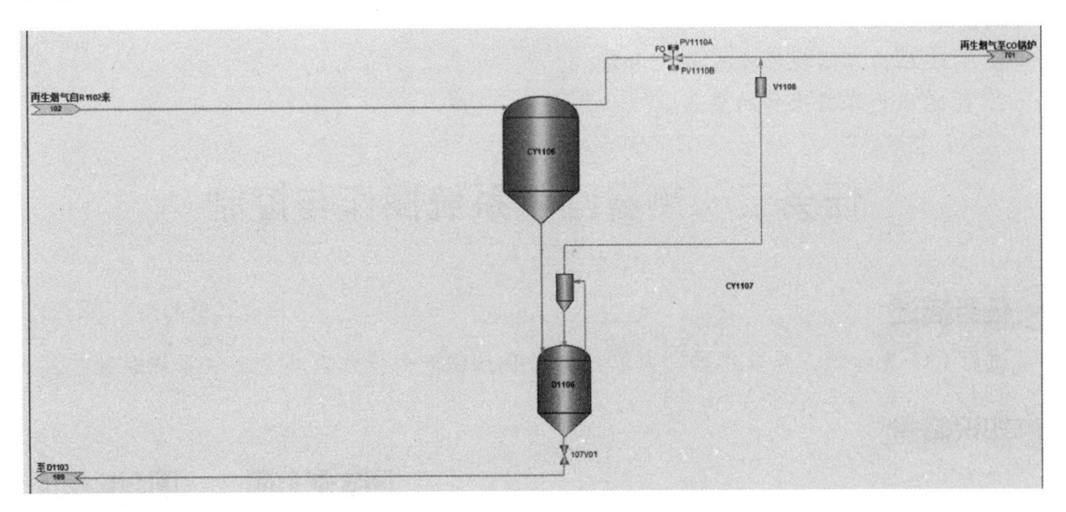

图 1-4-3 再生烟气处理流程图(一)

如图 1-4-4 所示，自装置来的再生烟气(640 ℃)经烟气水封罐(D1304A)进入 CO 焚烧炉(F1301)，经补充空气燃烧后烟气 1 132～1 314 ℃进余热锅炉(F1302)，依次经过余锅前置蒸发段、二级蒸汽过热段、一级蒸汽过热段、蒸发段、二级省煤段、一级省煤段，温度降至 152 ℃/174 ℃后排入烟囱(ST1301)。当处于事故状态时，自装置来的再生烟气经烟气水封罐(D1304B)直接排入烟囱。

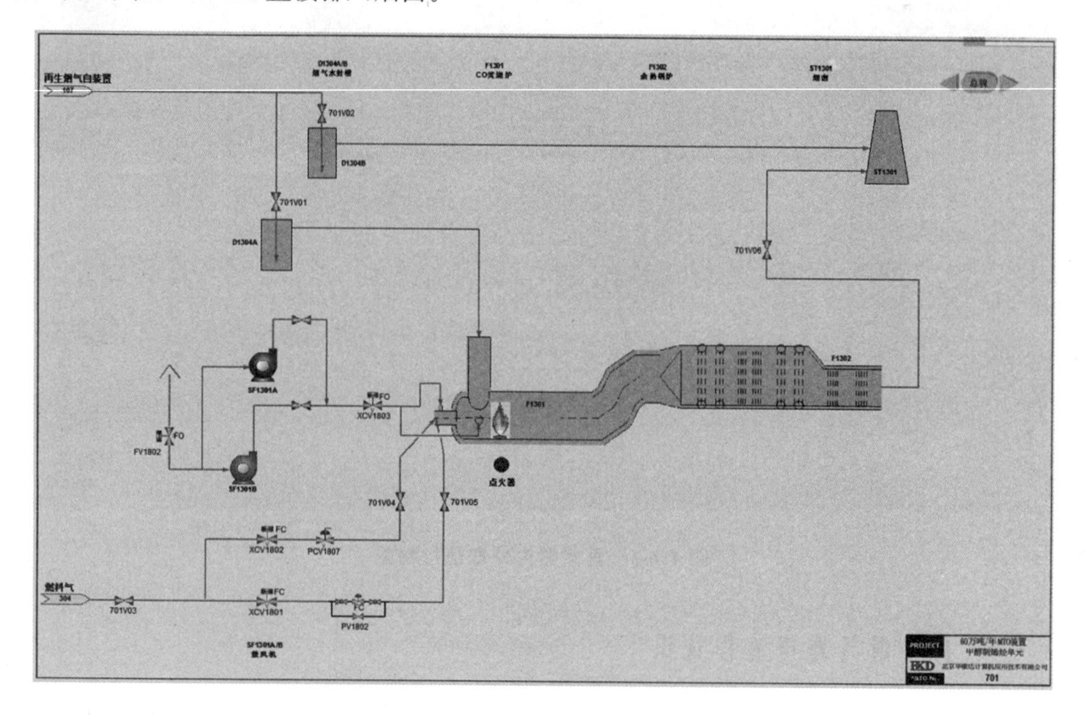

图 1-4-4　再生烟气处理流程图(二)

能力训练

简答题

1. 简述压力容器现场检查验收内容。
2. 简述压力容器操作的要点。

任务二　热量回收系统操作与控制

任务描述

进行 CO 焚烧炉、外取热器、内取热器、余热锅炉的操作及热量回收系统联锁控制。

知识储备

一、CO 焚烧炉操作

为了满足环保要求，MTO 生产装置设置一台 CO 焚烧炉，将再生烟气中的 CO 燃烧成 CO_2，燃烧后的烟气送入余热锅炉发生中压蒸汽回收热量后排入烟囱。

实训视频：CO 焚烧炉投用(仿真)

微课：CO 焚烧炉投用准备

（一）认识 CO 焚烧炉的结构

CO 焚烧炉主要由燃烧器、燃烧器控制系统、燃烧室筒体和金属膨胀节组成。其结构简图如图 1-4-5 所示。

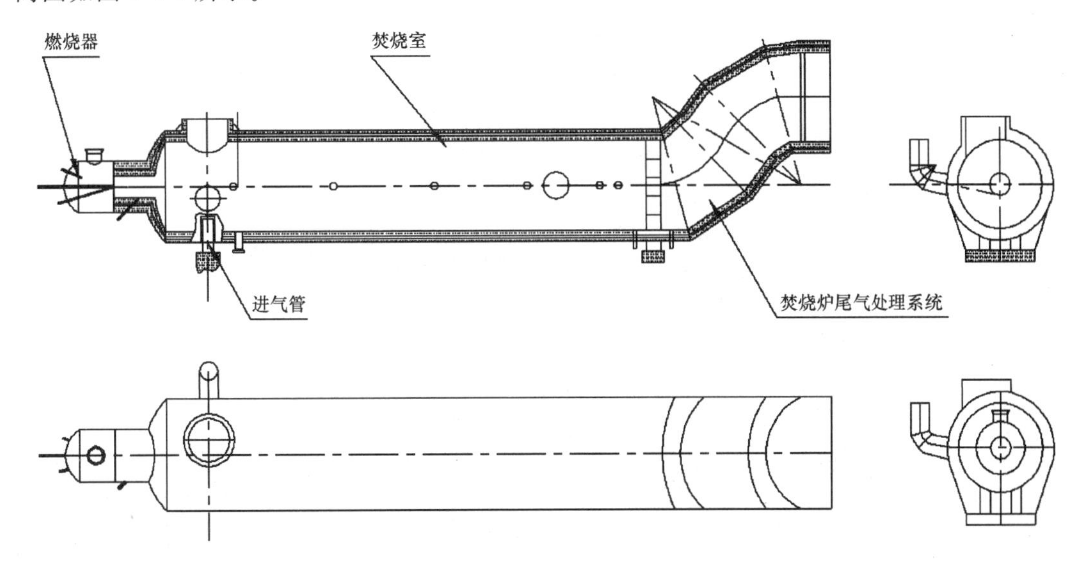

图 1-4-5 CO 焚烧炉结构简图

CO 焚烧炉为立式圆筒结构，底部水平安装两个气体燃烧器，燃烧气流切向进入炉体内部，含有 CO 成分的气体从环形分布箱的分布口与二次空气混合后进入炉体，并在炉内形成高速漩流，与燃烧器产生的高温烟气充分混合，燃烧后进入余热锅炉，同时，在焚烧炉顶部设置两个防爆门，焚烧炉与余热锅炉通过非金属膨胀节连接。烟气出口正常温度为 850～950 ℃。炉体口设置有测温、测压孔及烟气取样孔，同时，在余热锅炉入口处设置氧化锆，以测量出口烟气的氧含量，炉内机械设计温度为 1 400 ℃，壳体规格为 ϕ3 636×18 mm，壳体材质为 Q245R，燃烧室衬里厚度为 400 mm。混合燃烧段衬里厚度为 300 mm。衬里为双层结构，迎火层为耐火可塑料，隔热层为轻质隔热浇筑料。金属质量为 150 t，非金属质量为 300 t，焚烧炉顶中心标高为 20 700 mm。

（二）CO 焚烧炉投用

CO 焚烧炉操作 DCS 控制、SIS 系统及现场如图 1-4-6～图 1-4-8 所示。

1. 烘炉

烘炉应按衬里供货商提供的烘炉制度执行，烘炉时应启动废热锅炉运行，不得在废热锅炉没有水和蒸汽的情况下烘炉。

2. 点火

微课：CO 焚烧炉操作

CO 焚烧炉主要操作点是焚烧炉的点火操作。CO 焚烧炉的燃烧器是 RC 系列燃烧器的一种，该燃烧器能够实现点火枪的自动高压电火花点火，点火的同时紫外线火检装置对点火进行监控，当火焰在规定时间内没有点燃时进行熄火保护，大大降低了火嘴点火时操作工的劳动强度，提高了点火成功率。CO 焚烧炉点火前必须将管线吹扫干净，在吹扫前将金属软管与工艺钢管连接处卸开，吹扫时间不少于 5 min。燃料必须过滤，严防堵塞喷枪孔。燃料气中绝不可带残液操作。点火时，先用空气通风吹扫炉膛，确认炉内没有残剩可燃气体时再接通电子点火器先点点火枪，待点火枪稳定以后，再点燃料气枪。开始点火时，助燃风风门要关小一点，不可开大，待燃料气枪点燃后再逐步调大一次风门，风量要与燃料气配合好，过大、过小均不可取。如果点火失败，必须等炉膛内确认无可燃气体时再进行点火。

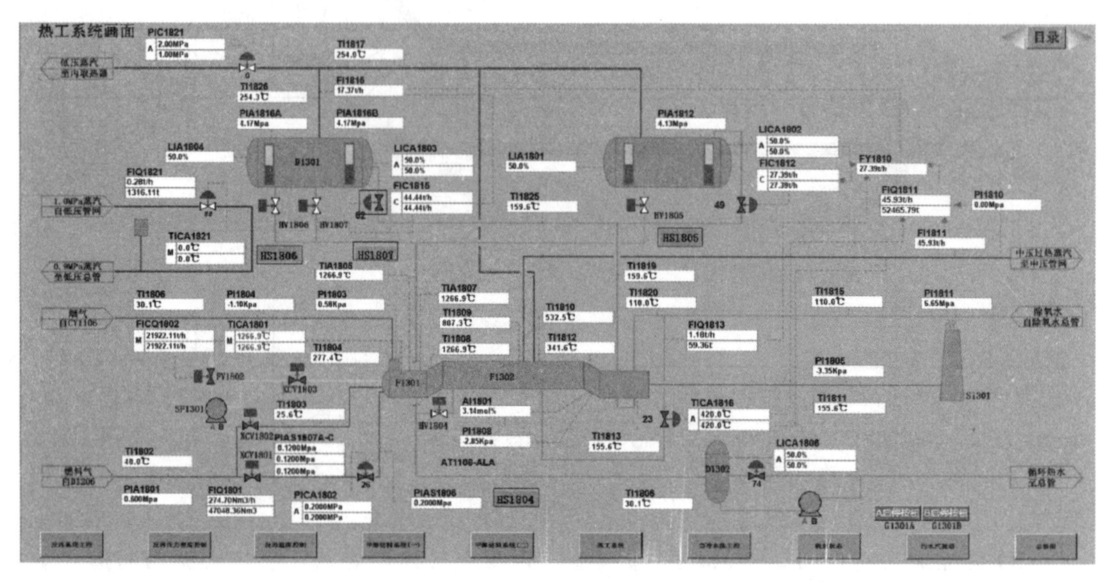

图 1-4-6　CO 焚烧炉 DCS 控制图

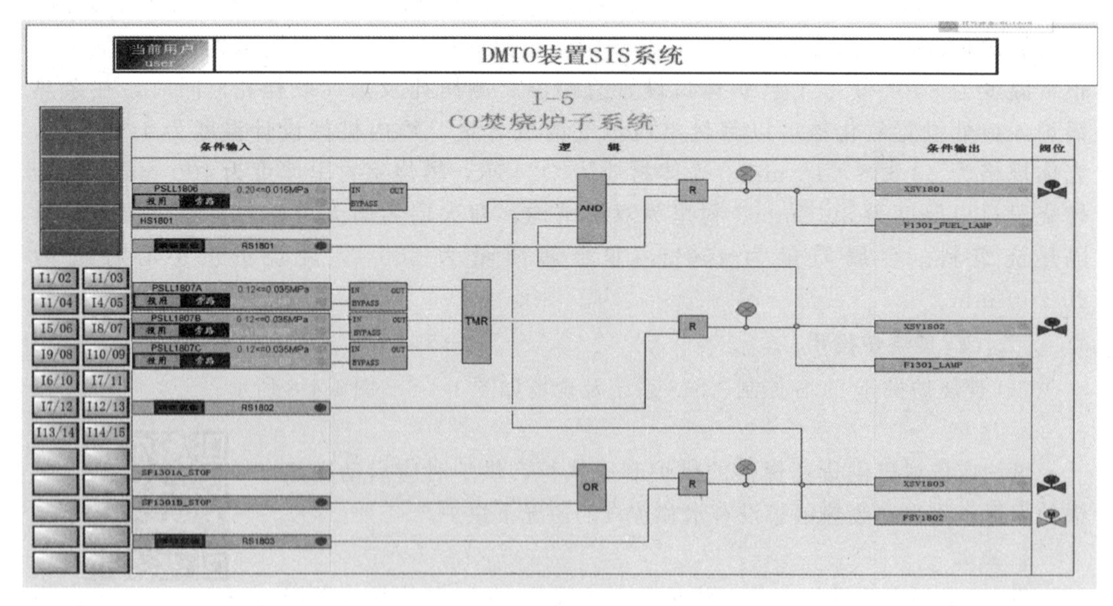

图 1-4-7　CO 焚烧炉 SIS 系统图

点火时将电点火棒固定连接到点火枪上。检查点火枪的位置是否处于工作位置(定位环处)。检查燃料气分液罐中的液位。打开点火枪空气阀门，空气流量应达到 120～160 kg/h。打开下列冷却气或净化风开关：火焰检测器，看火孔及点火火嘴处。检查压力表的指示是否满足点火条件(燃料气压力为 0.3 MPa，高于炉膛压力约 0.1 MPa；点火枪前的空气压力为 0.3 MPa，高于炉膛压力约 0.1 MPa)。

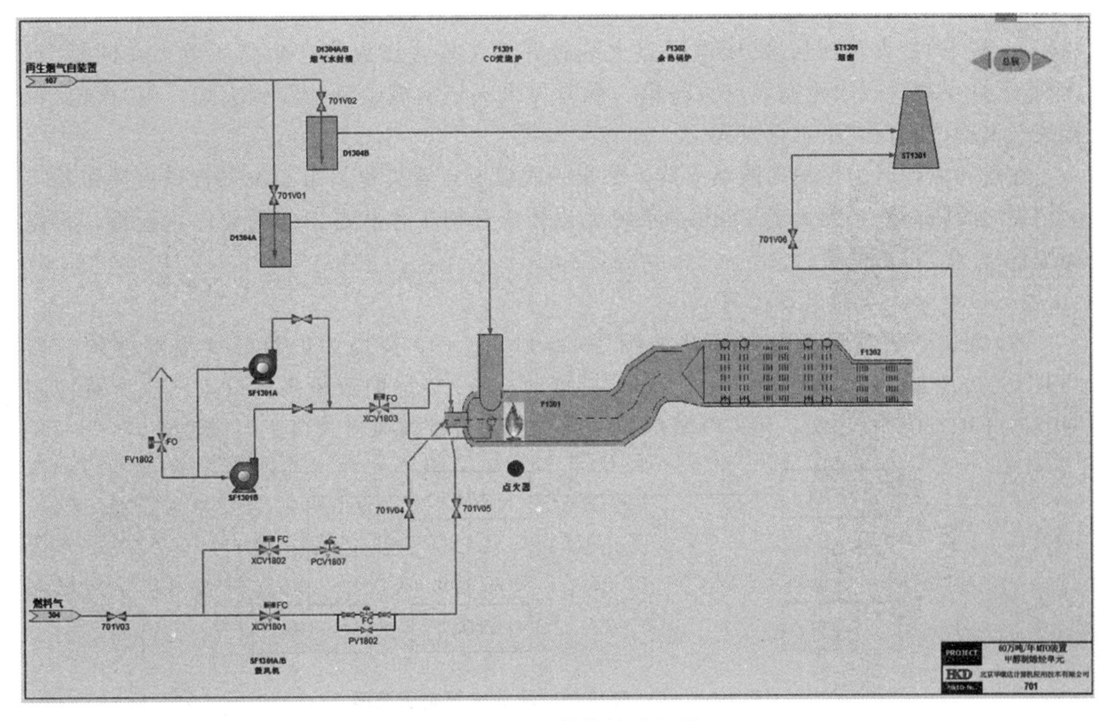

图 1-4-8　CO 焚烧炉现场图

RC 系列燃烧器自动点火装置有自动点火方式和手动点火方式两种。选用自动点火方式时将“电源开关”旋转至“开”位置；“手动/自动”旋转至“自动”位置，按下“自动启动”按钮，系统将自动完成以下步骤：

(1)自动打开吹扫电磁阀，“吹扫阀开”指示灯点亮，炉膛进行 1 min 氮气吹扫。

(2)吹扫结束后，“吹扫阀关”指示灯点亮，关闭吹扫电磁阀，同时高能电子点火装置启动，“发火”指示灯点亮，点火枪产生高压电火花。

(3)高能电子点火装置启动的同时，点火枪的燃料气电磁阀打开，“燃气阀开”指示灯点亮，点火枪完成点火步骤。

(4)进行步骤(2)的同时，火焰检测器开始工作，检测出火焰后“火检(1)有火”“火检(2)有火”指示灯点亮，30 s 后高能电子点火装置停止工作，“点火”指示灯熄灭。

(5)在首次点火过程中如果进行步骤(2)的同时火焰检测器在 30 s 内没有检测出火焰，将自动从步骤(1)开始执行一次吹扫和点火动作。

(6)如果第二次点火后火焰检测器还没有能够检测到火焰或正常状态下因故障造成炉内熄火，“火检(1)有火”“火检(2)有火”指示灯熄灭，系统进入熄火保护状态，将自动关闭点火枪的点火电磁阀，“点火阀关”指示灯点亮，同时电铃发出警报。

选用手动点火方式时，应将“电源开关”旋转至“开”位置，“手动/自动”旋转至“手动”位置，然后按照以下顺序进行操作：

(1)按下“开吹扫阀”按钮，吹扫电磁阀动作，“吹扫阀开”指示灯点亮，炉膛进行吹扫。

(2)吹扫 1 min 后，按下“关吹扫阀”按钮吹扫阀关闭，“吹扫阀关”指示灯点亮，吹扫工作停止。

(3)按下“开燃气阀”按钮，点火枪燃料气电磁阀打开，“燃气阀开”指示灯点亮。

(4)按下“点火”按钮，高压电子点火装置开始工作，点火头产生高压电火花同时“点火”指示灯点亮，点火枪完成点火步骤。此时如果火焰检测装置检测到火焰，则“火检(1)有火”“火检(2)有火”指示灯点亮。

在点火操作时为保护高能点火器，如果一次没有点着火枪，第二次进行点火操作与上次结束的间隔时间必须大于 1 min。系统无论处于任何工作状态，如需要停止运行，只需要按下“停止”按钮即可。

3. CO 焚烧炉炉膛温度控制

CO 焚烧炉炉膛温度控制回路如图 1-4-9 所示。CO 焚烧炉炉膛温度主要由调节器(TIC1801)控制。正常操作时，TIC1801 投自动，CO 焚烧炉鼓风机入口工厂风流量控制调节器(FIC1802)投串级，用 CO 焚烧炉炉膛温度来设定鼓风机入口工厂风流量。

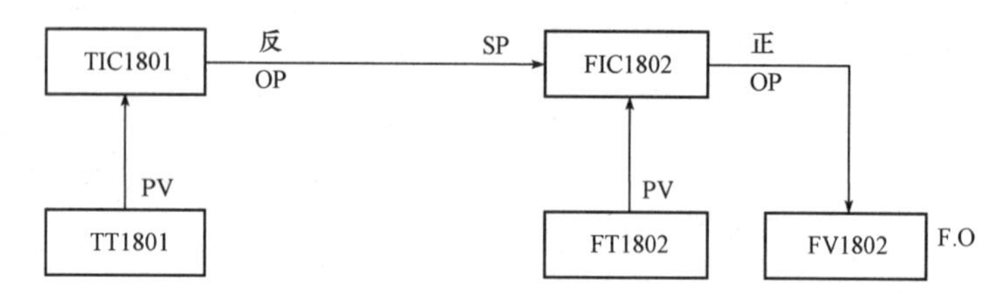

图 1-4-9 CO 焚烧炉炉膛温度控制回路图

二、外取热器的操作与维护

(一)外取热器结构

再生器外部设置外取热器，该取热器为返混式外取热器，结构如图 1-4-10 所示。此类外取热器与再生器之间只有一个接口，安装简单。依靠流态化原理形成微观交换，实现再生器向外取热器供热，取热器内催化剂移动速度低，催化剂破损小；开停工方便，易于操作且调节范围较宽。MTO 装置外取热器有以下特点：

(1)采用双气体分布器，实现多极调节，适应对取热负荷的调节要求。

(2)采用特种气体分布器，减少气流对催化剂的磨损。

(3)采用Ⅲ型翅片管，提高催化剂侧供热能力。

(4)蒸发管材质采用 15CrMo 高压锅炉管。

(5)开口接管，内件采用 304 不锈钢。

(6)设备衬里：催化剂入口管采用 100 mm 厚双层衬里，取热器本体采用 150 mm 衬里。

微课：外取热器的操作与维护

(二)外取热器技术参数

外取热器技术参数见表 1-4-1。

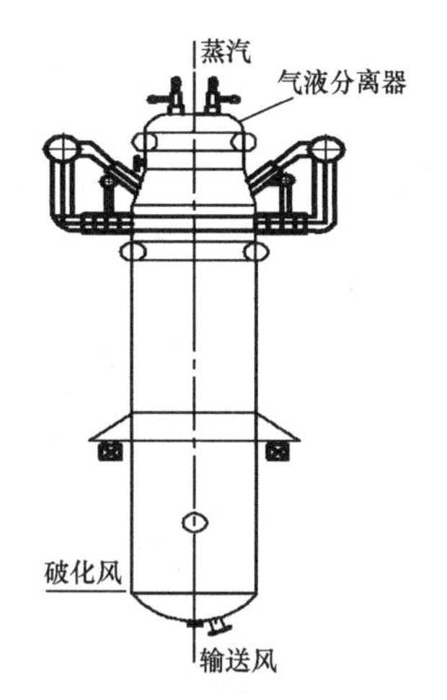

图 1-4-10 外取热器结构简图

表 1-4-1 外取热器技术参数

序号		项目	
1		设备规格	ϕ2 464×16 005
2		取热量	5 357 kW(正常)、9 420 kW(变工况)、17 946 kW(最大)
3		汽水循环方式	自然循环
4		操作弹性	在 30%～100%范围内灵活操作
5		产汽等级	4.4 MPa 的饱和蒸汽
6	壳程	介质	催化剂
		设计温度	介质 600 ℃；壁温 300 ℃
		设计压力	0.249 MPa
		操作温度	650～700 ℃
		操作压力	外取热器催化剂入口处操作压力：0.15 MPa
7	管程	介质	除氧水
		设计温度	257 ℃
		设计压力	4.7 MPa
		操作温度	257 ℃
		操作压力	4.8 MPa

(三)工艺流程

再生器外取热器工艺流程图如图 1-4-11 所示。

1. 催化剂的冷却

再生器外取热器与再生器只有一个接口，再生器内热催化剂由此口进入取热器，与传热管换热，热催化剂被冷却。该外取热器用压缩氮气作为操作介质。调节氮气量可以实现取热器与再生器的冷热催化剂换热，达到控制再生器温度的目的。

2. 水循环

再生器取热器的冷却介质为除氧水，来自汽包的除氧水进入外取热器取热管的内管，然后自下而上进入与外套管间的环隙，汽化吸热。产生的水、汽混合物向上进入汽包。其气相—蒸汽出汽包并进入蒸汽管网，液相—水循环使用。根据要求，产汽系统采用自然循环，汽包与取热器分开布置。来自供水站的除氧水直接进入汽包。汽包与取热管进出口应有足够的高度差。

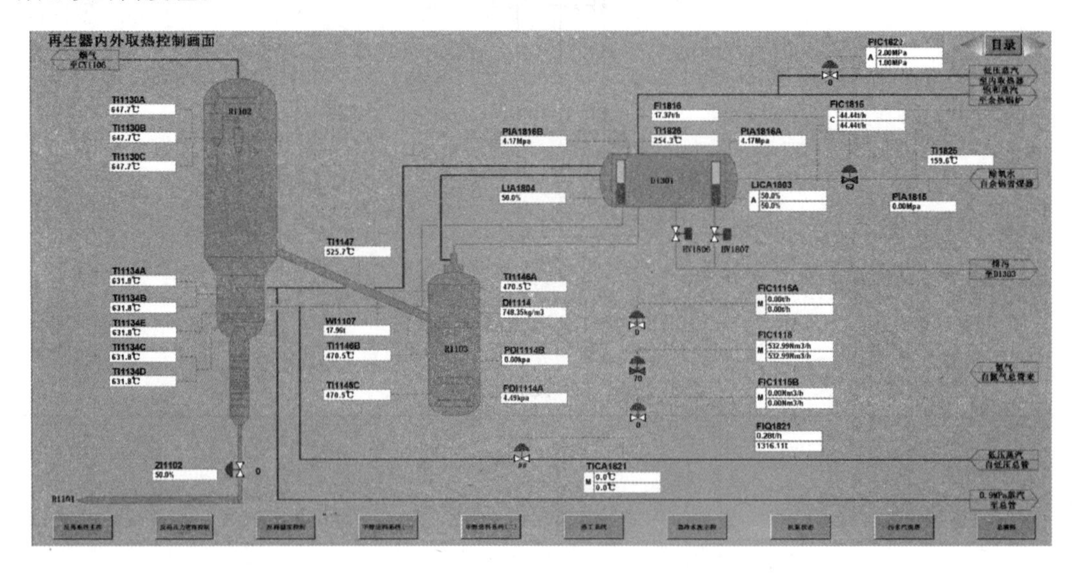

图 1-4-11　再生器外取热器工艺流程图

(四)外取热器操作

1. 开工准备

(1)水、汽、风系统仪表完好。

(2)用氮气对外取热器所有管件，吹扫试通、试漏、试压，各松动点试通。

(3)引除氧水进入汽包，控制汽包液位 40%～50%，保证循环正常。

(4)打开汽包放空，将蒸汽排入大气；系统第一次升压或检修后升压的速度应按蒸汽饱和温度每小时不大于 50 ℃范围内控制。如温度上升太快，可以多次调节外取热器用氮气量，严格控制温度。

(5)引压缩氮气至外取热器，打开各松动点阀门，然后打开氮气阀门引压缩氮气进入外取热器，开始用氮气量为额定量的 30%；待外取热器流化正常后，再根据工艺条件缓慢调整。

(6)蒸汽合格后，联系有关岗位将蒸汽并入管网。

(7)并汽时要缓慢进行，防止把水带入管网。

(8)检查排污是否正常。

2. 正常操作

(1)将各氮气线阀门打开，根据实际取热负荷及工艺条件调整取热器的氮气量。

(2)若取热负荷小于设计值的 30%，用 FIC1116 调节取热负荷，FIC1115A、B 关闭。

(3)若取热负荷大于 30%，小于 70%，用 FIC1115B 调节取热负荷，FIC1116 关闭。

(4)若取热负荷大于 70%，需同时打开 FIC1116、FIC1115B，为取热器提供氮气。

(5)一般工况下，FIC1115A 不需投用，取热量还不能满足要求时，再通过 FIC1115A

提供氮气，增加取热负荷。正常负荷条件下，该管线处于关闭状态。

(6)正常运行要定期做水质分析，保证水质合格；保证蒸汽品质合格。

(7)取热负荷调整应平缓，不可大幅度调节各部分氮气量，因为猛烈调节，会迅速提高壳体内催化剂温度，导致取热管蒸发量突然加大，供水来不及时，就可能造成取热管束的损坏；正常增减负荷应控制在每分钟不大于设计负荷的3%。

(8)运行中应确保汽包液位维持在正常水位线的±50 mm。

(9)定期排污每班一次，一次只能有一个排污点排污，每次排污阀全开时间不大于30 s。

3. 正常操作注意事项

(1)取热器在任何工况下都不能干烧。对于已出现漏水的取热管切除长时间干烧后，在大检修时应当更换。

(2)汽包升压和降压应力求操作平稳，升压速度应控制在汽包水饱和温度升速每小时不大于50 ℃，降压速度应控制在汽包水饱和温度降速每小时不大于70 ℃。

(3)汽包水位应维持在正常水位线上下50 mm(一般水位指示为42%～58%)，不得以放水或排污量来维持水位。每班应对盘面水位指示和就地水位进行1～2次核对，并且对就地水位计进行一次冲洗操作。

(4)紧急放水阀是为处理事故满水而设置的，不得以此阀来调节水位。事故满水处理完毕应尽快关闭该放水阀，否则将有大量饱和蒸汽被放掉，而且将发生蒸汽过热管烧坏的事故。

(5)需要关闭的管线，一定要关严，防止少量氮气泄漏引起分布器喷嘴磨损。

排污和加药

汽水化验分析

4. 故障处理

(1)取热管漏水。

1)现象：在其他参数未变化的情况下；再生器密相上部密度下降，旋风分离器压降上升；再生器密相以上各温度下降；催化剂跑损增加，烟囱排烟颜色变白；汽包给水流量不正常的大于蒸汽流量，严重时汽包水位难以维持正常。

2)原因：取热管被干烧过；取热管使用时间过长，管壁磨损减薄；取热管母材有缺陷；取热管焊接有缺陷。

3)处理方法：应立即利用每组取热管出入口阀门的关闭，巡查漏水管，并切除漏水管，继续使用外取热器；若漏水管数量较多，关闭外取热器氮气，停用外取热器；视漏水程度，轻者继续取热并观察水位变化，重者切断取热；漏水管切除后反应部分视情况调整。

(2)取热管爆破。

1)现象：再生器压力急剧上升，温度急剧下降。

2)处理方法：反应—再生系统紧急停车。

5. 停用外取热器

(1)因原料组分变化或反应部分故障，暂时停用外取热器。

1)按 50～100 ℃/h 降温速度进行降温。

2)此时上水切断，注意巡检，防止满水。

3)如需投用，按正常工序投用。

(2)装置停止时停用外取热器。

1)逐步减少送入外取热器的氮气量，使取热器内的催化剂缓慢降温，按 50～100 ℃/h 降温速度进行降温。

2)当汽包液位正常，上下量接近零时，外取热器蒸汽放空。

3)外取热器长期停运时，关闭外取热器用氮气及备用压缩空气，汽包上满除氧水，防止空气进入汽包造成腐蚀(湿法保护)。

4)外取热器在冬季长期停运时，用外取热器底部的氮气来维持外取热器有少量的取热，维持汽包顶部的放气口有极少量的饱和蒸汽冒出(汽包压力为 0.1～0.2 MPa)，汽包给水采用手动间断上水。以此保证汽水系统不发生冻结和取热器底部不发生结露冻结或结块。

三、内取热器的操作与维护

在生产操作中，无论是冷凝、冷却器还是加热器，换热器的操作必须抓住两个主要问题，即防止漏油与正确开停。

内取热器验收合格后，在投入试运之前应对系统进行水冲洗(自汽包至取热管不参加冲洗)，应对管道分段进行冲洗，不得将污染物冲入汽包和取热器内。冲洗用水宜为软化水或除盐水，冲洗出水澄清且与入口水质接近合格。

(一)煮炉

再生器内取热器使用烘烤再生器的热风或烟气进行煮炉。再生器烘衬时需要对内取热器采用水保护的方式，蒸发取热管任何情况下都不能干烧。

1. 充水

整个系统充入合格的给水(除氧水)至汽包正常水位线以下 50 mm 处。

微课：内取热器的操作与维护

2. 加药

碱煮采用氢氧化钠和磷酸三钠，按每立方米水容积各加入 3～5 kg(100%纯度计)，而且不得加入固体，应将氢氧化钠和磷酸三钠溶解后加入，在加药操作中应有防护装备，以防止发生烧伤事故。药量一次加够，然后补充除氧水至汽包正常水位线上 50～75 mm 处。

3. 汽包升压

汽包的升压速度应按照汽包水饱和温度升速控制，控制饱和温度上升速度不大于 50 ℃/h。

汽包压力升至 0.1 MPa 后由放空汽量来维持汽包压力，此压力下碱煮时间不小于 24 h，在此期间应维持汽包水位在正常水位线上 50～75 mm 处。

汽包升压至0.4～0.5 MPa时应进行一次热紧工作，对所有的阀门、法兰、人孔、手孔等接合部进行热紧。

4. 换水操作

当碱煮24 h后关小放空量增大排污和给水，对系统进行换水操作，在此操作中应连续化验汽包水质，当此水质达到正常水质要求时换水操作完毕。在此之后可进行汽包安全阀整定及蒸汽严密性试验。

注意：反应器内取热管不参加煮炉，为防止反应器烘炉过程内取热盘管超温，可用1.0 MPa蒸汽进行保护。

(二)安全阀调整及蒸汽严密性试验

安全阀调整时，调整压力以各就地压力表为准，压力表应校验合格，并有误差记录，在调整值附近的误差若大于0.5%，应做误差修正。汽包安全阀动作压力分别为正常操作压力的1.04倍和1.06倍。

蒸汽严密性试验应在碱煮之后进行。将汽包压力升至工作压力，对焊口、人孔、法兰、阀门进行严密性检查，对汽水管道、汽包、支吊进行热膨胀检查。合格后进行安全阀整定。

(三)管道的吹洗

管道吹洗时所用临时管道的截面面积应大于或等于被吹洗管道的截面面积，临时管应尽量短以减小阻力。吹洗采用蓄热法。所谓蓄热法，是指将系统压力升至额定压力，快速打开阀门吹洗，当压力降至饱和温度以下40～45 ℃时再次关阀升压。

吹洗质量以打靶为准，在被吹洗管的临时排气管的排汽口处装设靶板，靶板可用铝板制成，其宽度为排气管内径的10%左右，长度为纵贯管子内径。在保证吹管系数的前提下，连续两次更换靶板检查，靶板上冲击斑痕粒度小于1 mm，且肉眼可见斑痕不多于10点时为合格。

(四)正常操作注意事项

(1)蒸发取热管任何情况下都不能干烧。对于已出现漏水的取热管切除长时间干烧后，在大检修时应当更换。

(2)取热管组入、出口的阀门应为打开状态，只有在该组发生漏水事故时才能关闭，并且同时打开出口放空小阀。

(3)升压和降压速度：操作应力求平稳，第一次投运或取热器检修后投运，升压速度应控制在汽包饱和温度升速不大于50 ℃/h，降压速度应控制在汽包饱和温度降速不大于70 ℃/h。

(4)汽包水位：运行中，汽包水位应维持在正常水位上下50 mm。不得以放水来调节水位。每班应对盘面水位指示和就地水位进行1～2次核对，并对就地水位进行冲洗操作。

(5)汽包设有事故满水紧急自动放水阀，不得以此阀来调节水位。事故满水处理完毕应尽快关闭该放水阀。

(6)汽包应排污和加药(磷酸三钠)以维持汽包水质要求和过热蒸汽品质要求。汽包连续排污量一般为1%～1.5%，具体应根据化学分析确定。

(7)定期排污每班1次，排污时不得有两个以上排污点同时排污，排污时应特别注意水位的变化，有异常变化立即停止排污，定期排污阀由全关→全开→全关应在 1 min 内完成，而且全开时间不得大于 0.5 min。

(五)内取热器的负荷调节

再生器内设置内取热器，外部设置外取热器。内取热器设 8 组光管，外取热器设38 组肋片管。最小工况下内取热器 6 组光管用于产生中压饱和蒸汽，2 组光管用于过热低压蒸汽，外取热器不运行；正常工况内取热器 8 组光管全部产生中压饱和蒸汽，外取热器同时运行产生中压饱和蒸汽；最大工况下，内、外取热器同时运行产生中压饱和蒸汽。内、外取热器共用一个中压汽水分离器。

反应器内设置 6 组内取热盘管，最大工况下 6 组取热盘管全部通入甲醇溶液，用于加热甲醇原料。正常工况下运行 1 组取热盘管，其余 5 组通入甲醇气以保护内取热盘管(根据已运行装置实际经验，其余 5 组内取热盘管通入保护蒸汽效果好)。

(六)内取热器故障处理

内取热器故障主要有取热管漏水、取热管爆破、汽包干锅、汽包满水等。各类故障现象、原因及处理措施见表 1-4-2。

表 1-4-2　内取热器常见的异常运行事故及处理措施

序号	事故名称	事故现象	事故原因	处理措施
1	取热管漏水	(1)再生器密相上部密度下降，旋风分离器压降上升。 (2)再生器密相以上温度下降。 (3)催化剂跑损增加，烟囱排烟颜色变化。 (4)汽包给水流量不正常地大于蒸汽流量，严重时汽包水位难以维持正常	(1)焊接有缺陷。 (2)取热管被干烧过。 (3)取热管母材有缺陷。 (4)取热管使用超过寿命(内取热管使用寿命一般为 5～6 年)，管壁磨损减薄。 (5)过热管入口饱和蒸汽带水严重	利用每组取热管出入口阀门的关闭，检查漏水管并切除漏水管
2	取热管爆破	再生器压力急剧上升，温度急剧下降		反应—再生系统紧急停车
3	汽包干锅	(1)再生器密、稀相温度急剧上升。 (2)汽包水位指示回零。 (3)给水流量回零。 (4)给水流量不正常地小于蒸汽流量。 (5)汽包低水位报警	(1)给水泵故障，造成给水中断。 (2)给水泵回流量过大或给水管路漏水严重。 (3)定期排污阀忘关或操作工其他误操作	(1)反应部分立即调节进料量，防止超温。 (2)查明干锅原因，切除内取热蒸发管
4	汽包满水	(1)汽包高水位报警。 (2)汽包水位指示超过最高限。 (3)饱和蒸汽管道发生振动或水击。 (4)过热蒸汽温度大幅度下降。 (5)给水流量不正常地大于蒸汽流量	(1)给水调节阀故障。 (2)产汽压力过低，给水调节阀全关后漏量远大于蒸发量。 (3)汽包水位调节或指示有误。 (4)误操作	(1)打开汽包紧急放水阀，当水位降至正常水位线以上 40～50 mm 时关闭紧急放水阀。 (2)检查给水调节阀。 (3)检查水位调节回路。 (4)冲洗汽包就地水位计校对水位指示

四、余热锅炉的操作与维护

(一)余热锅炉结构

小型装置的余热锅炉只设蒸发器和过热器。中型和大型装置的余热锅炉由省煤器、蒸发段和过热段组成。余热回收系统工艺流程示意如图 1-4-12 所示。

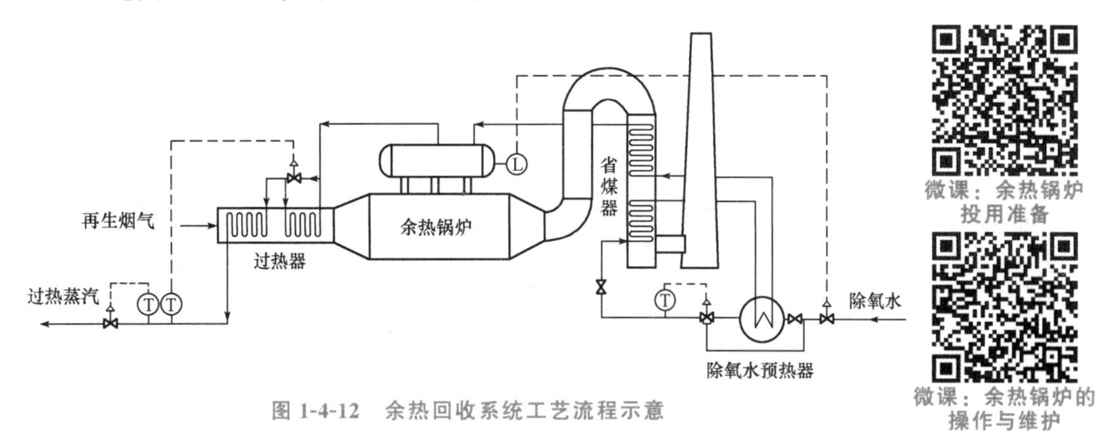

图 1-4-12 余热回收系统工艺流程示意

1. 过热器

蒸汽过热器的配置方式有多种。按过热的蒸汽压力等级区分，有低压蒸汽过热器和中压蒸汽过热器；按蒸汽来源划分，有只过热余热锅炉自产蒸汽的过热器和过热全部饱和蒸汽的过热器。

2. 省煤器

再生烟气经余热锅炉蒸发器后温度仍较高，直接排入大气，能量损失较大。尤其对于大中型装置需设置省煤器来降低排烟温度。省煤器中通入除氧水预热锅炉给水将烟气温度降到 170～230 ℃，再由烟囱排放大气。小型装置余热锅炉产生低压蒸汽，低压蒸汽饱和温度较低(180 ℃)，蒸发器出口烟气温度已不高，故一般不设省煤器。

3. 蒸发器

蒸发器是余热锅炉的主要受热面，主体结构是在上下锅筒(或集箱)之间布置管子，管子与上下锅筒采用胀接方式连接，但由于多种因素的制约，上下锅筒之间可布置的钢管数是有限的，单管长度也不可能太长，因此采用光管受热面积往往不够。解决办法之一是选用传热效果好、换热面积扩大的 H 形鳍片管结构。

(二)余热锅炉投用

余热锅炉安装施工完毕后，经验收合格方可投入使用，使用之前应对整个系统做一次工作压力的水压试验。蒸发器管束内应光洁，不得有衬里残渣，每根管束在组装前应做通球试验，否则不予验收。余热锅炉操作 DCS 控制及现场如图 1-4-13、图 1-4-14 所示。

1. 冲洗

锅炉范围内的给水系统、过热器及管道在投入试运之前必须进行冲洗，以清除管道内的杂物和锈垢。冲洗用水宜为软化水或除盐水，冲洗出水澄清且与入口水质接近为合格。

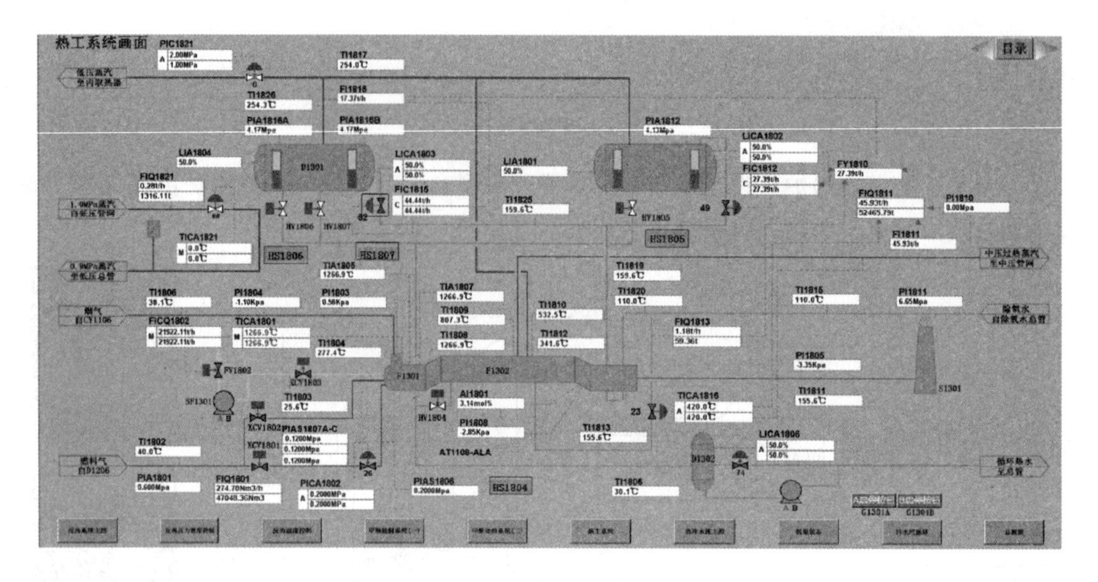

图 1-4-13　余热锅炉 DCS 控制图

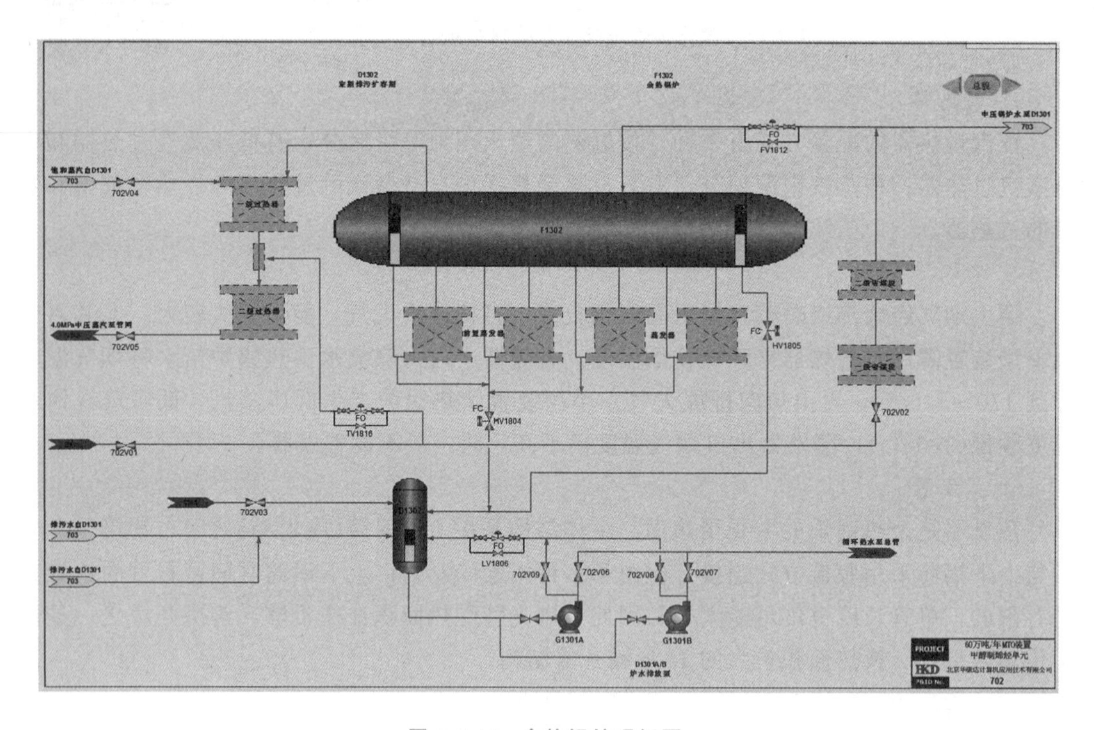

图 1-4-14　余热锅炉现场图

2. 烘炉

炉墙在正常养护 7～8 d 后进行烘炉。

(1)锅炉本体的安装，炉墙及保温工作已结束。

(2)烘炉需用的各系统已安装和试运行完毕，能随时投入。

(3)烘炉需用的热工和电气仪表均已安装并校验完毕。

(4)烘炉采用的临时设施已安装好。

烘炉采用再生烟气直接烘烤法，用控制再生烟气气量来控制烘炉温度。烘炉前锅炉汽包应加入除氧水到正常水位，烘炉过程中注意保持水位。

3. 煮炉

烘炉结束后转入煮炉阶段，煮炉热源仍为再生烟气。

锅炉煮炉采用碱煮，使用药品为氢氧化钠、磷酸三钠，其加药量为每立方米水容积各 3～5 kg(按 100%)纯度，药品加入后，通过控制过热器蒸汽放空阀开度来控制汽包压力、使压力升到 0.4～0.5 MPa。升压速度应缓慢，控制饱和温度上升速度不大于 50 ℃/h。碱煮 24 h 后，从下部各排污点轮流排污换水直至水质达到试运行标准为止，然后停炉或升压进行蒸汽吹洗、蒸汽严密性试验及安全阀定压工作。煮炉时，药液严禁进入过热器。煮炉结束，锅炉停炉放水后，应检查锅筒及集箱内部，彻底清扫内部附着物和残渣。

4. 管道的吹洗

锅炉范围内的过热器及其蒸汽管道在投入供汽之前必须进行吹洗。

5. 蒸汽严密性试验及安全阀调整

锅炉升压至工作压力进行蒸汽严密性试验时，应注意检查以下几项。

(1)锅炉的焊口、人孔、手孔和法兰等严密性。

(2)锅炉附件和全部汽水阀门严密性。

(3)锅炉、集箱、各受热面部件和锅炉范围内的汽水管路的膨胀情况及其支座、吊杆、吊架的受力及位移情况是否正常，是否有妨碍膨胀之处。

蒸汽严密性试验后进行安全阀调整。调整时，调整压力以各就地压力表为准，压力表应校验合格，并有误差记录，在调整值附近的误差如大于 0.5%，应做误差修正。调整完毕的安全阀应作出标志并铅封或锁住，以防止误操作。安全阀调整完毕后应整理记录，办理签证。

6. 余热锅炉的投用准备

余热锅炉投用前应做好投入运行的一切准备。

(1)自控系统。仪表及控制系统达到正常使用状态，液面计清晰，压力表准确，调节阀灵敏。

(2)给水系统。余热锅炉投用使用时先使上锅筒上水至正常水位，同时将余热锅炉出口的烟道蝶阀全开。

(3)蒸汽系统。余热锅炉投入时，先将装置所产的饱和蒸汽引入余热锅炉过热器，以保证过热器不超温。蒸汽并网之前由过热器出口的放空消声器放空。通过控制再生烟气量和蒸汽放空量控制汽包升压速度，汽包升压速度应控制汽包饱和水水温每小时上升不大于 50 ℃。当汽包压力达到 0.4～0.5 MPa 时，应对严密性和热膨胀情况进行检查，正常后方可继续升压。在升压过程中应特别注意蒸汽出口温度不得超温。

(4)烟气系统。锅炉投入使用时，应慢慢引入再生烟气，同时慢慢关闭再生烟气至烟囱的放空蝶阀，最终全关。在引入烟气的过程中应注意余热锅炉的升压速度。

7. 上水

联系动力送合格的除氧水经省煤器和加热后进锅炉，冬季上水时间不小于 2.5 h，夏季不小于 2 h。上水至汽包水位计 50%处停止上水。上水期间，应认真检查锅炉各受热面及联箱的泄漏情况，发现泄漏时，应立即停止上水，经处理后重新上水。在上水前、上水后均应记录各部件的膨胀量并与标准表对照检查是否合格。

8. 再生烟气引入

退出烟气水封。在烟气引入30%后，应引入蒸发段和余热锅炉过热段排空冷却。根据升温升压需要全部引入烟气。

9. 升压操作

在0.05～0.1 MPa关闭所有放空阀。0.2～0.4 MPa冲洗水位计，定期排污一次。0.4～0.5 MPa取样、检查进行热紧。1.0～1.5 MPa冲洗取样管，定期排污一次，全面检查一次，取样化验水汽品质、开连续排污。2.0～3.0 MPa定期排污一次，冲洗和校对各水位计，全面检查，取样化验水汽品质。3.5～3.8 MPa升压完毕按正常操作。

在余热锅炉投用时系统的运行应力求平稳，第一次投用或大修后投运，升压速度应控制在汽包饱和温度升速不大于50 ℃/h，降压时不大于70 ℃/h。汽包水位应控制在正常水位线上下50 mm，不得以放水来调节水位(事故满水除外)，每班应对盘面水位和就地水位进行1～2次核对，并对就地水位计进行冲洗操作1～2次。

定期排污，每班排污次数应依据炉水水质化验情况及经验确定，排污时不得有两个或两个以上排污点同时排污，定期排污阀由全关→全开→全关应该在1 min内完成，而且全开时间不得大于0.5 min。排污时应特别注意水位变化，有异常情况时应立即停止排污。

汽包表面排污(连续排污)量应根据热化学分析确定。

当汽包发生满水事故时(水位高于正常水位线75mm时报警，水位高于正常水位线120 mm)，打开紧急放水管道上的阀门，当水位正常时，关闭紧急放水阀门。

(三)余热锅炉停炉

余热锅炉停炉操作可分为停工操作和停炉维护两种。

1. 停工操作

(1)对余热锅炉的工艺设备和管线进行全面检查，并做好缺陷记录。

(2)烟气切除改走副线入烟囱，使锅炉负荷逐渐降低。手动控制给水量，维持气温、气压、水位稳定。

(3)关闭主汽阀，开启过热器出口联箱和主汽阀前疏水。

(4)0.5 h后关闭过热器出口联箱疏水，如压力下降太快可提前关闭。

(5)4 h后将炉前水封罐上水封住。

2. 停炉维护

(1)余热锅炉压力未到零，应维持水位。

(2)停炉后6 h进行放水和补水一次，以后每4 h一次。

(3)当汽包压力降至0.1 MPa后，打开各放空阀。

(4)停炉24 h后，炉水温度不超过80 ℃，可以将炉水放尽。

(四)余热锅炉使用管理和检验

1. 使用管理

(1)锅炉主管人员应熟悉锅炉安全知识，按章作业。

(2)锅炉运行时，操作人员应执行有关锅炉安全运行的各项制度，做好运行值班记录和交接班记录。锅炉操作间和主要用汽地点，应设有通信或信号装置。

(3)在锅炉运行中，遇有下列情况之一时，应立即停炉。

1)锅炉水位低于水位表最低可见边缘。

2)不断加大给水及采取其他措施，但水位仍继续下降。

3)锅炉水位超过最高可见水位(满水)，经放水仍不能见到水位。

4)给水泵全部失效或给水系统故障，不能向锅炉进水；水位表或安全阀全部失效。

5)设置在汽空间的压力表全部失效。

6)锅炉元件损坏且危及运行人员安全。

7)CO燃烧设备损坏、炉墙倒塌或锅炉构架被烧红等，严重威胁锅炉安全运行。

8)其他异常情况危及锅炉安全运行。

(4)当锅炉运行中发现受压元件泄漏、炉膛严重堵塞、受热面金属超温又无法恢复正常及其他重大问题时，应停止锅炉运行。

(5)检修人员进入锅炉内进行工作时，应符合以下要求。

1)在进入锅筒(锅壳)内部工作前，必须用能指示出隔断位置的、强度足够的金属堵板将管网的蒸汽、给水、排污等管道全部可靠地隔开，且必须将锅筒(锅壳)上的人孔和集箱上的手孔打开，使空气对流一定时间。

2)在进入烟道或燃烧室工作前，必须进行通风，并将与总烟道相连的烟道闸门关严密，以防毒、防火、防爆。

3)CO燃烧炉，应可靠地隔离燃料气的来源。

4)在锅筒(锅壳)和潮湿的烟道内工作而使用电灯照明时，照明电压应不超过24 V；在比较干燥的烟道内，应有妥善的安全措施，可采用不高于36 V的照明电压。禁止使用明火照明。

5)在锅筒(锅壳)内进行工作时，锅炉外面应有人监护。

(6)锅炉停用时，必须采取防腐措施。

(7)为了延长锅炉使用寿命，节约燃料，保证蒸汽品质，防止由于水垢、水渣、腐蚀而引起锅炉部件损坏或发生事故，使用锅炉的单位应按《锅炉水处理管理规则》的规定做好水质管理工作。

(8)锅炉的水质应符合《火力发电机组及蒸汽动力设备水汽质量》(GB/T 12145—2016)的规定。如果没有可靠的水处理措施，不得投入运行。

(9)使用锅炉的单位应执行排污制度。定期排污应在低负荷下进行，同时严格监视水位。

2. 检验

(1)在用锅炉的定期检验工作包括外部检验、内部检验和水压试验。锅炉的使用单位必须安排锅炉的定期检验工作，各级安全监察机构对检验计划的执行情况和检验质量进行监督检查。从事锅炉定期检验的单位及检验人员应按照《劳动部门锅炉压力容器检验机构资格认可规则》和《锅炉压力容器检验员资格鉴定考核规则》的规定取得相应资格。

(2)在用锅炉一般每年进行一次外部检验，每2年进行一次内部检验，每6年进行一次水压试验。当内部检验和外部检验同在一年进行时，应首先进行内部检验，然后进行外部检验。

(3)不能进行内部检验的锅炉，应每3年进行一次水压试验。除定期检验外，锅炉有下列情况之一时，也应进行内部检验。

1)移装锅炉投运前。

2)锅炉停止运行 1 年以上需要恢复运行前。

3)受压元件经重大修理或改造后及重新运行 1 年后。

4)根据上次内部检验结果和锅炉运行情况，对设备安全可靠性有怀疑时。

(4)内部检验的重点如下。

1)上次检验有缺陷的部位。

2)锅炉受压元件的内、外表面，特别在开孔、焊缝、扳边等处应检查有无裂纹、裂口和腐蚀。

3)管壁有无磨损和腐蚀，特别是处于烟气流速较高及吹灰器吹扫区域的管壁。

4)锅炉的拉撑及与被拉元件的结合处有无裂纹、断裂和腐蚀。

5)胀口是否严密，管端的受胀部分有无环形裂纹和苛性脆化。

6)受压元件有无凹陷、弯曲、鼓包和过热。

7)锅筒(锅壳)和炉衬接触处有无腐蚀。

8)受压元件或锅炉构架有无因砖墙或隔火墙损坏而发生过热。

9)受压元件水侧有无水垢、水渣。

10)进水管和排污管与锅筒(锅壳)的接口处有无腐蚀、裂纹，排污阀和排污管连接部分是否牢靠。

(5)外部检验的重点如下。

1)锅炉房内各项制度是否齐全，司炉工人、水质化验人员是否持证上岗。

2)锅炉周围的安全通道是否畅通，可见受压元件、管道、阀门有无变形、泄漏。

3)安全附件是否灵敏、可靠，水位表、水表柱、安全阀、压力表等与锅炉本体连接通道有无堵塞。

4)高低水位报警装置和低水位联锁保护装置动作是否灵敏、可靠。

5)超压报警和超压联锁保护装置动作是否灵敏、可靠。

6)点火程序和熄火保护装置是否灵敏、可靠。

7)锅炉附属设备运转是否正常。

8)锅炉水处理设备是否正常运转，水质化验指标是否符合标准要求。

(6)锅炉除一般六年进行一次水压试验外，锅炉受压元件经重大修理或改造后，也需要进行水压试验。水压试验前应对锅炉进行内部检查，必要时还应进行强度核算。不得用水压试验的方法确定锅炉的工作压力。

(7)水压试验压力应符合《蒸汽锅炉安全技术监察规程》的规定。水压试验时，薄膜应力不得超过元件材料在试验温度下屈服点的 90%。

(8)锅炉进行水压试验时，水压应缓慢地升降。当水压上升到工作压力时，应暂停升压，检查有无漏水或异常现象，然后升压到试验压力。锅炉应试验压力下保持 20 min，然后降到工作压力进行检查。检查期间压力应保持不变。水压试验应在周围气温高于 5 ℃时进行，低于 5 ℃时必须有防冻措施。水压试验用的水应保持高于周围露点的温度，以防止锅炉表面结露，但也不宜温度过高，以防止引起汽化和过大的温差应力，一般为 20～70 ℃。合金钢受压元件的水压试验水温应高于所用钢种的脆性转变温度。

(9)锅炉进行水压试验，符合下列情况时为合格。

1)在受压元件金属壁和焊缝上没有水珠与水雾。

2)当降到工作压力后胀口处不滴水珠。

3)水压试验后，没有发现残余变形。

(10)锅炉的检验报告应存入锅炉技术档案。

注意：其他未说明的余热锅炉使用和管理应符合《蒸汽锅炉安全技术监察规程》的规定。

五、热量回收系统联锁控制

1. 联锁逻辑图

余热锅炉及CO焚烧炉联锁逻辑控制如图1-4-15所示。

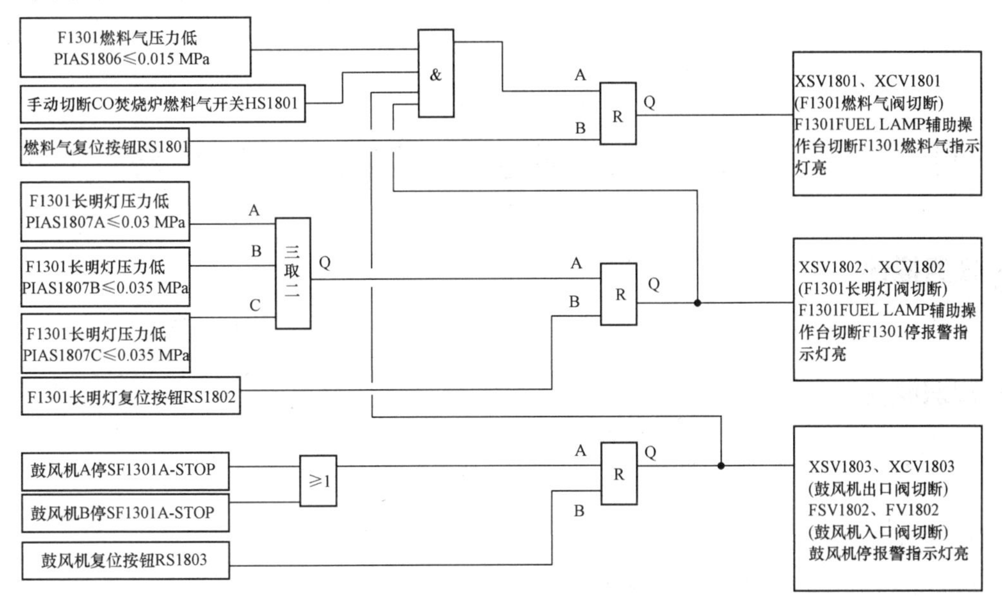

图1-4-15 余热锅炉及CO焚烧炉联锁逻辑控制图

2. 联锁逻辑说明

当出现下列情况之一时，将切断CO焚烧炉燃料系统。

(1)燃料气压力低。

(2)CO焚烧炉熄火(报警)。

(3)鼓风机A/B停。

(4)手动停CO焚烧(硬手操)。

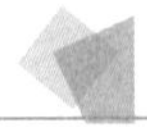

能力训练

一、选择题

1. 汽包的蒸汽严密性试验通常在(　　)之后进行。

A. 煮炉后　　B. 终交　　C. 三查四定　　D. 正常生产

2. 汽包安全阀动作的压力分别为正常操作压力的(　　)倍。

A. 1.04～1.06　　B. 1.05～1.07　　C. 1.1～1.14　　D. 1.5～1.55

3. 对于外取热器已出现漏水的取热管，应采取的措施是(　　)。

A. 继续使用　　B. 停用外取热器　　C. 切除系统　　D. 更换

4. 当锅炉缺水时，锅炉给水流量与锅炉蒸发量相比是(　　)。

A. 略小于　　B. 略大于　　C. 明显小于　　D. 明显大于

二、判断题

1. 外取热器的优点是取热量的可调节范围大，能有效控制再生器床层温度，而且取热管束可以选用碳钢，可以减少合金钢用量。(　　)

2. 余热锅炉切除后，应将余锅入口水封罐上水建立水封。(　　)

3. CO 余热炉烟气中含有 CO 是燃料气没有完全燃烧的结果。(　　)

4. MTO 装置 10 月中下旬开工时，天气已经进入冬季，应重点注意防冻、防凝工作。(　　)

任务三　热量回收系统生产异常现象判断与处理

任务描述

及时判断热量回收系统生产异常现象并作出正确处理，防止事故发生。

知识储备

一、外取热器汽包干锅处理

1. 事故现象

(1)外取热器及再生器密相、稀相温度急剧上升。

(2)汽包水位指示回零。

(3)给水流量回零。

(4)给水流量不正常的小于蒸汽流量。

(5)汽包低水位报警。

2. 事故原因

(1)给水泵故障，造成给水中断。

(2)给水泵回流水量过大或给水管路漏水严重。

(3)定期排污阀忘记关闭或操作工其他误操作。

3. 处理方法

(1)立即调节氮气量，降低取热负荷直至停止取热。

(2)反应部分立即调节进料量，防止超温。

(3)查明干锅原因后做好重新启动准备。当外取热器的温度降至 150 ℃以下才能给汽包上水，以免取热管爆裂，或产汽系统爆炸的恶性事故。

二、取热器汽包满水处理

1. 事故现象

汽包满水，汽包水位指示超过最高线。

2. 事故原因

给水调节阀故障。

3. 处理方法

立即打开中压汽包排水控制器紧急放水，操作步骤如下。

(1)立即打开中压汽包排水控制器紧急放水。

(2)当水位降至正常水位，关小新鲜水进汽包阀门，关闭中压汽包排水控制器。

(3)注意中压蒸汽出口温度，当温度下降过快低于 360 ℃时，缓慢关小出口温度调节器，使其温度控制在 380～420 ℃。

(4)手动关小中压锅炉水流量，直至关为 0，控制汽包液位在 40%～60%。

知识链接

控制系统

能力训练

一、选择题

1. 采用炉内加药水处理的锅炉，发生汽水共沸时，应(　　)。

   A. 暂停加药　　B. 正常加药　　C. 减小加药　　D. 增加加药

2. 外取热汽包发生干锅后，只有外取热器温度降至(　　)℃以下，才能够上水。

   A. 200　　B. 150　　C. 100　　D. 80

3. 当锅炉轻微缺水时，下列操作错误的是(　　)。

   A. 减小锅炉负荷　　B. 开大排污

   C. 关闭排污　　D. 缓慢增加给水

4. 锅炉汽包严重缺水的处理方法是(　　)。

   A. 加大给水量

   B. 维持余锅取热系统正常操作

   C. 严禁向炉内进水

   D. 立即派外操人员到现场查看玻璃板液位计

二、简答题

1. 简述再生器外取热器取热管破裂的现象。

2. 汽包干锅如何处理？

3. 汽包干锅的现象是什么？

模块二　烯烃分离生产运行与控制

项目一　烯烃分离生产工艺选择

学习目标

知识目标

(1)掌握深冷分离技术的原理、特点及工艺流程。

(2)掌握油吸收分离技术的原理、特点及工艺流程。

(3)掌握预切割油吸收技术的原理、特点及工艺流程。

(4)了解烯烃分离典型生产工艺。

(5)掌握前脱丙烷的烯烃分离工艺。

能力目标

(1)能够进行烯烃分离方法选择。

(2)能够进行烯烃分离生产工艺流程的选择。

(3)能够识读前脱丙烷的烯烃分离工艺流程总图。

素质目标

(1)在确定烯烃分离方法的过程中培养学生的自学能力，团队协作精神，安全、环保、经济意识。

(2)在认识烯烃分离生产工艺的过程中培养学生的工程技术观念，以及分析问题、处理问题的能力。

(3)建立技术经济、成本效益及节能减排意识。

近年来，国内烯烃生产路线逐渐向多元化发展，以煤(甲醇)制烯烃(CTO/MTO)为代表的非蒸汽裂解制烯烃路线所占比重越来越大。烯烃分离流程作为CTO/MTO工艺的最后一个环节，其分离效果直接影响目标产品(如乙烯、丙烯)的质量和整体收益。

原料甲醇经过MTO反应制出的产品气组成相当复杂，有上百种组分，其中既包含有用的组分，也含有一些有害物质。因此，需要对产品气进行后继加工，除去产品气中有害杂质，分离出单一烯烃产品或烃的馏分为基本有机化工工业和高分子化学工业等提供合格的原料。

近年来，MTO烯经分离技术快速发展，有深冷分离技术、油吸收分离技术和预切割油吸收分离技术。

任务一　烯烃分离方法选择

任务描述

对深冷分离、油吸收分离、预切割油吸收等烯烃分离技术进行特点分析，并根据生产任务选择合适的烯烃分离方法。

微课：烯烃分离概述

知识储备

一、深冷分离

早期 MTO 产品气的烯烃分离流程是从传统轻烃或石脑油蒸汽裂解制乙烯工艺的裂解气分离流程演变而来的，使用的是深冷分离技术。脱甲烷塔进行 C1 与 C2 烃类分离时采用的深冷分离方法，需要配套丙烯制冷压缩机与乙烯制冷压缩机提供多种不同温度等级的冷量。

深冷分离法又称低温精馏法，于 1902 年由林德教授发明，其实质就是气体液体化技术。

微课：深冷分离法

(一)深冷分离法原理

产品气中的氢气及不同碳数烃的沸点差异较大，生产中根据各组分相对挥发度的不同，采用精馏方法对产品气进行分离。在一定的压力下，C3 以上的馏分可在常温下分离，C2 馏分则需在－40～－30 ℃温度条件下进行分离，而将产品气中甲烷和氢气用精馏方法分离出来，则需要在－90 ℃以下的低温进行分离，这种采用低温精馏分离产品气汇总甲烷和氢的方法，称为深冷分离法。

(二)深冷分离法特点

深冷分离能耗低，操作稳定，所得烯烃产品质量高，烯烃回收率高，而且可获得较高纯度的氢气和甲烷。因此，深冷分离法至今仍在工业生产中占绝对优势。目前，管式炉裂解的乙烯厂大多采用深冷分离法进行产品气的分离和精制。

(三)深冷分离技术工艺流程

微课：深冷分离技术工艺流程

深冷分离工艺流程主要有顺序分离流程、前脱乙烷流程、前脱丙烷流程。所有流程都是先将不同原子数的烃类分开，再将同一碳原子数的烯烃和烷烃分开，将乙烯精馏和丙烯精馏放在最后。区别在于烃类精馏分离的顺序、脱炔烃的安排和冷箱位置不同。顺序分离流程是在产品气经压缩、脱酸性气体和干燥之后，先经深冷分离脱除氢气和甲烷，然后再逐步进行各种烃类的分离；前脱乙烷流程是在产品气干燥后，先将产品气中 C2 以下馏分与 C3 以上馏分进行分离。类似还有前脱丙烷流程。因为以上这些流程中，脱除氢气和甲烷过程都是在－90℃以下低温进行精馏操作，所以这些过程都属于深冷分离法。

当产品气中含有炔烃时，常常采用催化加氢的方法脱除产品气中的炔烃。催化加氢分为前加氢和后加氢。前加氢是在产品气分离氢之前，利用产品气中所含氢气对产品气中的炔烃进行加氢而脱除炔烃，此时不需外界提供氢气，因此又称自给氢前加氢过程。后加氢则是分离出 C2 馏分和 C3 馏分后再根据产品气组分别加氢脱除其中的炔烃，此时加氢反应所需氢气是由产品气分离出的富氢定量供给。可见加氢脱炔的方案不同，对分离流程的组织也有很大影响。

1. 顺序分离流程

顺序分离流程如图 2-1-1 所示。产品气经压缩、碱洗、干燥后，先用脱甲烷塔进行 C1 与 C2 之间的切割，塔顶得到氢气和甲烷，塔釜液在送入脱乙烷塔再进行 C2 与 C3 切割，塔顶分离出的 C2 进一步分离得到乙烯，塔釜液在进入脱丙烷塔进行 C3 与 C4 切割，塔顶分离出的 C3 进一步分离得到丙烯，塔釜液进入脱丁烷塔进行 C4 与 C5 切割得到 C4 组分。最终分别由乙烯精馏塔、丙烯精馏塔、脱丁烷塔得到乙烯、乙烷、丙烯、丙烷、混合 C4、裂解汽油等产品。因为这种分离流程是按照 C1、C2、C3、……顺序进行切割分馏的，所以称为顺序分离流程。

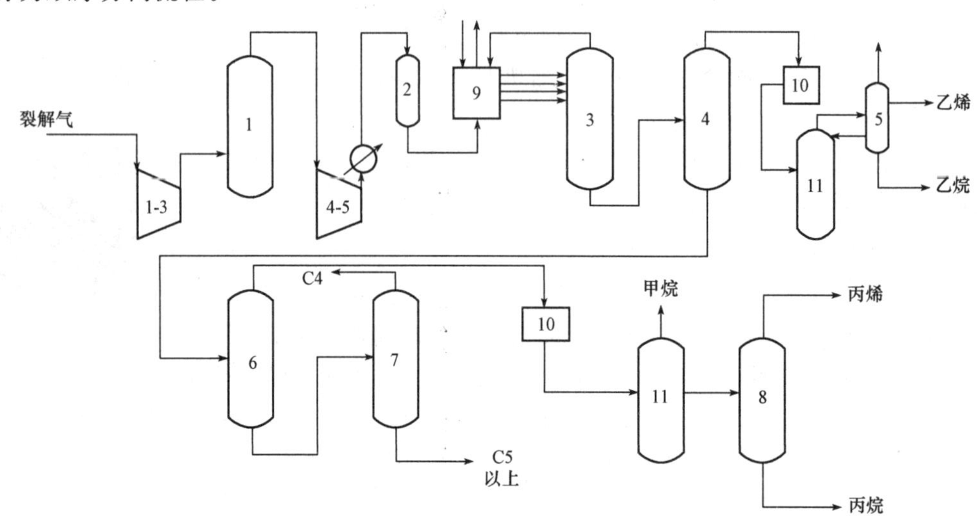

图 2-1-1 顺序分离流程

1—碱洗塔；2—干燥器；3—脱甲烷塔；4—脱乙烷塔；5—乙烯精馏塔；6—脱丙烷塔；7—脱丁烷塔；8—丙烯精馏塔；9—冷箱；10—加氢脱炔反应器；11—绿油塔

2. 前脱乙烷分离流程

前脱乙烷分离流程如图 2-1-2 所示。原料气经压缩、碱洗、干燥后，先进入脱乙烷塔进行 C2 与 C3 分离，C2 以下组分进入脱甲烷塔进行 C1 与 C2 分离，C2 进一步分离得到乙烯。C3 以上组分进入脱丙烷塔进行 C3 与 C4 分离，C3 组分进入丙烯塔分离得到丙烯，C4 以上组分进入脱丁烷塔，分离得到 C4 组分。因为这种分离流程是从乙烷开始切割分馏的，所以称为前脱乙烷分离流程。

3. 前脱丙烷分离流程

前脱丙烷分离流程如图 2-1-3 所示。原料气经压缩、碱洗、干燥后，先进入脱丙烷塔进行 C3 与 C4 分离，C3 以下组分进入脱乙烷塔进行 C2 及以下组分与 C3 组分分离，C2 以下组分进入脱甲烷塔进行 C1 与 C2 分离，C2 进入乙烯塔进一步分离得到乙烯。C4 以上组分进入脱丁烷塔，分离得到 C4 和 C5 组分。

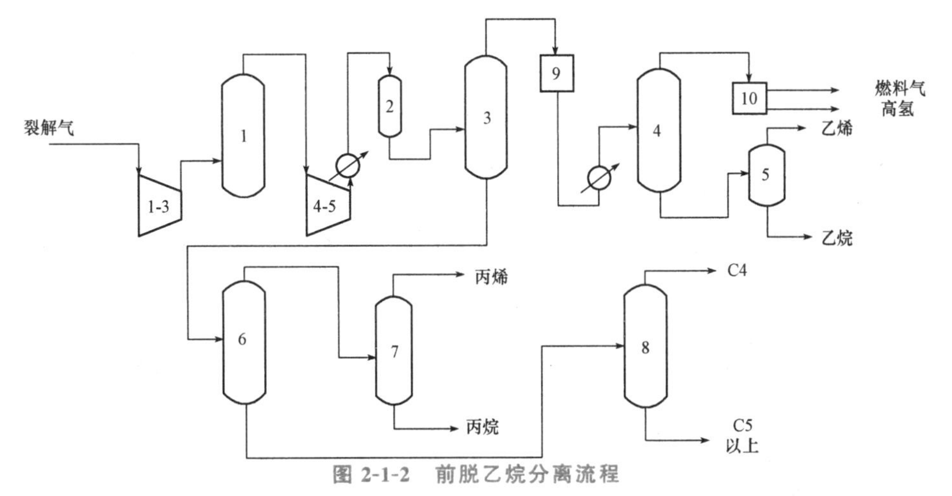

图 2-1-2 前脱乙烷分离流程

1—碱洗塔；2—干燥器；3—脱乙烷塔；4—脱甲烷塔；5—乙烯精馏塔；6—脱丙烷塔；7—丙烯精馏塔；8—脱丁烷塔；9—加氢脱炔反应器；10—冷箱

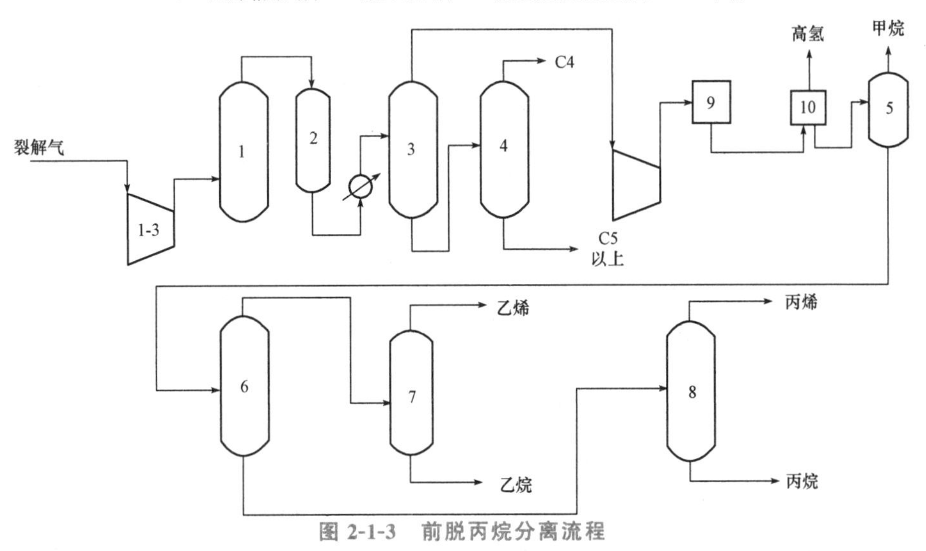

图 2-1-3 前脱丙烷分离流程

1—碱洗塔；2—干燥器；3—脱丙烷塔；4—脱丁烷塔；5—脱甲烷塔；6—脱乙烷塔；7—乙烯精馏塔；8—丙烯精馏塔；9—加氢脱炔反应器；10—冷箱

4. 三种流程比较

上述三种流程，比较起来，有共同点，也有不同之处，各有优点与缺点。

(1)三种流程的共同点。先将不同碳原子数的烃分开，再分离同一碳原子数的烯烃和烷烃，采取先易后难的分离顺序。不同碳原子数的烃沸点差较大，而同一碳原子数的烯烃和烷烃沸点差小。所以，不同碳原子数的烃分离容易，而相同碳原子数的烯烃与烷烃分离较难，如 C1 与 C2、C2 与 C3 的分离较易；而乙烯与乙烷、丙烯与丙烷的分离则较难。

微课：深冷分离技术工艺流程的比较

出产品的乙烯塔与丙烯塔并联安排，并且排列最后，作为二元组分精馏处理。这样物料比较单纯，容易保证产品纯度。如此并联安排，相互干扰比串联的少，不仅有利于稳定操作，也有利于提高产品质量。而且塔釜液是乙烷和丙烷，都是中间产物，不是作为裂解原料就是作为燃料，其质量要求不严，其量又较小，这样就给塔顶产品乙烯和丙烯的质量与回收率的保证创造了有利条件。

(2)三种流程的不同点。

1)精馏塔的排列顺序不同，顺序分离流程是按组分碳原子数顺序排列的，其顺序为脱甲烷塔；脱乙烷塔；脱丙烷塔，即C1、C2、C3逐个脱出，按顺序分离。简称有(1、2、3)顺序排列。前脱乙烷流程的排列顺序为(2、1、3)；前脱丙烷流程的排列顺序是(3、1、2)。

2)加氢脱炔的位置不同，可采用前加氢和后加氢。前加氢的原料气中就含有氢气，无须外加，使流程简化。但加氢用氢气量不能控制，加氢气体组分复杂。例如，前脱丙烷流程的前加氢，加氢气体组分为C2、C3，比后加氢的气体组分复杂。这些是前加氢的不利之处。前脱乙烷流程采用前加氢，比前脱丙烷流程的条件简单，因为原料气组分较简单。顺序分离流程采用前加氢是困难的，因为其中含有大量C4馏分，在加氢过程中会放出大量热量，容易升温失控，即所谓的“飞温”现象。后加氢虽然流程复杂，但是催化加氢脱炔的条件是有利的。

3)冷箱位置不同，在脱甲烷系统中有些冷凝器、换热器和气液分离罐的操作温度很低，为了防止散冷，减少与环境接触的表面积，将这些冷设备集装在一起成箱，称为冷箱。顺序分离流程和前脱丙烷流程的冷箱是在脱甲烷塔之前。而前脱乙烷流程的冷箱是在脱甲烷塔之后。冷箱在脱甲烷塔之前的称为前冷流程；冷箱在脱甲烷塔之后的称为后冷流程。应当说明的是，上述三种流程冷箱的位置都可以置于脱甲烷塔之前，也可以置于脱甲烷塔之后。

二、油吸收分离技术

油吸收分离技术是于2019年公布的化工名词。油吸收分离法是利用“相似相溶”的原理，根据混合气中各组分在同一溶液中的溶解度差异来实现分离的。

(一)油吸收分离法原理

油吸收分离法利用“相似相溶”的原理，以C3或C4馏分为吸收剂吸收产品气中C2以上烃类，从产品气中分离出甲烷和氢气，所需低温条件可在－40 ℃以上，然后用精馏将C2以上烃类各组分从吸收剂中逐一分离，实质是一个吸收精馏过程。

油吸收分离法与深冷分离法十分接近，区别仅在于脱除产品气中的氢气与甲烷的方法有所不同。深冷分离是采用低温分凝和低温精馏的方法从产品气中分离氢气和甲烷，所需低温条件要求达到－90 ℃以下。

(二)油吸收分离法特点

1. 优点

整个分离装置只需要配置－40 ℃的制冷系统，使制冷系统大为简化，再加上避免使用－40 ℃以下的低温钢，因此有可能降低投资。

2. 缺点

(1)此法需要大量的吸收剂循环使用，因此能耗较高，生产1吨乙烯的能耗约为深冷分离法的1.5倍。

(2)此法所得甲烷氢气馏分中乙烯和丙烯含量可能高达3%～6%(体积分数)，烯烃损失较大。

(3)此法一般不能获得氢气产品，而只能由吸收蒸出塔获得甲烷氢气混合馏分，氢气产品的获得需要增设变压吸附装置。

(4)油吸收多采用前加氢脱炔或吸收法(如丙酮或二甲基甲酰胺)脱炔方案。

(三)油吸收分离技术现状

油吸收分离法由于能耗较高，在20世纪60年代就几乎被深冷分离法取代。近年来，KTI和KBR公司合作开发了新的吸收法脱甲烷的工艺，该法采用前脱丙烷的吸收法脱甲烷工艺流程，该流程节省了乙烯制冷系统和产品气低温预冷系统，不仅投资额降低，而且能耗也降低，与深冷分离比较，能耗可降低5%左右，投资可降低25%左右。

Brown&Root(布朗路特)、AET(抽提公司)和KTI(国际动力学科技公司)联合研发的低投资乙烯技术用新的油吸收工艺来代替深冷分离工艺。低投资乙烯技术的工艺核心是油吸收脱甲烷。该工艺是对传统的油吸收脱甲烷工艺的改进，与脱丙烷前加氢结合起来，除去C4及以上馏分之后，使用吸收方法实现甲烷和乙烯的分离，并且结合低温分离优点，对原有吸收分离流程作出很大改进。

油吸收脱甲烷系统主要由脱甲烷汽提塔、吸收塔、解吸塔和回收系统组成。自高压脱丙烷塔回流罐分离出的产品气经过2级丙烯冷剂冷却至－30 ℃后，进入脱甲烷汽提塔，塔顶的气相进入具有再沸器的吸收塔，塔中的吸收剂将C4及更重的组分吸收，自塔底经热流股加热之后送入解吸塔中。解吸塔将C4及更重的组分与吸收剂分离，解吸出来的C4及更重的组分由塔顶送入脱乙烷系统，而解吸塔底的吸收剂经由丙烯四级冷剂冷却至－30 ℃后返回吸收塔中循环使用，系统运行过程中及时补充新鲜的吸收剂。脱甲烷塔顶尾气送入冷箱进行甲烷和氢气的分离。其中，冷箱的低温由尾气节流膨胀产生。ALCET中油吸收脱甲烷烯烃，如图2-1-4所示。

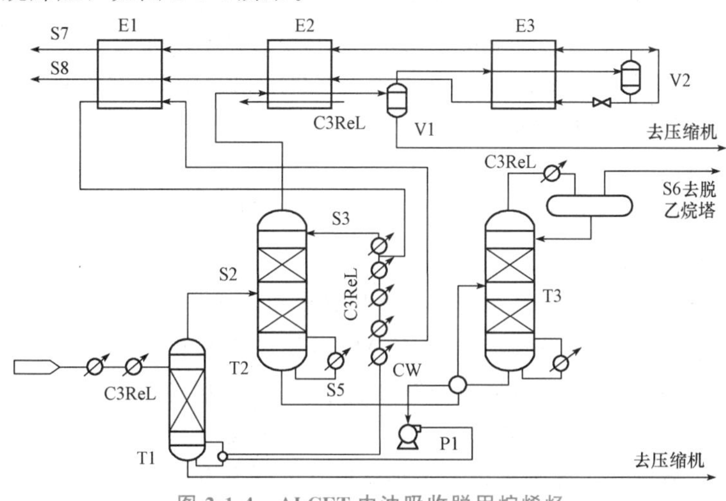

图2-1-4　ALCET中油吸收脱甲烷烯烃

T1—脱甲烷汽提塔；T2—吸收塔；T3—解吸塔；P1—吸收剂泵；E1、E2、E3—冷箱；V1、V2—闪蒸罐

三、预切割油吸收技术

与裂解气的组成相比，MTO装置生产的产品气中的氢气和甲烷量很少，约为裂解气中氢气和甲烷的1/6。从经济性上考虑，在分离中没有必要对氢气和甲烷进行深冷分离，而是将氢气和甲烷的混合气作为燃料气外送，这样可以大大降低冷剂的消耗。

（一）预切割油吸收法

预切割油吸收技术是惠生公司的专利技术，预切割塔流程如图 2-1-5 所示，该技术采用一个非清晰切割的预切割塔把 C1 及更轻组分与大部分 C2 以上馏分分开，预切割塔的塔顶气体进入油吸收塔，用吸收剂（C3、C4、C5）吸收 C2 及重要组分达到 C1 与 C2 的完全分离。吸收塔底部吸收剂送到预切割塔顶部进行再生。

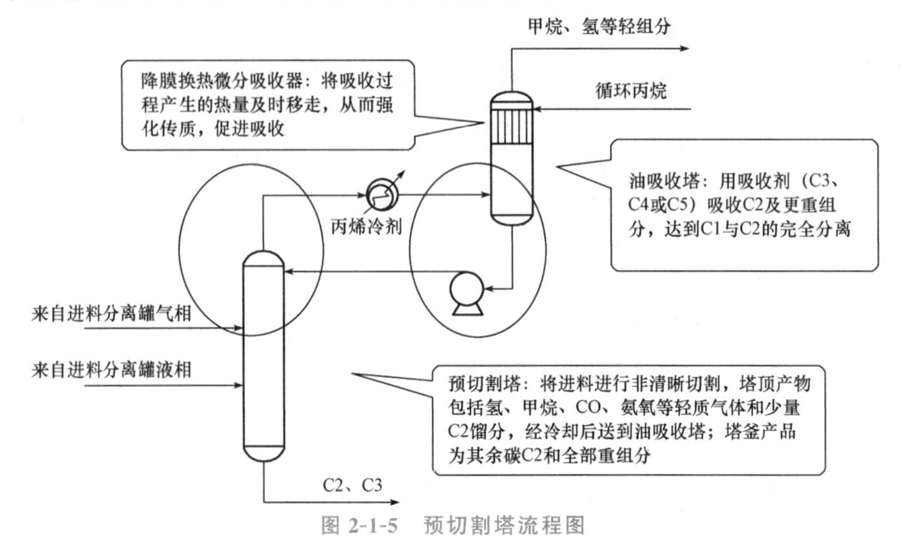

图 2-1-5　预切割塔流程图

（二）预切割油吸收法特点

（1）没有深冷分离单元和冷箱，对设备材质要求低，投资省。

（2）常规丙烯制冷，没有乙烯制冷系统（减少一台乙烯压缩机）。

（3）采用物理分离的方法脱除氮气（N_2）、氧气（O_2）和一氧化碳（CO）进一步降低能耗。

（4）流程对进料组成变化适应性范围广，能适应进料中二甲醚（DME）、氮气、氧气、一氧化碳等组分较大的范围变化。

（5）整个流程皆由常规单元优化集成，各单元都有成功的工业化经验，出错率低。

（三）预切割油吸收法行业背景

随着甲醇制烯烃（MTO）技术在国内的蓬勃兴起和发展，MTO 技术下的烯烃分离工艺也取得了快速的进步。目前，国际上常用的 MTO 烯烃分离工艺主要有 Lummus 的前脱丙烷后加氢工艺、KBR 前脱丙烷后加氢分离工艺、UOP 前脱乙烷配合 PSA 分离工艺等技术。然而国际上的工艺都具有专利保护，在我国建成的每一套 MTO 装置都要付出大量的专利费用，因此，我国化工界的有识之士早就树立了开发自己的 MTO 烯烃分离技术的凌云壮志。那就是针对 MTO 产物的特点进行具有针对性的技术开发，设计选择更好的工艺路线，获得具有自主知识产权的 MTO 烯烃分离技术，突破国外公司在 MTO 烯烃分离技术上的长期壁垒和垄断。

惠生工程自主研发的“预切割＋油吸收 MTO 烯烃分离技术”，最早提出用油吸收方法处理 MTO 产品气，开创了油吸收 MTO 反应产物的先河，填补了国际上 MTO 烯烃分离技术空白。采用惠生工程 MTO 烯烃分离技术，烯烃回收率＞99.8%，与传统深冷工艺相比综合能耗降低 10%以上，与国外其他的成熟技术相比，惠生 MTO 烯烃分离技术将乙烯回收率提高了1%，如果以600千吨/年MTO装置计算，每年可多产出3 000吨乙烯。同时吸收剂用量减少25%，具有显著的经济效益和推广价值。

(四)常用MTO烯烃分离工艺优缺点分析表

常用MTO烯烃分离工艺优缺点见表2-1-1。

表2-1-1　常用MTO烯烃分离工艺优缺点分析表

序号	烯烃分离工艺	优点	缺点
1	Lummus前脱丙烷后加氢工艺	(1)前脱丙烷后加氢丙烷洗工艺技术； (2)工艺较为简单，无前冷系统； (3)无乙烯制冷系统，降低投资成本； (4)可以适应三种不同的工况：$E/P=0.8$；$E/P=1$；$E/P=1.2$。(E/P=乙烯/丙烯产量) (5)乙烯、丙烯回收率>99.3%	(1)黄油产量大，易堵塞系统，严重时甚至可能停车； (2)丙烯精馏塔进料丙烯含量降低，丙烯分离难度大
2	KBR前脱丙烷后加氢分离工艺	(1)前脱丙烷、后加氢，无深冷系统。 (2)脱甲烷塔使用混合C3和丙烷吸收剂增加乙烯、丙烯的回收率。 (3)可以降低丙烯精馏塔系统负荷。 (4)高压脱丙烷塔和产品气压缩机四段构成热泵，降低了装置投资成本和综合能耗。 (5)工艺设计去除了绿油洗涤系统。 (6)脱丁烷塔使用空冷器，在一定程度上减少对循环水的消耗。 (7)乙烯、丙烯回收率>99.5%	碱洗塔系统黄油产量较大
3	UOP前脱乙烷配合PSA分离工艺	(1)利用前脱乙烷工艺流程，减少脱甲烷塔进料量。 (2)不需要设置乙烯制冷系统。 (3)配套使用变压吸附装置，导致整个生产工艺负荷增加。 (4)烯烃回收率>99.5%	(1)操作程序复杂且频繁，易导致误操作引起生产事故。 (2)由于回收的乙烯返回产品气压缩机入口，导致系统负荷增加

能力训练

一、填空题

1. 烯烃分离单元接收甲醇制烯烃装置送来的________，并对其进行杂质脱除，和乙烯、丙烯及C4等分离提纯。

2. 烯烃分离单元生产乙烯和丙烯产品，为下游PP及PE装置提供合格进料。此外，副产________、________和________。

3. 分散控制系统的含义是________________。

二、选择题

1. 对于非均相液液分散过程，要求被分散的“微团”越小越好，釜式反应器应优先选择(　　)搅拌器。

A. 桨式　　B. 螺旋桨式　　C. 涡轮式　　D. 锚式

2. 化学反应器的分类方式很多，按(　　)的不同可分为管式、釜式、塔式、固定床、流化床等。

A. 聚集状态　　B. 换热条件　　C. 结构　　D. 操作方式

3. 对各组分挥发度相差较近的混合分，易采用(　　)。

A. 恒沸蒸馏　　B. 萃取　　C. 常压蒸馏　　D. 减压蒸馏

4. 溶液能否用一般精馏方法分离，主要取决于(　　)。

A. 各组分溶解度的差异　　B. 各组分相对挥发度的大小

C. 是否遵循拉乌尔定律　　D. 以上都不对

任务二　烯烃分离生产工艺的认识

任务描述

认识烯烃分离生产工艺并能进行选择。

知识储备

烯烃分离的任务是将成分复杂的产品气进行后续加工，除去产品气中有害杂质，分离出单一的烯烃产品等，来提供合格的原料。

一、烯烃分离三大系统

来自甲醇制烯烃单元的产品气进入烯烃分离单元，需要经过压缩、精馏、吸收等方法，分离出单一烯烃产品或烃的馏分。烯烃分离包括三大系统，即压缩和冷冻系统、气体净化系统、精馏分离系统。在烯烃分离的操作过程中需要加压和低温，就决定了需要压缩和冷冻系统的存在。净化是从气体中脱除杂质，以满足加压、低温和产品纯度的要求。分离是将混合气体中含量比较多的组分彼此分开，分离出单一的烯烃产品，来提供合格的原料。以上三大系统的原理、工艺和作用等各不相同，各有其自身的特殊性，但从其相互关系来看，三大系统又密切相关，是统一在整个深冷分离过程中的。其工艺流程框图如图 2-1-6 所示。

1. 压缩和冷冻系统

产品气中许多组分在常压下都是气体，其沸点都很低。如果在常压下进行各组分的冷凝分离，则分离温度很低，需要大量冷量。为了使分离温度不太低，可以适当提高分离压力。压缩系统有将产品气压缩到深冷分离所需要压力的压缩，有在冷冻系统中压缩丙烯冷剂和乙烯冷剂，以获得深冷分离所需冷量的压缩，从而达到烯烃分离的条件。

2. 净化系统

产品气中还含有较少的 CO_2、H_2O、乙炔、CO 等气相杂质，这些杂质有原料中带来的，也有反应过程中生成的，还有产品气处理过程中引入的。这些杂质对深冷分离的各操作过程是有妨碍的，如 H_2O 会在深冷分离过程中结冰，堵塞管道；CO_2 在深冷低温操作的设备中结成干冰堵塞设备和管道，破坏生产的正常进行。乙烯低压聚合时；CO_2 和硫化物会使低压聚合催化剂的金属碳键分解，破坏其催化活性等，还会进入乙烯、丙烯产品，会使产品达不到规定的标准。对于具体物质的危害，后续会具体讲解。为了避免产品气各杂质的危害，必须进行净化。

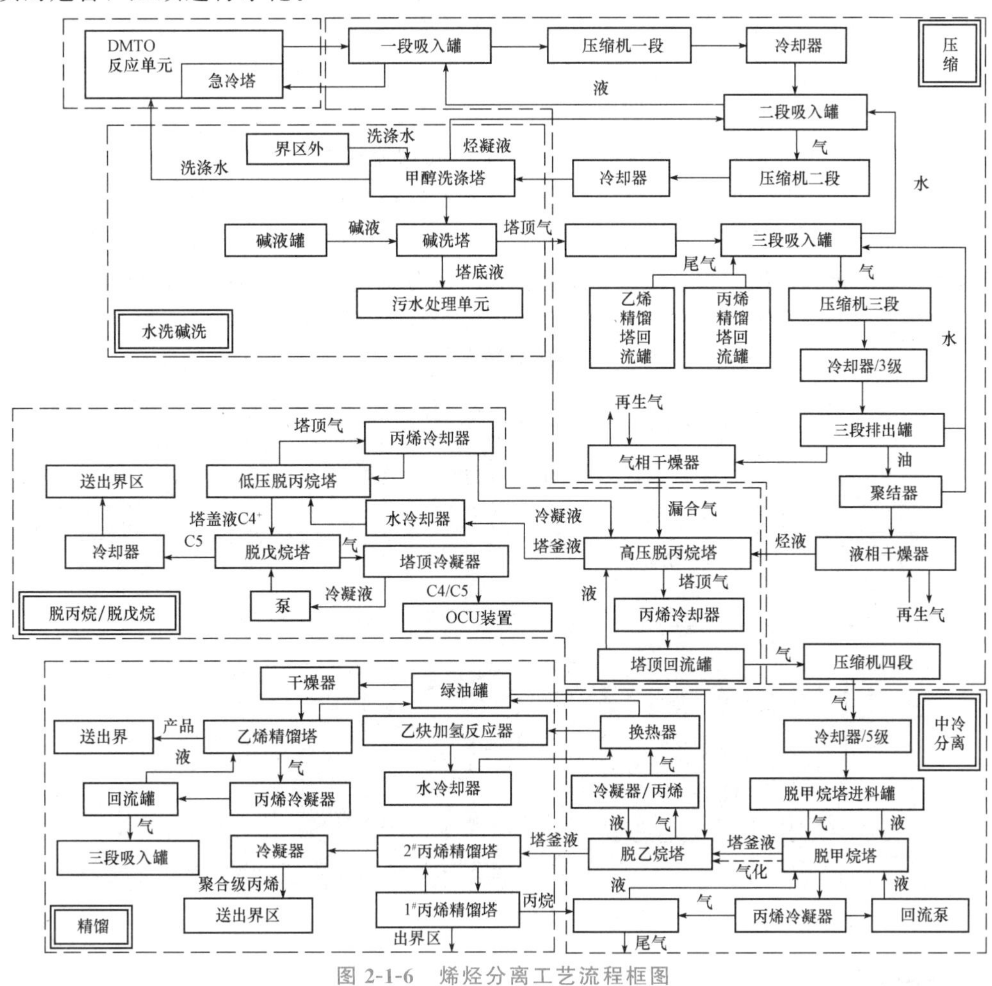

图 2-1-6 烯烃分离工艺流程框图

产品气的净化过程可以使用下列几种方法：方法一是将气相杂质吸收在液体中；方法二是将气相杂质吸附在固体上；方法三是使气相杂质发生化学变化，转变为另一种化合物，或者除去，或者留在气体中；很多时候都是以上方法的结合运用。

3. 分离系统

为了得到单一烯烃产品或烃的馏分，为基本有机化工工业和高分子化学工业等提供合格的原料，需要将甲烷、乙烷、丙烷、乙烯、丙烯、C4、C5 等组分分开，在烯烃分离的系统中，可以通过精馏系统来实现的，有脱甲烷系统、脱乙烷系统、脱丙烷系统、脱丁烷系统、乙烯精馏系统、丙烯精馏系统。若 MTO 装置生产的产品气中的氢气和甲烷量很少，从经济性上考虑，以 C3 或 C4 馏分为吸收剂吸收产品气中 C2 以上烃类，从产品气中分离出甲烷和氢气，然后用精馏将 C2 以上烃类各组分从吸收剂中逐一分离。

二、烯烃分离工艺流程

如图 2-1-7 所示，自 MTO 装置来的产品气在进入烯烃分离系统的过程中，首先经一二段压缩机升压后进入水洗系统和碱洗系统，经净化后的产品气进入压缩机三段升压后，在压缩机三段排出罐进行气液分离，产品气油相进入产品气气液相干燥器脱水，产品气气相进入产品气干燥系统脱水。在干燥脱水后，分别进入前脱丙烷系统分离，其中塔底的 C4 及重组分物料送至脱丁烷系统分离塔釜得到 C5 以上产品和塔顶得到混合 C4 产品。前脱丙烷塔塔顶的 C3 及轻组分进入压缩机四段升压，再经冷却降温后送至脱甲烷塔。脱甲烷塔塔顶产品主要是甲烷，经冷箱后得到燃料气。脱甲烷塔底物流送至脱乙烷塔进行 C2 和 C3 分离，脱乙烷塔塔顶 C2 经过乙炔反应器反应后物料进入乙烯精馏塔，乙烯精馏塔塔顶产品即为聚合级乙烯产品，塔釜为乙烷产品。脱乙烷塔塔底 C3 进入丙烯精馏系统分离，在塔顶得到聚合级丙烯，塔釜得到乙烷。聚合级的乙烯和丙烯产品分别送入 PE 装置和 PP 装置。

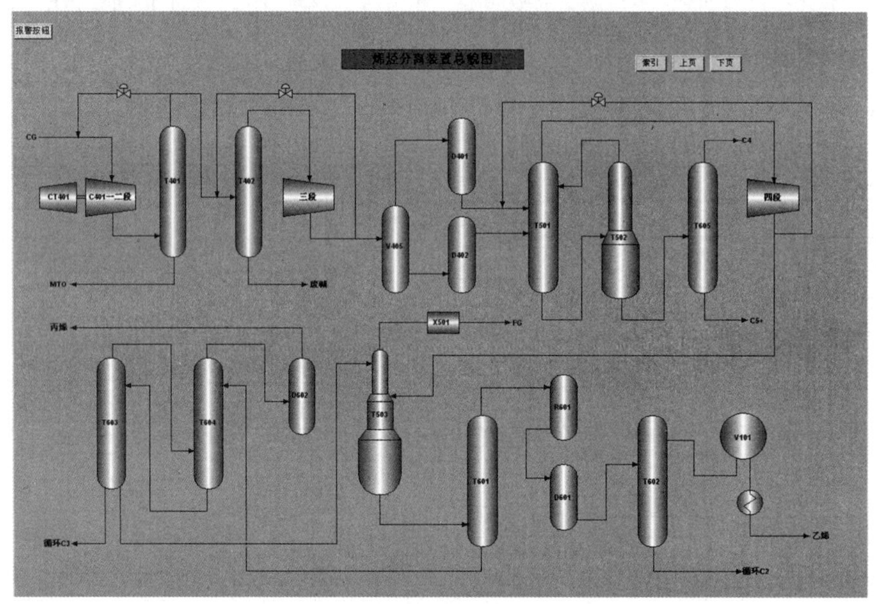

图 2-1-7　烯烃分离装置总貌图

知识链接

环境保护基本知识

能力训练

一、填空题

1. 在工艺流程中，需要调节流量及压力高的场合，宜选用________阀或________阀。

2. 化工自动化系统一般包括________系统、________系统、________系统和自动调节系统。

3. 在乙烯工业中，废气处理常采用________________和________________。

二、简答题

简述烯烃分离三大分离系统。

项目二　压缩、净化、干燥系统运行与控制

学习目标

知识目标

(1)了解压缩、净化、干燥系统的任务和生产原理。

(2)了解产品气的规格、用途及技术经济指标。

(3)熟悉压缩、净化、干燥系统的工艺流程、工艺指标。

(4)了解压缩、净化、干燥系统控制点的位置、操作指标的控制范围及其作用、意义和相互关系。

(5)了解压缩、净化、干燥系统的正常操作要点、系统开停车程序和注意事项。

(6)了解压缩、净化、干燥系统的不正常现象和常见事故产生的原因及预防处理知识。

(7)了解压缩、净化、干燥系统防火、防爆、防毒知识，熟悉安全技术规程，掌握有关的产品气质量标准及环境保护方面的知识。

能力目标

(1)能够进行原料、配套化学品的选择，能够进行必要的原料、产品气的质量分析。

(2)认识压缩、净化、干燥系统工艺流程图，能够识读仪表联锁图和工艺技术文件，能够熟练画出压缩、净化、干燥系统工艺流程图，能够熟练指出各种物料走向并指出工艺控制点位置。

(3)熟悉压缩、净化、干燥系统关键设备，并能够进行离心式压缩机等设备的操作、控制及必要的维护与保养。

(4)能够进行压缩、净化、干燥系统的开停车操作，并能与上下游岗位进行协调沟通。

(5)能够熟练操作压缩、净化、干燥系统 DCS 控制系统进行工艺参数的调节与优化，确保产品气质量。

(6)能够根据生产过程中的异常现象进行故障判断并做一般处理。

(7)能够辨识压缩、净化、干燥系统危险因素，能够查找岗位上存在的隐患并进行处理，能根据岗位特点做到安全、环保、经济和清洁生产。

素质目标

(1)在确定压缩、净化、干燥系统方案的过程中培养学生的自学能力，团队协作精神，安全、环保、经济意识。

(2)在压缩、净化、干燥系统设备选用、确定工艺条件的过程中培养学生的工程技术观念，以及分析问题、处理问题的能力。

(3)在压缩、净化、干燥系统操作训练中培养学生的职业道德及爱岗敬业、严格遵守操作规程、团结协作的职业素质和沟通协调、语言表达的能力。

任务一 烯烃分离生产准备

任务描述

了解产品气的组成，掌握乙烯、丙烯等物质的理化性质、危害性及处理措施规格；根据产品气规格要求进行生产准备。

知识储备

一、原料的选配

(一)产品气压缩机入口气组成分析

微课：烯烃分离原料的选配

乙烯最初是由乙醇脱水制取的。目前，传统制取路线是通过石脑油裂解生产，但是该方法过分依赖石油。由甲醇制乙烯、丙烯等低碳烯烃是最有希望替代石脑油为原料制烯烃的工艺路线，是实现煤化工向石油化工延伸发展的有效途径。

MTO 烯烃分离产品气和石油裂解气组成对比见表 2-2-1。

表 2-2-1 MTO 烯烃分离产品气和石油裂解气组成对比表

对比项目	MTO 烯烃分离产品气	石油裂解气
氮气	少量	无
氢气、甲烷	含量低	含量高
乙炔	极低	相对较高
丙炔、2 号丙烯精馏塔烯	痕量	少量
丁二烯、戊二烯	微量	较高
重组分	C5、C6	汽油
含氧化合物	少量醇、酮、醛、醚等	无

由表 2-2-1 中的数据可以看出，烯烃分离装置产品气和石油裂解气相比，具有低烯烃含量高、不饱和烃含量少、含氧化合物含量多的特点。在石油裂解气中，氢气和甲烷含量较高，需要分离并回收利用，所以，传统烯烃分离装置需要设置乙烯制冷压缩机来提供−100 ℃左右的冷剂以完成将氢气和甲烷从混合气中分离出来的目的，即需要设置深冷分离系统。MTO 烯烃分离产品气中，由于氢气和甲烷含量较低，传统分离工艺流程长，能耗大，在 MTO 烯烃分离装置设置深冷分离工艺是不经济的。目前，MTO 烯烃分离装置中脱甲烷系统采用丙烷吸收工艺，同样可以实现控制乙烯损失的目标。

MTO 烯烃分离产品气中酸性气体只有二氧化碳，不含有硫化氢，酸性气体含量远远低于石油裂解气中的酸性气体含量，所以，在酸性气体脱除系统中可以降低碱洗塔处理能力或碱洗浓度以节约生产成本。在 MTO 烯烃分离装置中采用氢氧化钠洗涤的方法脱除混合气中的酸性气体。MTO 烯烃分离产品气中还含有甲醇、乙醇、乙醛、丙酮、二甲醚等含氧化合物，这类成分会生成聚合物而堵塞管道及下游设备，并会污染乙烯、丙烯产品，所以必须脱除。在 MTO 烯烃分离装置中压缩机二段排出口增设水洗塔洗去产品气中的含氧化合物，洗涤水返回 MTO 装置进行回炼。含氧化合物还会加大碱洗系统中黄油的生成，增大压缩机组缸体中垢物的生成概率，会增加 C4 产品发生爆炸的可能性，因此需要在上述部位加注除氧剂来抑制含氧化合物的缩合。为了保证聚丙烯装置聚合反应的顺利进行，烯烃分离装置设置了丙烯产品保护床用于进一步除去丙烯产品中痕量含氧化合物，使丙烯达到聚合级丙烯产品的要求。

(二)产品气压缩机入口主要混合气性质

烯烃分离装置的主要原料来自 MTO 装置的产品气(以下简称产品气)，产品气主要由氢气、甲烷、乙烯和乙烷、丙烯和丙烷、混合 C4、混合 C5 及以上微量重组分组成，此外，还含有 N_2、CO、CO_2、炔烃、甲醇、二甲醚、丙酮等杂质。

1. 甲烷

(1)理化性质。甲烷(CH_4)在常温常压下，为无色、无臭、易燃气体。分子量为 16.04，沸点为－161.49 ℃，蒸汽密度为 0.55 g/L，饱和空气浓度为 100%，爆炸极限为 4.9%～16%，水中溶解度极小为 0.0024 g(20 ℃)。甲烷由于 C－H 键比较牢固，具有极大的化学稳定性，不与酸、碱、氧化剂、还原剂起作用。但甲烷中的氢原子可以被卤素取代而生成卤代烷烃。

(2)毒性。甲烷对人基本无毒，只有在极高浓度时才会成为单纯性窒息剂。

(3)中毒症状。当空气中甲烷达 25%～30%时，可引起头痛、头晕、乏力、注意力不集中、呼吸和心跳加速、共济失调。若不及时远离，可致窒息死亡。皮肤接触液化的甲烷，可致冻伤。

2. 乙烷

(1)理化性质。乙烷(C_2H_6)在常温常压下，为无色、无臭、易燃气体。分子量为 30.069，沸点为－88.63 ℃，闪点为－135 ℃，爆炸极限为 3.2%～12.45%，蒸汽密度为 1.04g/L，不溶于水，微溶于乙醇、丙酮，溶于苯，与四氯化碳互溶。

(2)毒性。乙烷浓度在 50%以下时，无任何毒作用；高浓度时，由于能置换空气而致缺氧，引起单纯性窒息。

(3)中毒症状。空气中浓度大于 6%时，人可出现眩晕、轻度恶心、轻度麻醉和惊厥等缺氧症状，若不及时远离，可致窒息死亡。

3. 丙烷

(1)理化性质。丙烷(C_3H_8)常温常压下为无色、无臭、易燃、易爆气体。化学性质稳定，分子量为 40.09，熔点为－187.7 ℃，沸点为－42.17 ℃，蒸汽密度为 1.52 g/L，爆炸极限为 2.1%～9.5%，在 650 ℃时可分解为乙烯和乙烷。

(2)毒性。丙烷属微毒类，为单纯麻醉剂，对眼和皮肤无刺激，直接接触可致冻伤。

(3)中毒症状。

1)急性中毒：人短暂接触 1%丙烷，不引起症状；10%以下的浓度，只引起轻度头晕；接触高浓度时可出现麻醉状态、意识丧失；极高浓度时可致窒息。

2)慢性影响：长期接触低浓度的丙烷、丁烷，出现头晕、头痛、睡眠障碍、易疲倦、情绪不稳定及多汗、脉搏不稳、立毛肌反射增强、皮肤划痕症等自主神经功能紊乱现象，并有发生肢体远端感觉减退。

4. 乙烯

(1)理化性质。乙烯(C_2H_4)是最简单的烯烃，无色、易燃、易爆、微甜味气体，相对密度为0.61(液体)、0.98(气体)，熔点为－169.14 ℃，沸点为－103.9 ℃，蒸汽压为4 082.7 kPa(0 ℃)、4 874.9 kPa(8 ℃)，闪点为－136 ℃，自燃温度为543 ℃，爆炸极限为2.7%～36.0%。乙烯易燃、易爆，与空气混合形成爆炸性混合物，遇明火、高热能引起燃烧爆炸，燃烧时的火焰比甲烷光亮。能溶于醇和醚，难溶于水。化学性质活泼，与氟、氯等能发生剧烈的化学反应。

(2)毒性。乙烯属低毒类，经呼吸道吸入后，大部分分布于红细胞，迅速引起麻醉，具有较强的麻醉作用，大多数经肺排出，很快在体内消失，故苏醒较快。人吸入80%～90%的乙烯和10%～20%氧的混合气体5～10 min，可引起深度麻醉。皮肤和眼睛直接接触液态乙烯会引起“冻伤”。

(3)中毒症状。

1)急性中毒：吸入高浓度乙烯可立即引起意识丧失；吸入75%～90%乙烯与氧的混合气体，可引起麻醉，苏醒迅速；浓度变为25%～45%时，可引起痛觉消失，对意识无影响，对眼、鼻、咽喉和呼吸道黏膜有轻微刺激性。

2)慢性影响：长期接触乙烯，可引起头昏、全身不适、乏力、思维不集中，个别人有胃肠道功能紊乱现象。

5. 丙烯

(1)理化性质。丙烯(C_3H_6)在常温常压下为无色、易燃、易爆气体，略具烃类的特殊气味，溶于乙醇，微溶于水，化学性质活泼。其相对密度为0.513 9(液体)、1.48(气体)，熔点为－191.2 ℃，沸点为－47.7 ℃，蒸汽压为1 044 kPa(20 ℃)，闪点为－108 ℃，自燃温度为455 ℃，爆炸极限为1.0%～15%。丙烯与空气混合能形成爆炸性混合物，遇火星、高热能引起燃烧爆炸，其蒸汽比空气重，能在较低处扩散到相当远的地方，遇火源引着回燃。若遇高热、容器内压增大，有开裂和爆炸的危险。

(2)毒性。丙烯属低毒类，为单纯窒息剂及轻度麻醉剂，仅在极高浓度时对人有生理影响。丙烯对皮肤和黏膜略有刺激性。

(3)中毒症状。

1)急性中毒：人吸入丙烯可引起意识丧失，当浓度为24%时，需30 s；当浓度为35%～40%时，需20 s；当浓度为40%以上时，仅需6 s，并引起呕吐。

2)慢性影响：长期接触丙烯，可引起头昏、乏力、全身不适、思维不集中，个别人有胃肠道功能紊乱。

6. 碳四

(1)理化性质。碳四(C4)在常温常压下，为无色至淡黄色的易流动的液体，具有挥发性和易燃性，有特殊气味，不溶于水，易溶于苯、二硫化碳和醇，可溶于脂肪。相对密度为0.67～0.71(液体)、3～4(气体)，熔点小于－60 ℃，沸点为40～200 ℃，闪点为－43 ℃，自燃点为415～530 ℃，爆炸极限为1.4%～7.6%。裂解汽油极易燃烧，蒸汽与空气形成爆炸性混合物，遇明火、高热极易燃烧爆炸，与氧化剂能发生强烈反应，引起燃烧或爆炸。其蒸汽比空气重，能在较低处扩散到相当远的地方，遇明火会引起自燃，若遇高热，容器内压增大，有开裂和爆炸的危险。

(2)毒性。C4 属低毒类，为麻醉性毒物，其主要作用是使中枢神经系统紊乱。低浓度引起条件反射的改变，高浓度引起呼吸中枢麻痹，对脂肪代谢有特殊作用，会引起神经细胞内类脂质平衡失调、血中脂肪含量波动、胆固醇和磷脂的改变。裂解汽油中不饱和烃、硫化物和芳香烃含量很高，毒性也相应增加。

(3)中毒症状。轻度中毒的表现有头痛、头晕、短暂意识障碍、四肢无力、恶心、呕吐、易激动、步态不稳、共济失调等。重度中毒可引起中毒性脑病，少数患者发生脑水肿。吸入较高浓度 C4 蒸汽，可引起突然意识丧失、反射性呼吸停止及化学性肺炎，部分患者出现中毒性精神病症状，严重者可出现类似急性中毒症状。

7. 碳五

(1)理化性质。碳五(C5)主要含有戊烷、异戊二烯、环戊二烯等，在常温常压下，为无色易挥发液体，比重为 0.626 2 g/cm^3，闪点为－40 ℃，爆炸极限为 1.5%～7.6%；C5 蒸汽能与空气混合形成爆炸性混合物，遇明火、高热极易燃烧爆炸，与氧化剂发生剧烈反应，甚至引起燃烧。

(2)毒性。C5 蒸汽具有麻醉性，能抑制中枢神经，并能损坏肝脏及血液，造成类似苯中毒效应。

(3)中毒症状。经常吸入低浓度 C5 蒸汽能产生头痛、腹痛及黄疸、贫血等症状，刺激眼、鼻、咽喉，引起皮肤过敏，并损伤肝肾。

(三)急救措施及防护措施

1. 急救措施

MTO 产品气中含有毒有害气体，若有人吸入，须迅速将吸入者带离现场至空气新鲜处，解开其上衣及腰带，保持呼吸通畅，注意保温。当吸入者出现呼吸困难时给输氧。当吸入者出现呼吸停止时，立即进行人工呼吸，并及时就医，情节严重者应及时就医。

皮肤接触，脱去污染的衣着，立即用流动的清水彻底冲洗。

眼睛接触，立即提起眼睑，用流动清水或生理盐水冲洗至少 15 min。如若接触液态甲烷，为防止冻伤，应及时就医。

2. 防护措施

工作现场严禁吸烟，进食和饮水。生产过程应全面通风，高浓度接触时，须穿防静电工作服，佩戴自给式呼吸器，戴防护眼镜，戴防护手套等，做好防护工作，并避免长期反复接触。生产者进入罐、限制性空间或其他高浓度区作业，须有专人监护。

(四)烯烃分离的原料规格要求

微课：产品质量标准确定

产品气中乙烯与丙烯的比例可以通过调整 MTO 装置反应器的反应温度来调节。产品气中乙烯和丙烯的比例范围是 0.8～1.2，具体组成见表 2-2-2，其中工况 1 为额定工况，乙烯与丙烯比例为 0.8；工况 2 为设计工况，乙烯与丙烯比例为 1.0；工况 3 为额定工况，乙烯与丙烯比例为 1.2；此外，聚丙烯装置富含丙烯和丙烷的两股物料，也作为原料进入产品气压缩机。

表 2-2-2　不同工况下烯烃分离产品气组分

组成	工况 1，w_t/%	工况 2，w_t/%	工况 3，w_t/%	范围，w_t/%
水	2.98	3.14	3.25	
氢气	0.11	0.17	0.37	0.1～0.5
氮气	0.19	0.19	0.19	0.1～0.4
二氧化碳	0.15	0.08	0.13	0.06～0.16
一氧化碳	0.11	0.23	0.37	0.01～0.04
氧气	0.000 95	0.000 95	0.000 94	0.001～0.016
氮氧化物	2.98E^{-8}	2.98E^{-8}	2.95E^{-8}	0.2 ppb
甲烷	0.58	1.75	1.81	0.5～2.3
乙烷	1.33	0.78	1.47	0.7～1.5
乙烯	32.91	39.12	41.82	32～42
乙炔	0.005	0.002	0.005	0.02～0.04
丙烷	4.66	2.57	3.15	2.3～5.0
丙烯	41.88	39.06	34.18	34～43
甲基乙炔	0.000 5	0.000 23	0.000 5	0.000 2～0.002
丙二烯	0.000 5	0.000 23	0.000 5	0.000 2～0.002
环氧丙烷	0.009	0.04	0.009	0.003～0.01
正丁烷	0.92	0.43	0.36	0.3～1.0
异丁烷	0.02	0.02	0.02	
1－丁烯	0.37	0.38	0.58	9.0～12
异丁烯	0.03	2.69	2.38	
顺－2－丁烯	3.95	2.89	2.62	
反－2－丁烯	5.58	3.97	3.61	
1,3 丁二烯	0	0.22	0.15	
丁炔	0.02	0.02	0.02	
正戊烷	0.06	0.06	0.06	2.9～4.5
异戊烷	0.03	0.03	0.03	
C6^{+}	2.83	2.88	3.19	
甲醇	0.004	0.1	0.09	0.01～0.2
二甲醚	1.16	0.08	0.01	0.01～1.17
乙醇	0.02	0.02	0.02	0.01～0.03
丙醛	0.02	0.02	0.02	0.02～0.04
丙酮	0.03	0.03	0.03	0.03～0.05
甲基乙基酮	0.02	0.02	0.02	0.02～0.04
乙酸	0.001	0.001	0.001	0.001～0.002
苯	0.02	0.02	0.02	0.02～0.03

二、产品质量标准确定

(一)烯烃分离产品

1. 乙烯

乙烯是现代石油化工的带头产品，在石油化工中占主导地位，乙烯工业的发展带动着其他有机化工产品的发展。因此，乙烯产量是衡量一个国家石油化学工业发展水平的重要标志。

乙烯可用来制成聚乙烯，采用不同的工艺技术可分别得到高密度聚乙烯、低密度聚乙烯和线性低密度聚乙烯，进而可加工成各种聚乙烯塑料制品。乙烯还可以生产成氯乙烯，经聚合制成聚氯乙烯，进而加工制成聚氯乙烯制品。

乙烯最主要的消费是生产聚乙烯，约占总量的 1/2。在国内，一般聚乙烯装置和乙烯装置同建在一个石油化工联合企业内。国外企业之间互供乙烯的方式较多。

2. 丙烯

丙烯可看作乙烯分子中一个氢原子被甲基取代后的产物。丙烯可用以生产多种重要有机化工原料，如丙烯腈、环氧丙烷、异丙苯、环氧氯烷、异丙醇、丙三醇、丙酮、丁醇、聚丙烯等；在炼油工业上是制取叠合汽油的原料；也可以生成合成树脂、合成纤维、合成橡胶及多种精细化学品等；还可用于环保、医学科学和基础研究等领域。

丙烯聚合后生产聚丙烯，聚丙烯是一种半结晶的热塑性塑料。具有较高的耐冲击性，机械性质强韧，抗多种有机溶剂和酸碱腐蚀。在工业界有广泛的应用，是常见的高分子材料之一。

3. 碳四

C4 是发展石油化工、有机原料的重要原料，其用途日益受到重视。混合 C4 热值高、无烟尘、无碳渣，除直接用作燃料和冷冻剂之外，还大量用于制取多种有机合成原料，如经脱氢可制丁烯和丁二烯；经异构化可制异丁烷；经催化氧化可制顺丁烯二酸酐、醋酸等；经卤化可制卤代丁烷；经硝化可制硝基丁烷；在高温下催化可制二硫化碳；经水蒸气转化可以制取氢气。

丁烷还可做发动机燃料掺合物以控制挥发分，也可做重油精制脱沥青剂、油井中蜡沉淀溶剂、用于二次石油回收的流溢剂、树脂发泡剂、海水转化为新鲜水的制冷剂及烯烃齐格勒聚合溶剂等。

4. 碳五

C5 是一种宝贵的资源，可以通过它生产一系列高附加值的化工产品，世界各国普遍关注 C5 的开发利用。环戊二烯和双环戊二烯可从乙烯装置 C5 馏分中分离出来，是 C5 利用的重要内容。

将 C5 馏分的 80%～85%用于分离异戊二烯，然后将其用于生产合成橡胶和香料、化妆品、药品、杀虫剂等；还将 C5 馏分分离后用于生产石油树脂、制造路标漆、热熔胶、印刷油墨和橡胶增黏剂等。

(二)烯烃分离产品规格要求

MTO 烯烃分离装置的产品有聚合级乙烯、聚合级丙烯、混合 C4、混合 C5 和燃料气等。烯烃分离装置乙烯产品以液体形态在压力下储存于球罐内，储存压力为1.9～2.1 MPa，储存温度约为－30 ℃。丙烯产品根据下游装置的要求，可分为聚合级丙烯和化学级丙烯，两者只是纯度不同。烯烃分离装置中的聚丙烯产品以液体形态在压力下储存于球罐内，储存压力小于2.0 MPa。聚乙烯和聚丙烯产品规格以满足下游生产的需要为准，目前对聚乙烯和聚丙烯产品中杂质含量的要求分别见表2-2-3、表2-2-4，对燃料气的要求见表2-2-5。

表2-2-3　聚合级乙烯产品规格

组成	含量	组成	含量
乙烯	≥99.95%	氧气	≤1 μL/L
甲烷＋乙烷	≤500 μL/L	乙炔	≤4 μL/L
丙烯及以下重组分	≤10 μL/L	硫化物(以硫化氢计)	≤5 μL/L
氢气	≤5 μL/L	甲醇	≤4 μL/L
一氧化碳	≤5 μL/L	水	≤1 μL/L
二氧化碳	≤10 μL/L	丙炔和2号丙烯精馏塔烯	≤5 μL/L
总羰基(以MEK计)	≤1 μL/L	总含氮量(以氮计)	≤5 μL/L

表2-2-4　聚合级丙烯产品规格

组成	含量	组成	含量
丙烯	≥99.6%	二氧化碳	≤5 μL/L
丙烷	≤0.4%	氢气	≤5 μL/L
乙烯	≤10 μL/L	总硫化物	≤1 μg/g
丙炔、2号丙烯精馏塔烯	≤5 μL/L	水	≤5 μg/g
丁二烯	≤1 μL/L	甲醇	≤1 μg/g
丁烯	≤1 μL/L	乙炔	≤2 μL/L
氧气	≤1 μL/L	乙烷	≤200 μL/L
一氧化碳	≤2 μL/L	氧化物含量	≤1 μg/g

表2-2-5　燃料气(甲烷＋乙烷＋丙烷)产品规格

组成	含量	组成	含量
氢气	28.7 μL/L	丙烯	0.7%
甲烷	36.1 μL/L	丙烷	19.0%
一氧化碳	2.6 μL/L	1,3－丁二烯	157 μL/L
氮气	2.3 μL/L	丁烯	0.3 μL/L
氧气	21 μL/L	丁烷	237 μL/L
乙烯	1.6 μL/L	甲醇	10 μL/L
乙烷	8.4 μL/L	二甲醚	0.3 μL/L
甲基乙炔2号丙烯精馏塔烯	29 ppm		

烯烃分离生成的混合 C4 具有烷炔、炔烃、二烯炔含量低，烯烃含量高的特点。目前，MTO 装置下游已实现的有蒲城清洁能源的 C4 裂解制乙烯技术、神华包头和延长中煤 1－丁烯技术路线的 MTBE 技术等。目前，混合 C4 产品规格见表 2-2-6。

表 2-2-6 混合 C4 产品规格

组成	含量	组成	含量
C3 及 C3 以上组分	≤0.5%(体积分数)	C5 及 C5 以下组分	≤0.5%(体积分数)

混合 C5 可以作为裂解汽油经一段加氢生成高辛烷值汽油组分，也可作为醚化原料生产甲基叔戊基醚 TAME，辛烷值为 100，与 MTBE 相比，TAME 具有更低的饱和蒸汽压和更高的热值。目前，混合 C5 产品规格见表 2-2-7。

表 2-2-7 混合 C5 产品规格

组成	含量
C4 及 C4 以上组分	≤0.5%(体积分数)

MTO 装置烯烃分离产品气分离出的燃料气含有氢气、甲烷、乙烷、丙烷等组分，具有高热值，送入全厂燃料气管网，为全厂生活、生产提供燃料。

三、碱液的选配

碱液是含有大量氢氧根而显碱性的溶液，具有很强腐蚀性的碱性化学品，这意味着它能够溶解脂肪等黏性物质，并且对其他物质存在很高的化学反应能力。

(一)碱液性质

1. 理化性质

碱(NaOH)又称烧碱、火碱，为白色透明的晶体，水溶液称为碱液，显强碱性。对皮肤、织物、纸张有强腐蚀性，吸收二氧化碳而成碳酸钠。

2. 毒性

具有腐蚀和刺激作用，皮肤直接接触可引起灼伤，误服可造成消化道灼伤，黏膜糜烂、出血和休克。

3. 灼伤症状

误服可引起消化道灼伤，表现为口腔、食道及胃疼痛，恶心，呕吐等。

皮肤接触高浓度碱，特别是潮湿皮肤，能引起广泛而且较深的灼伤，经常接触碱的工人局部皮肤脱脂，表皮软化和膨胀，干燥，粗糙，皲裂或皮炎，指甲可变薄变脆，个别病人整个指甲均有毁坏。

碱液溅入眼内，无论多少，都可造成损害。如果碱液很稀，初诊时，眼组织损害较轻微，但是角膜的浸润可以在以后几天内出现，这种迟发性损害，往往易被疏忽，浓度高的碱液可在数分钟内使整个角膜表面出现凝固性坏死和伴有广泛性结膜坏死，以及大量脓性分泌物排出，碱液引起眼灼伤的特征表现是角膜和眼眶内组织损伤，很快导致视力丧失。

吸入烧碱蒸汽可引起呼吸道黏膜的刺激症状，剧烈咳嗽，严重者引起呼吸困难、喉头水肿、肺水肿等。

(二)碱液的急救措施

对皮肤和眼灼伤的急救，应强调现场自救和互救，及时用清水充分冲洗皮肤，洗涤到皂样物质消失为止，再按烧伤处理，千万不可先寻找冲洗液、冲洗器或等待到医院去处理而耽误时间。因此，遇碱溅入眼内，应立即用大量流动的清水或生理盐水冲洗眼睛，冲洗时必须睁开眼睛，并不断地转动眼睛，直到污染全部被冲洗干净为止。现场处理后应根据灼伤的情况，决定是否转送医院治疗。

误服碱液后应使用小量橄榄油等刺激缓泻剂，洗胃及催吐，否则胃、食道有穿孔的危险。

(三)碱液的预防措施

尽可能做到密闭生产，隔离操作，减少毒物与肌体接触的机会。操作者应加强个人防护，穿防酸、防碱工作服，戴防护眼镜或戴防酸碱面罩。车间应在泵房内增设冲洗设备，并应配备冲洗剂和中和剂。需要加强设备维护，防止跑、冒、滴、漏。对碱液管线、设备泄漏应及时处理，暂时不能处理的应挂警示牌，防止碱液溅到皮肤和眼睛上。

能力训练

一、填空题

1. 乙烯产品的纯度指标是________。
2. 混合 C5 产品中 C4 及 C4 以下组分的含量指标是小于________。
3. C_2H_4 的爆炸极限是________，丙烯的爆炸极限是________。

二、选择题

1. 下列聚合物中最易发生解聚反应的是(　　)。

A. PE　　B. PP

C. PS　　D. PMMA

2. 国际上常用(　　)的产量来衡量一个国家的石油化学工业水平。

A. 乙烯　　B. 丙烯

C. 甲苯　　D. 苯

3. 裂解气深冷分离的主要依据是(　　)。

A. 各烃分子量的大小　　B. 各烃的相对挥发度不同

C. 各烃分子结构的不同　　D. 各烃分子间作用力不同

4. 氢气的爆炸极限为(　　)。

A. 4.5%～77.6%　　B. 3.5%～72.5%

C. 4.0%～75.6%　　D. 5%～78.4%

任务二　压缩、净化、干燥系统生产工艺的认识

任务描述

认识压缩、净化、干燥工艺原理，识读压缩、净化、干燥生产工艺流程并进行绘制。

知识储备

一、认识压缩、净化、干燥工艺原理

(一)压缩

气体压缩是净化、分离、制冷等操作过程的保证条件。烯烃分离所采用的气体压缩机主要有产品气压缩机、丙烯制冷压缩机和乙烯制冷压缩机，一般简称为“三机”，是乙烯装置中的关键设备。前者的用途是将产品气压缩到深冷分离所需要的压力，后两者的用途是在冷冻系统中压缩丙烯冷剂和乙烯冷剂，以获得深冷分离所需的冷量。压缩产品气以增高压力是本节讨论的主题，压缩冷剂的构成冷冻循环而造成低温将在以后予以讨论。

如前所说，压缩产品气的目的在于使其达到深冷分离所需要的压力，为产品气的分离创造条件。产品气中许多组分在常压下都是气体，其沸点都很低，如果在常压下进行各组分的冷凝分离，则分离温度很低，需要大量冷量。为了使分离温度不太低，可以适当提高分离压力，以减少冷剂用量。

(二)吸收

从 MTO 装置来的产品气中含有少量甲醇、二甲醚、乙醇、丙醛和丙酮等含氧化合物，这些物质带入分离系统后会进入乙烯、丙烯等产品中影响产品质量，必须脱除。含氧化合物可采用吸收的方式，溶解于洗涤水中，返回 MTO 装置进行回炼。

此外，MTO 反应过程中即便通过控制反应温度和停留时间等工艺参数，仍会生成炔烃，而较多乙炔存在会使乙烯的聚合过程复杂化，聚合物性能变坏；当使用高压法生产聚乙烯时，乙炔的积累使乙烯分压降低，必须提高总压，当乙炔积累过多，乙炔分压过高，又会有爆炸危险。所以必须脱除其中少量乙炔。脱炔的方法很多，目前工业上广泛采用的有吸收法、催化加氢法等。因此，在烯烃分离过程中，吸收法使用率较高，具体方法如下。

1. 吸收与解吸

(1)吸收。吸收是利用混合气体中各组分在同一种液体(溶剂)中溶解度差异而实现分离的过程。在溶剂吸收法脱炔中是用选择性溶剂将乙烯气中的少量乙烯选择性地吸收到溶剂中，从而使乙烯净化。混合气体中，能够溶解于溶剂中的组分称为吸收质或溶质，不溶解的组分称为惰性组分或载体，吸收所用的溶剂称为吸收剂，吸收操作终了时所得到的溶液称为吸收液，排出的气体称为吸收尾气。

动画：吸收解吸联用设备结构及操作过程动画展示

(2)解吸。在工业生产中，吸收过程一般包括吸收和解吸两个部分。吸收是利用适当的溶剂将气体混合物中的组分吸收，解吸是吸收的逆过程，是从吸收剂中分离出已被吸收的气体吸收质的操作。解吸操作一是将吸收剂中吸收的气体重新释放出来，获得高纯度的气体；二是使吸收剂释放了被吸收的气体，再返回吸收塔使用，节约生产成本。

2. 吸收流程

如图 2-2-1 所示为吸收流程图，为双组分的吸收过程。从图中可见，含两组分(A+B)

的混合气从塔底进入吸收塔，自塔底向上穿过填料层，吸收剂(S)由塔顶部的喷淋装置喷洒后沿填料表面向下流动，并湿润填料表面，与混合气体逆向流动，气相与液相在填料表面接触，溶质B溶于吸收剂S中，经过吸收后尾气[A+B(少量)]从塔顶排出，吸收液(S+B)从塔底排出，完成吸收过程。

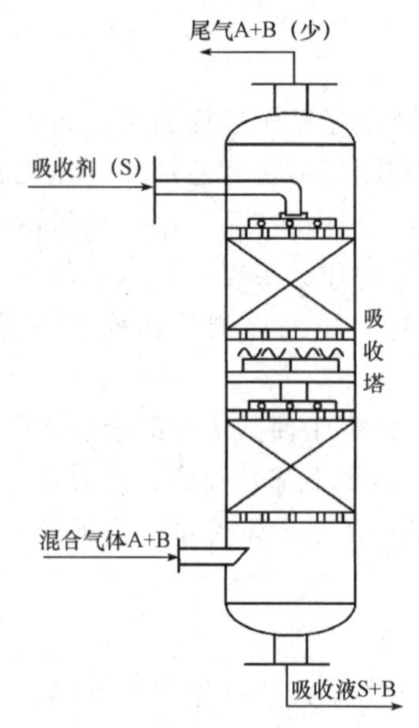

图 2-2-1　吸收流程图

3. 吸收原理

动画：吸收原理

吸收操作是溶质从气相转移到液相的传质过程。其中包括溶质由气相主体向气液相界面的传递和由气相界面向液相主体的传递吸收过程的气液平衡关系是研究气体吸收过程的基础，该关系通常用气体在液体中的溶解度及亨利定律表示。

(1)气体在液体中的溶解度。在一定的温度和压力下，气体和液体接触，气体中的溶质组分便溶解在液体之中，随着吸收过程的进行，溶质气体在液体中的溶解量逐渐增大，与此同时，已进入液相的溶质气体又不断地返回气相。显然，在气液两相接触初期，过程以吸收为主；但经过一定时间后，溶质气体从气相溶于液相的速度等于从液相返回气相的速度，气相和液相的组成都不再改变，此时气液两相达到动态平衡，这种状态称为平衡状态。平衡状态下气相中的溶质分压称为平衡分压或饱和分压，液相中的溶质组成称为平衡组成或饱和组成。气体在液体中的溶解度是指气体在液体中的饱和组成。

气体在液体中的溶解度与气体、液体的种类、温度、压力有关，可以通过试验测定。由试验结果绘制成的曲线称为溶解度曲线。某些气体在液体中的溶解度曲线可从有关书籍、手册中查得。

通过气体在液体中的溶解度可以看出，通常气体的溶解度随温度升高而减小，随压力升高而增大。因此，提高压力、降低温度有利于吸收操作，而降低压力、提高温度有利于解吸操作。

(2)吸收机理——双膜理论。吸收操作是气液两相间的对流传质过程，即溶质由气相传递到液相的过程。气相中溶质在液相中进行扩散时，是以分子扩散和对流扩散两种方式进行的。相际间的对流传质机理非常复杂，可用双膜理论来进行解释，如图 2-2-2 所示。

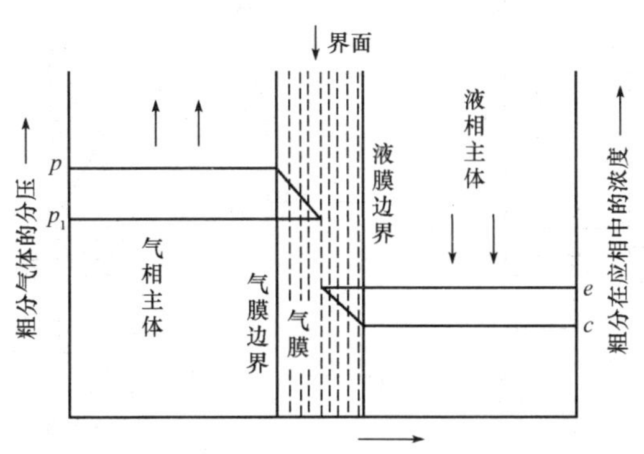

图 2-2-2　气体吸收的双膜模型

双膜理论的基本论点如下。

1)在气液两流体相接触处有一稳定的分界面，称为相界面。在相界面两侧附近各有一层稳定的气膜和液膜。这两层薄膜可以认为是由气、液两流体的滞流层组成的，即虚拟的层流膜层，吸收质以分子扩散的方式通过这两个膜层。膜的厚度随流体的流速而变，流速越大，膜层厚度越小。

2)在两膜层以外的气、液两相分别称为气相主体与液相主体。在气、液两相的主体中，由于流体的充分湍动，吸收质的浓度基本上是均匀的，即两相主体内浓度、梯度皆为零，在两相主体内传质阻力很小，可以忽略不计。

3)在气液相界面处，气、液两相处于平衡状态。即相界面上，液相浓度 ci 与气相浓度 pi 成平衡，界面上无阻力。

双膜理论将复杂的相际传质过程归结为气、液两膜层的分子扩散过程。依此理论，在相界面处及两相主体中均无传质阻力存在。这样，整个传质过程的阻力便全部集中在气膜和液膜内。在两相主体浓度一定的情况下，两膜层的阻力便决定了传质速率的大小。

根据双膜理论，吸收过程的吸收机理是在吸收过程中溶质从气相主体中以对流扩散的方式到达气膜边界，再以分子扩散的方式通过气膜到达气、液界面，在界面上溶质溶解在液相中，然后又以分子扩散的方式穿过液膜到达液膜界面上，最后以对流扩散方式转移到液相主体。

4. 吸收单元装置构成

典型的吸收解吸装置设备构成如图 2-2-3 所示(以水吸收 CO_2 为例)。装置有吸收塔、解吸塔、富液储槽、离心泵等。其作用如下。

(1)吸收塔：吸收塔是主要设备，吸收一般用填料塔，塔内填料是气、液两相进行传质的场所，使溶质由气相转移到液相中。

(2)解吸塔：使含有溶质的吸收液进入解吸塔内，可以得到较纯净的吸收质气体，同时，也可以回收吸收剂。

(3)泵：为吸收剂或吸收液提供一定的动力。

(4)储罐：储存吸收剂或吸收液的设备。

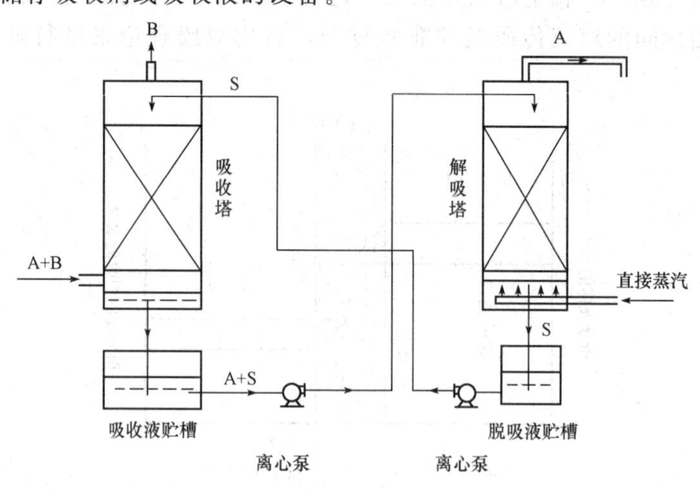

图 2-2-3　吸收解吸装置设备构成

5. 影响吸收操作的因素

影响吸收过程的因素除塔结构外，主要还有吸收质的溶解性能、吸收性能和工艺操作条件。

(1)吸收质的溶解性能。吸收操作条件的选择因溶剂而异，其关键是溶质在溶剂中的溶解度。

由双膜理论可知，气体吸收阻力主要集中在气膜和液膜。对于易溶气体，因溶解度较大，吸收阻力主要集中在气膜一侧，属气膜控制。对于此类气体，加大气体流速，即可减小气膜厚度，减小吸收阻力，提高吸收速率。

对于难溶气体，因溶解度较小，吸收阻力主要集中在液膜一侧，属液膜控制。对于此类气体，提高液体流速，即可减小液膜厚度，减小吸收阻力，提高吸收速率。乙炔的溶解度是随着温度的降低和压力的增高而增大的。所以，降低温度、提高压力有利于乙炔的吸收，而升高温度、降低压力则有利于乙炔的解吸。

(2)吸收剂性能。吸收剂性能好坏，将直接影响吸收操作的效果。在选用吸收剂时，应符合以下要求：较好的选择性；较好的化学稳定性；吸收剂黏度要小；具有较小的比热和密度；无毒、无腐蚀性等。

(3)工艺操作条件。

1)温度。吸收温度对吸收率的影响很大。降低吸收剂的温度，气体的溶解度增大，相平衡常数增大。由于大多数气体吸收过程是放热的，因此，一般在吸收塔内或塔前设置冷却器，降低吸收剂的温度。但吸收温度也不能太低，否则不仅冷量消耗大，而且吸收剂黏度增大，流动性能差，甚至会析出固体结晶，因此对于一定的吸收过程，要选择一个适宜的吸收温度。

2)压力。提高操作压力，可以提高混合气体中被吸收组分的分压，增大吸收推动力，有利于气体吸收。但压力过高，对设备强度要求高，投资大，生产中动力消耗大，加大了操作难度和生产费用，因此，吸收操作一般在常压下进行，若吸收后气体需要进行高压反应，则可以采用高压下吸收操作，既有利于吸收，又增大吸收塔的生产能力。

3)气流速度。在稳定的操作情况下，当气速不大，做滞流流动时，流体阻力减小，吸收速率很低；当气速增大呈湍流流动时，气膜变薄，气膜阻力减小，吸收速率增大；当气速增大至液泛速度时，液体不能顺畅向下流动，造成雾沫夹带，甚至造成液泛现象。因此，稳定操作流速，是吸收操作高效、平稳生产的可靠保证。

4)吸收剂用量。改变吸收剂用量是对吸收过程进行调节的最常用的方法。当气体的流量不变时，增加吸收剂流量，吸收速率增大，溶质吸收量增加，气体出口组成减小，回收率增大。当液相阻力较小时，增加液体流量，传质总系数变化较小或基本不变，溶质吸收量的增加主要是由于传质平均推动力的增加而引起的。此时，吸收过程的调节主要依靠传质推动力的变化。当液相阻力较大时，增加液体流量，传质系数大幅度增加，而平均推动力可能减小，但总的结果是传质速率增大，溶质吸收量增大。

5)吸收剂进口浓度 X_2。吸收剂进口浓度 X_2 降低，液相进口处的推动力增大，全塔平均推动力也将随之增大而有利于吸收过程回收率的提高。若气液两相在塔底接近平衡($m<L/V$)时，预降低 Y_2 提高回收率，用增大吸收剂用量的方法更有效。但是，当气液两相在塔顶接近平衡($m<L/V$)时，提高吸收剂用量并不能使 Y_2 降低，只有用降低吸收剂入塔浓度 X_2 才有效。

6. 强化吸收途径

强化吸收，就是尽可能地提高吸收速率，强化吸收设备的生产能力。在生产过程中提高吸收速率可采用以下方法。

(1)增大吸收系数 K_y、K_x，由双膜理论可知，加大气体和液体流速，就能减小气膜和液膜厚度，降低吸收阻力，增大吸收系数。

(2)增大吸收推动力。增大吸收压力，降低吸收温度，增大吸收剂用量。

(3)增大气液接触面积。增大气体和液体的分散度，增大气液接触面积。

7. 吸收剂的选择及用量的确定

在吸收操作中，吸收剂性能的优劣，常常决定吸收操作是否良好的关键。在选择吸收剂时，应注意以下几个方面的问题。

(1)吸收剂对于溶质组分应具有较大的溶解度，或者说，在一定的温度与浓度下，溶质组分的气相平衡分压要低。这样从平衡角度讲，处理一定量的混合气体所需的吸收剂数量较少，吸收尾气中的溶质的极限残余浓度也可降低。就传质速率而言，溶解度越大，吸收速率越大，所需设备的尺寸就越小。

(2)选择性。吸收剂要对溶质组分有良好的吸收能力的同时，对混合气体中的其他组分应基本上不吸收，或者吸收甚微，否则不能实现有效的分离。

(3)挥发度。在操作条件下吸收剂的挥发度要小，因为挥发度越大，则吸收剂损失量越大，分离后气体中含溶剂的量越大。

(4)黏度。在操作温度下吸收剂的黏度越小，在塔内流动性越好，从而提高吸收速率，且有助于降低泵的输送功耗，吸收剂的传热阻力也减小。

(5)再生。吸收剂要易于再生。吸收质在吸收剂中的溶解度应对温度的变化比较敏感，即不仅低温下溶解度要大，而且随温度的升高，溶解度应迅速下降，这样才比较容易利用解吸操作使吸收剂再生。

(6)稳定性。化学稳定性要好，以免在操作过程中发生变质。

(7)其他特性。要求无毒、无腐蚀性、不易燃、不易产生泡沫，冰点低，价廉易得。

工业上的气体吸收操作中，很多用水作吸收剂，只有对难溶于水的吸收质，才会采用特殊的吸收剂，如用清油吸收苯和二甲苯。有时为了提高吸收效果，也常采用化学吸收，如在合成氨生产中，在产品气净化工艺中利用铜氨液溶液吸收一氧化碳和二氧化碳等。总之，吸收剂的选择，应从生产的具体要求和条件出发，全面考虑各方面的因素，作出经济合理的选择。

(三)吸附——产品气和冷凝液脱水

产品气在经过净化等操作后含有大约 500 ppm 的水，为避免低温系统冻堵，要求将含水量脱除至 1×10^{-6} 以下。工业上的脱水方法很多，有冷冻法、吸附法、吸收法和干燥法。MTO 烯烃分离装置中主要是利用吸附干燥的方法脱除水分。

1. 吸附原理

微课：烯烃分离产品气干燥原理

吸附是当气体混合物或液体混合物与某些固体接触时，由于固体的表面上的质点也与液体的表面一样，处于力场不均衡的状态，因此也有表面张力和表面能。这种不平衡的力场由于吸附质的吸附而得到一定程度的补偿，从而降低了表面能，故固体表面可以自由的吸附那些能够降低其表面自由焓的物质。

根据吸附质和吸附剂之间吸附力的不同，可将吸附操作分为物理吸附和化学吸附。在工业上常用的吸附剂主要有活性炭、活性氧化铝、硅胶、分子筛等，其外观是各种形状的多孔固体颗粒。MTO 烯烃分离装置一般采用 3Å 分子筛或活性氧化铝为吸附剂，设置两个干燥剂罐，轮流进行干燥和再生。

2. 分子筛和活性氧化铝

(1)分子筛。分子筛是人工合成的结晶性硅铝酸金属盐的多水化合物，具有均匀的微孔，可以筛分大小不同的分子。比孔口直径小的分子，先通过孔口进入内容空穴，吸附在空穴内，再在再生条件下脱附出来。而比孔口直径大的分子则不能进入，这样就可将分子大小不同的混合物加以分开，好像分子被过了筛一样，所以称为分子筛。

分子筛是一种离子型极性吸附剂，具有极强的吸附选择性。如 4A 分子筛可以吸附水分子和乙烷分子，而 3Å 分子筛只能吸附水分子而不吸附乙烷分子。

分子筛在温度低时，吸附能力较强，吸附容量较高，随着温度升高吸附能力变弱，吸附容量降低。因此，分子筛在常温或略低于常温下可使产品气深度干燥。使用前将其活化，使其结合水脱去后，晶体骨架结构几乎不发生变化，留下大小一致的孔口，孔口内有较大的空穴，形成由毛细孔联通的孔穴的几何网络。分子筛在吸附水后，可以采用加热的方法使分子筛吸附的水分脱附，达到再生的目的，为了促进脱附，可用干燥的 N_2 加热至 200～250 ℃作为分子筛的再生载气，使分子筛中所吸附的水分脱附后带出。

(2)活性氧化铝。活性氧化铝由三水合铝或三水铝矿加热脱水制成。它为多孔结构物质并具有良好的机械强度，其比表面积为 210～360 m^2/g。活性氧化铝对水分子有很强的吸附能力，主要用于气体和液体的干燥、石油气的浓缩和脱硫。

根据 3Å 分子筛和活性氧化铝吸附水分的等温吸附曲线和等压吸附曲线(图 2-2-4)可以看出，活性氧化铝的缺点有温度<100 ℃时吸附量受温度影响大；吸附容量随相对湿度变化大；会吸附 C4 不饱和烃，损失 C4，再生时易生成聚合物结焦。

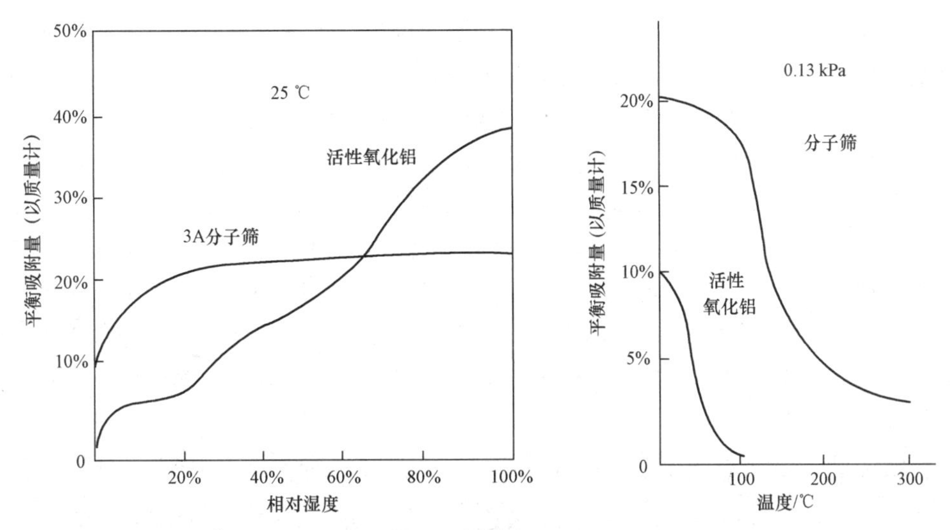

图 2-2-4　3Å 分子筛和活性氧化铝吸附水分的等温吸附曲线和等压吸附曲线

对烯烃分离装置的原料性质、脱水要求和干燥剂的吸附性能曲线分析结果显示：3Å 分子筛只吸附裂解气中的水，不吸附较大的烃类分子（如 C_2H_6、C_2H_4、C_3H_8 及 C_3H_6 等），因而可以避免烯烃化合物在分子筛孔道内部结焦，从而延长吸附剂的使用寿命。因此，3Å 分子筛比活性铝氧化更适合烯烃分离装置的干燥剂。

二、认识压缩、净化、干燥生产工艺

产品气压缩、净化、干燥系统主要包括产品气的四段压缩、水洗、碱洗及吸附干燥四个部分。自 MTO 装置来的产品气进入烯烃分离装置，首先经一二段压缩机升压后，进入二段冷却器降温分别进入产品气水洗系统和碱洗系统进行除杂，经净化的产品气进入压缩机三段升压，经三段冷却器降温进入压缩机三段排出罐，产品气中的气相进入产品气干燥系统除去水分，产品气的液相在凝聚合器中进行油水相分离，油相进入产品气液相干燥系统除去水分。在干燥脱水后，产品气气相、液相分别进入前脱丙烷系统分离出 C4 及重组分、C3 及轻组分。

（一）产品气压缩系统

1. 产品气压缩的目的

产品气中许多组分在常压下都是气体，其沸点很低，如果在常压下进行各组分的冷凝分离，则所需的分离温度很低，需要大量冷量。为了使分离温度不太低，可以适当提高分离压力。因此，需要通过离心式产品气压缩机实现增高压力的目的。

2. 压缩系统工艺流程

微课：离心式压缩机的工作原理

产品气由离心式压缩机实现压缩，压缩系统由中间冷却、液体分离、透平驱动和其他辅助系统的四段压缩组成。由于产品气组成比较复杂，含有较重的不饱和烃（如丁二烯等），经过压缩，产品气压力提高，温度上升，重质的二烯烃能发生聚合，生成的聚合物或焦油沉积在离心式压缩机的扩压器和叶片上，严重危及操作的正常进行，降低压缩效率。因此，产品气在升压过程中采用四段压缩，前三段设置冷却器为减少聚合物的生产，并采用“逆闪”工艺及压缩机吸入管线和壳体注水技术，来降低压缩机功耗，避免以防聚合物和焦油的沉积。二烯烃的聚合速度与温度有关，温度越高，聚合速度越快。以防止聚合现象发生，压缩机的段间温度一般在 90 ℃以下。

如图 2-2-5 所示，从 MTO 装置急冷水塔来的产品气，进入一段吸入罐，一段吸入罐收集的少量游离水和油，但正常压缩机一段吸入罐没有液位，如果压缩机一段的入罐出现液位，则通过泵利用控制器送到 MTO 装置的污水汽提塔的沉降罐。一段吸入罐的气相进入压缩机一段进行压缩，在一段吸入压力过高时通过压力控制阀将产品气排入热火炬系统。最低流量控制器设置于第二段的出口，自动循环返回足够的气体进入一段吸入以避免压缩机的前两段喘振。在压缩机一段吸入罐的吸入口设有电动阀，以便在停车时将压缩机部分和急冷部分隔断。

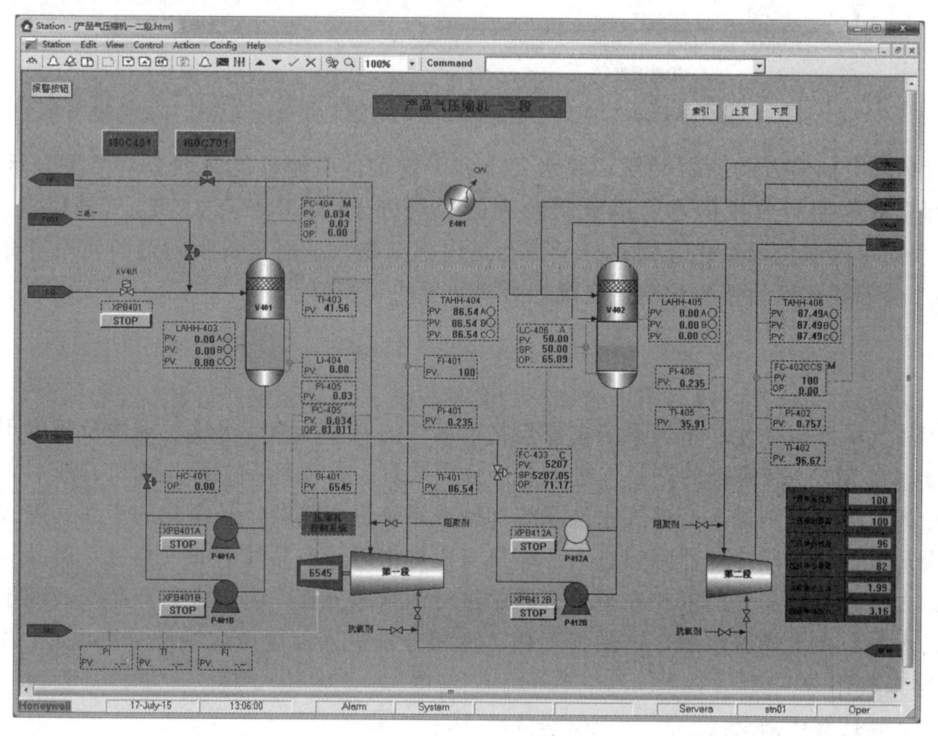

图 2-2-5　产品气压缩机一二段工艺流程

经过一段压缩后的产品气用冷却水在一段后冷器中冷却，进入二段吸入罐，部分水及汽油在二段吸入罐中冷凝，冷凝液在液位串级流量控制下，通过产品气二段吸入罐泵返至急冷水塔。二段吸入罐的气相进入产品气压缩机二段进行升压后，在二段后冷器中冷却，产品气进入水洗塔进行水洗。

产品气压缩机三段工艺流程如图 2-2-6 所示。脱除酸性气后的产品气从碱洗塔塔顶出来进入产品气压缩机的三段吸入罐，冷凝的烃、水返回到二段吸入罐。三段吸入的气相进入原料压缩机三段进行压缩，压缩后去往三段后冷器，用冷却水进行冷却。在三段压缩出口设有压力控制阀，当三段出口压力高时通过压力控制阀将产品气排入热火炬系统。另外三段的出口设置有最低流量控制器，当三段的出口流量低于最小流量设定值时，最低流量控制器自动将三段后冷器出口的部分产品气循环返回到碱洗塔进料加热器的入口，保证足够的气体进入三段吸入以避免压缩机的三段喘振。

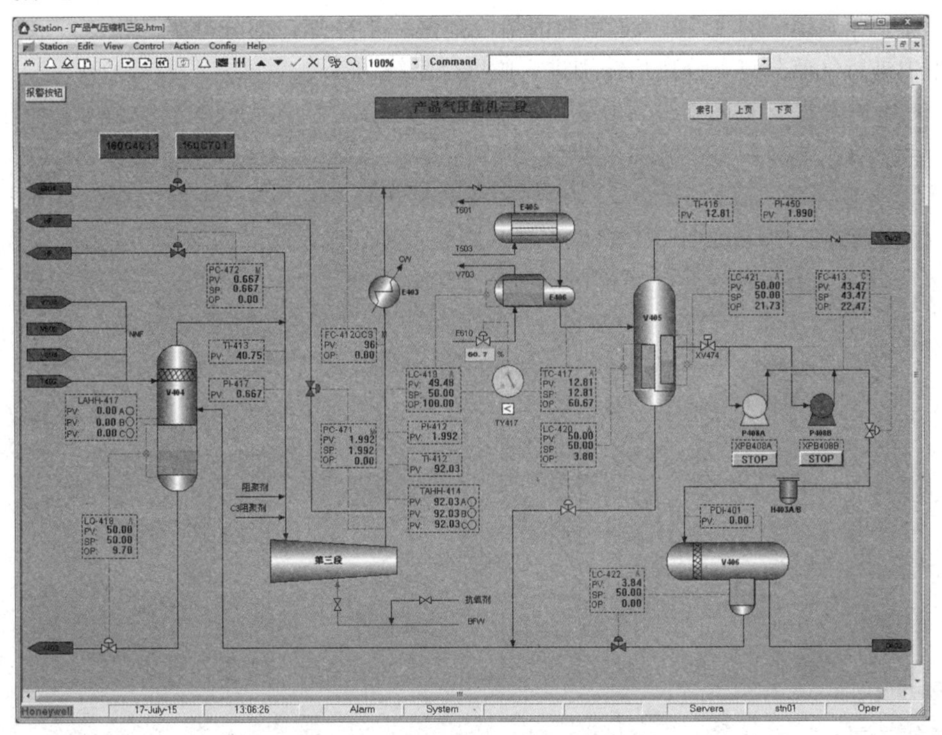

图 2-2-6　产品气压缩机三段工艺流程

经压缩机三段压缩后的产品气需冷却到更低的温度，因此产品气依次在产品气压缩机三段后冷器、干燥器进料第一急冷器和干燥器进料第二急冷器中，分别用冷却水、脱乙烷塔进料和丙烯冷剂冷却到 12.8 ℃，以便在进入干燥器之前，尽量脱除水分。产品气的温度由干燥器进料第二急冷器丙烯冷剂的流量来调节。当干燥器进料第二急冷器内的丙烯冷剂高液位时，由干燥器进料第二急冷器的液位自动超驰控制。冷却后的产品气进入产品气压缩机三段排出罐，罐顶的气相进入产品气气相干燥系统精脱水后，进入高压脱丙烷系统进行分离。产品气压缩机三段排出罐罐底的油相经泵输送至过滤器去除液相中的固体颗粒后，进入液体凝液聚合器内进行分离，油室的液相烃类进入产品气液相干燥器精脱水后，也进入高压脱丙烷系统进行分离。水室分离出的水分返回到三段吸入罐。压缩机三段吸入罐的液相，返回压缩机二段吸入罐，二段吸入罐中的液相水送到 MTO 装置的污水汽提塔的沉降罐。

产品气压缩机四段工艺流程如图 2-2-7 所示，从高压脱丙烷塔塔顶出来的气相经顶部的除沫网脱除液滴后进入压缩机四段升压到 3.15 MPa。压缩后的物流经过脱甲烷塔再沸器，通过提供工艺热量而自身被逐渐冷却。脱甲烷塔再沸器有一个流量旁路调节阀 FV-514，由流量控制器 FC-514 调节经过再沸器的产品气流量，此阀门同时受到位于塔的第七层填料上部的温度控制器 TC-531 串级控制，以获得适当的加热量。产品气经过脱甲烷塔再沸器之后，进入脱甲烷塔进料第一急冷器，用 7 ℃丙烯进一步冷却，在此丙烯冷剂用量由 TV-632 进行调节，此阀门是由位于乙烯精馏塔再沸器的产品气管线出口上的，以便为乙烯精馏塔再沸器提供适当温度的产品气热源，TV-632 同时由脱甲烷塔进料第一急冷器本身的液位控制器 LC-516 高液位超驰控制。然后，产品气经过乙烯精馏塔再沸器，通过提供工艺热量而自身被冷却。冷却后的产品气物流经过脱甲烷塔进料第二急冷器和进料第三急冷器，分别用－24 ℃和－37 ℃的丙烯冷剂进一步冷却，部分冷凝的物流在脱甲烷塔进料罐中进行气液分离，分离后分别进入脱甲烷系统。

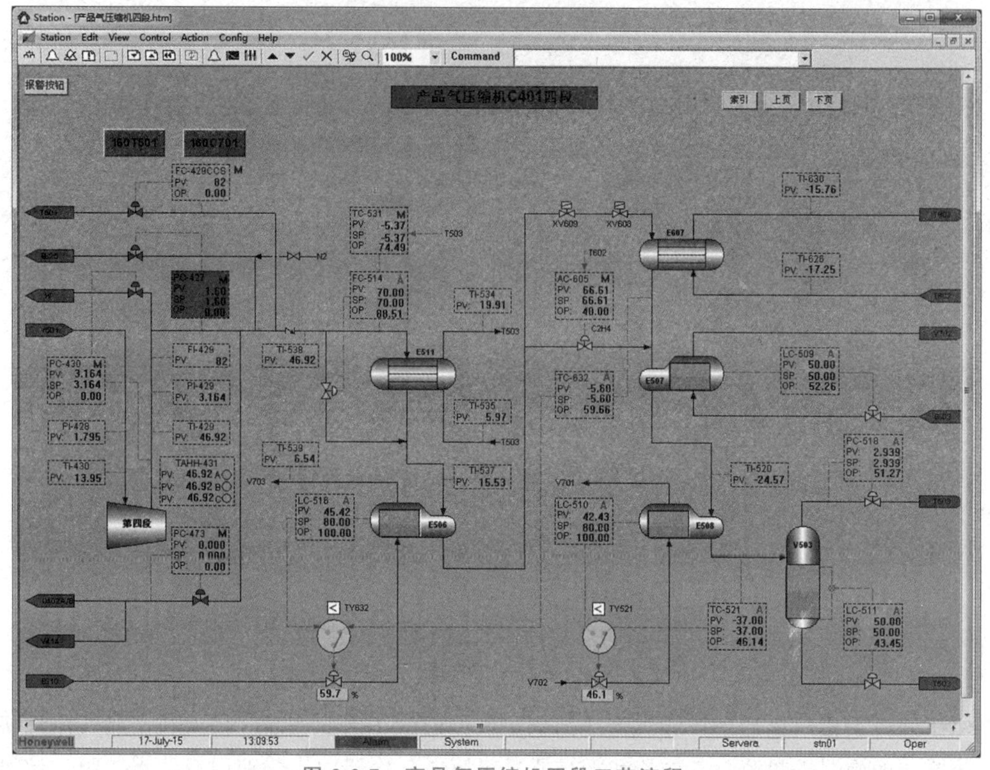

图 2-2-7　产品气压缩机四段工艺流程

(二)产品气净化系统

在甲醇催化反应制得的进入烯烃分离的产品气组成相当复杂，有上百种组分。其中既包含有用的组分，也含有一些有害物质。这些杂质的含量虽然不大，但对于深冷分离的各操作过程是有妨碍的。而且这些杂质不脱除，进入乙烯、丙烯产品，会使产品达不到规定的标准。尤其是生产聚合级乙烯、聚合级丙烯，其杂质含量的限制是很严格的，必须对产品气进行净化。

产品气净化系统设置在压缩系统的二段和三段之间，包括水洗系统和碱洗系统。水洗系统用于脱除产品气中的氧化物(甲醇、二甲醚、乙醇、丙醛和丙酮)；碱洗系统用于脱除产品气中的酸性气体。

1. 水洗原理

两段压缩后的产品气与冷却后的洗涤水接触，利用吸收的原理，使产品气中的含氧化合物溶解在洗涤水中，从而脱除产品气中甲醇、二甲醚等含氧化合物。

微课：水洗系统

2. 水洗系统工艺流程

水洗系统工艺流程如图 2-2-8 所示。产品气经过二段压缩后，由水洗塔底部进入，与来自 MTO 装置冷却至 37 ℃的洗涤水在塔内逆流接触，利用吸收的原理，产品气中的氧化物溶解在洗涤水中，从而脱除产品气中甲醇、二甲醚等含氧化合物。在水洗塔塔底设有油水分离室，油相和水相通过隔板分离，氧化物溶解在洗涤水中，从水洗塔底部送到 MTO 单元的沉降罐，油相返回到二段吸入罐。水洗塔塔顶出来的产品气经换热器加热至 42.5 ℃后由碱洗塔底部进入碱洗塔。

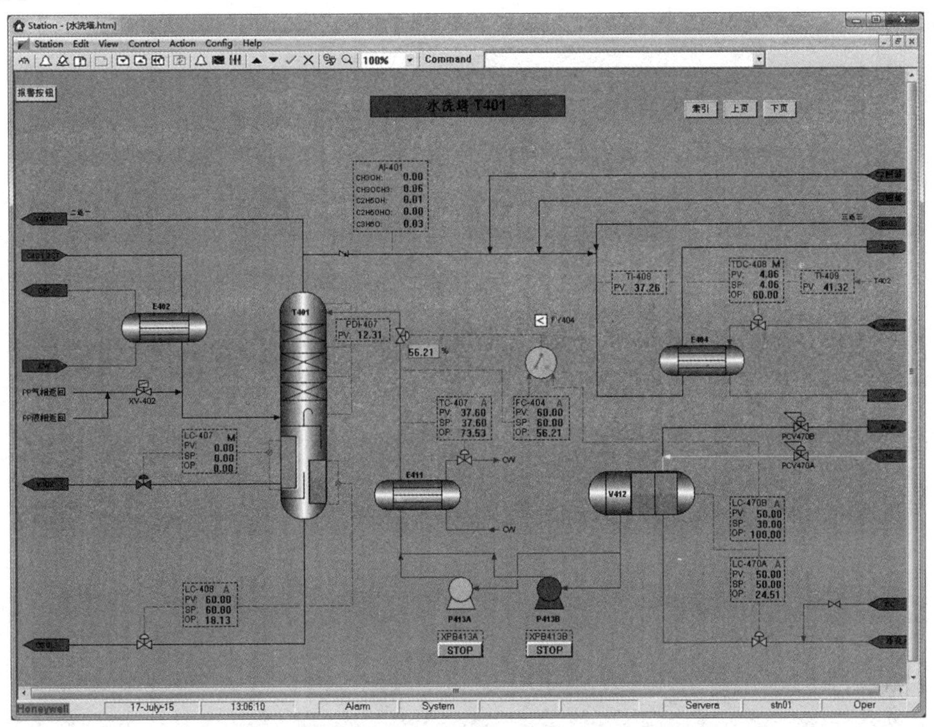

图 2-2-8 水洗系统工艺流程

3. 碱洗原理

微课：碱洗系统

MTO 反应制出的产品气组分相当复杂，其中含有酸性气体，而所含的酸性气体主要是 CO_2。CO_2 在深冷低温操作的设备中结成干冰堵塞设备和管道，破坏生产的正常进行。酸性气体杂质对于产品合成也有危害，如乙烯高压聚合时，CO_2 在循环乙烯气中积累，降低了乙烯的分压，从而影响聚合速度和聚乙烯的分子量；乙烯低压聚合时，CO_2 会使低压聚合催化剂的金属碳键分解，破坏其催化活性。鉴于上述原因，在分离产品气之前首先要脱除其中的酸性气体。工业上一般采用物理吸收或用化学反应与吸收相结合的方法用吸收剂洗涤产品气，除去 CO_2。碱洗系统设置在水洗后，属于低压碱洗，可以有效防止重组分冷凝。

碱洗法用苛性钠溶液(NaOH)洗涤产品气。在洗涤过程中，NaOH 和产品气中的酸性气体发生化学反应，生成碳酸盐溶于废碱中，从而除去这些酸性气体。其主要反应方程式如下：

$$CO_2 + 2NaOH \longrightarrow Na_2CO_3 + H_2O$$

$$H_2S + 2NaOH \longrightarrow Na_2S + 2H_2O \text{（MTO 反应器中不含 } H_2S\text{）}$$

4. 碱洗系统工艺流程

碱洗系统位于产品气压缩机二段和三段之间。其工艺流程如图 2-2-9 所示。从水洗系统去除含氧化合物之后，利用水洗水预热到 42.5 ℃，然后进入碱洗塔的底部(弱碱段)。预热的目的是防止烃浓缩后生成黄油。进入碱洗塔的原料温度不能超过 50 ℃，因为高温会导致碱液中的碳酸盐析出而造成堵塞。碱洗塔进料温度是通过碱洗塔进料温差控制器调节水洗水的流量，使碱洗塔的温度与水洗塔的出口温度的差值保持恒定，从而控制碱洗塔的进料温度。

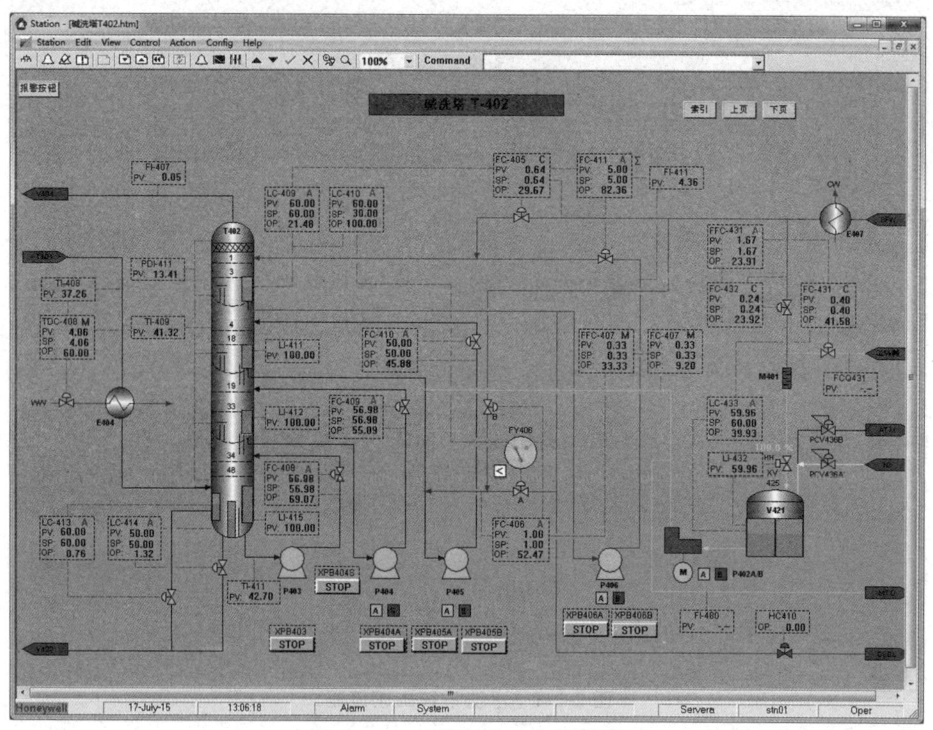

图 2-2-9　碱洗系统工艺流程图

产品气进入弱碱段，利用质量浓度 1.5%～2.0%的碱液可以脱除产品气中 80%～90 w_t%的酸性气体。然后进入中碱段，利用质量浓度为 8.0%～9.0%的碱液。几乎可以脱除产品气中剩余的酸性气体。最后进入质量浓度为 10%的强碱段，脱除痕量的 CO_2，从而使产品气中 CO_2 的含量达到乙烯产品的质量要求。产品气最后进入碱洗塔水洗段以脱除产品气中夹带的碱度，脱除 CO_2 的产品气从碱洗塔塔顶进入产品气压缩机三段吸入罐。在碱洗塔顶部出口管线上设置有一个在线分析仪，用来监控产品气中 CO_2 的含量。

碱洗塔的各碱循环段的循环量及水洗段的循环量，是为了保证碱洗塔的每块塔盘上都有足够的液体。在产品气量波动的情况下，这些流量不需要进行调整。每一段的碱循环量都进行检测和调整。

从界外来的质量浓度 32%的新鲜碱用锅炉给水稀释到 20%后，进入碱罐储存。碱罐的液位通过碱罐液控器串级新鲜碱流控器来调节。用来稀释碱浓度的锅炉给水流量控制与新鲜碱流量控制组成了比例控制，使进入碱罐的锅炉给水和 32%的新鲜碱的流量呈一定比例，从而获得 20%的碱液。碱罐中的 20%的碱液在新鲜碱注入流控器控制下通过计量泵加压送到强碱循环泵的入口管线，碱洗塔水洗段底部的一部分水在强碱段稀释水流控器控制下按照一定比率控制进入强碱循环泵的入口管线，保持强碱段的循环碱浓度在 10%左右。当水洗段液位低时强碱段稀释水流量控制阀 A 直接超驰到水洗段液位控制，以保证水洗段液位的稳定。此时，如果水洗段补充到强碱段的水流量不足，可以通过强碱段稀释水流量控制阀 B 向强碱段补充来自锅炉给水冷却器冷却的锅炉给水。水洗段其余的一部分水通过水洗循环泵循环。经锅炉给水冷却器冷却后的锅炉给水作为碱洗塔水洗段的补充水，补水采用水洗段的液位串级补水流量控制。

碱洗塔水洗段循环泵的循环量由水洗段循环流控器进行控制，并保持设计值，才能保证水洗段泡罩塔盘上有足够的。强碱段的碱液通过降液管溢流到中碱段的集液箱。中碱段的碱液通过降液管溢流到塔釜，溢流速率近似于新鲜碱补充的速率。强碱段循环泵的循环量由强碱段循环流控器进行控制，中碱段循环泵的循环量由中碱段循环流控器进行控制，弱碱段循环泵的循环量由弱碱段循环流控器进行控制。塔釜弱碱段用隔板隔为两个室。流入大室的液体为弱碱循环泵提供吸入液体；浓缩油通过隔板溢流到小室，这一侧含油的碱通过液位控从碱洗塔塔釜靠自压排到废碱罐。

(三)前脱丙烷系统

1. 前脱丙烷系统的任务

前脱丙烷系统主要任务是将 C3 及 C3 以下组分与 C4 及 C4 以上组分进行分离。前脱丙烷系统设有两个塔，即高压脱丙烷塔和低压脱丙烷塔，两个塔的操作压力不同。高压脱丙烷塔的操作压力是 1.835 MPa，低压脱丙烷塔的操作压力是 0.762 MPa，其中原料中 C3 及 C3 以下组分从高压脱丙烷塔塔顶分离出来，C4 及 C4 以上组分从低压脱丙烷塔塔釜分离出来。

【特别提示】 双塔设置相对于单塔操作会有效改善系统结垢的问题。

微课：前脱丙烷系统

微课：高压脱丙烷系统

微课：低压脱丙烷系统

2. 前脱丙烷系统流程

前脱丙烷系统流程如图 2-2-10 所示，其中，高压脱丙烷塔工艺流程如图 2-2-11 所示。

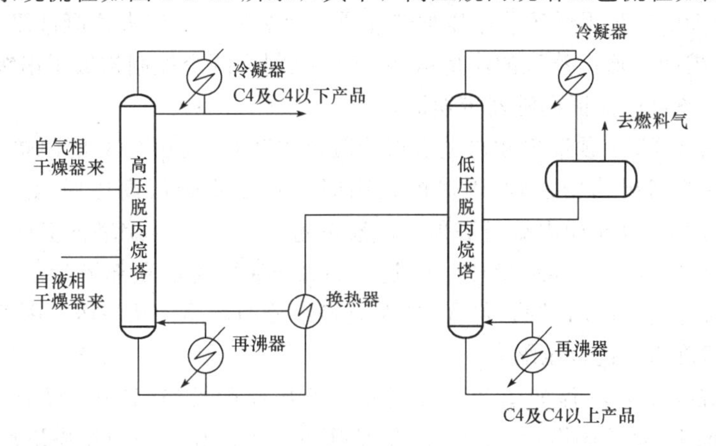

图 2-2-10　前脱丙烷系统流程图

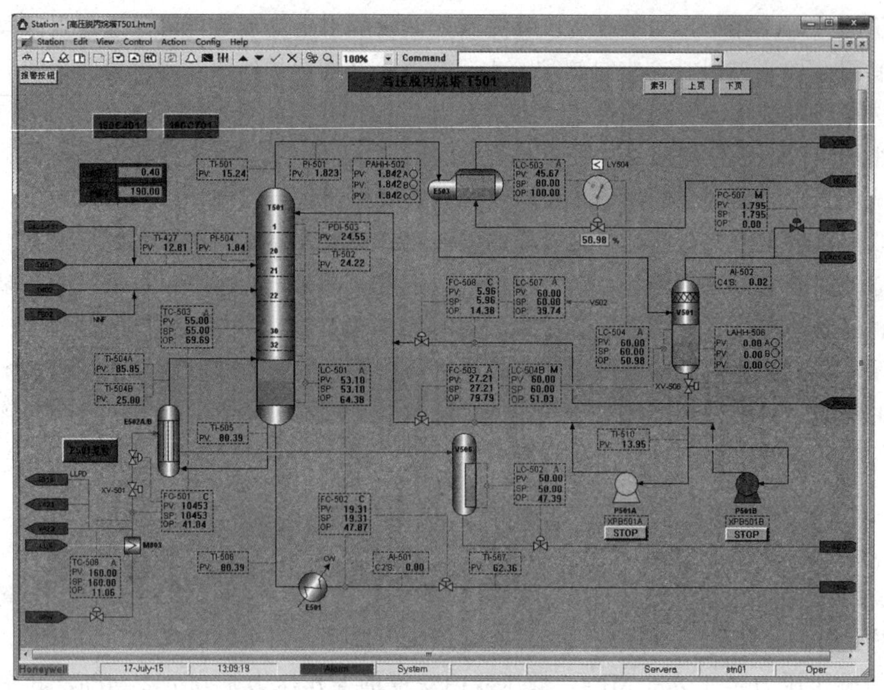

图 2-2-11　高压脱丙烷塔工艺流程图

高压脱丙烷塔 T501 设有 32 层塔盘。1～30 层(自上而下)是浮阀塔盘，31～32 层是筛板塔盘。从产品气干燥器 D401A/B 来的产品气作为高压脱丙烷塔的第 21 层塔盘的进料。液相干燥器 D402A/B 来的烃液作为高压脱丙烷塔的第 22 层塔盘的进料。高压脱丙烷塔进料在塔盘上与塔中上升蒸汽接触，发生传质传热，料液吸收蒸汽热量，发生部分气化，料液中的轻组分由液相转移到气相中，蒸汽放出热量，发生部分冷凝，蒸汽中的重组分由气相转移到液相中。每块塔盘都发生同样的过程。未被气化的料液与部分冷凝液逐板下降，汇集至塔釜，釜液一部分进入高压脱丙烷塔再沸器返回到高压脱丙烷塔作为蒸汽回流。一部分釜液经过高压脱丙烷塔塔底冷却器用冷却水进行冷却后进入到低压脱丙烷塔。高压脱丙烷塔 T501 塔釜允许有 C3's 组分(大约 46%)，这样可以降低塔釜的温度。塔釜温度过高会导致 C4、C5 的二烯烃组分在塔盘上和塔底再沸器 E502A/B 里聚合和结垢。高压脱丙烷塔再沸器 E502A/B 用低压蒸汽作加热介质，换热后的凝液去往凝液罐 V506。塔釜的温度由 TC-503 控制，低压蒸汽的流量由 FC-501 控制，两个控制构成了串级控制。塔底再沸器采用一投一备可以保证再沸器定期清理。

高压脱丙烷塔 T501 顶馏出物通过塔顶冷凝器 E503，利用 7 ℃的丙烯冷剂部分冷凝。当 MTO 反应器的馏出物中乙烯/丙烯的值高时，有必要降低高压脱丙烷塔塔顶冷凝器(E503)的冷剂温度。高压脱丙烷塔塔顶的冷凝液进入高压脱丙烷塔回流罐 V501，然后回流液通过高压脱丙烷塔回流泵(P501A/B)返回到高压脱丙烷塔顶部塔盘作为高压脱丙烷塔回流，回流量通过 FC-503 控制。包含 C3 及更轻组分的产品气从高压脱丙烷塔回流罐顶部进入产品气压缩机四段进行压缩。

低压脱丙烷塔工艺流程如图 2-2-12 所示。低压脱丙烷塔(E502)设有 46 层塔盘。第 1～35 层(自上而下)是浮阀塔盘，36～46 层是筛板塔盘。高压脱丙烷塔塔底的料液进入低压脱丙烷塔第 19 层塔盘，料液在塔盘上与塔中上升蒸汽接触，发生传质传热，料液吸收蒸汽热量，发生部分气化，料液中的轻组分由液相转移到气相中；蒸汽放出热量，发生部分冷凝。蒸汽中的重组分由气相转移到液相中。每块塔盘都发生同样的过程。未被气化的料液与部分冷凝液逐板下降，汇集至塔釜，釜液一部分进入低压脱丙烷塔再沸器返回到低压脱丙烷塔作为蒸汽回流。一部分釜液在 LC-505 串级 FC-505 控制下进料到脱丁烷塔。低压脱丙烷塔再沸器用急冷水作为加热介质。

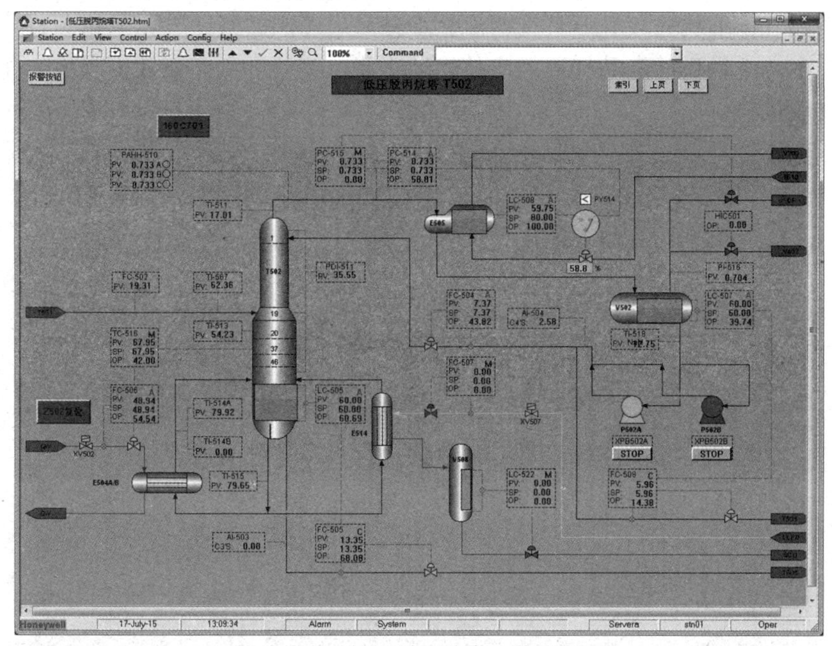

图 2-2-12　低压脱丙烷塔工艺流程图

低压脱丙烷塔塔顶馏出物经过塔顶冷凝器，被 7 ℃的丙烯冷剂冷凝储存在低压脱丙烷塔回流罐 V502 中，回流液通过低压脱丙烷塔回流泵 P502A/B 抽出，分别为高压脱丙烷塔和低压脱丙烷塔提供回流。一部分液体在流量控制 FC-504 下送到低压脱丙烷顶部塔盘作回流；剩余的液体通过低压脱丙烷塔回流罐的凝液在 LC-507 串级 FC-508 控制下送到高压脱丙烷塔顶部塔盘作为回流。

(四)产品气干燥系统

1. 产品气干燥系统的任务

尽管产品气在压缩过程中加压、降温、分离储罐内分离，能脱除大部分重烃和水分，但又经过水洗塔内的水洗、碱洗塔水洗段水洗，含有大约 500 ppm 的水分。这些水分在深冷分离操作时会结成冰。另外，在压力和低温条件下，水还能与甲烷、乙烷、丙烷等烃生成 $CH_4 \cdot 6H_2O$、$C_2H_6 \cdot 7H_2O$、$C_3H_8 \cdot 8H_2O$ 等结晶水合物，与冰雪相似，会造成设备和管道的堵塞。

生产中需要对产品气、乙烯和丙烯进行水处理，以保证乙烯生产装置的稳定运行，并保证产品乙烯和丙烯中水分达到规定值。为避免低温系统冻堵，通常以产品气进入低温分离系统的露点(−70 ℃以下)为控制指标，通过产品气干燥系统，将含水量脱除至 1×10^{-6} 以下。

2. 产品气气相干燥系统流程

MTO 烯烃分离装置利用吸附干燥的方法脱除水分，一般采用 3Å 分子筛或活性氧化铝为吸附剂，原料气干燥系统的设备包括两台干燥器，一台干燥器在运转状态，而另一台在再生或备用状态，以便保证装置连续运转。每台干燥器包含两个干燥床层。在主干燥床层(运行周期为36 h)下面设置一个湿度分析仪，以指示原料气的湿度。在主干燥床层下面设有一个保护床层(运行周期为6 h)，以防止水分从干燥器中带出。如果前面的湿度分析仪显示主床层干燥剂已经达到饱和状态，干燥器必须马上停用。与干燥器的运行、再生有关的阀门的操作都是由自动程序进行控制的。产品气气相干燥系统工艺流程如图2-2-13所示。

经过产品气压缩机三段升压且气、油、水分离后的产品气。气相从罐顶进入产品气干燥器进行脱水。干燥后的产品气进入产品气过滤器，然后进入高压脱丙烷塔，作为高压脱丙烷塔的一股进料。

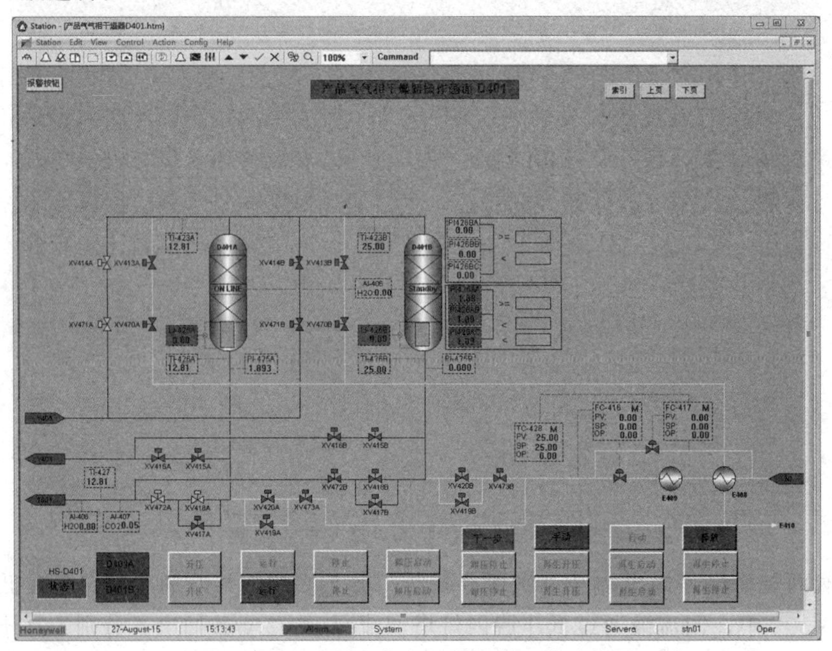

图2-2-13　产品气气相干燥系统工艺流程图

3. 产品气液相干燥系统流程

产品气液相干燥系统的设备包括聚合器、液相干燥器、液相干燥器的缓冲罐、液相干燥过滤器。其工艺流程如图2-2-14所示。

从凝液聚合器分离出的产品气液相，从下到上穿过产品气液相干燥器，产品气液相干燥器内为分子筛干燥剂，通过干燥剂吸附产品气液相物料中的水分，达到干燥的目的，干燥后的产品气液相被送往高压脱丙烷系统。干燥器设置两台产品气液相干燥器。一台干燥器在线，另一台处于再生或备用，以实现连续运行。

4. 认识再生系统

再生系统包括再生气进料、出料换热器、再生气加热器、再生气冷却器，以及再生气气液分离罐。烯烃分离装置需要周期性再生的设备有产品气气相干燥器、产品气液相干燥器、乙烯干燥器、乙炔加氢反应器、丙烯保护床等。

(1)再生原理。再生是将干燥剂简单加热至一个足够高的温度，以释放出水，同时，当水被释放时吹扫床层来置换水汽。

(2)再生流程。干燥器再生过程是利用再生气(氮气)通过干燥剂床层来实现的。部分再生气(氮气)在输送到用户前被热再生气和中压蒸汽加热，来自用户的再生气通过再生气进出料换热器和再生气冷却器冷却，冷却后的再生气被输送到再生气气液分离罐脱除水，然后输送到火炬，再生气气液分离罐中的冷凝水也被输送到热火炬罐中。

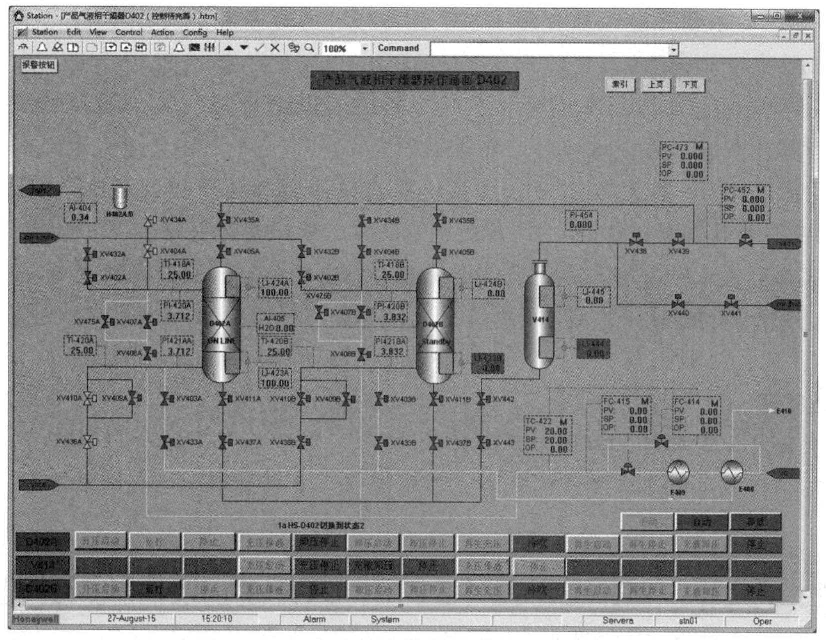

图 2-2-14　产品气液相干燥系统工艺流程图

能力训练

一、填空题

1. 来自甲醇制烯烃单元的产品气进入烯烃分离单元，首先经过________、________脱除、洗涤和________后，进入高低压脱丙烷塔进行分离。

2. 高压脱丙烷塔塔顶物流经产品气四段压缩后送至________。

3. 防喘振控制的依据是每一段的________、________、________。

4. 干燥器的干燥剂是合成的________________。

5. 压缩机密封系统采用____________。

6. 混合 C5 产品中，C4 及 C4 以下组分的含量指标是小于________。

二、选择题

1. 通常离心式压缩机运转(　　)个月后进行第一次换密封油。

A. 12　　B. 18　　C. 24　　D. 36

2. 离心式压缩机密封油系统中冷却器的高温报警温度是(　　)℃。

A. 55　　B. 60　　C. 65　　D. 70

3. 下列烯烃分离效果最好的是(　　)。

A. 原料的温度较高　　B. 原料中杂质的含量较高

C. 精馏塔的压力较高　　D. 原料的密度较低

4. 一般分子筛吸附水适合在(　　)状态下进行。

A. 低温、低压　　B. 低温、高压　　C. 高温、低压　　D. 高温、高压

5. 装置氮气置换时，下列说法不正确的是(　　)。

A. 至少有两处导淋打开　　B. 只要有一处导淋打开即可

C. 系统的末端导淋必须打开　　D. 所有导淋都要打开

6. 碱洗过程不能去除(　　)。

A. COS　　B. CS_2　　C. RSH　　D. CO

7. 压缩机开车时，关小返回时，要遵循(　　)。

A. 先关低压，后关高压　　B. 先关高压，后关低压

C. 高低压要同时关　　D. 返回设为自动

8. 蒸汽透平的工作原理是蒸汽通过叶轮后将自身的(　　)转化为叶轮的(　　)。

A. 热能和压力能；机械能　　B. 压力能；机械能

C. 热能；机械能　　D. 热能和动能；机械能

三、简答题

1. 分子筛用作吸附剂，其特点是什么？

2. 烯烃分离工艺中产品气压缩机有几条防喘线，分别从哪里返回至哪里？

任务三　压缩、净化、干燥系统操作与控制

任务描述

进行原料气压缩、净化及干燥操作；进行高压脱丙烷塔、低压脱丙烷塔的操作；进行压缩、净化、干燥系统装置联锁控制。

知识储备

一、产品气压缩系统的操作与控制

(一)干气密封系统投用

1. 隔离气投用

打开隔离气自力调节阀前后阀门，关闭旁路阀，将隔离气自力调节阀投自动控制。全开低压端隔离气流量计前阀门，调节流量计后阀门，使隔离气流量维持在 32 Nm^3/h；全开高压端隔离气流量计前阀门，调节流量计后阀门，使隔离气流量维持在 21 Nm^3/h。

2. 主密封气投用

(1)主密封气开工用氮气：高压缸用中压氮气，打开自力式调节阀前后阀门，关闭旁路阀，将调节阀投自动。低压缸用低压氮气，打开氮气阀门。

(2)打开主密封气高压缸调节阀前后阀门，关闭旁路阀，将高压缸调节阀投自动，设定值为 0.6876 MPa；打开低压缸调节阀前后阀门，关闭旁路阀，将低压缸调节阀投自动，设定值为 0.165 MPa。全开低压端主密封气流量计前阀门，调节流量计后阀门使密封气流量维持在 137 Nm^3/h；全开高压端主密封气流量计前阀门，调节流量计后阀门使密封气流量维持在 49 Nm^3/h。

3. 缓冲气投用

(1)全开低压端缓冲气流量计前阀门，调节流量计后阀门，使缓冲气流量维持在 12 Nm^3/h。

(2)全开高压端缓冲气流量计前阀门，调节流量计后阀门，使缓冲气流量维持在 17 Nm^3/h。

4. 火炬排放

全开高、低压端火炬排放流量计前后阀门，排放压力以约 0.035 MPa 为正常。

5. 油系统开车

微课：润滑油系统投用

(1)油箱充油：确认油运合格，油品合格，油箱内干净无杂物，油路系统仪表调试完毕，投用油箱液位计、油箱呼吸阀，用油滤机将油从桶中抽出，注入油箱中，液位 80%时停止注油。注意：如果油温低于 21 ℃，投用电加热器，保证油温高于 21 ℃。

(2)油系统流程设定：投用润滑油泵、油冷器、油滤器投用；打开主油泵进出口阀，关闭润滑油调节阀旁路，打开前、后截止阀；关闭控制油阀；投用主油泵润滑。

(3)系统供油：首先确认隔离气投用正常，然后微开油冷器排放阀排气，从油试镜观察有油溢出后关闭；微开油滤器排放阀排气，从油试镜观察有油溢出后关闭。缓慢手动打开系统润滑油压力调节阀，将压力调整为 0.256 MPa，将调节阀投自动，设定值为 0.256 MPa。缓慢手动打开控制油阀，压力调整为 1.015 MPa，将调节阀投自动，设定值为 1.015 MPa。供油结束后，由回油视镜观察润滑油流动情况。开润滑油高位油槽供油阀向高位油槽注油，回油视镜见油后关闭阀门。

(4)蓄能器投用：首先确定蓄能器已充 N_2，充氮压力满足设计要求，然后缓慢打开供油阀，观察压力表的压力指示，待压力稳定以后，全开供油阀。

(二)建立冷凝液循环

1. 在建立油循环的同时可以建立冷凝液循环

联系调度，分别稍开集液箱、热井脱盐水补水阀进行补水，补水至 100 mm。打开各自冷凝液泵进口阀进行灌泵，将两个液位分程调节阀置手动位置。微开冷凝液送出阀，全开冷凝液回流阀，开启冷凝液泵，缓慢打开冷凝液泵的出口阀，使冷凝液打循环。根据液位变化情况调整冷凝液外送阀阀位开度，待各自液位稳定后，将液位分程调节阀打到自动位置维持循环。

2. 主、辅冷凝液泵互备试验

将主泵打手动位置，辅泵打自动位置。开大补水阀向集液箱补脱盐水。当集液箱液位≥300 mm 时，发出液位高报警，同时备用泵自启动，关小脱盐水补水阀至原有开度。

手动开大冷凝液外送阀，待集液箱液位降至 100 mm 后将液位调节阀为自动，停主冷凝液泵。

用同样方法对另一台泵做自启动试验。

热井冷凝液泵与集液箱冷凝液泵试验方法相同，热井冷凝液泵备用泵自启联锁值为 150 mm。

(三)轴封汽的建立

待主蒸汽界区阀打开后，即可投用轴封汽。在投用轴封蒸汽前，需要确认前后轴承氮封投用正常。

全开汽封调节阀前后切断阀，微开汽封调节阀旁路阀暖管 5～10 min。开汽封调节阀的信号阀，通过汽封调节控制箱上的手动旋钮调整汽封压力，控制在 0.008 MPa 左右，使轴封冒汽口有少量蒸汽冒出即可，防止轴封汽因压力过高沿轴封漏入轴承箱，污染油系统。

如果轴封两端冒汽口汽量大小不均匀，则通过汽封平衡管手动阀进行调节。

(四)建立真空系统

确认轴封投用正常后，投用抽气器建立真空系统。

微开抽气器蒸汽阀缓慢升压，并充分疏水，暖管 5～10 min。打开启动抽气器蒸汽阀，再打开启动抽气器空气阀，对系统抽真空，确保真空达到－0.06 MPa 以上。

当启动抽气器运行正常后，进行启动抽气器与主抽气器的切换，具体切换步骤：一是打开抽气冷凝器冷凝液排放阀；二是打开二级驱动蒸汽阀；三是打开二级抽气阀；四是打开一级驱动蒸汽阀；五是打开一级抽气阀。

当主抽气器稳定后，依次关闭启动抽气器的抽气阀、蒸汽阀，停启动抽气器。随着冷凝系统真空度的增加，相应用轴封蒸汽调节阀调整轴封汽的压力，保证汽轮机两端轴封冒汽管有少量蒸汽冒出。

进行真空度联锁停机试验。缓慢关小抽气器蒸汽阀，降低系统真空度，当汽轮机排汽压力≥－0.06 MPa 时报警；当排汽压力≥－0.03 MPa 时，关闭速关阀，记录跳车时的数值。注意：在进行此项试验时要求关闭调速气阀(不让蒸汽进入汽轮机)，打开速关阀，投用排气压力联锁。备注：在真空建立汽轮机冲转以后根据排气压力升高情况投用空冷器。

(五)产品气压缩机氮气开工

产品气压缩机操作时 DCS 控制及现场如图 2-2-15～图 2-2-21 所示。

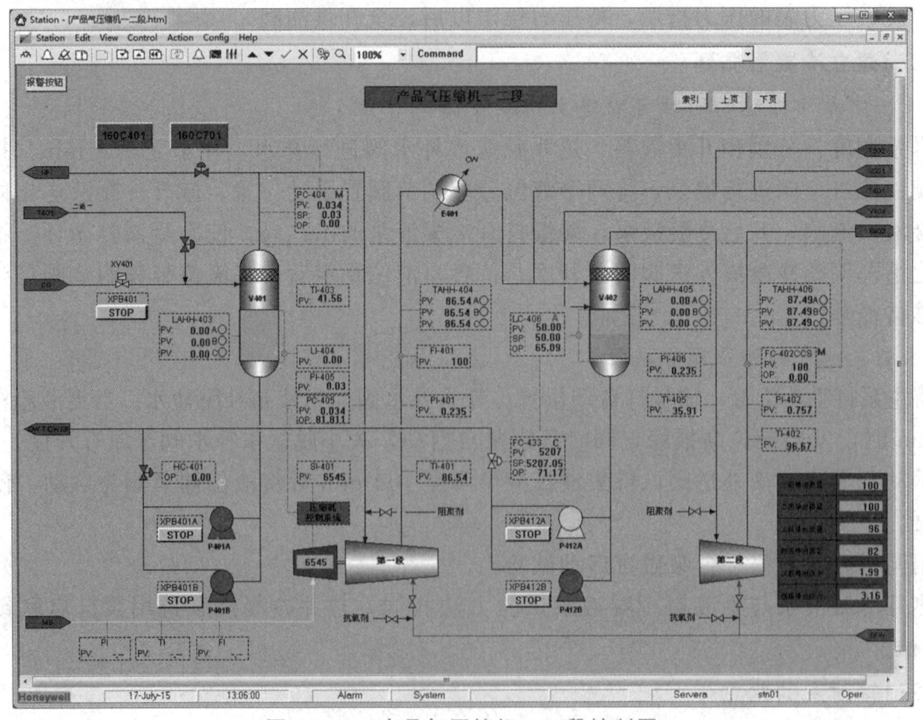

图 2-2-15　产品气压缩机一二段控制图

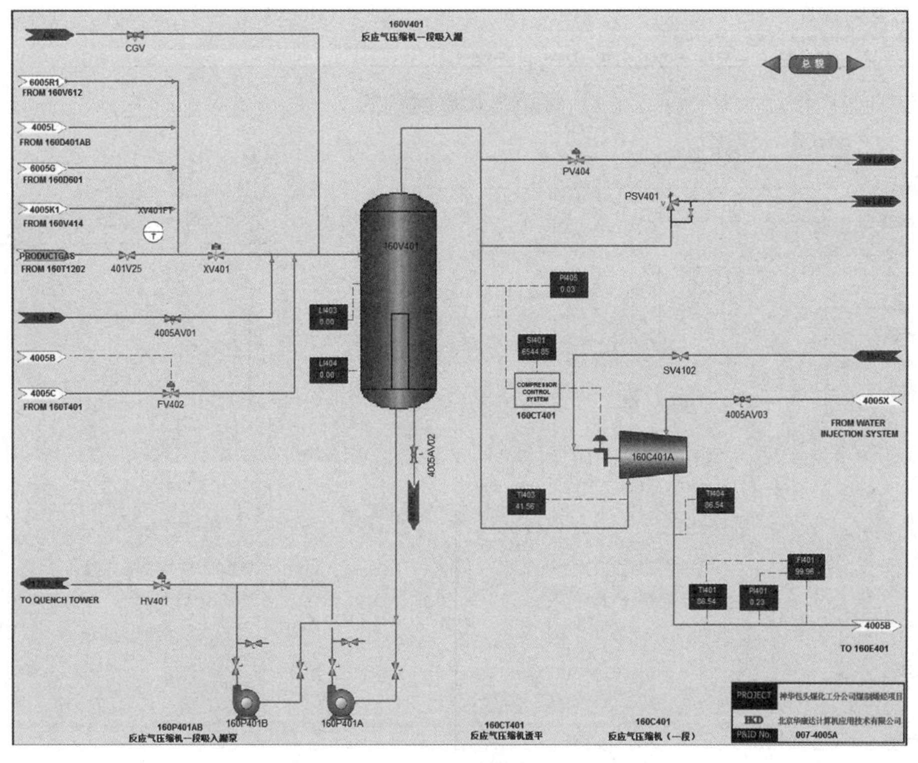

图 2-2-16　产品气压缩机一段现场图

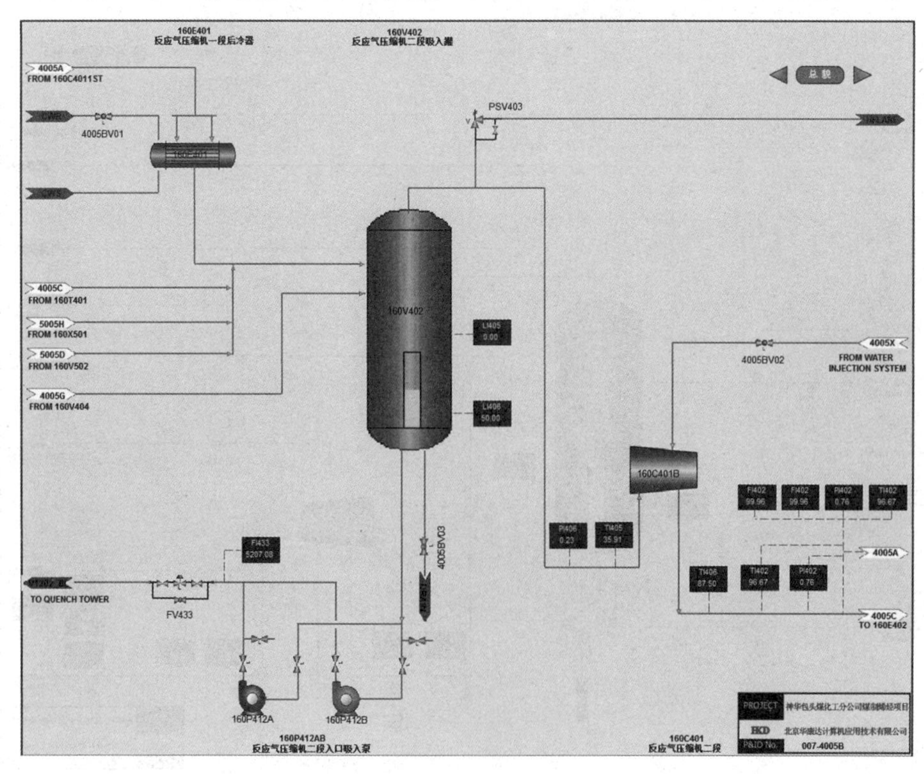

图 2-2-17　产品气压缩机二段现场图

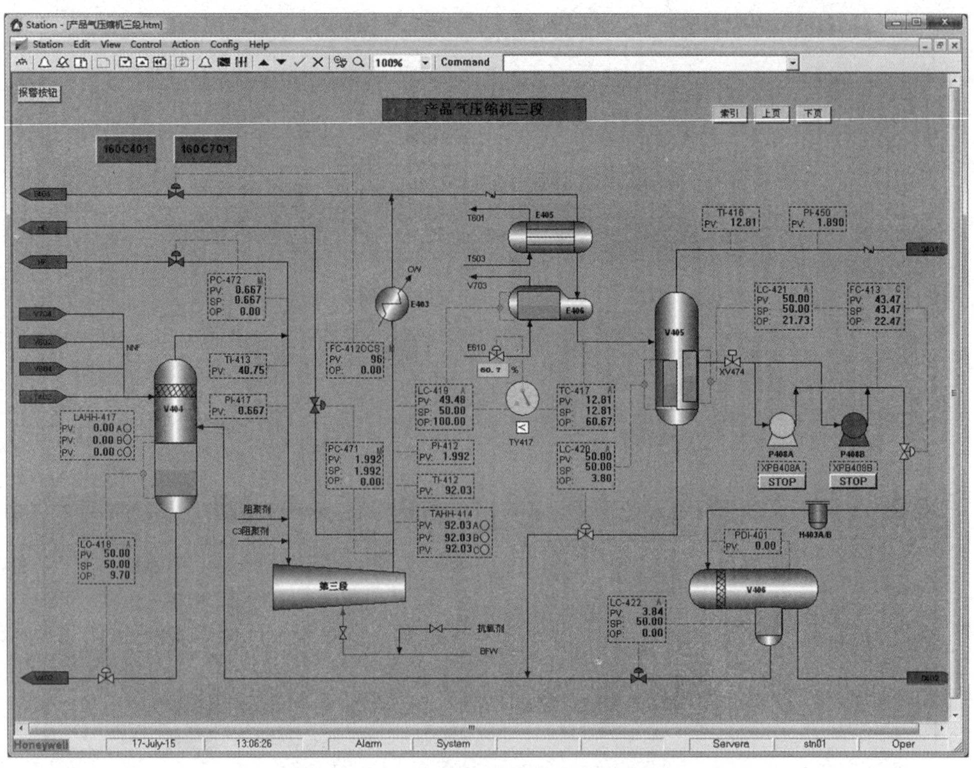

图 2-2-18 产品气压缩机三段控制图

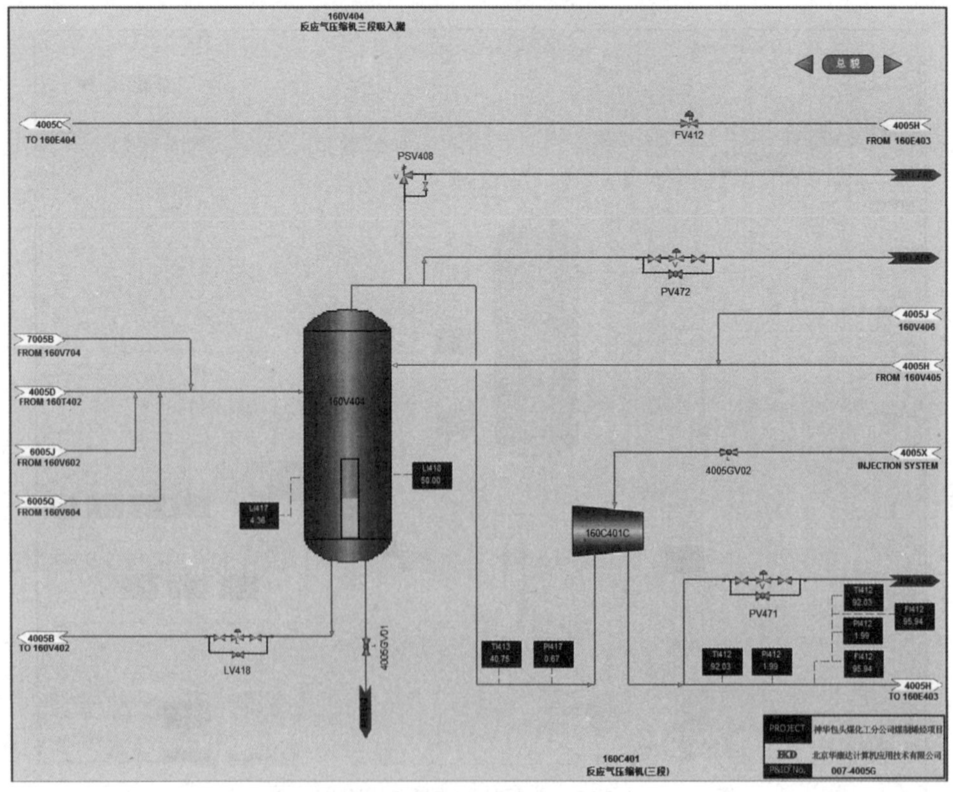

图 2-2-19 产品气压缩机三段现场图

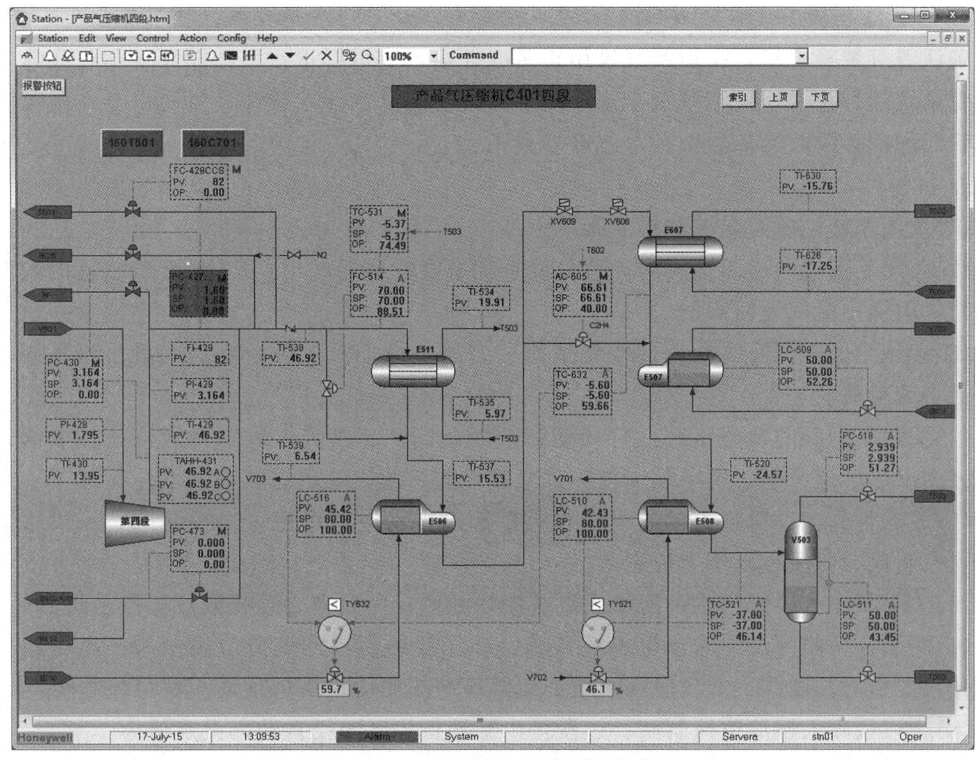

图 2-2-20　产品气压缩机四段控制图

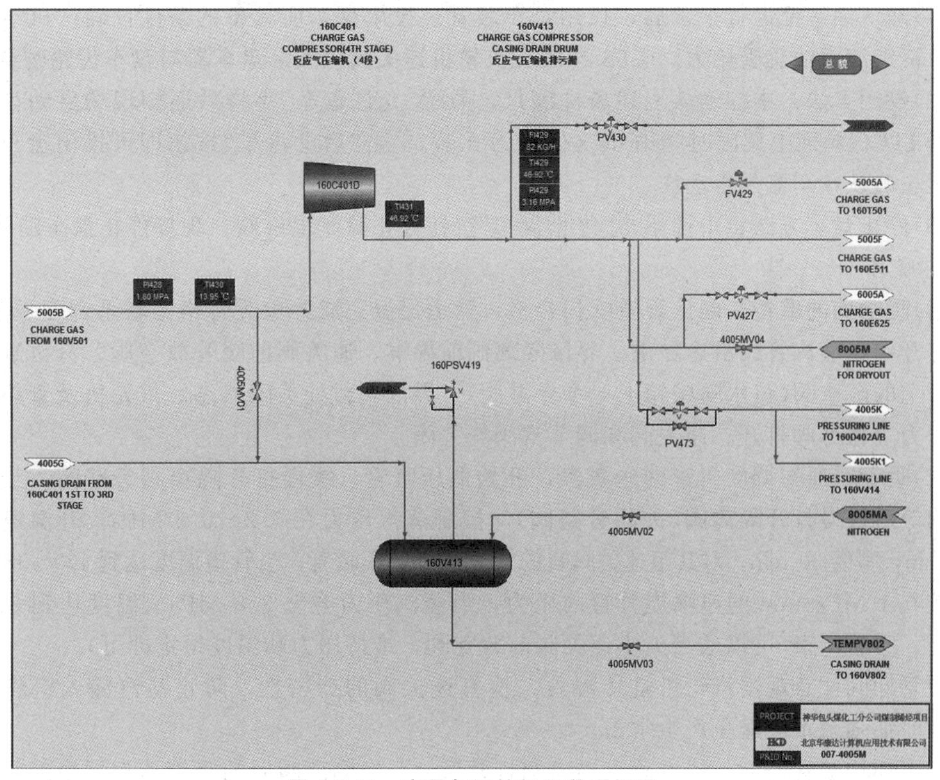

图 2-2-21　产品气压缩机四段现场图

1. 准备及确认

确认氮气置换合格，火炬系统投用正常，复水系统运行正常，油路系统运行正常，干气密封系统运行正常，机组联锁全部投用，氮气管网具备开工条件，氮气引至一段吸入 6″氮气管线阀前，段间冷却器循环水冷却器投用。

2. 流程设定

(1)关闭系统中所有导淋和排放阀。

(2)关闭乙烯、丙烯回炼阀门，后分离系统不凝气返回阀门，PP 循环气、富丙烷液返回阀门，丙烯不凝气返回阀门。

(3)确认全开返回防喘振返回线调节阀：二返一最小流量阀、三返三最小流量阀、四返四最小流量阀。

(4)关闭下列阀门及旁路阀，打开前后切断阀门：二段吸入罐水凝液液位控制阀、水洗塔液相出界区调节阀、脱甲烷塔进料罐气相控阀、脱甲烷塔进料罐液位控制阀。

(5)放火炬阀：一段吸入罐放火炬压力控制阀、水洗塔塔顶压力控制阀、三段压缩出口压力控制阀、四段排出压力控制阀。

(6)关闭泵出入口阀门，一段吸入罐进料切断阀，一段吸入罐凝液液位控制阀。

(7)关闭高压脱丙烷塔塔釜出料流量阀、高压脱丙烷塔回流流量控制阀、高压脱丙烷塔气相入口压力控制阀、低压脱丙烷塔回流罐至高压脱丙烷塔塔顶回流流量控制阀。

(8)将三段吸入罐液位控制阀、三段排出罐液位控制阀投自动，设定值为 20%。

3. 盘车

(1)确认油系统运行正常后，投用盘车装置。投用盘车应具备的条件：确认机组转速为零、机组润滑油总管压力＞0.03 MPa、汽轮机速关阀全关、盘车器与盘车齿轮吻合。

(2)投用方法：中控确认上述条件满足，显示“允许盘车”字样后通知现场启动盘车油泵，当 ITCC 画面上延时时间由 60 s 倒计为 0 s，单击“启动盘车”按钮即可投用盘车电磁阀，现场确认盘车器是否动作。

(3)停止盘车方法：中控单击“停止盘车”按钮停止盘车电磁阀，现场停止盘车油泵。

4. 暖管

(1)暖管前的准备。确认管道吹扫合格，管道保温完成并检验合格。联系调度送蒸汽，依次打开中压蒸汽管线沿途导淋、界区隔离阀前导淋、速关阀前暖管放空阀、汽机缸体及平衡管上的疏水阀(疏水膨胀箱上 6 个导淋阀)。界区阀暂处关闭状态。汽轮机及管路上的所有压力表根部阀打开。速关阀和调节汽阀均关闭。

(2)暖管。通知调度向管网送蒸汽，开始低压暖管。缓慢打开隔离阀旁路阀，当前后压力均等后缓慢打开隔离阀(关闭旁路阀)，控制蒸汽压力在 0.2～0.3 MPa，升温速率为 5 ℃/min，暖管 30 min，对其至速关阀间的管道进行低压暖管；当管道温度达到 120～130 ℃，可以按 0.1 MPa/min 的速率提升管内压力；当蒸汽压力升至 3.8 MPa、温度达到 370 ℃左右时，暖管结束(可以适当关小速关阀前放空阀，维持压力和温度恒定即可)。

暖管期间注意观察汽轮机缸体温度，检查速关阀的严密性，防止蒸汽漏入汽轮机缸内。同时加强疏水，避免产生水击。

为了加快暖管速度，待主蒸汽隔离阀打开后，开启隔离阀后的暖管消声器根部阀进行暖管。注意：当机组升速至低速暖机模式时，关闭暖管消声器根部阀。

5. 升速过程

当“开车条件”全部满足，指示灯变绿，显示“机组允许开机”时，打开调速画面，单击“启动”按钮，进入暖机模式，可选择ITCC或现场仪表盘去升速开车，当按下“升速”按钮后，达到最小暖机转速目标设定值750 r/min后保持30 min(如果手动操作需要单击“保持”按钮)。暖机完毕，继续升速至2 000 r/min(暂定)左右保持5～10 min，检查确认机组各项参数均正常后继续升速；当转速达到临界区域内(2 200～3 000 r/min)，将自动高速通过，不受手动影响，此模式为“加速”。当继续升速至3 945 r/min最小运行转速，即进入运行模式。当进入运行模式后，根据机组负荷情况和实际工况需要对转速进行调整以满足生产需求(转速调节范围为3 945～5 918 r/min)。压缩机升速曲线如图2-2-22所示。

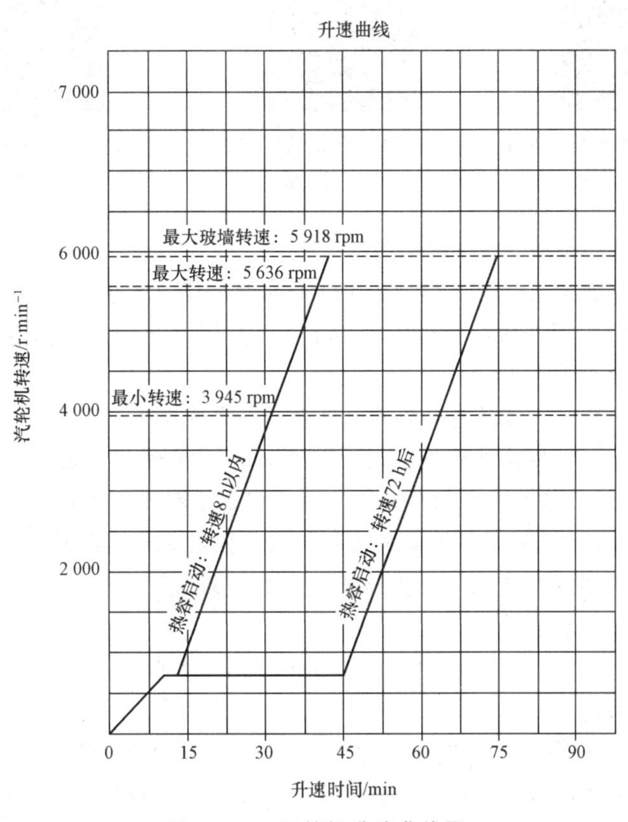

图2-2-22　压缩机升速曲线图

如果进入运行模式下，投自动调节，压缩机将自动加减负荷。因为系统初次开车，调速装置尚待磨合，存在不稳定性，故开车初期不建议投自动。

压缩机正常运转后进行切换一级密封气源切换工作，切换时注意中压氮气阀门与工艺气阀门配合进行，严禁出现大幅波动引起机组跳车。为了减小波动，要求中控与现场岗位加强联系，切换时现场操作人员先缓慢开启工艺气阀门，然后根据压差情况缓慢关闭中压氮气阀门，直至完全关闭，则切换完成。考虑到本系统特殊性(尽量减少系统漏入的惰性气量)，在机组过完临界转速区域后停留检查期间视情况即可进行一级密封气切换操作。

若要做超速试验，应在运行模式下，先按一次“允许超速”按钮，将其变为“超速模式”字样，再按“超速试验”按钮，如果达到联锁值6 391 r/min时未发生联锁，松开“超速允许”按钮，使转速再返回运行模式，以便查找原因，而不必停机。

若要做危急保安器试验，则将超速试验联锁旁路，同样按“超速”按钮直至转速升至 6 510 r/min，观察联锁是否动作，如果联锁未动作则紧急停车，联系仪表处理。

6. 工艺调整

随着转速的升高，逐渐关小返回线调节阀，注意防止喘振。将一段吸入流量控制在 55 t/h，三段流量控制在 25 t/h，四段流量控制在 17.5 t/h。一旦发生喘振应迅速增加返回流量，以保证压缩机在最小流量以上运转。调节四段排出压力调节阀，将四段排出压力控制在 0.774 MPa。

微课：产品气压缩机开车及流量控制

实训视频：产品气压缩机一二段(仿真)

实训视频：产品气压缩机三段投用(仿真)

(六)产品气压缩机接收 MTO 产品气

确认产品气压缩机氮气运转正常、MTO 产品气合格具备引入产品气压缩机系统条件。现场缓慢打开一段吸入罐进料切断阀接收 MTO 产品气直至全开，同时关小产品气压缩机系统，氮气阀门直至全关。

【特别提示】 一段吸入罐进料切断阀的开动作一定要缓慢，氮气阀门的关动作一定要及时，但也必须缓慢，一定要控制压缩机的一段吸入流量始终处于稳定状态。在切换物料期间，压缩主操必须与 MTO 装置主操作随时沟通，密切监视水洗水塔的压力，在产品气向压缩机进料时，逐渐关闭水洗塔的放火炬压力控制阀，控制水洗塔的压力处于稳定状态。

逐渐关小各段返回线调节阀，防止压缩机喘振。系统稳定后，产品气压缩机升至正常转速，调整系统各参数至设计值。

在切除氮气、引入产品气过程中，调节四段排出压力调节阀，将四段排出压力逐步提高，控制在 3.25 MPa。

产品气压缩机二段吸入罐水相液位达 20%时，启动泵向 MTO 输送水，烃相液位达 20%时，启动泵向液体凝液聚合器输送液相烃。产品气压缩机三段排放罐液位达 20%时，启动泵向液相干燥器进料。

将干气密封主密封气改为四段排出产品气。投用压缩机前三段注水，将排出温度控制在 90 ℃以下。

启动阻聚剂、抗氧剂注入泵，向系统内注入药剂，防止结垢聚合，保证机组长周期运行。

(七)产品气压缩机停工操作

1. 停工前确认及准备

微课：产品气压缩机停车

(1)停工物品准备。准备好阀门扳手、空桶，准备足够吹扫胶带、密封头、双丝头、弯头，确认照明装置完好。

(2)停工方案学习。组织岗位员工学习停工方案并熟练掌握，明确设备管线吹扫的具体要求，检修设备进行现场标记，做好停工后加盲板的准备工作及记录。

(3)消防准备确认。各消防蒸汽备用，消防器材完好备用，可燃气报警仪无报警，安全阀投用、打铅封。

2. 停车前操作

(1)将产品气压缩机干气密封改为氮气。

(2)降低段间罐液位至5%操作，回收物料。

(3)随着MTO装置降低负荷，逐渐开大返回线调节阀的同时，缓慢降低机组转数，直至压缩机改成全回流操作时，转速降到调速器最小可调转速。

3. 机组S/D停车

(1)联系MTO装置，并向生产运行部汇报，准备机组停车。

(2)在中控室按S/D停车按钮。

(3)S/D停车后，在中控室确认以下事项：转数正常减少、XV-2101关闭状态、返回线调节阀全开。检查联锁动作是否正确。确认轴已经停止旋转、润滑油保持正常运转。启动机组盘车器进行盘车。在回油温度达到常温状态方可停盘车系统。注意只有在停润滑油泵后方可停密封气系统。

4. 停冷凝液、真空系统

(1)中压蒸汽停工操作。关闭主蒸汽隔断阀和旁通阀，打开中压蒸汽隔断阀的前导淋阀和速关阀，进行管线排凝液。

(2)破坏真空。关闭真空喷射器的蒸汽入口阀，打开通大气阀门将真空破坏。破坏真空后关闭密封蒸汽供给阀，关闭泄漏蒸汽冷凝液真空喷射器的蒸汽入口阀，打开透平缸体导淋排凝，关闭安全阀密封冲洗水阀门。

(3)停冷凝液系统。抽气器停用0.5 h后取消备泵联锁，停运行冷凝液泵、热井泵，关冷凝液外送阀。关闭BFW给水阀，打开热井、集液箱导淋，将热井、集液箱内的水排放干净后关闭。

5. 现场及工艺处理

(1)关闭各系统向压缩系统返回物料阀门，停水洗塔洗水注入泵，停止补水。停前三段注水，关闭注水阀门。

(2)停阻聚剂、抗氧剂注入泵，停止药剂注入。

(3)停产品气压缩机一段凝液泵，关闭入出口阀门。停产品气压缩机三段出口凝液泵，关闭入出口阀门。停产品气压缩机二段烃凝液泵，关闭入出口阀门。

(4)打开系统各低点火炬排放阀向火炬排液。

6. 产品气压缩机系统N_2置换

(1)氮气置换流程设定。

(2)关闭系统所有的导淋阀和排放阀。

(3)打开下列各控制阀及前后截止阀和旁通阀：二返一最小流量阀、三返三最小流量阀、水洗塔烃凝液液位控制阀、水洗水注水洗塔流量控制阀、循环弱碱流量控制阀、循环中碱流量控制阀、循环强碱流量控制阀、碱洗塔水洗循环流量控制阀、三段吸入罐液位控制阀、三段排出罐水凝液液位控制阀、凝液聚合器水凝液液位控制阀。

(4)关闭下列各控制阀及前后截止阀和旁通阀：一段吸入罐凝液液位控制阀、一段吸入罐放火炬压力控制阀、一段吸入罐进料切断阀、二段吸入罐水凝液液位控制阀、水洗塔塔底净化水液位控制阀、水洗水缓冲罐压力控制阀、废碱液聚结器废碱液液位控制阀、碱洗塔水洗段锅炉给水流量控制阀、碱洗塔强碱段锅炉给水流量控制阀、碱洗塔黄油液位控制阀、水洗塔塔顶压力控制阀、三段出口压力控制阀。

(5)加压、减压置换：在一段吸入管线引入氮气，将系统加压至 0.3 MPa，打开火炬排放阀和安全阀旁路将系统向火炬泄压至 0.03 MPa。重复 3 次加压、减压后，在取样点分析 $N_2>98\%$为合格。不合格的位置反复加压、减压直至合格。

7. 油系统停车

(1)确认产品气压缩机系统 N_2 置换合格。

(2)盘车已停止。

(3)停润滑油泵。

(4)确认产品气压缩机停车超过 24 h，确认反应气压缩机油温降至环境温度。

(5)将备泵启动模式设置为手动启动，并将手动启动开关锁定，防止在停主泵时，备泵自启动。

(6)手动按下紧急断流阀，停润滑油泵。

(7)关闭泵出入口阀。

8. 停干气密封系统

(1)关闭主密封气阀门、缓冲气阀门。

(2)确认油路停运后，关闭隔离气阀门。

(3)关闭火炬排放阀门。

二、产品气净化系统的操作与控制

原料甲醇经过 MTO 反应制出的产品气组分相当复杂，除包含有用的组分外，还含有一些有害物质。这些杂质的含量虽不大，但对于深冷分离的各操作过程是有妨碍的。对原料气可以采用水洗和碱洗的方式进行净化。接下来介绍水洗系统、碱洗系统的操作与控制。

(一)水洗塔系统操作与控制

1. 水洗塔

水洗塔是塔底设有油水分离室的填料塔。塔内的填料选用的矩鞍环，其采用连续挤出的工艺进行加工，通过散装形式堆放，形成的矩鞍环填料床层内多为圆弧形液体通道，具有较大的空隙率，减少了气体通过床层的阻力，也使液体向下流动时的径向扩散系数减小。矩鞍环与同种材质的拉西环填料相比，具有通量大、压降低、效率高等优点。比鲍尔环阻力小、通量大、效率高、填料强度和刚性较好，是应用最广的一种散堆填料。

实训视频：烯烃分离工段水洗塔投用(仿真)

水洗塔塔底设有油水分离室。由于反应温度的降低，反应中生产的一些重组分会冷凝出来和水洗水一起由塔底流出，需要通过油水分离室使油和水分离。

2. 水洗系统操作

水洗系统操作时，DCS 控制及现场如图 2-2-23、图 2-2-24 所示。

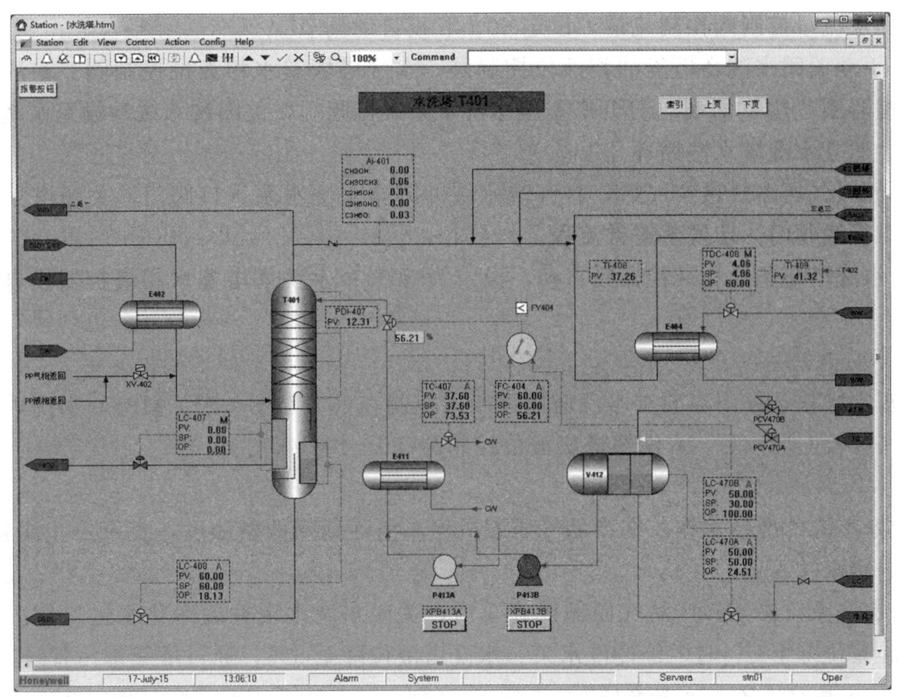

图 2-2-23　水洗系统控制示意

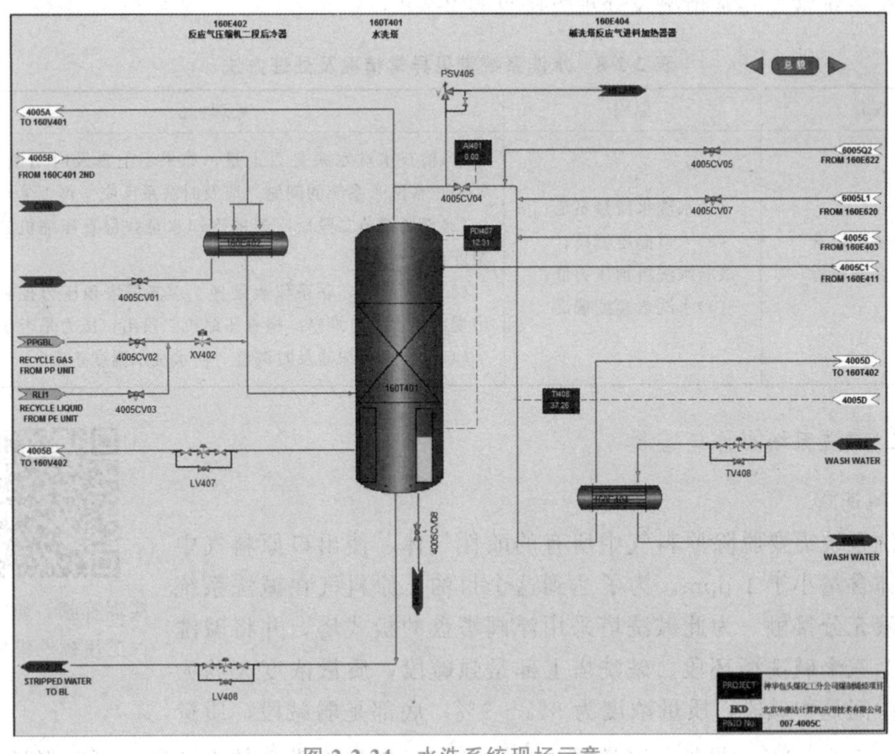

图 2-2-24　水洗系统现场示意

(1)投用洗水缓冲罐氮封自力阀，水洗水冷却器循环冷却水投用。

(2)联系 MTO 装置，将洗水引入洗水缓冲罐，将液位调节阀净化水缓冲罐液控器投自动，设定值为 50%。洗水缓冲罐液位达 50%后，启动水洗水泵向塔内注入水洗水。洗水由汽提水流量控制阀控制流量，设定 60 t/h 投自动调节。

(3)手动关闭水洗塔塔釜油相液位控制阀，水洗塔塔釜水相液位控制阀。水洗塔塔釜水相液控器液位达 50%时，打开塔釜至水洗水泵入口阀门，关闭洗水缓冲罐至水洗水泵入口阀门，建立水洗塔水洗循环。

(4)原料气压缩机进实气后，打开洗水缓冲罐至水洗水泵入口阀门，关闭塔釜至水洗水泵入口管线阀门，切换至正常流程。

(5)水洗塔塔釜油相液控器投自动，设定为 50%；水洗塔塔釜水相液控器投自动，设定为 50%。

3. 水洗系统主要参数

在正常操作条件下，要求水洗塔塔顶压力控制在(0.778±0.01) MPa，水洗塔塔顶温度控制在(37.6±3) ℃，水洗塔塔底液位控制为(50±10)%。

4. 水洗系统停工

(1)停车前的准备工作。在产品气压缩机停车前逐渐降低碱浓度，直至停止注新鲜碱，维持锅炉给水注入量。

(2)水洗系统停工。产品气压缩机停车后，关闭水洗水缓冲罐净化水进口阀。待水洗水缓冲罐液位降至 5%时，停冲洗水泵。水洗塔液位降至 5%，通过塔釜排污管线倒空。

5. 常见异常情况及处理方法

水洗系统常见异常情况及处理方法见表 2-2-8。

表 2-2-8 水洗系统常见异常情况及处理方法

现象	原因	处理方法
水洗塔出口含氧化合物超标	(1)水洗水流量不足； (2)入口温度偏高； (3)水洗塔顶压力低； (4)水洗水温度偏高	(1)检查水洗水泵是否上量，如果不上量及时切换备用泵。如果是水洗水系统的问题，应及时联系反应—再生单元处理； (2)现场调节二段后冷器的冷却水量并检查压缩机二段出口温度是否正常； (3)仪表故障，联系仪表处理。水洗塔塔顶压力控制阀可能出现内漏，及时维修。检查压缩机二段出口压力是否偏低； (4)水洗水冷却器及时调整，使水洗水温度正常

(二)碱洗系统操作与控制

实训视频：烯烃分离工段碱洗塔投用（仿真）

1. 碱洗塔

碱洗系统需要脱除原料气中所有的酸性气体，使出口原料气中酸性气体含量小于 1 ppm。为了达到这个目的，原料气在碱洗系统要和碱液充分接触，为此碱洗塔采用浮阀塔盘的板式塔，并将碱洗塔设计为三个碱洗循环段。碱洗塔上部是强碱段，质量浓度大约为 10%；中间是中碱段，质量浓度为 8%～9%；底部是弱碱段，质量浓度为 1.5%～2%。另外，碱洗塔顶部设计有三层泡罩塔盘的水洗段，可以保证气液充分、有效地接触，以洗掉原料气中携带的碱液。

2. 碱洗系统投用

碱洗系统操作时，DCS 控制及现场如图 2-2-25、图 2-2-26 所示。

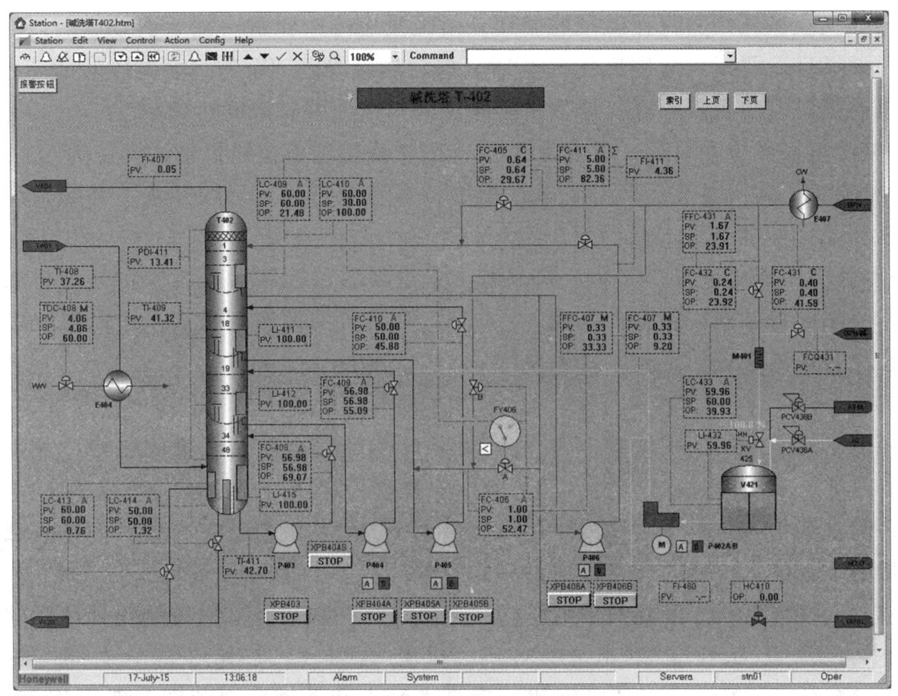

图 2-2-25 碱洗系统控制示意

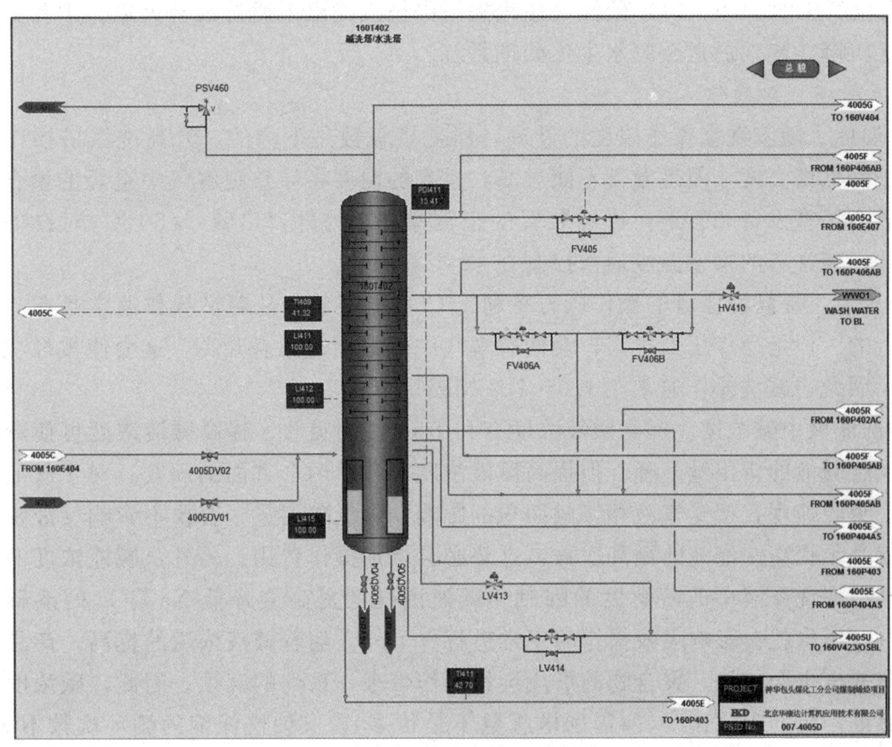

图 2-2-26 碱洗系统现场示意

(1)手动关闭原料气进料加热器阀门，停止水洗水加热。打开碱洗塔水洗段锅炉给水流量控制阀向水洗段注入锅炉给水。

(2)水洗段液位达到 50%时启动水洗循环泵进行水洗段的循环。强碱段液位达到 50%

时，启动强碱段循环泵进行强碱段的循环。中碱段液位达到50%时，启动中碱段循环泵进行中碱段碱循环。弱碱段液位达到50%时，启动弱碱段循环泵进行弱碱段的循环。同时启动计量泵向强碱段注入新鲜碱。调整新鲜碱注入量，使强碱浓度达到10%。

(3)碱洗塔底液位投自动，设定为50%；废碱液控器液位投自动，设定为50%。

(4)原料气压缩机氮气运转时，碱洗塔维持各段碱循环，持续补水、补碱，废碱正常排放。

(5)原料气压缩机进原料气后，调节碱洗塔进料温差控制器控制原料气进料加热器加热水洗水流量，将碱洗塔温度控制在42.5 ℃。启动黄油抑制剂注入泵，向碱洗塔注入药剂，防止聚合，减少黄油。

3. 废碱液的处理

从碱洗塔塔釜排出的废碱液中含有 Na_2S、NaOH 等，以及有机硫化物，使废碱液具有难闻的臭味。在碱洗过程中会发生部分烃类的冷凝和溶解，因此，在废碱液的上面存在一层黄色的油状物(黄油)，这种黄油是以油包水型的乳状液形态存在的，而在废碱液层中也有少量的黄油以水包油的形式存在，故需要进行进一步处理。

目前，大多数生产厂家倾向采用空气氧化法进行处理，经过空气氧化处理后的废碱液中已基本不含或有含量很低的 Na_2S，但仍含质量浓度2%左右的 NaOH 及 Na_2CO_3、Na_2SO_3、$Na_2S_2O_3$ 等，因此，需要进行中和处理。中和剂一般采用 H_2SO_4 或 HCl。反应产生的 H_2S、CO_2 酸性气在汽提塔内被汽提出来后排放至火炬。中和处理后的废液再经沉降、隔油后送至废水生化处理系统。

4. 碱洗塔主要操作参数

(1)温度。随着洗涤操作温度的升高，所需塔板数是下降的。升高洗涤塔操作温度虽然有利于降低塔高度，但是温度不能过高，过高的温度将导致裂解气中重烃的聚合，聚合物的生成会堵塞设备和管道，影响装置的正常操作。另外，热碱(＞50 ℃)对设备有腐蚀性。因此，碱洗塔的操作温度通常控制在42 ℃左右。

(2)压力。提高洗涤塔的操作压力有利于 CO_2 的吸收，故碱洗操作通常是在一定的压力下进行的。但是操作压力过高，会使裂解气中的重烃的露点升高，这会使重烃在洗涤塔中冷凝。因此，碱洗操作通常在1.0～1.8 MPa 下进行。

(3)洗涤液中碱浓度。提高碱液浓度有利于 CO_2 的吸收。提高碱液浓度可使新鲜碱液加入量及废碱液的排出量下降。但提高碱液浓度会涉及两个方面的问题。对于气液吸收过程来说，吸收速度直接受气液相接触面积的影响。降低碱用量，若要不影响气液相的良好接触，就必须提高洗涤液的循环次数，这势必会增加操作费用；另外，碱液浓度的提高还受 Na_2CO_3 在洗涤液中的溶解度的限制。碱液浓度的提高会降低 Na_2CO_3 的溶解度，一旦 Na_2CO_3 析出就会影响吸收操作的正常进行。另外，随着碱液浓度的提高，产品气中烯烃的聚合速度也会加快，聚合物的形成会给操作带来一系列的麻烦。因此，碱浓度的选择应该既保证一定的吸收速度(所需的塔板数不是很多)，又使洗涤液的循环次数不多(所需的操作费用不是很大)。

(4)碱利用率。提高碱利用率会降低新鲜碱液的加入量，当洗涤液循环比不变时，为保持气液相的良好接触，则必须增加塔板数。因此，随着碱利用率的提高，所需塔板数也需要相应增加。若不增加塔板数，就要增加洗涤液的循环次数，从而导致操作费用的增加。

5. 碱洗系统操作参数控制

(1)碱洗操作温度控制。碱洗塔进料温度要求控制在(42.5±3)℃，主要通过碱洗塔进料温差控制器调整产品气压缩机段间产品气进料加热器水洗水量来控制。水洗水温度上升，碱洗塔进料温度上升，需加大水洗水量；水洗水温度下降，碱洗塔进料温度下降，需减小水洗水量。若装置负荷发生变化，则随着负荷的改变调整调节阀开度。

微课：碱洗塔温度控制

(2)碱洗塔塔底液位控制。碱洗塔塔底液位要求控制在50%～60%。影响碱洗塔塔底液位的主要因素是碱循环量、洗涤水量、压差、碱洗塔压力、补新碱量。一般通过碱洗塔塔釜液控器控制塔釜液位。

(3)碱洗塔水洗段液位控制。碱洗塔水洗段液位应大于30%，要求控制在(60%±5%)。影响碱洗塔水洗段液位的主要因素是水洗段注入量和冲洗水采出量。生产中通过水洗段注入量与冲洗水采出量的差值来控制。碱洗塔水洗段底部的一部分水在强碱段稀释水流控器控制下按照一定比率控制进入强碱循环泵的入口管线，保持强碱段的循环碱质量浓度在10%左右。当水洗段液位低时强碱段稀释水流量控制阀A直接超驰到水洗段液位LC-410控制，以保证水洗段液位的稳定。

微课：碱洗塔塔底液位控制

如果水洗段补充到强碱段的水流量不足，可以通过强碱段稀释水流量控制阀B向强碱段补充来自锅炉给水冷却器冷却的锅炉给水。经锅炉给水冷却器冷却后的锅炉给水作为碱洗塔水洗段的补充水，补水采用水洗段的液位串级补水流量控制。

碱洗塔水洗段循环泵的循环量由水洗段循环流控器进行控制，并保持设计值，才能保证水洗段泡罩塔盘上有足够的水(在碱洗塔水洗段循环泵停车的情况下最小量为1 600 kg/h)，强碱段的碱液通过降液管溢流到中碱段的集液箱。

(4)循环碱浓度控制。碱洗塔弱碱段要求碱的质量浓度控制在1.5%～2%，中碱段碱为8%～9%；强碱段为9%～10%。影响碱浓度的因素主要是新鲜碱浓度、装置负荷、入口产品气酸气含量指示的二氧化碳和硫化氢浓度、产品气干燥器出口指示的二氧化碳浓度。可以通过调整强碱段循环碱的流量、中碱段循环碱的流量、弱碱段循环碱的流量、新鲜碱注入量、水洗段注入量、冲洗水采出量来综合调整。

微课：循环碱浓度控制

6. 碱洗系统停工及废碱排放

(1)停车前的准备工作。碱循环泵保持运转，确认水洗系统计划停车完毕。

(2)碱洗系统停工。系统内废碱液在泄压前排放到界区，产品气压缩机停车后，在碱洗塔各段液位降至5%时停各段循环泵。在系统内低点化学排放将设备管线内残存废碱液排净，停车后系统进行水冲洗。打开除氧水调节阀FV-2105补水，当水洗段液位达50%时启动P-2106A进行循环。当强碱段达50%时，启动P-2105A进行强碱段水循环。当中碱段达50%时，启动P-2104A进行中碱段水循环。当弱碱段达50%时，启动P-2103进行弱碱段水循环冲洗。水循环液pH值小于9.0时水冲洗合格，停各段循环泵。在系统内低点化学排放将设备管线内液体排净。

7. 常见异常情况及处理方法

碱洗系统常见异常情况及处理方法见表2-2-9。

表 2-2-9　碱洗系统常见异常情况及处理方法

现象	原因	处理方法
反应气进料加热器调节阀全开温度不降	(1)换热器反应气进料加热器水洗水入口处的管板被杂物堵住，水洗水流量受限； (2)反应气进料温度控制阀故障	(1)等待检修时清理换热器； (2)内操改手动控制，通知现场用调节阀手轮调节，然后联系仪表处理
碱洗塔出口反应气中 CO_2 超标	(1)反应气中酸性气体浓度过高，碱浓度低； (2)碱循环量小； (3)釜温偏低； (4)负荷过高，空速过大； (5)碱泵不上量； (6)黄油多，排放不及时	(1)调整注碱量、提高碱浓度； (2)提高循环量； (3)适当调节碱洗塔进料温差控制器来提高反应气温度； (4)联系裂解加大注硫，降负荷； (5)检查碱泵运行情况； (6)及时排放，并检查黄油调节阀开度
碱洗塔聚合物(黄油)多	(1)塔压差指示不准； (2)黄油抑制剂注入太少； (3)新鲜碱质量不合格或浓度高； (4)黄油排放不及时； (5)反应气组成中重组分过大； (6)注入新鲜碱液时间携带 O_2 较多； (7)反应气进料温度过高或过低	(1)联系仪表维修； (2)增加黄油抑制剂注入量； (3)使用合格碱或降低碱液浓度； (4)监视压差按时排放黄油； (5)调整反应气组成； (6)碱液注入后，及时用 N_2 吹扫，切断 O_2 进入途径； (7)合理调整碱洗塔进料温差控制器来调整反应气进料温度
碱洗塔黄油排放不好	(1)油水乳化，分层不好，废碱液中水包油； (2)排黄油管线冻堵	(1)查找乳化原因，处理；加大洗油注入，多次排放； (2)提高塔釜液位，增大停留时间；暂停下段碱循环泵，静止，使油、碱分层；处理排黄油冻堵管线
碱洗塔压差高	(1)塔釜黄油量大，排放不及时； (2)碱循环量大； (3)水洗段液位高	(1)检查并及时排放； (2)降低各段碱循环量； (3)查水洗段液位，调整
碱洗塔底液位异常	(1)调节阀失灵； (2)液位计失灵	(1)首先改付线调节，然后联系仪表处理； (2)通过现场液位计比照判断

三、高压脱丙烷系统操作与控制

(一)高压脱丙烷塔

如图 2-2-27 所示，高压脱丙烷塔是设有 32 层塔盘的复合塔。其中 1～30 层(自上而下)是浮阀塔盘，31～32 层是筛板塔盘。1～20 层是单溢流塔盘，21～32 层是双溢流塔盘。从产品气干燥器来的产品气作为高压脱丙烷塔的第 21 层塔盘的进料。产品气液相干燥器来的烃液作为高压脱丙烷塔的第 22 层塔盘的进料。

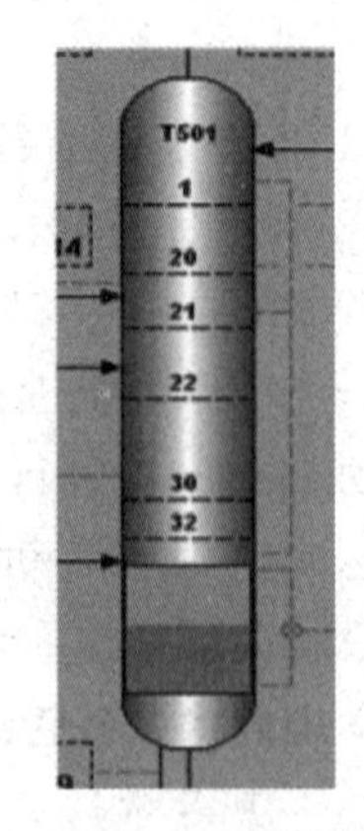

图 2-2-27　高压脱丙烷塔

(二)高压脱丙烷系统投用

高压脱丙烷系统操作时，DCS 控制及现场如图 2-2-28～图 2-2-30 所示。

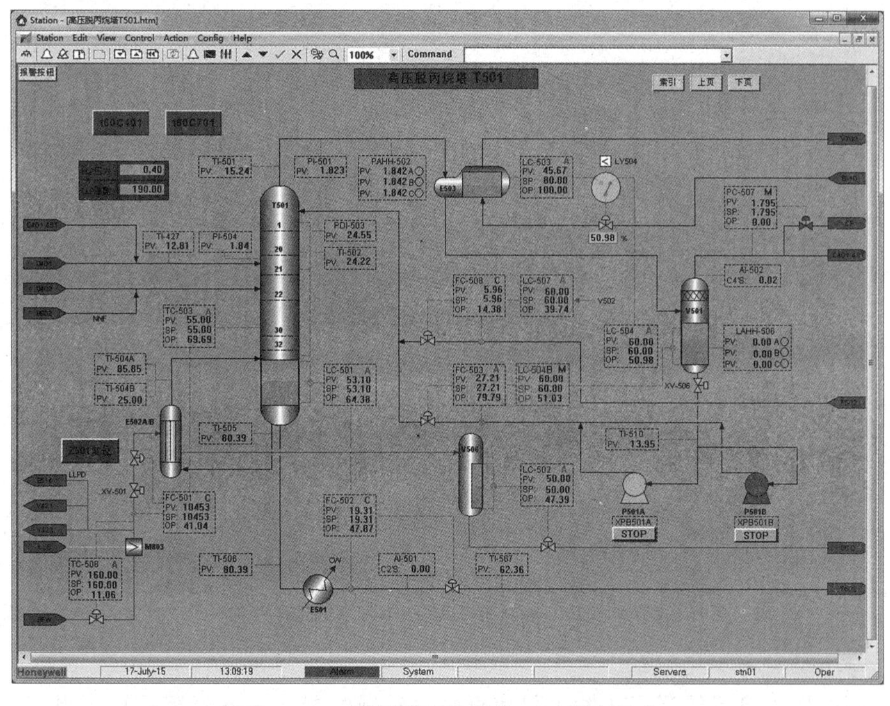

图 2-2-28　高压脱丙烷系统 DCS 控制示意

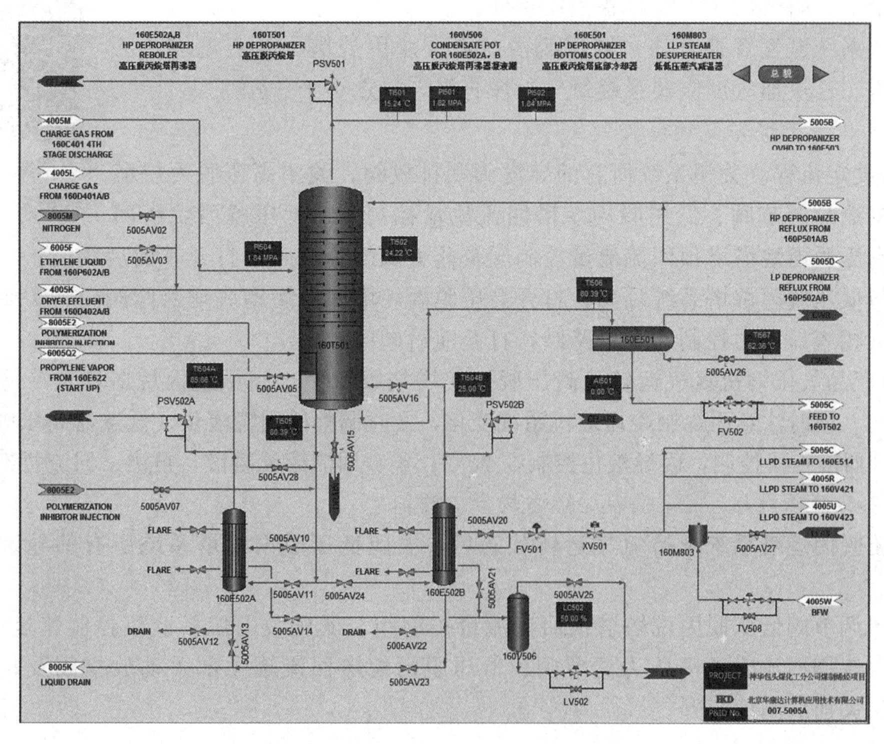

图 2-2-29　高压脱丙烷系统现场示意(一)

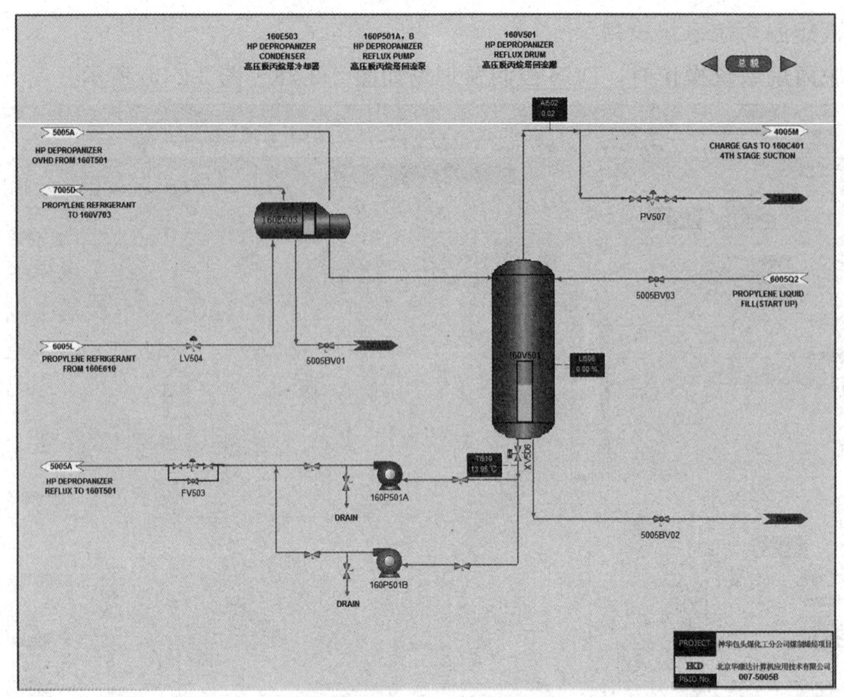

图 2-2-30　高压脱丙烷系统现场示意(二)

1. 开工前系统确认

确认丙烯压缩机系统运行正常，投用低压蒸汽减温器、蒸汽凝液系统，阻聚剂贮罐已贮满阻聚剂，阻聚剂注入泵具备使用条件。

确认系统氮气置换合格，高压脱丙烷塔、脱甲烷塔、脱乙烷塔、乙烯精馏塔、乙炔加氢反应器系统氮气干燥合格，露点小于－40 ℃。

实训视频：高压脱丙烷塔投用(仿真)

2. 高压脱丙烷塔系统接收氮气

(1)设定流程。关闭系统所有的导淋阀和排放阀；关闭高压脱丙烷塔液位控制流量调节阀、低压脱丙烷塔回流流量控制阀、低压脱丙烷塔回流罐至高压脱丙烷塔塔顶回流流量控制阀及此类阀门旁路阀，打开其前后阀门；将高压脱丙烷塔与低压脱丙烷塔系统隔离；打开高压脱丙烷塔回流罐罐底切断阀阀门；关闭高压脱丙烷塔气相入口压力控制阀及旁路阀，打开前后阀门。

(2)产品气压缩机氮气运转及高压脱丙烷塔接收氮气。高压脱丙烷塔塔顶冷凝器投用丙烯冷剂，同时注意丙烯制冷压缩机系统变化，及时调整段间罐液位。低选器高压脱丙烷塔塔顶冷凝器液控器控制，丙烯液位控制在20%；釜、回流罐无凝液，再沸、回流暂不投用。

3. 高压脱丙烷塔/低压脱丙烷塔系统开工进料

高压脱丙烷塔系统维持氮气运转状态后，关闭低压脱丙烷塔系统所有的导淋阀和排放阀。

关闭调节阀低压脱丙烷塔塔顶回流流量控制阀、低压脱丙烷塔液位控制流量调节阀、低压脱丙烷塔回流罐顶部压力调节阀、低压脱丙烷塔回流罐顶部手动放空阀及相关旁路阀，将相关前后阀门打开。

4. 高压脱丙烷塔开工

产品气压缩机氮气运行正常后，逐渐引入产品气。高压脱丙烷塔系统随产品气压缩机压缩系统一起引入产品气。

高压塔回流罐逐渐建立80%液位后启动高压脱丙烷塔回流泵。调节高压脱丙烷塔回流控制阀控制回流量。在高压脱丙烷塔塔釜建立30%液位后，调节高压脱丙烷塔再沸器低低压蒸汽流量控制阀和高压脱丙烷塔塔釜温控器控制再沸量。

启动阻聚剂泵向高、低脱丙烷塔注入阻聚剂。联系投用分析仪表。调节再沸、回流、塔顶冷剂量，建立高压脱丙烷塔塔循环。调整控制高压脱丙烷塔顶温为16.8 ℃，釜温为80 ℃，塔压为1.849 MPa。

在高压塔釜液位正常后，调节高压脱丙烷塔液位控制流量调节阀，向低压塔进料。

(三)高压脱丙烷塔参数控制

1. 操作要点

高压脱丙烷塔的操作是为了使塔顶物中C4含量符合最终C3产品的允许规格。脱丙烷塔压力基于自产品气压缩3段经工艺设备(后冷却器、分离罐、干燥器等)的典型压差。在低压脱丙烷塔塔顶物冷凝温度和7 ℃丙烯冷剂温度之间达到足够温差，以此决定低压脱丙烷塔压力。两个塔的设计针对用低于82 ℃的塔底物温度运行。这个低温降低了塔盘和再沸器内结垢的趋势。

2. 正常操作条件下的工艺参数

高压脱丙烷塔系统正常操作条件下的工艺参数见表2-2-10。

表2-2-10　高压脱丙烷塔系统正常操作条件下的工艺参数

序号	控制对象	正常值	单位
1	高压脱丙烷塔塔顶压力	1.847±0.1	MPa
2	高压脱丙烷塔塔底压力	0.805±0.1	MPa
3	高压脱丙烷塔塔顶温度	15.8±2	℃
4	高压脱丙烷塔塔底温度	80.0±3	℃
5	高压脱丙烷塔塔底液位	50±10	%

3. 高压脱丙烷塔参数控制

(1)高压脱丙烷塔塔釜液位控制。保证高压脱丙烷塔塔釜正常液位，防止空塔或满塔，造成塔底轻组分过多或塔顶C4超标，塔釜液位要求控制在50%左右，其塔釜液位控制回路图如图2-2-31所示。塔釜液位主要通过高压脱丙烷塔塔釜液位控制器(LC-501)串级低压脱丙烷塔进料流量控制器(FC-502)进行控制，进料到低压脱丙烷塔第19层塔盘。

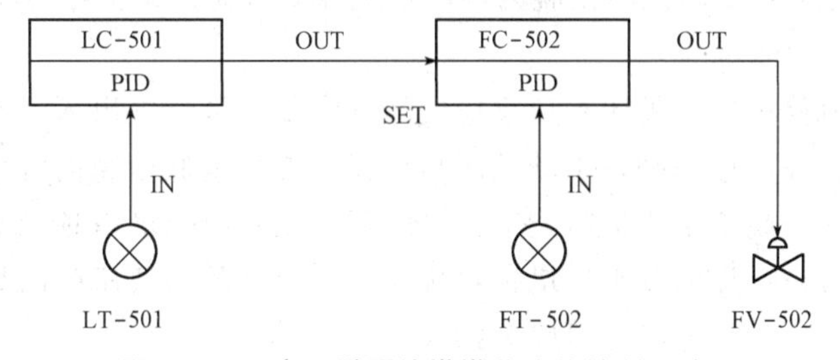

图2-2-31　高压脱丙烷塔塔釜液位控制回路图

(2)高压脱丙烷塔塔釜允许有C3's组分(大约46%)，这样可以降低塔釜的温度。塔釜温度过高会导致C4、C5的二烯烃组分在塔盘上和塔底再沸器里聚合和结垢。高压脱丙烷塔再沸器采用0.35 MPa的低低压蒸汽作加热介质，换热后的凝结水去往凝液罐。塔釜的温度由高压脱丙烷塔灵敏板温度TC-503和低低压蒸汽的流量FC-501控制，这两个控制构成了串级控制。其控制回路图如图2-2-32所示。

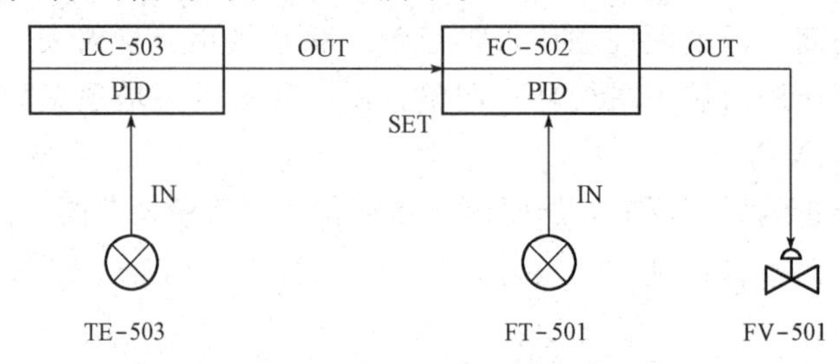

图 2-2-32　高压脱丙烷塔灵敏板温度与再沸器加热蒸汽流量串级控制回路图

(3)高压脱丙烷塔塔顶回流罐液位与塔顶冷凝器液位低选超驰控制。高压脱丙烷塔塔顶馏出物通过塔顶冷凝器部分冷凝后进入高压脱丙烷塔回流罐，然后通过高压脱丙烷塔回流泵返回到高压脱丙烷塔顶部塔盘作为高压脱丙烷塔回流。在生产操作中，保证高压脱丙烷塔塔顶回流罐液位，确保回流不中断，稳定塔顶温度、压力。高压脱丙烷塔塔顶回流罐液位LC-504由回流泵的回流流量FC-503和塔顶冷凝器液位LC-503低选超驰控制。高压脱丙烷塔塔顶回流罐液位与塔顶冷凝器液位低选超驰控制回路图如图2-2-33所示。

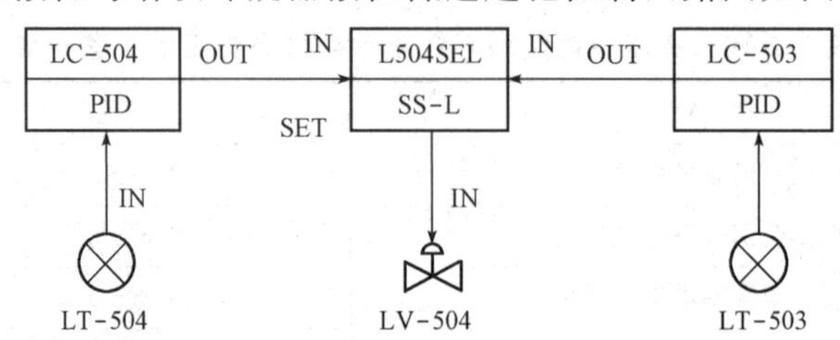

图 2-2-33　高压脱丙烷塔塔顶回流罐液位与塔顶冷凝器液位低选超驰控制回路图

(四)高压脱丙烷塔系统停车

1. 停工前系统降负荷

随着产品气压缩机负荷的降低，相应降低高压脱丙烷塔的负荷。降低高压脱丙烷塔塔釜液位为10%、冷凝器液位为10%、回流罐液位为10%；调整控制高压脱丙烷塔塔顶温度为16 ℃，釜温为80 ℃，塔压为1.835 MPa；根据塔负荷适当降低高压脱丙烷塔回流量，确保其塔顶温度为(16±2) ℃。确认高压脱丙烷塔系统降低负荷，减少停工物料排放。

2. 高压脱丙烷塔停止进料

在产品气压缩机停机后，关闭入口反应气酸气含量测量装置出入口阀，关闭脱甲烷塔进料罐压力控制阀、液位控制阀，手动关闭高压脱丙烷塔至低压脱丙烷塔进料调节器，手动关闭低压脱丙烷塔至脱丁烷塔进料调节器。降低高压脱丙烷塔塔顶冷凝器液位、低压脱丙烷塔塔顶冷凝器液位、降低脱甲烷塔进料罐液位。手动关闭低压脱丙烷塔回流罐顶部手动放空阀，停止返反应气压缩机二段吸入罐。

3. 高压脱丙烷塔系统停止回流泵，减少再沸

停止高压脱丙烷塔回流泵，关闭泵出入阀，防止泵反转。减少再沸器低压蒸汽加热量。

4. 高压脱丙烷塔系统排液、泄压

打开高压脱丙烷塔再沸器排放线上阀门，再沸器内残存液体排入火炬系统。打开高压脱丙烷塔塔釜排放线上阀门，将塔釜内残存液体排入火炬系统。打开高压脱丙烷塔回流罐排放线上阀门，将罐内残存液体排入火炬系统。打开高压脱丙烷塔回流泵排放线上阀门，将泵管线内残存液体排入火炬系统。打开脱甲烷塔再沸器、脱甲烷塔进料 1 号急冷器、乙烯精馏塔再沸器、脱甲烷塔进料 2 号急冷器、脱甲烷塔进料 3 号急冷器排放线上阀门，将各换热器内残存液体排入火炬系统。打开脱甲烷塔进料罐排放线上阀门，将罐管线内残存液体排入火炬系统。

每个设备排液结束后，均应及时关闭排液阀门，防止系统压力过低。确认高压脱丙烷塔系统排液结束后泄压，将高压脱丙烷塔系统内的气相物料排入火炬系统，系统压力泄至 0.03 MPa 后，通知外操将系统所有放火炬阀门关闭，防止其他系统排火炬压力高而倒窜回系统。关闭高压脱丙烷塔再沸器减温减压器温度控制阀和蒸汽流量控制阀，停止高压脱丙烷塔再沸。

5. 高压脱丙烷塔系统氮气置换

关闭系统所有的导淋阀和排放阀。关闭高压脱丙烷塔进料阀门，打开高压脱丙烷塔回流罐罐底切断阀，关闭四返四最小流量控制阀。关闭高压脱丙烷塔气相入口压力控制阀，前后阀门打开。打开高压脱丙烷塔液位控制流量调节阀及前后阀门、旁路阀。打开高压脱丙烷塔气相进料压力控制阀及前后阀门、旁路阀。打开反应气压缩机四段出口切断阀及旁路阀门。打开脱甲烷塔重沸器反应气热源流量控制阀、乙烯精馏塔重沸器反应气热源切断阀、乙烯精馏塔灵敏板分析控制阀及其前后阀门。

从高压脱丙烷塔塔底引入 N_2 充压至 0.3 MPa 后停止充压。打开高压脱丙烷塔再沸器排放线上阀门，将再沸器内气体排入火炬系统。打开高压脱丙烷塔塔釜排放线上阀门，将塔釜内气体排入火炬系统。打开高压脱丙烷塔回流罐排放线上阀门，将罐内气体排入火炬系统。打开高压脱丙烷塔回流泵排放线上阀门，将泵管线内气体排入火炬系统。打开脱甲烷塔再沸器、脱甲烷塔进料 1 号急冷器、乙烯精馏塔再沸器、脱甲烷塔进料 2 号急冷器、脱甲烷塔进料 3 号急冷器排放线上阀门，将各换热器内气体排入火炬系统。打开高压脱丙烷塔压力调节阀将系统内的气体排入火炬系统。

系统 N_2 泄压至 0.03 MPa，停止泄压。重复加减压 3 次。联系化验分析系统内各采样点可燃气体含量＜0.5%为置换合格。不合格重复置换，直至合格为止。

(五)常见异常情况及处理方法

高压脱丙烷塔系统常见异常情况及处理方法见表 2-2-11。

表 2-2-11　高压脱丙烷塔系统常见异常情况及处理方法

现象	原因	处理方法
高压脱丙烷塔塔顶 C4 超标	(1)塔顶温度高； (2)塔底温度高； (3)进料中 C4 组分增多； (4)塔压降低； (5)液位偏低	(1)及时增大塔顶回流量，或适度降低塔的回流温度； (2)适时适度降低塔底再沸器加热量； (3)及时调整塔顶回流量、塔釜再沸量，使系统达到新的平衡； (4)及时减小塔顶冷凝器丙烯冷剂量或增大塔底再沸器加热量； (5)减小塔釜采出量

现象	原因	处理方法
高压脱丙烷塔塔底C2超标	(1)塔顶温度低； (2)塔底温度低； (3)进料中C2组分增多； (4)塔压过高； (5)液位高	(1)及时减小塔顶回流量或适度提升塔顶回流温度； (2)适时适度增大塔底再沸器加热量； (3)及时调整降低塔顶回流量、提高塔釜再沸量，使系统达到新的平衡； (4)及时增大塔顶冷凝器丙烯冷剂量或减小塔底再沸器加热量； (5)加大塔底采出量
高压脱丙烷塔塔底结焦	(1)塔釜温度高； (2)阻聚剂注入量不足； (3)进料温度偏高	(1)适时适度降低塔底再沸器加热量； (2)检查阻聚剂注入系统是否正常或加大阻聚剂注入量； (3)调整三段出口后冷器出口温度

四、低压脱丙烷塔系统操作与控制

(一)低压脱丙烷塔

低压脱丙烷塔设有46层塔盘。第1～35层(自上而下)是浮阀塔盘，36～46层是筛板塔盘。低压脱丙烷塔所有的塔盘都是单溢流方式。

实训视频：低压脱丙烷塔投用(仿真)

(二)低压脱丙烷系统投用

低压脱丙烷系统工艺控制及现场如图2-2-34～图2-2-36所示。在低压脱丙烷系统投用前确认系统正常，氮气置换合格。

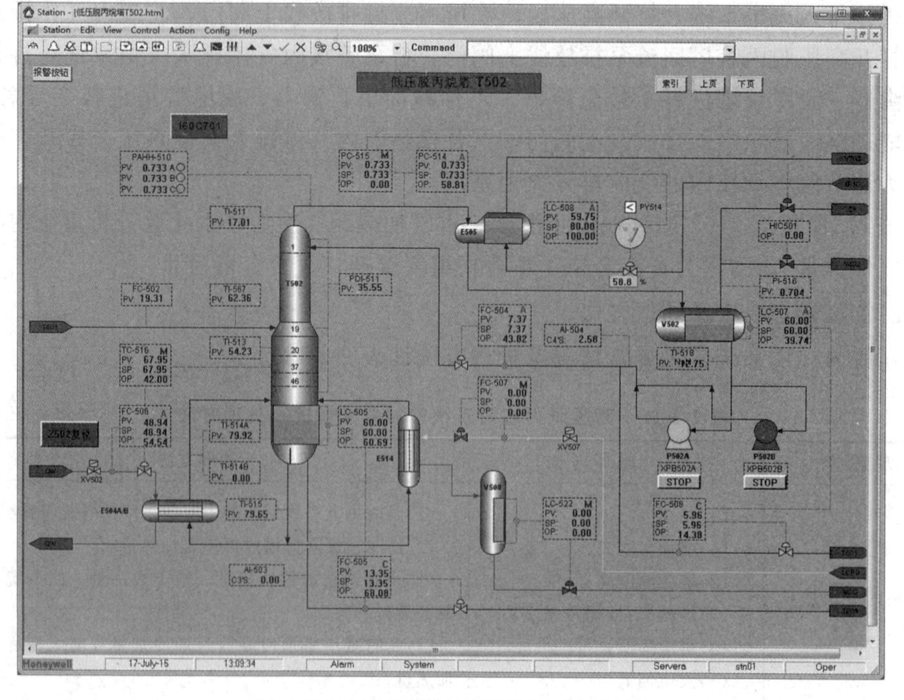

图2-2-34　低压脱丙烷系统工艺控制图

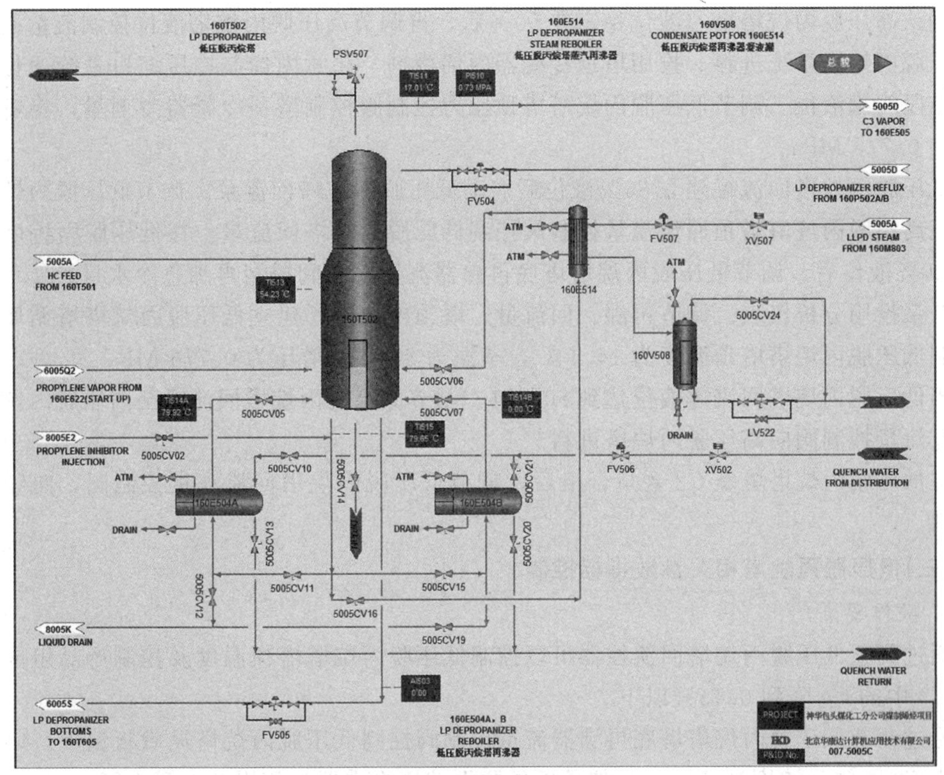

图 2-2-35　低压脱丙烷系统现场图(一)

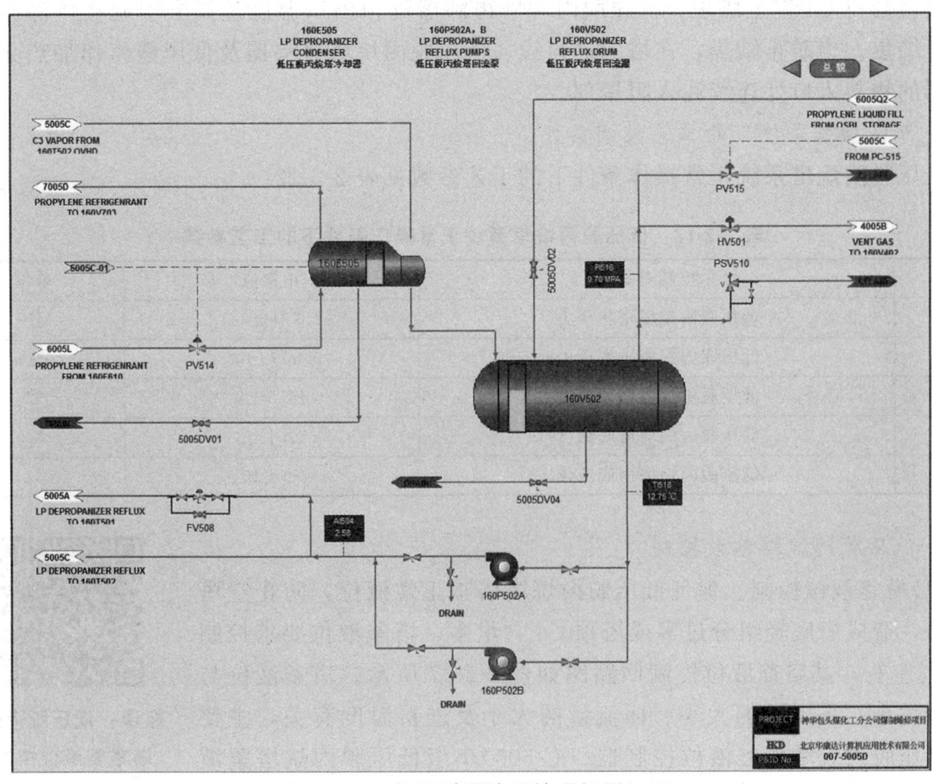

图 2-2-36　低压脱丙烷系统现场图(二)

确认高压脱丙烷塔塔釜液位稳定在50%后，再调节高压脱丙烷塔液位控制流量调节阀向低压脱丙烷塔系统进料。投用塔顶冷凝器丙烯冷剂，注意丙烯制冷压缩机系统变化，及时调整段间罐液位。调节低压脱丙烷塔塔顶压力控制阀控制塔顶冷凝器冷剂量，将塔压力控制在0.776 MPa。

低压脱丙烷塔回流罐建立80%液位后启动低压脱丙烷塔回流泵。调节低压脱丙烷塔回流罐至高压脱丙烷塔塔顶回流流量控制阀控制低压脱丙烷塔回流量。在低压脱丙烷塔塔釜建立20%液位后，调节低压脱丙烷塔塔底再沸器流量控制阀控制再沸急冷水量。

联系投用分析仪表。调节再沸、回流量、塔顶冷剂量，建立低压脱丙烷塔塔循环。调整控制低压脱丙烷塔塔顶温度为14.4 ℃，釜温为80 ℃，塔压为0.776 MPa。

当低压脱丙烷塔回流罐液位达到50%时，调节低压脱丙烷塔回流罐至高压脱丙烷塔塔顶回流流量控制阀向高压脱丙烷塔进料。

在低压脱丙烷塔塔釜C3含量合格后，调节低压脱丙烷塔回流流量控制阀，向脱丁烷塔进料。

(三)低压脱丙烷塔相关参数指标控制

1. 操作要点

通过调整低压脱丙烷塔回流控器可以控制低压脱丙烷塔塔顶温度及控制产品组成，将塔顶C3中的C4降到0.15%以下。

通过调节低压脱丙烷塔塔底再沸器流量控制阀控制低压脱丙烷塔灵敏板温度，以符合塔釜中C3的设计浓度(0.55%)。如果低压脱丙烷塔再沸器汽相出口温度大于79 ℃，过渡的汽提就会将C4带至塔顶。低压脱丙烷塔再沸器汽相出口温度过高会引起在再沸器及塔内聚合结焦。为防止结焦，在塔的进料线、低压脱丙烷塔再沸器及低压蒸汽作加热介质的再沸器的物料入口处连续注入阻聚剂。

2. 正常操作条件下的工艺控制参数

低压脱丙烷塔系统正常操作条件下的工艺参数见表2-2-12。

表2-2-12 低压脱丙烷塔系统正常操作条件下的工艺参数

序号	控制对象	正常值	单位
1	低压脱丙烷塔塔顶压力	0.774±0.1	MPa
2	低压脱丙烷塔塔底压力	0.805±0.1	MPa
3	低压脱丙烷塔塔顶温度	14.3±2	℃
4	低压脱丙烷塔塔底温度	79.1±3	℃
5	低压脱丙烷塔塔底液位	50±10	%

3. 低压脱丙烷塔参数控制

(1)塔釜液位控制。保证低压脱丙烷塔塔釜正常液位，防止空塔或满塔，造成塔底轻组分过多或塔顶C4含量多，塔釜液位要求控制在50%左右，其塔釜液位控制回路图如图2-2-37所示。塔釜液位与再沸量大小、采出量的大小、回流量的大小及进料温度有关，主要通过低压脱丙烷塔塔釜液位控制器(LC-505)串级低压脱丙烷塔釜液采出流量控制器(FC-505)进行控制。

微课：低压脱丙烷塔塔釜液位控制

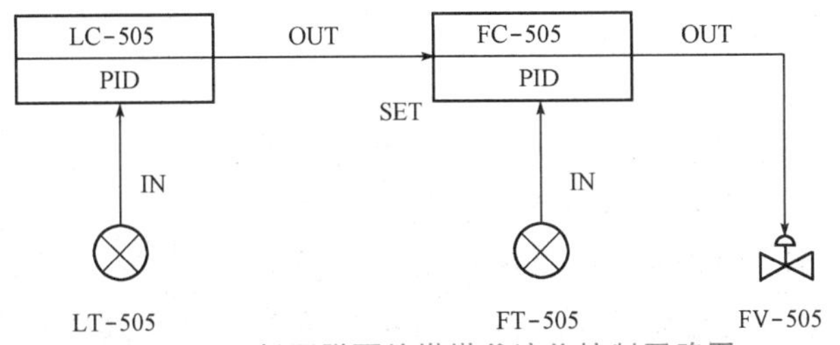

图 2-2-37　低压脱丙烷塔塔釜液位控制回路图

(2)低压脱丙烷塔回流罐液位控制。低压脱丙烷塔塔顶馏出物通过塔顶冷凝器全部冷凝后进入低压脱丙烷塔回流罐，然后通过低压脱丙烷塔回流泵分别为高压脱丙烷塔和低压脱丙烷塔提供回流。在生产操作中保证低压脱丙烷塔塔顶回流罐液位，确保回流不中断，稳定塔顶温度、压力，连续给四段压缩送料。低压脱丙烷塔回流罐液位与去高压脱丙塔回流量、塔顶冷凝量、低压脱丙烷塔回流泵抽空、塔釜温度有关。正常情况下，可适当调节回流量大小、调节低压脱丙烷塔回流罐向高压脱丙烷塔的回流量的大小、调整塔顶冷剂量的大小、切换至备用泵或现场处理、适当调整塔釜温度进行调节回流罐液位。

微课：低压脱丙烷塔回流罐液位控制

在生产过程中，回流罐内的回流液通过低压脱丙烷回流流量控制器(FC-504)控制送到低压脱丙烷塔塔顶回流量，高压脱丙烷塔补充回流流量控制器(FC-508)控制送完高压脱丙烷塔的流量。低压脱丙烷塔回流罐液控制器(LC-507)与高压脱丙烷塔补充回流流量控制器(FC-508)串级控制，控制回路图如图 2-2-38 所示。

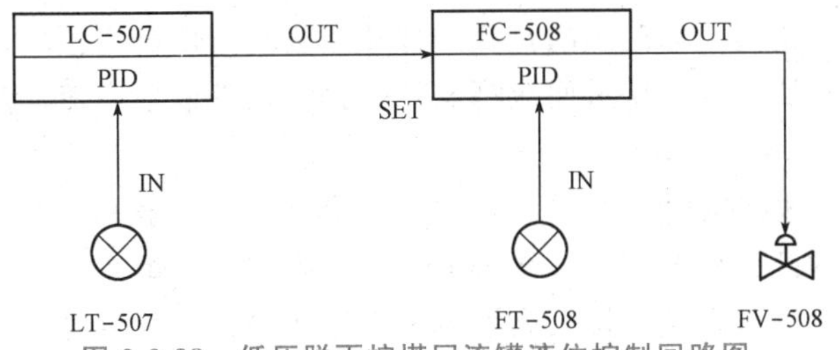

图 2-2-38　低压脱丙烷塔回流罐液位控制回路图

微课：低压脱丙烷塔塔顶压力控制

(3)低压脱丙烷塔塔顶压力控制。低压脱丙烷塔需要稳定塔顶压力以确保各组分在此压力下的液化温度和分离效果。塔顶压力的变化主要与灵敏板温度、塔顶冷凝器冷剂温度、低压脱丙烷塔塔顶冷凝器液位、塔釜温度、进料中轻组分高、回流罐满、回流量、塔的负荷大、塔顶冷凝器过滤网不畅通、塔顶采出量等因素有关。正常情况下，可以适当调节再沸量至灵敏板温度正常，联系压缩、调解冷剂温度，调整低压脱丙烷塔塔顶冷凝器液位，影响到整个塔的气化量、调整至正常塔釜温度，适当提高高压脱丙烷塔釜温，调整回流罐液位至正常，调节回流量，联系降低负荷，注入甲醇或停工处理，适当调节塔顶采出量进行调节塔顶压力。

在生产过程中，可采用低压脱丙烷塔塔顶冷凝器液位与低压脱丙烷塔塔顶压力超驰控制。其控制回路图如图 2-2-39 所示。

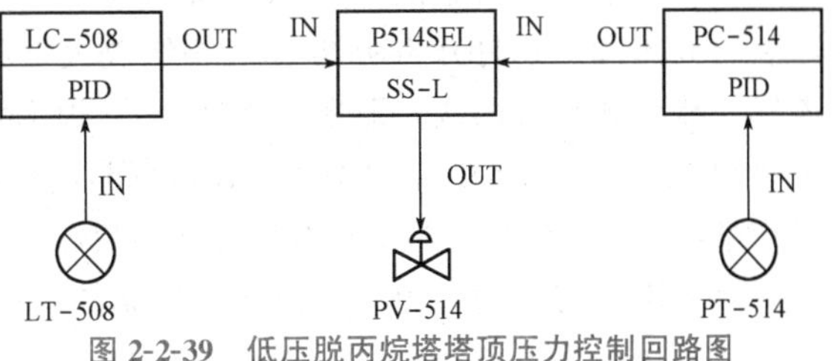

图 2-2-39　低压脱丙烷塔塔顶压力控制回路图

(四)低压脱丙烷系统停工

1. 停工前系统降负荷

降低低压脱丙烷塔塔釜、回流罐及塔顶冷凝器液位。随着产品气压缩机负荷的降低，相应降低低压脱丙烷塔的负荷。降低低压脱丙烷塔塔釜液位为10%、冷凝器液位为10%、回流罐液位为10%；调整控制低压脱丙烷塔塔顶温度为15 ℃、釜温为80 ℃、塔压为0.762 MPa；根据塔负荷适当降低低压脱丙烷塔回流量，确保其塔顶温度为(15±2) ℃。确认低压脱丙烷塔系统降低负荷，减少停工物料排放。

2. 低压脱丙烷塔系统停止回流泵，减少再沸

停止低压脱丙烷塔回流泵，关闭泵出入阀，防止泵反转。减少再沸器急冷水加热量。

3. 低压脱丙烷塔系统排液、泄压

打开低压脱丙烷塔再沸器排放线上阀门，再沸器内残存液体排入火炬系统。打开低压脱丙烷塔塔釜排放线上阀门，将塔釜内残存液体排入火炬系统。打开低压脱丙烷塔回流罐排放线上阀门，将罐内残存液体排入火炬系统。打开低压脱丙烷塔回流泵排放线上阀门，将泵管线内残存液体排入火炬系统。每个设备排液结束后，均应及时关闭排液阀门，防止系统压力过低。确认低压脱丙烷塔系统排液结束后泄压，将低压脱丙烷塔系统内的气相物料排入火炬系统，系统压力泄至0.03 MPa后，通知外操将系统所有放火炬阀门关闭，防止其他系统排火炬压力高而倒窜回系统。关闭急冷水流量调节阀，停止低压脱丙烷塔再沸器再沸。

4. 低压脱丙烷塔系统氮气置换

关闭系统所有的导淋阀和排放阀。关闭低压脱丙烷塔液位控制流量调节阀及旁路阀，前后阀门打开。关闭低压脱丙烷塔回流罐顶部压力调节阀，前后阀门打开。关闭低压脱丙烷塔回流罐顶部手动放空阀及旁路阀，前后阀门打开。打开低压脱丙烷塔塔顶回流流量控制阀及前后阀门、旁路阀。打开低压脱丙烷塔回流罐至高压脱丙烷塔塔顶回流流量控制阀及前后阀门、旁路阀。

从高压脱丙烷塔塔底UC管线接临时氮气线引入N_2，系统N_2充压至0.3 MPa，停止充压。打开低压脱丙烷塔再沸器排放线上阀门，将再沸器内气体排入火炬系统。打开低压脱丙烷塔塔釜排放线上阀门，将塔釜内气体排入火炬系统。打开低压脱丙烷塔回流罐排放线上阀门，将罐内气体排入火炬系统。打开低压脱丙烷塔回流泵排放线上阀门，将泵管线内气体排入火炬系统。打开低压脱丙烷塔压力调节阀将系统内的气体排入火炬系统。

系统N_2泄压至0.03 MPa，停止泄压。重复加减压3次。联系化验分析系统内各采样点可燃气体含量<0.5%为置换合格；不合格重复置换，直至合格为止。

(五)低压脱丙烷塔再沸器切换(B切A)

1. 再沸器A预热

将低压脱丙烷塔塔釜液位由50%提升至65%左右；打开再沸器A底部排凝，排尽残液，然后关闭阀门；打开再沸器A气相线放火炬旁路阀，在再沸器底部排凝线导淋处接低压氮气，涨压式置换两次，泄压至无压力，关闭底部排污导淋阀和放火炬旁路阀；微开汽相出口阀充压至0.3 MPa，关闭气相出口阀，打开安全阀旁路阀，涨压式置换3次，检测氮气含量≤2%，关闭安全阀旁路阀。微开汽相出口阀充压，压力平衡后全开汽相出口阀；打开急冷水出口切断阀，微开急冷水进口切断阀进行预热；再沸器A汽相出口温度接近正常值时，预热结束；全开急冷水进口切断阀。

2. 切换

室外微开再沸器A液相进口阀，充液，并通知内操注意塔釜液面变化；低压脱丙烷塔塔釜液面稳定后，全开再沸器A液相进口阀；室内注意调整急冷水加热量，控制灵敏板温度保持稳定；室内确认加热正常，急冷水流量调节阀开度正常后，通知室外将再沸器B组切出；室外关闭再沸器B液相进口阀；关闭再沸器B的急冷水进口阀、急冷水出口阀，关闭再沸器B汽相出口阀，切换完成；打开再沸器B组底部排凝阀进行排液至LD系统。在再沸器B底部排凝线导淋处用临时软管接低压氮气，打开再沸器B气相线放火炬旁路阀，涨压式置换两次，氮气≥98%为合格，交付检修。

(六)低压脱丙烷塔常见异常情况及处理方法

低压脱丙烷塔常见异常情况及处理方法见表2-2-13。

表2-2-13　低压脱丙烷塔系统常见异常情况及处理方法

现象	原因	处理方法
低压脱丙烷塔塔釜液位上升	(1)回流量大； (2)采出量小； (3)再沸量小； (4)仪表故障	(1)减小回流量； (2)加大采出量； (3)加大再沸量； (4)切至手动，联系仪表商家处理
低压脱丙烷塔塔釜液位下降	(1)回流量小； (2)采出量大； (3)再沸量大； (4)仪表故障	(1)适当加大回流量； (2)减小采出量； (3)减小再沸量； (4)切至手动，联系仪表商家处理
低压脱丙烷塔回流罐液位上升	(1)回流量小； (2)低压脱丙烷塔回流罐向高压脱丙烷塔的回流量小； (3)再沸温度高； (4)进料量大； (5)仪表故障	(1)提高回流量； (2)提高低压脱丙烷塔回流罐向高压脱丙烷塔的回流量； (3)降低塔釜温度； (4)降低负荷； (5)切至手动，联系仪表商家处理
低压脱丙烷塔回流罐液位下降	(1)回流量大； (2)低压脱丙烷塔回流罐向高压脱丙烷塔的回流量大； (3)再沸温度低； (4)塔顶冷剂量小； (5)仪表故障； (6)安全阀启跳	(1)适当减小回流量； (2)适当减小低压脱丙烷塔回流罐向高压脱丙烷塔的回流量； (3)提高塔釜温度； (4)适当提高塔顶冷剂量； (5)切至手动，联系仪表商家处理； (6)检查确认安全阀
低压脱丙烷塔塔压上升	(1)灵敏板温度太高； (2)塔顶冷凝器冷剂温度高； (3)塔釜温度高； (4)轻组分多； (5)回流罐满； (6)回流量小 (7)负荷处理能力不够； (8)塔顶冷凝器过滤网堵； (9)塔顶采出量小； (10)低压脱丙烷塔塔顶冷凝器液位低； (11)仪表故障； (12)压缩机转速降低	(1)调节灵敏板温度； (2)联系压缩，降低冷剂温度； (3)适当降低塔底温度； (4)提高高压脱丙烷塔釜温； (5)降低回流罐液位至正常； (6)提高回流量； (7)联系降低负荷； (8)注入甲醇或停工处理； (9)加大采出量； (10)提高低压脱丙烷塔塔顶冷凝器液位； (11)切至手动，联系仪表商家处理； (12)合理调整压缩机转速

续表

现象	原因	处理方法
低压脱丙烷塔塔压下降	(1)灵敏板温度太低； (2)塔顶冷凝器冷剂温度低； (3)塔釜温度低； (4)回流量大； (5)塔顶采出量大； (6)低压脱丙烷塔塔顶冷凝器液位高； (7)仪表故障	(1)提高灵敏板温度； (2)提高冷剂温度； (3)提高塔釜温度； (4)降低回流量； (5)减小塔顶采出量； (6)降低低压脱丙烷塔塔顶冷凝器液位； (7)切至手动，联系仪表商家处理

五、产品气干燥系统操作与控制

为了满足产品气的水含量规格要求，防止在下游激冷换热器、尾气换热器和脱甲烷塔等低温设备中结冰和形成烃水合物，需要产品气进入干燥系统脱除其中水分。

(一)产品气干燥器操作和控制

实训视频：凝液干燥器投用(仿真)

液体凝液聚结器收集来自产品气压缩机三段排放罐的液态烃相，并分离出烃内残余的游离水。聚结器所采用的设计为烃/水分离的发生考虑了足够的滞留量。进料混合物首先流经液体凝液过滤器，以去除固体颗粒。从积液斗将分离出来的水取出，并在接口液位控制下返回产品气压缩机三段吸入罐。剩下的液态烃被送往产品气液相干燥器。在干燥器内，基本实现了水分的完全脱除。

用于产品气液相干燥器与产品气干燥器中的干燥剂属于同类型分子筛。其中气相干燥器设计在运行结束时再生前运行 36 h，冷凝液干燥器设计在运行结束时再生前运行 72 h。两个干燥器的干燥剂床层中间和干燥器出口都设有在线分析仪来检测水。在线分析仪可用来确定何时需要再生。但是，干燥器将更可能按照再生系统计划所规定的固定周期被自动再生。但干燥器再生时，应切除并将备用干燥器投用。用来切换干燥器的阀门按步骤被编成自动程序，但也可采用手动程序。

(二)产品气干燥器再生系统

再生系统包括再生气进料、出料换热器、再生气加热器、再生气冷却器及再生气液分离罐。来自界区外的氮气用于定期为以下设备再生或脱气：产品气干燥器、冷凝液干燥器、乙烯干燥器、乙炔转化器、丙烯产品保护床。

产品气干燥器在主干燥床层设有一个湿度分析仪，以指示产品气的湿度。当湿度分析仪显示主床层干燥剂已经达到饱和状态，干燥器必须马上停用进行再生。

干燥器的再生过程是利用再生气(氮气)通过干燥剂床层来实现的。再生气首先经过再生器进出料换热器，用干燥器(产品气干燥器、液相干燥器、乙烯干燥器、丙烯产品保护床或乙炔加氢反应器)出口的高温再生气加热。然后再生气进入再生气加热器，用中压蒸汽加热到大约 232 ℃。经过干燥器床层的再生气，进入再生器进出料换热器，通过加热进入干燥器的再生气而被冷却，进入再生器冷却器用循环水进行冷却后，进入再生气缓冲罐。进入再生气缓冲罐的再生气最终排往火炬。缓冲罐中的冷凝液排到界外的急冷水塔。

(三)产品气干燥器再生步骤

(1)产品气干燥器A准备运行、产品气干燥器B准备离线再生。

(2)打开产品气干燥器A产品气出口阀门产品气出口切断阀、气相干燥器A再生充压阀，用产品气干燥器B出口气相充压至操作条件(干燥器A/B压力相等)，打开产品气干燥器A产品气入口双阀和产品气出口切断阀，关闭气相干燥器A再生充压阀，与产品气干燥器B并联运行1.5 h。

(3)停止产品气干燥器B，关闭产品气干燥器B产品气入口双阀、产品气出口双阀，准备再生。

(4)打开气相干燥器B泄压双阀，向产品气压缩机一段吸入罐卸压，压力与一段吸入压力平衡泄压完毕。最大泄压速度0.35 MPa/min。

(5)卸压完毕后，关闭气相干燥器B泄压双阀。

(6)手动打开产品气干燥器B底部阀门向产品气压缩机一段吸入罐排放液体，液体排净后关闭阀门。

(7)打开再生氮气入口切断阀、再生氮气充压阀进行再生冷氮气充压，干燥器压力与再生系统压力相同(0.5 MPa)、再生气流量降低时充压完毕，关闭再生氮气充压阀。

(8)打开氮气再生阀门、再生氮气出口双阀，利用245 ℃热氮气进行升温；待冷凝液干燥器温度升至232 ℃时，进行恒温，大约2 h。再生结束后关闭氮气再生阀门。

(9)手动打开产品气干燥器B底部阀门向产品气压缩机一段吸入罐排放液体，液体排净后关闭阀门。

(10)打开产品气干燥器B产品气出口阀门，用产品气干燥器A出口气相充压至操作条件，关闭产品气出口阀门，再生过程全部完成。

再生过程需要室外和中控相互配合手动完成。再生时，应确保通入再生气之前将干燥器的进、出口阀关闭。

能力训练

一、填空题

1. 进入汽轮机的蒸汽做功后排汽压力往往大于大气压力，具有一定________和________的排出蒸汽全部送到其他用户，这种汽轮机称为背压式汽轮机。

2. 产品气压缩机某段压缩比增大原因是段间冷却器壳程结垢物质堵塞流道入口、________和吸入罐除沫网结垢。

3. 3Å分子筛是________型极性干燥剂，对________有较大的亲和力，使其易于吸附。

4. 对于脱丙烷塔而言，其轻关键组分是________，重关键组分为________。

5. 判断换热器是否结垢，泄漏最有效的办法是测量、观察换热器各流体的________。

6. 对于压缩机油系统必不可少，油站由油箱、________、________、油过滤器、调压阀、止回阀 截止阀、气液分离器及连接管路组成。

二、选择题

1. 关于离心式压缩机扩压器的说法，下列正确的是(　　)。

A. 动能转化为压力能　　B. 使气体压力降低

C. 气体速度增加　　D. 动能转化为热能

2. 压缩机的主要辅助配套设备二级冷却器的用途是(　　)。

A. 冷却空气的　　B. 冷却压缩空气的

C. 冷却湿空气的　　D. 冷却干空气的

3. 离心泵内导轮的作用是(　　)。

A. 增加转速　　B. 改变叶轮转向

C. 转变能量形式　　D. 传递机械能

4. 碱洗塔水洗段的主要作用是(　　)。

A. 洗涤裂解气中二氧化碳　　B. 洗涤裂解气中的硫化氢

C. 洗涤裂解气中的苯　　D. 洗涤裂解气中夹带的碱液

三、简答题

1. 简述离心式压缩机喘振的原因及调节手段。

2. 抽汽冷凝式透平压缩机为何在启动前建立真空？

3. 简述气动调节阀的安装注意事项。

任务四　压缩、净化、干燥系统生产异常现象判断与处理

任务描述

及时判断压缩、净化、干燥系统生产异常现象并作出正确处理，防止事故发生。

知识储备

一、产品气压缩机系统停循环水事故处理

1. 事故现象

产品气压缩机机组联锁停车。

2. 事故原因

产品气压缩机系统停循环水事故。

3. 处理步骤

(1)产品气压缩机机组联锁停车。

(2)确认油路系统运行正常，机组干气密封由主密封气改为备用。

(3)停压缩机段间注水、注油及阻聚剂，关闭中后冷凝器一二级真空喷射器工艺侧、蒸汽侧阀门，破坏真空，停复水泵，复水系统。

(4)停止运行。

(5)蒸汽管线暖管。

(6)停水洗塔水洗水进料泵，水洗塔停止循环，水洗水停止外送。

(7)停碱洗塔新鲜碱液泵、各段循环泵，停补水、停废碱外送。
(8)停黄油抑制剂、脱丙烷塔阻聚剂注入泵。
(9)停液相干燥器进料泵，停止液相进料。
(10)干燥器 A、B 切换至停止运行状态。
(11)关闭蒸汽流量调节阀，停高压脱丙烷塔再沸器加热。
(12)关闭急冷水流量调节阀，停低压脱丙烷塔再沸器加热。
(13)工艺系统保液、保压。

二、产品气压缩机系统停蒸汽事故处理

停中压蒸汽 4.0 MPa。

1. 事故现象

产品气压缩机机组联锁停车。

2. 事故原因

产品气压缩机系统停蒸汽事故。

3. 处理步骤

(1)产品气压缩机机组停车。
(2)润滑油备泵自启，确认油路运行正常。
(3)机组干气密封由主密封气改为备用。
(4)停中后冷凝器，停复水泵，复水系统停止运行。
(5)关闭外供密封蒸汽调节阀。
(6)4.1 MPa、1.1 MPa、0.46 MPa 蒸汽管线端头排凝阀打开，随时准备暖管。
(7)停水洗塔水洗水进料泵，水洗塔停止循环，水洗水停止外送。
(8)碱洗塔新鲜碱液泵、各段循环泵维持循环。
(9)停黄油抑制剂、脱丙烷塔阻聚剂注入泵。
(10)停液相干燥器进料泵，停止液相进料。
(11)干燥器 A、B 切换至停止运行状态。
(12)关闭蒸汽流量调节阀，停高压脱丙烷塔再沸器加热。
(13)关闭急冷水流量调节阀，停低压脱丙烷塔再沸器加热。
(14)工艺系统保液、保压。

三、产品气压缩机系统停氮气事故处理

1. 事故现象

通入氮气，系统内压力无变化。

2. 事故原因

产品气压缩机系统停氮气事故。

3. 处理步骤

(1)产品气压缩机机组干气密封系统氮气用户改用备用仪表风维持运行。
(2)确认油路系统运行正常。

(3)确认复水系统运行正常，机组维持正常运行。
(4)工艺系统维持正常运行。

四、产品气压缩机停进料处理

1. 事故现象

压缩机二段返一段流量降低，逐渐变为0。

2. 事故原因

产品气压缩机停进料。

3. 处理步骤

(1)产品气压缩机停止运行。
(2)干气密封由主密封气改为备用密封气。
(3)确认油路系统运行正常。
(4)停中后冷凝器，停复水泵，复水系统停止运行。
(5)关闭外供密封蒸汽调节阀。
(6)4.1 MPa、1.1 MPa蒸汽管线端头排凝阀打开，随时准备暖管。
(7)停水洗塔水洗水进料泵，水洗塔停止循环，洗水停止外送。
(8)停碱洗塔新鲜碱液泵、各段循环泵，停补水、停废碱外送。
(9)停黄油抑制剂、除氧剂、高压塔阻聚剂注入泵。
(10)停液相干燥器进料泵，停止液相进料。
(11)干燥器A、B切换至停止运行状态。
(12)关闭蒸汽流量调节阀，停高压脱丙烷塔再沸器加热。
(13)关闭急冷水流量调节阀，停低压脱丙烷塔再沸器加热。
(14)工艺系统停止采出、保液、保压。

五、产品气压缩机系统停仪表风事故处理

1. 事故现象

产品气压缩机机组停车。

2. 事故原因

产品气压缩机系统停仪表风。

3. 处理步骤

(1)确认油路运行正常。
(2)机组干气密封由主密封气改为备用，隔离气供应正常。
(3)破坏真空，停复水泵，复水系统停止运行。
(4)蒸汽管线端头排凝。
(5)停水洗塔水洗水进料泵，水洗塔停止循环。
(6)停碱洗塔新鲜碱液泵、各段循环泵。
(7)工艺系统保液、保压，当液位、压力高时现场向火炬排液、泄压。

六、产品气压缩机系统 DCS 主电源和紧急备用电源同时故障中断处理

1. 事故现象

DCS 失去电源后，控制室无法监控和操作，装置需要停车。

2. 事故原因

产品气压缩机系统 DCS 停电事故。

3. 处理步骤

(1)产品气压缩机系统手动打闸。

(2)参照现场仪表，按照停进料故障处理程序进行。

(3)通过现场手动操作代替控制室内操作和自动控制。

(4)特别注意手动控制压力控制阀的旁路阀调节系统压力。

(5)检查各系统自动控制阀的开关状态，开关位置不符合要求的切断其前后阀门，改为旁路控制。

七、380 V 停电事故处理

1. 事故现象

丙烯制冷压缩机和产品气压缩机机组联锁停车。

2. 事故原因

380 V 停电事故。

3. 处理步骤

(1)产品气压缩机机组打闸停车。

(2)确认油路系统运行正常，机组干气密封由主密封气改为备用。

(3)确认复水泵停，复水系统停止运行。

(4)关闭中后冷凝器一二级真空喷射器工艺侧、蒸汽侧阀门。

(5)关闭外供密封蒸汽调节阀。

(6)4.1 MPa、1.1 MPa 蒸汽管线端头排凝。

(7)确认水洗塔水洗水进料泵停，水洗塔停止循环，洗水停止外送。

(8)关闭蒸汽流量控制阀，停高压脱丙烷塔再沸器加热。

(9)关闭急冷水流量控制阀，停低压脱丙烷塔再沸器加热。

(10)工艺系统保液、保压。

八、润滑油冷却器故障处理

1. 事故现象

润滑油现场控制器的温度持续上升。

2. 事故原因

润滑油冷却器污垢堵塞，导致润滑油无法换热。

3. 处理步骤

(1)点击润滑油冷却器出口三通阀，选择润滑油经过润滑油冷却器。

(2)打开润滑油冷却器入口阀。

(3)打开润滑油冷却器出口阀，投用换热器。

九、产品气压缩机二段入口吸入泵故障处理

1. 事故现象

二段入口吸入泵电机不再运行，其出口流量为0，二段吸入罐的液位不断上升。

2. 事故原因

二段入口吸入泵发生故障，已经停止运行。

3. 处理步骤

(1)打开二段入口备用吸入泵的入口阀。

(2)启动二段入口备用吸入泵。

(3)打开二段入口备用吸入泵的出口阀。

(4)关闭二段入口吸入泵的入口阀。

(5)关闭二段入口吸入泵的出口阀。

十、产品气压缩机二段入口吸入泵后阀故障处理

1. 事故现象

二段入口吸入泵电机仍然运行，其出口流量为0，二段吸入罐的液位不断上升。

2. 事故原因

二段入口吸入泵的流量控制器无法控制流量阀，流量控制阀处于关闭状态。

3. 处理步骤

(1)关闭产品气压缩机二段吸入罐流量控制阀的前后截止阀。

(2)打开产品气压缩机二段吸入罐流量控制阀的旁路阀。

(3)用产品气压缩机二段吸入罐流量控制阀的旁路阀控制二段吸入罐的液位在40%～60%。

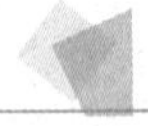

能力训练

简答题

1. 泵的机械密封或填料密封泄漏有几种原因？处理方法是什么？
2. 换热器在冬季如何防冻？
3. 为什么会发生触电事故？人身触电的紧急救护措施有哪些？
4. 对运转中的机泵怎样维护？

项目三　精馏系统运行与控制

学习目标

知识目标

(1)掌握精馏系统的生产任务和工作原理。

(2)了解精馏系统公用工程技术经济指标。

(3)熟悉精馏系统的工艺流程、工艺指标。

(4)掌握精馏系统的机械设备、管道、阀门的位置，以及它们的构造、材质、性能、工作原理、操作维护和防腐知识。

(5)掌握精馏系统控制点的位置、操作指标的控制范围及其作用、意义和相互关系。

(6)掌握精馏系统的正常操作要点、系统开停车程序和注意事项。

(7)掌握精馏系统不正常现象和常见事故产生的原因及预防处理知识。

(8)了解乙炔加氢所用催化剂的成分、作用及操作方法。

(9)掌握精馏系统各种仪表的一般构造、性能、使用及维护知识。

(10)了解精馏系统防火、防爆、防毒知识，熟悉安全技术规程，掌握有关的产品气质量标准及环境保护方面的知识。

能力目标

(1)能够进行公用工程的投用。

(2)认识精馏系统工艺流程图，能够识读仪表联锁图和工艺技术文件，能够熟练画出精馏系统PFD图和PID图，能够在现场熟练指出各种物料走向并指出工艺控制点位置。

(3)熟悉精馏系统关键设备，并能够进行离心泵等设备的操作、控制及必要的维护与保养。

(4)能够进行精馏系统的开停车操作，并能与上下游岗位进行协调沟通。

(5)能够熟练操作精馏系统DCS控制系统进行工艺参数的调节与优化，确保产品气质量。

(6)能够根据生产过程中的异常现象进行故障判断，并进行一般处理。

(7)能够辨识精馏系统危险因素，查找岗位上存在的隐患并进行处理，能够根据岗位特点做到安全、环保、经济和清洁生产。

素质目标

(1)培养学生的团队协作精神及安全、环保、经济意识。

(2)培养学生的工程技术观念及分析问题、处理问题的能力。

(3)培养学生的创新意识及创新能力。

任务一　精馏系统工艺认识

任务描述

掌握精馏分离工艺原理，识读脱甲烷、脱乙烷、乙炔加氢、乙烯精馏、丙烯精馏、脱丁烷系统生产工艺流程并进行绘制。

知识储备

一、认识精馏分离工艺原理

原料甲醇经过 MTO 反应制出的产品气组成相当复杂，常采用多次精馏的方法分离出单一烯烃产品或烃的馏分，其主要是利用产品气中各种烃类的相对挥发度不同，在不同的精馏塔内，将混合物进料进行多次部分汽化和部分冷凝，塔顶得到纯度较高的高挥发组分，塔釜得到纯度较高的低挥发组分，使混合物分离出单一烯烃产品或烃的馏分。

(一)精馏原理

微课：精馏原理

虽然混合液通过蒸馏的一次部分汽化和一次部分冷凝提高了馏出液中易挥发组分的含量，但是无法满足高纯度分离的要求，因此必须采用多次蒸馏的方法，使馏出液再次进行部分汽化和部分冷凝，从而得到易挥发组分含量更高的馏出液，最终达到所要求的分离纯度。

1. 气—液相平衡

在一封闭容器中，如图 2-3-1 所示，在一定条件下，液相中各组分均有部分分子从界面逸出进入液面上方气相空间，而气相中各组分也有部分分子返回液面进入液相空间。经长时间接触，当每个组分的分子从液相逸出的速度与气相返回的速度相同，或达到动态平衡时，即该过程达到了气—液相平衡。

2. 精馏原理分析

精馏原理如图 2-3-2 所示。该图属于二元理想液体温度—组成相图。在一定外压条件下，由于各组分的饱和蒸汽压 P_0 随温度变化而变化，溶液内的气—液相也随之变化。温度—组成相图可以将这种变化关系清晰地表示出来。以温度 T 为纵坐标，以易挥发组分的液相组成 x(或气相组成 y)为横坐标。通过试验测得温度—组成相关系数据，对于理想溶液可依据纯组分的饱和蒸汽压数据，按气—液相平衡关系计算而得。取得数据后，将对应的平衡关系描绘在直角坐标系中，再将 x 各点和 y 各点分别连接成平滑线，即绘制成温度—组成相图。

图 2-3-2 中气相线(饱和汽)和液相线(饱和液)是 A、B 两组分的温度—组成相平衡曲线，两条平衡曲线将相图分为气相区、气液共存区、液相区三个区。液相区为液相线以下区域，表示溶液尚未沸腾，过热气相区为气相线以上区域，表示溶液全部汽化为蒸汽，而液相线和气相线之间的区域为气液共存区，表示气、液两相共同存在。

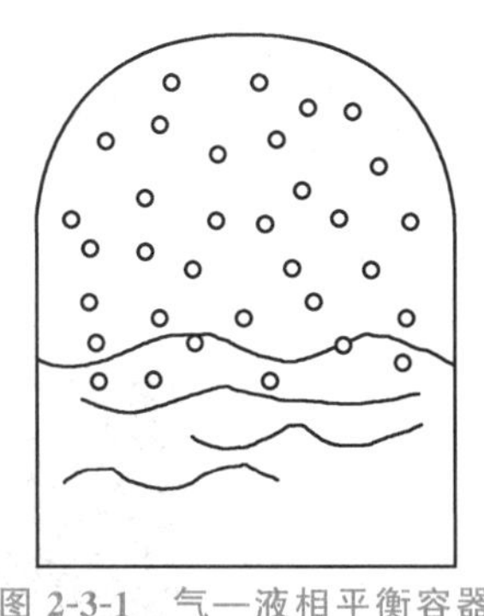

图 2-3-1　气—液相平衡容器

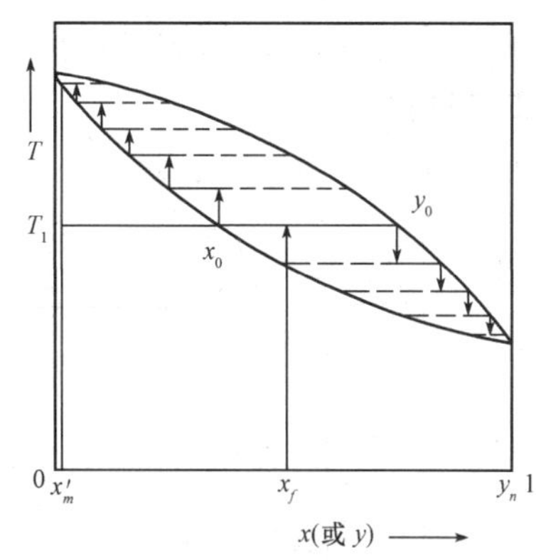

图 2-3-2　精馏原理图

若组分为 x_f、温度为 T_1 的混合液加热至 T_2，即 O 点时，气—液相平衡后，饱和汽对应的气相点 G_2 的 B 组分组成 y_2，饱和液对应的液相点 L_2 的组成 x_2，它们之间的关系为 $y_2>x_f>x_2$；对饱和汽对应的气相点 G_2 气体遇到回流液进行部分汽化和部分冷凝后降温至 T_1，组成为 y_2、温度为 T_1 的条件下，气—液相平衡后，饱和汽对应的气相点 G_1 的 B 组分组成 y_1，饱和液对应的液相点 L_1 的组成为 x_1，它们之间的关系为 $y_1>y_2>x_1$；对饱和液对应的组成为 x_2 的液相点 L_2 液体，遇到上升蒸汽进行部分汽化和部分冷凝后温度升高至 T_3，气—液相平衡后，饱和汽对应的气相点 G_3 的 B 组分组成 y_3，饱和液对应的液相点 L_3 的组成 x_3，它们之间的关系为 $y_3>x_2>x_3$；如此，最后得到的馏出液是沸点低的高纯度 B 物质，而残液是沸点高的高纯度 A 物质。在实际生产中，在精馏塔中精馏时，上述部分汽化和部分冷凝是同时进行的。

(二)精馏单元装置构成

典型的连续精馏装置设备构成及物料流程如图 2-3-3 所示。核心设备是精馏塔，还有原料罐、原料预热器、冷凝器、馏出罐、产品罐、再沸器、釜残液冷却器、釜残液罐和输送设备等。其作用如下所述。

微课：精馏单元装置构成

(1)原料罐：储存精馏所需要的原料液。

(2)原料预热器：利用采出的塔釜液体的热量在换热器中进行传热，以预热原料液，使原料液温度上升后，进加料板。

(3)精馏塔(塔体及塔板)：塔体是精馏装置的主体，内装塔板。塔板是液体和气体进行传质、传热的场所。通常，原料液进入的那层塔板称为加料板，精馏塔以加料板为界，分为上下两段，加料板以上的塔段称为精馏段，加料板以下的塔段称为提馏段。精馏塔是从下而上逐板增浓上升气相中易挥发组分的浓度，提馏段是从上而下逐板增浓下降液相中难挥发组分的浓度。每层塔板是提供气—液相接触的场所，也是完成气—液相传质传热的场所。

(4)塔釜及再沸器：塔釜用来盛放精馏塔的液体，利用再沸器加热釜中的液体，使之沸腾汽化，为最下一层塔板提供一定浓度的蒸汽，并使之逐板上升。

(5)冷凝器及馏出罐：将上升到塔顶的蒸汽利用冷却水全部冷凝为液体，并储存在馏出罐。

(6)输送设备：根据生产需要，完成如固流液、塔顶产品、塔釜产品等流体的输送。

(7)塔顶、塔底产品罐：用来储存塔顶、塔底的产品。

(三)精馏工艺过程

精馏过程可连续操作，也可间歇操作。工业生产中常采用图 2-3-3 所示的流程进行操作。

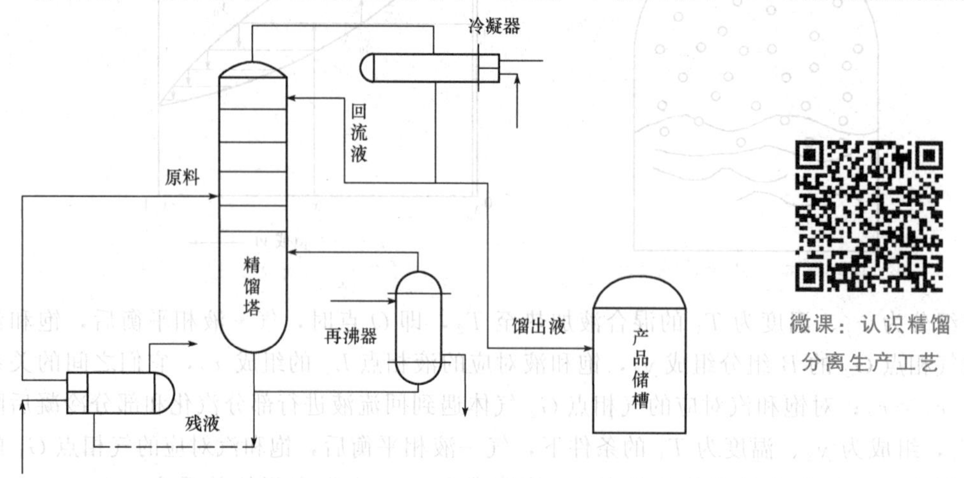

图 2-3-3　典型的连续精馏装置设备构成及物料流程

1. 气相流程

原料液经再沸器加热沸腾后，产生一定浓度的蒸汽，自最下一块塔板逐板上升，在每层塔板上，上升的气体与自上一块塔板流下并水平通过塔板的液体在塔板上接触，实现传质传热。由于存在温度差和浓度差，气相放热，本身部分冷凝，气相中的重组分自气相转移到液相。最后，未被液化的气相和部分汽化的液相达到塔顶，被全凝器全部冷凝为液体，储存在馏出罐中。

2. 液相流程

液相流程分为以下三部分。

(1)原料罐中原料液被原料泵采出，经进料流量计进入预热器，预热后进入加料板，与回流液混合后逐板下流。

(2)储存在馏出罐中的冷凝液一部分经产品采出泵采出，经塔顶产品流量计进入塔顶产品罐中，另一部分经回流泵采出，经回流流量计后进入塔顶第一块塔板作为回流液逐板下流。在每层塔板上，水平通过塔板的液体与上升的气体进行接触，实现传质传热。由于存在温度差和浓度差，液相吸热，本身部分汽化，液相中的轻组分自液相转移到气相。最后，未被汽化的液相和部分液化的气相达到塔釜。

(3)釜液采出后送入残液罐储存起来。

精馏与蒸馏的区别主要是“回流”，回流液是使蒸汽部分冷凝的冷却剂，不仅可以提高产品的回收率，也是稳定蒸馏操作的必要条件。为维持部分汽化，还需向塔底蒸馏釜的加热管不断通入蒸汽。

(四)影响连续精馏操作的因素

对于现有的精馏装置和特定的物系，精馏操作的基本要求是使设备具有尽可能大的生产能力，达到预期的分离效果，操作费用最低。影响精馏装置稳态、高效操作的主要因素包括操作压力、进料组成和热状况、塔顶回流、全塔的物料平衡和稳定、冷凝器和再沸器的传热性能、设备散热情况等。以下就其主要影响因素予以简要分析。

1. 物料平衡的影响和制约

根据精馏塔的总物料衡算可知，对于一定的原料液流量 F 和组成 x_F，只要确定了分离程度 x_D 和 x_W，馏出液流量 D 和釜残液流量 W 也就确定了。x_D 和 x_W 决定了气—液相平衡关系、x_F、q、R 和理论板数 NT(适宜的进料位置)。因此，D 和 W 或采出率 D/F 与 W/F 只能根据 x_D 和 x_W 确定，而不能任意增减，否则进、出塔的两个组分的量不平衡，必然导致塔内组成变化，操作波动，使操作不能达到预期的分离要求。

在精馏塔的操作中，需要维持塔顶和塔底产品的稳定，保持精馏装置的物料平衡是精馏塔稳态操作的必要条件。通常由塔底液位来控制精馏塔的物料平衡。

2. 塔顶回流的影响

回流比是影响精馏塔分离效果的主要因素。在脱甲烷、脱乙烷、脱丙烷、乙烯精馏等系统的操作中是需要进行控制的，生产中经常用回流比来调节、控制产品的质量。例如，当回流比增大时，精馏产品质量提高；反之，当回流比减小时，x_D 减小而 x_W 增大，使分离效果变差。

回流比增大，使塔内上升蒸汽量及下降液体量均增加，若塔内气液负荷超过允许值，则可能引起塔板效率下降，此时应减小原料液流量。

调节回流比的方法如下。

(1)减少塔顶采出量以增大回流比。

(2)塔顶冷凝器为分凝器时，可增加塔顶冷剂的用量，以提高凝液量，增大回流比。

(3)有回流液中间储槽的强制回流，可暂时加大回流量，以提高回流比，但不得将回流贮槽抽空。

注意：在馏出液采出率 D/F 规定的条件下，增大回流比 R 以提高 x_D 的方法并非总是有效。此外，加大操作回流比意味着加大蒸发量与冷凝量，这些数值还将受到塔釜及冷凝器的传热面的限制。

3. 进料热状况的影响

当进料状况(x_F 和 q)发生变化时，应适当改变进料位置，并及时调节回流比 R。一般精馏塔常设几个进料位置，以适应生产中的进料状况，保证在精馏塔的适宜位置进料。如果进料状况改变而进料位置不变，必然引起馏出液和釜残液组成的变化。

进料状况对精馏操作有着重要的意义。常见的进料状况有五种，直接影响提馏段的回流量和塔内的气—液相平衡。精馏塔较为理想的进料状况是泡点进料，它较为经济和常用。对特定的精馏塔，若 x_F 减小，则将使 x_D 和 x_W 均减小，要保持 x_D 不变，则应增大回流比。

4. 塔釜温度的影响

塔釜温度是精馏操作中重要的控制指标之一，是由釜压和物料组成决定的。在脱甲烷、脱乙烷、乙烯精馏等系统的精馏分离过程中，只有保持规定的塔釜温度，才能确保产品质量。根据不同分离物料，每个系统的塔釜温度也各不相同，要控制好塔釜温度，需要从以下几个方面分析：提高塔釜温度时，使塔内液相中易挥发组分减少，同时，使上升蒸汽的速度增大，有利于提高传质效率。如果由塔顶得到产品，则塔釜排出难挥发物中，易挥发组分减少，损失减少；如果塔釜排出物为产品，则可提高产品质量，但塔顶排出的易挥发组分中夹带的难挥发组分增多，从而增大损失。因此，在提高温度时，既要考虑产品的质量，又要考虑工艺损失。一般情况下，习惯于用操作温度来提高产品质量，降低工艺损失。

在操作过程中，当塔釜温度变化时，通常是用改变再沸器的加热蒸汽量，将塔釜温度调节至正常。当塔釜温度低于规定值时，应增多蒸汽用量，以提高釜液的汽化量，使釜液中重组分的含量相对增加，泡点提高，塔釜温度提高。当塔釜温度高于规定值时，应减少蒸汽用量，以降低釜液的汽化量，使釜液中轻组分的含量相对增加，泡点降低，塔釜温度降低。此外，还有与液位串级调节的方法等。

5. 操作压力的影响

在精馏操作中，常常规定了操作压力的调节范围。塔压波动过大，就会破坏全塔的气—液相平衡和物料平衡，使产品达不到所要求的质量。

提高操作压力，可以相应地提高塔的生产能力，操作稳定。但在塔釜难挥发产品中，易挥发组分含量增加。如果从塔顶得到产品，则可提高产品的质量和易挥发组分的浓度。

影响塔压变化的因素是多方面的，如塔顶温度、塔釜温度、进料组成、进料流量、回流量、冷剂量、冷剂压力等的变化及仪表故障、设备和管道的冻堵等。例如，真空精馏的真空系统出现了故障、塔顶冷凝器的冷却剂突然停止等都会引起塔压的升高。

对于常压塔的压力控制，主要有以下三种方法。

(1)对塔顶压力的稳定性要求较低时，无须安装压力控制系统，应当在精馏设备(冷凝器或回流罐)上设置一个通大气的管道，以保证塔内压力接近大气压。

(2)对塔顶压力的稳定性要求较高或被分离的物料不能与空气接触时，若塔顶冷凝器为全凝器时，塔压多是依靠冷剂量的大小来调节的。

(3)用调节塔釜加热蒸汽量的方法来调节塔釜的气相压力。

在生产中，当塔压变化时，控制塔压的调节机构就会自动动作，使塔压恢复正常。当塔压发生变化时，首先要判断引起变化的原因，而不要简单地只从调节上使塔压恢复正常，要从根本上消除变化的原因，才能不破坏塔的正常操作。例如，塔釜温度过低引起塔压降低，若不提高塔釜温度，而单靠减少塔顶采出来恢复正常塔压，将造成釜液中轻组分大量增加。由于设备原因而影响了塔压的正常调节时，应考虑改变其他操作因素以维持生产，严重时则要停车检修。

二、认识精馏系统生产工艺

经净化后的产品气中含有乙烷和乙烯、乙炔、丙烯和丙炔、混合 C4、混合 C5 以上重组分，为了达到生产合格的乙烯、丙烯、混合 C4 和混合 C5 的目的，要求对产品气进行分离、精制。精馏系统利用产品气中不同烃类物质的相对挥发度不同将其进行分离。在低温下，除甲烷、氢以外，其余的烃都被冷凝下来，在精馏塔内进行多组分精馏分离。通过不同的精馏塔，把混合物进料进行多次部分汽化、多次部分冷凝，塔顶得到纯度较高的高挥发组分，塔釜得到纯度较高的难挥发组分，使混合物分离成目标产品。

精馏系统设置多个精馏塔，包括脱甲烷塔、脱乙烷塔、脱丙烷塔、乙烯精馏塔、丙烯精馏塔和脱丁烷塔。各塔在精馏系统中的作用如下。

脱甲烷塔(T503)：将甲烷及氢气从塔顶分离出来。

脱乙烷塔(T601)：将乙烷及比乙烷轻的组分从塔顶分离出来。

脱丙烷塔(T501、T502)：将丙烷及比丙烷轻的组分从塔顶分离出来。

脱丁烷塔(T605)：将 C4 及比 C5 轻的组分从塔顶分离出来。

乙烯精馏塔(T602)：分离乙烯和乙烷，乙烯从塔顶分离出来。

丙烯精馏塔(T603、T604)：分离丙烯和丙烷，丙烯从塔顶分离出来。

微课：脱甲烷系统　　　　实训视频：产品气压缩机四段投用(仿真)

(一)脱甲烷系统工艺流程

在脱除甲烷、氢气时，需先进行增压、前冷，达到进入脱甲烷系统的条件，才可进入脱甲烷系统进行甲烷和氢气的脱除。

脱甲烷系统工艺流程如图 2-3-4 所示。从高压脱丙烷塔塔顶出来的物流经产品气压缩机四段压缩到 3.175 MPa 后又经过五级冷却降温，最终进入脱甲烷塔进料罐进行气液分离后，液相在液位控制下进入脱甲烷塔第 4 层填料层，气相物料在压力控制下进入第 2～3 层填料层之间。其中气相物料可以保证脱甲烷塔有足够高的操作压力，实现塔顶物流在−40 ℃丙烯冷剂的作用下充分冷凝，从而尽可能降低脱甲烷塔顶物流中乙烯的损失。

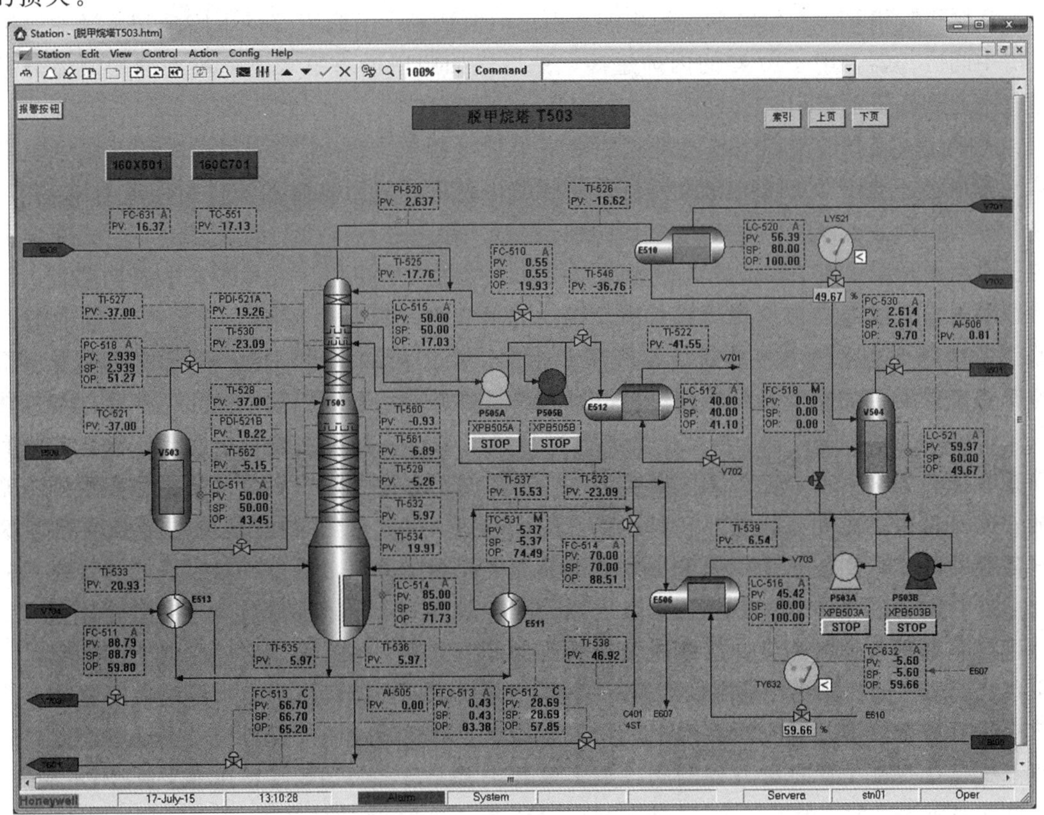

图 2-3-4　脱甲烷系统工艺流程图

脱甲烷塔进料在塔盘上与塔中上升蒸汽接触，发生传质传热，料液吸收蒸汽热量，发生部分汽化，料液中的轻组分由液相转移到气相中，蒸汽放出热量，发生部分冷凝，蒸汽中的重组分由气相转移到液相中。每块塔盘都发生同样的过程。

未被汽化的料液与部分冷凝液逐板下降，汇集至塔釜，釜液一部分进入脱甲烷塔再沸器后返回到脱甲烷塔作为蒸汽回流。一部分被分成两股采出，一股直接进入脱乙烷塔作为脱乙烷塔的上部进料，另一股作为产品气压缩机三段排出物料的冷剂，即经过干燥器进料第一急冷器换热后进入脱乙烷塔较低的进料位置。

脱甲烷塔再沸器的加热介质为压缩机三段后冷器来的产品气，脱甲烷塔再沸器的加热介质产品气管线设有旁路，用以控制塔釜温度。当 MTO 反应器生成的产品气中的乙烯/丙烯值高时，脱甲烷塔塔釜需要更多的热量，其超过了产品气所能提供的热量，这时可以通过脱甲烷塔再沸器用 40 ℃的丙烯液作为再沸的补充。

脱甲烷塔内未被液化的气相和部分汽化的液相到达塔顶，通过塔顶冷凝器完成部分冷凝后，进入脱甲烷塔回流罐，冷凝液经脱甲烷塔回流泵送回塔顶全部作为回流。从第一丙烯精馏塔底部由冲洗丙烷泵引来的一股冲洗丙烷物料，先经过冲洗丙烷冷却器用冷却水冷却，然后经过冷箱用 40 ℃、7 ℃的丙烯冷剂过冷后，在冲洗丙烷急冷器中进一步用 −24 ℃丙烯过冷，最后并入脱甲烷塔回流线上作为脱甲烷塔补充回流。丙烷洗物料在混入脱甲烷塔回流线之前，通过冲洗丙烷冷却器及各种温度等级的丙烯冷剂进行过冷，由冲洗丙烷进脱甲烷塔温度控制阀控制丙烷洗物料自冷箱出来时的温度。

从脱甲烷塔第一层填料下方的积液槽引出一股液相，由脱甲烷塔中段冷却泵送往脱甲烷塔中间冷却器，用−40 ℃的丙烯过冷，然后送回脱甲烷塔第二层填料上方的液体分布器，也起到回流的作用。

脱甲烷塔塔顶冷凝温度是通过脱甲烷塔塔顶冷凝器中−40 ℃的丙烯冷剂、脱甲烷塔回流罐顶设置的压力及丙烷洗物料共同控制的，脱甲烷塔回流罐的液位由回流量来调节，脱甲烷塔冷凝器的液位由丙烯制冷压缩机二段吸入罐来的丙烯冷剂的量来调节。脱甲烷塔的总回流量是脱甲烷塔回流罐的液相量与丙烷洗物料流量的和，两者都采用流量控制，目的是限制脱甲烷塔塔顶气相的乙烯损失量。然而，当 MTO 反应器生成的产品气中的乙烯/丙烯值高时，回流量和丙烷洗物料量必须保证塔内的最小液相量。在这种情况下，乙烯损失才能控制在 3.2%以下。脱甲烷塔回流罐中的不凝气依次进入冷箱换热后，作为燃料气送至界区外。脱甲烷塔塔釜甲烷的含量是通过调节塔下部液体再分布器与塔釜之间填料层的温度来控制的。这个温度是通过脱甲烷塔灵敏板温控器串级调节脱甲烷塔再沸热源流量控制阀来控制的。当 MTO 反应器生成的产品气中的乙烯/丙烯值高时，必须通过脱甲烷塔再沸器的补充再沸量来进行补充。

微课：脱乙烷塔系统

脱甲烷塔回流罐中的不凝气依次进入冷箱，通过冷却丙烷洗物料和丙烯冷剂来实现换热。其作用是把作为燃料气的冷甲烷、乙烷和丙烷产品物流加热至环境温度 33 ℃、压力 0.6 MPa，以满足作为燃料气的需要。在去界区外的每个燃料气管线、乙烷产品和丙烷产品管线装有燃料气管线压力控制阀，把多余压力泄放至冷火炬。当燃料气的压力高时，将多余的燃料气排向冷火炬。冷箱设有很多温度调节器，以控制冷箱内部的温度。

(二)脱乙烷系统工艺流程

脱乙烷系统工艺流程如图 2-3-5 所示。脱乙烷塔的塔釜釜料被分为两部分，一部分直接进入脱乙烷塔第 22 层塔盘，这部分进料有 96%是液相；另一部分通过干燥器进料第一急冷器加热后进入脱乙烷塔第 34 层塔盘。脱乙烷塔采用预热并分段进料，最佳的进料比例是上部/下部的进料是 70/30。目的是在设计上相对提高上部进料的量，可以降低脱乙烷塔精馏段的回流量，同时可以降低汽提段的液相负荷，这样可以降低塔的能量消耗。

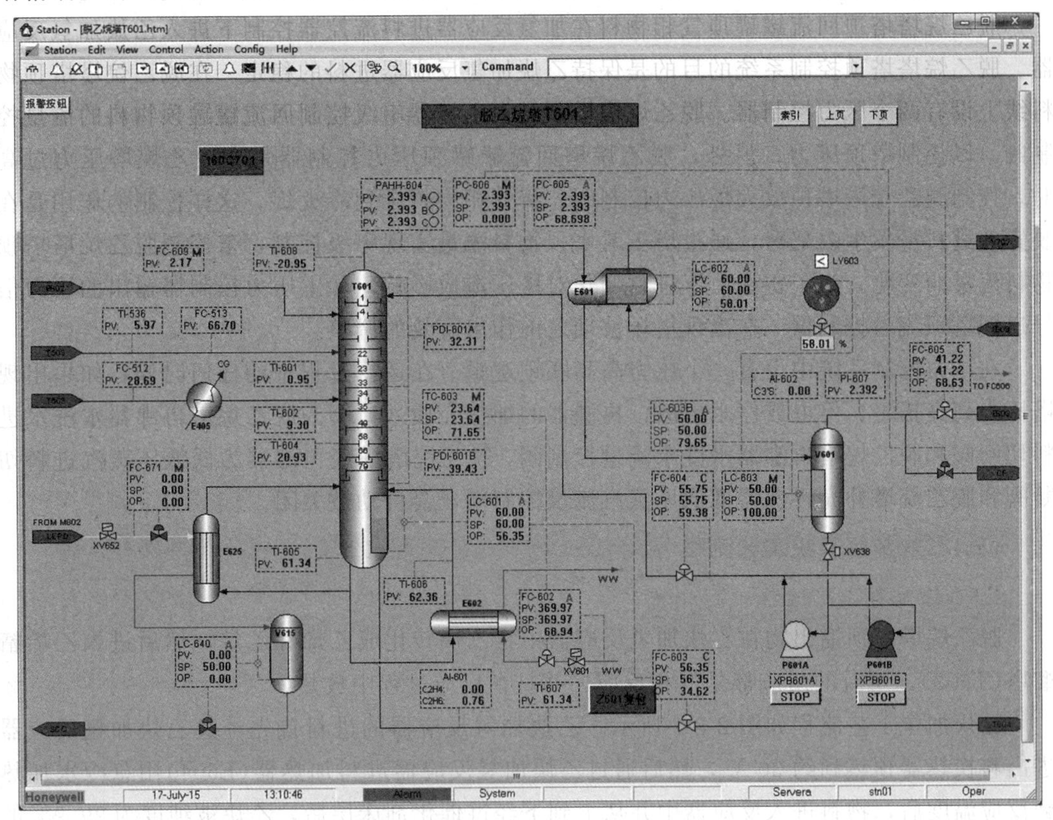

图 2-3-5 脱乙烷系统工艺流程图

脱乙烷塔进料在塔盘上与塔中上升蒸汽接触，发生传质传热，料液吸收蒸汽热量，发生部分汽化，料液中的轻组分由液相转移到气相中，蒸汽放出热量，发生部分冷凝，蒸汽中的重组分由气相转移到液相中。每块塔盘都发生同样的过程。未被汽化的料液与部分冷凝液逐板下降，汇集至塔釜，釜液一部分进入脱乙烷塔再沸器被水洗水加热后返回脱乙烷塔作为蒸汽回流。脱乙烷塔塔釜液位设有脱乙烷塔塔釜流控器，这个液位控制器串级调节由脱乙烷塔釜进入第二丙烯精馏塔的物料流量。

在脱乙烷塔第 49 块塔盘上设有脱乙烷塔灵敏板温控器，与脱乙烷塔再沸器水洗水流控器串级控制以维持第 49 块塔盘温度的稳定，通过提高塔釜的温度来减少塔釜产品中的 C2's 组分的含量。当塔釜再沸量过高时，会导致塔顶冷凝器对冷剂的需求量增加，同时会造成塔釜结垢，因此塔釜温度一般控制在 70 ℃以下。在塔釜物料排出线上设有一个在线分析仪，以检测塔釜物流中 C2's 组分的含量，根据分析仪表的测量数据来确定最小的灵敏板的温度设定，并随时调节再沸器中水洗水的流量。

脱乙烷塔内未被液化的气相和部分汽化的液相到达塔顶，塔顶气相通过塔顶冷凝器中的−24 ℃的丙烯冷剂完成部分冷凝后，进入脱乙烷塔回流罐。其中冷凝液经脱乙烷塔回流泵送塔顶作为回流。回流量采用流量控制，在调整回流量时需要手动改变脱乙烷塔回流流控器的设定值。回流量的设定值需根据塔顶物流中的C3’s组分含量进行调整。在塔回流罐顶气相产品管线上设置一个在线分析仪表，同时设有取样接管，可用来检测回流罐顶物流中C3’s组分的含量，从而确定脱乙烷塔回流流控器的设定值。

脱乙烷塔塔顶回流罐罐顶气相物料在加氢反应器进料流控器控制下进入乙炔加氢反应器。脱乙烷塔塔顶控制系统的目的是保持乙炔加氢反应器进料的稳定。在脱乙烷塔塔顶物料线上设有两个压力控制器。脱乙烷塔塔顶压力主控器串级控制回流罐罐顶物料的流量控制阀，以控制塔顶压力；另外，脱乙烷塔回流罐罐顶压力控制器是在脱乙烷塔压力过高时，控制脱乙烷塔塔顶放火炬压力控制阀，将气相物料排到冷火炬。这样控制的作用是在装置的进料量发生改变时，通过塔压对塔顶物料流量实现串级控制，来控制脱乙烷塔塔顶物料流量的变化。为了防止由于进料变化对塔压造成影响，从主压力控制器输出的压力信号送到塔顶流量控制器，在出现塔压波动之前作出有效的调整。

在压力控制系统中设有一个压力高高联锁逻辑。在运行过程中的任何时候，如果出现塔压力高高报警、停电或停水事故，再沸器的加热介质入口阀为脱乙烷塔再沸器水洗水进料切断阀和脱乙烷塔再沸器水洗水流量控制阀，脱乙烷塔塔底再沸器为低低压蒸汽进料切断阀和脱乙烷塔补充再沸器低低压蒸汽流量控制阀，会自动被关闭。

(三)乙炔加氢系统工艺流程

1. 乙炔加氢工艺流程

脱乙烷塔塔顶馏出物在乙炔加氢反应器中将乙炔转化成乙烯和乙烷，然后进入乙烯精馏塔(T602)。所有的反应都是气相反应，并且在反应过程中放热。

乙炔加氢工艺流程如图2-3-6所示。乙炔加氢反应器的进料首先经过乙炔加氢反应器进出料换热器预热到约30 ℃，然后通过乙炔加氢反应器进料加热器(E604)用急冷水加热到反应温度后，物料进入反应器中并从上到下经过催化剂床层后，乙炔被纯度为99.9%的氢气加氢。在催化剂床层上会形成少量的聚合物并伴随加氢馏出物离开反应器。反应器馏出口经过乙炔反应器馏出物冷却器(E605)和乙炔加氢反应器进出料换热器被冷却后，被送往C2绿油分液罐(V603)，脱除在反应器中形成的重组分。

乙炔加氢反应器进料加热器设有一旁路线调节阀TV-612，在加热器出口总线上设有一个分程的温度控制器TC-612，分程控制加热器的跨线阀TV-612A和急冷水入口阀TV-612B，以调整反应器的进料温度。纯度为99.9%的氢气在流量比值控制下调节进入反应器的流量。

乙炔加氢反应器流程如图2-3-7所示。

微课：乙炔加氢系统

微课：催化加氢脱炔原理

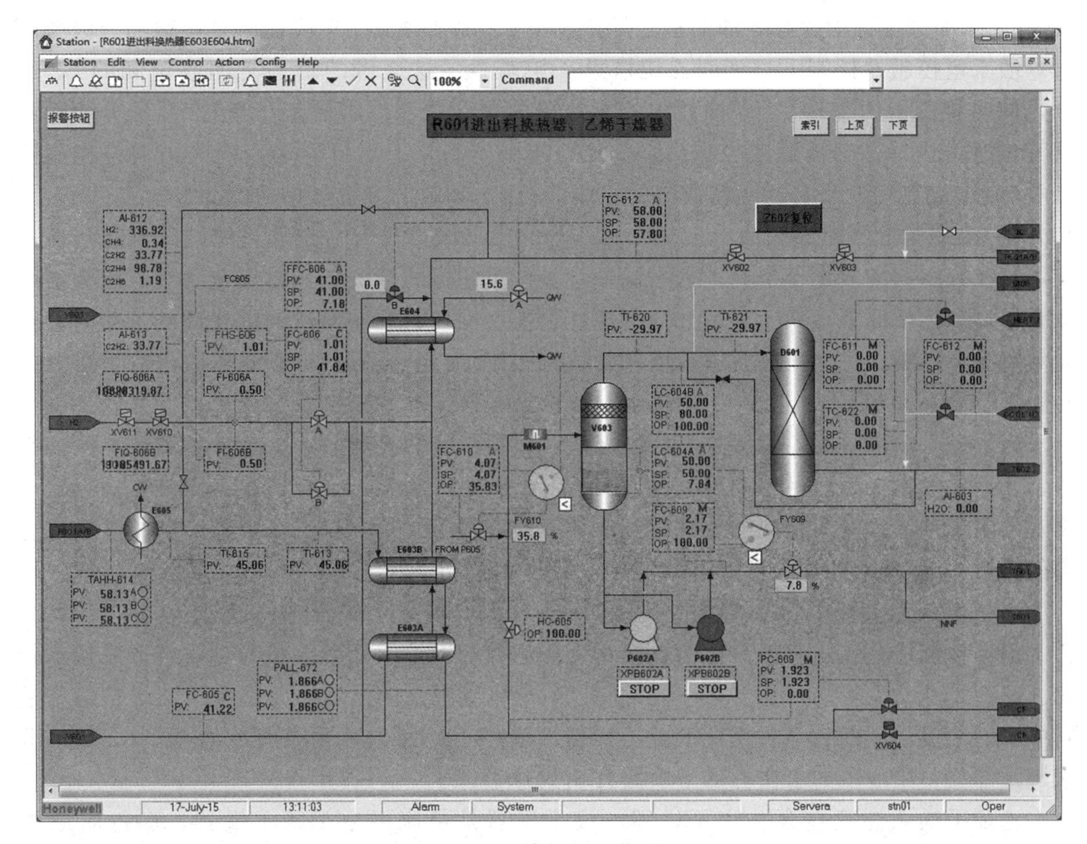

图 2-3-6　乙炔加氢工艺流程图

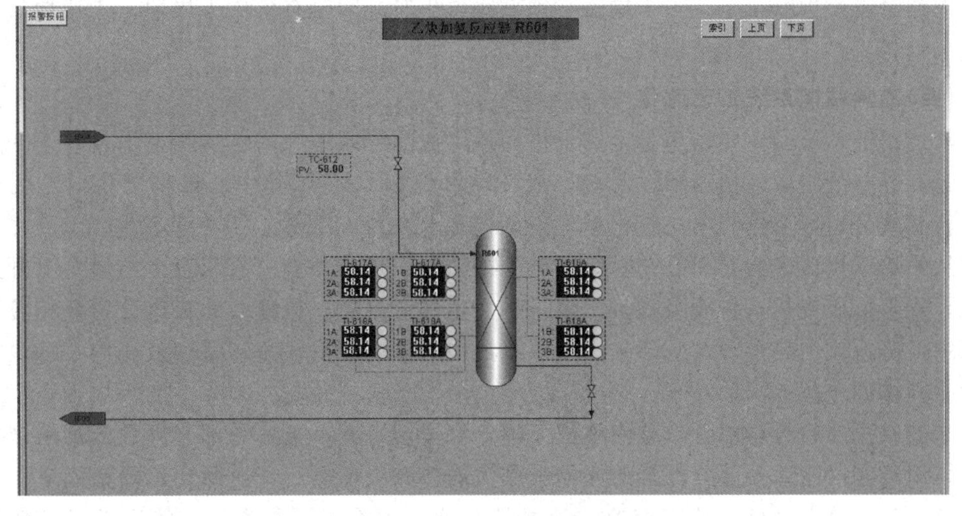

图 2-3-7　乙炔加氢反应器流程图

2. C2 绿油缓冲流程

乙炔加氢反应器的气相产品经过乙炔加氢反应器进出料换热器换热，与来自乙烯精馏塔(T602)的一股液相 C2 物料混合后，一起进入 C2 绿油分液罐(V603)，对绿油进行了有效的脱除后，气相进入乙烯干燥器脱除痕量的水分后进入乙烯精馏系统。

C2绿油分液罐中含有绿油的富乙烯液，用C2绿油分液罐罐底抽出泵在绿油分液罐罐底绿油流量控制器控制下打到脱乙烷塔第4层塔盘。这么做的目的是回收饱和的C2组分，同时将其中的包括C2绿油在内的重组分分馏到脱乙烷塔塔釜。当C2绿油分液罐在低液位时，由绿油分液罐液控器(LC-604A)超驰控制泵的出口流量。同时由液位控制器(LC-604B)超驰控制来自乙烯精馏塔的一股液相C2物料的流量(FC-610)。

在C2绿油分液罐罐底抽出泵(P602A/B)的出口线，设有一条线将绿油送到高压脱丙烷塔。在开工初期或操作出现异常，绿油含量严重超标的情况下，投用这条线。因为在绿油含量过高的情况下，并入燃料气的丙烷洗物料、循环丙烷在通过铜铝材质的冷箱时，可能导致冷箱结垢。进入高压脱丙烷塔的绿油将和C5's组分一起由高/低压脱丙烷塔塔釜送到脱丁烷塔，并和C5's组分一起排到界区外。

为了进一步减少脱乙烷系统内的聚合和结垢，脱乙烷系统设置有一个阻聚剂注入系统。在需要的情况下，阻聚剂可以注入C2绿油分液罐罐底抽出泵(P602A/B)的进料线上。推荐的阻聚剂注入量为在脱乙烷塔塔釜中阻聚剂的含量，为25ppm(质量浓度，参考供应商的参数)，阻聚剂的注入量通过调整注入泵的冲程来控制。

3. 乙烯干燥再生

乙烯精馏塔存在一个特殊情况，即水分从乙烯和乙烷中分离出来的时候会形成烃水合物。即使是非常少量的水也会在一段时间以后聚集到很高的浓度，并远高于乙烯精馏塔进料中水的浓度。因此为了防止在下游乙烯精馏塔(T602)系统中形成烃水合物，C2绿油分液罐顶部物料中痕量的水在乙烯干燥器(D601)中脱除。

乙烯干燥系统只包含一个干燥器，该干燥器是单床层分子筛干燥器，运行周期为7天。在干燥器出口物料线设有一台在线分析仪表(AI603)，当出现痕量的水或已经达到运行周期时需要进行再生。当干燥器必须离线再生时，因没有备用干燥器，乙炔加氢反应器流出物料直接送至乙烯精馏塔。

(四)乙烯精馏系统工艺流程

乙烯精馏系统的主要作用是生产合格的乙烯成品。系统中的乙烯精馏塔设有129层浮阀塔盘，进料的组成包括乙烯、乙烷、氢气、甲烷和C3's，其中乙烯精馏塔对乙烯和乙烷进行高效分离，氢气和甲烷气相循环返回产品气压缩机系统。其工艺流程如图2-3-8所示。从乙烯干燥器来的C2组分进入乙烯精馏塔的第90层塔盘，在塔盘上与塔中上升蒸汽接触，发生传质传热，料液吸收蒸汽热量，发生部分汽化，料液中的轻组分由液相转移到气相中，蒸汽放出热量，发生部分冷凝，蒸汽中的重组分由气相转移到液相中。每块塔盘都发生同样的过程。

未被汽化的料液与部分冷凝液逐板下降，汇集至塔釜，釜液一部分进入乙烯精馏塔再沸器，用经四段压缩后部分冷凝的产品气作为加热介质加热后，返回到乙烯精馏塔作为蒸汽回流。一部分在循环乙烷流控器的流量控制下送到冷箱回收冷量，然后送至燃料气管网。乙烯精馏塔塔釜液位串级控制循环乙烷的流量。在乙烯精馏塔第117层塔盘上设有分析仪表控制器，用来监控离开该塔盘时液体中乙烯的浓度，同时调整乙烯精馏塔再沸器的加热介质产品气的旁通量。在循环乙烷外送管线也设置有一个分析仪表，监控乙烯摩尔分数不大于0.5%，作为辅助的监控手段。

乙烯精馏塔设置一个乙烯精馏塔侧线再沸器，采用−24 ℃的丙烯气相作为加热介质，提供65%的再沸量，起到回收冷量、减少丙烯压缩机负荷的作用。侧线抽出液体从第103层塔盘位置进入侧线再沸器，液体全部汽化、丙烯冷剂气相全部冷凝后，再沸器馏出物返回到塔的第106层塔盘。侧线再沸器的工艺侧流量既受乙烯精馏塔侧线再沸器工艺侧液位的高液位超驰控制，同时也受乙烯精馏塔塔顶冷凝器丙烯冷剂的高液位超驰控制。

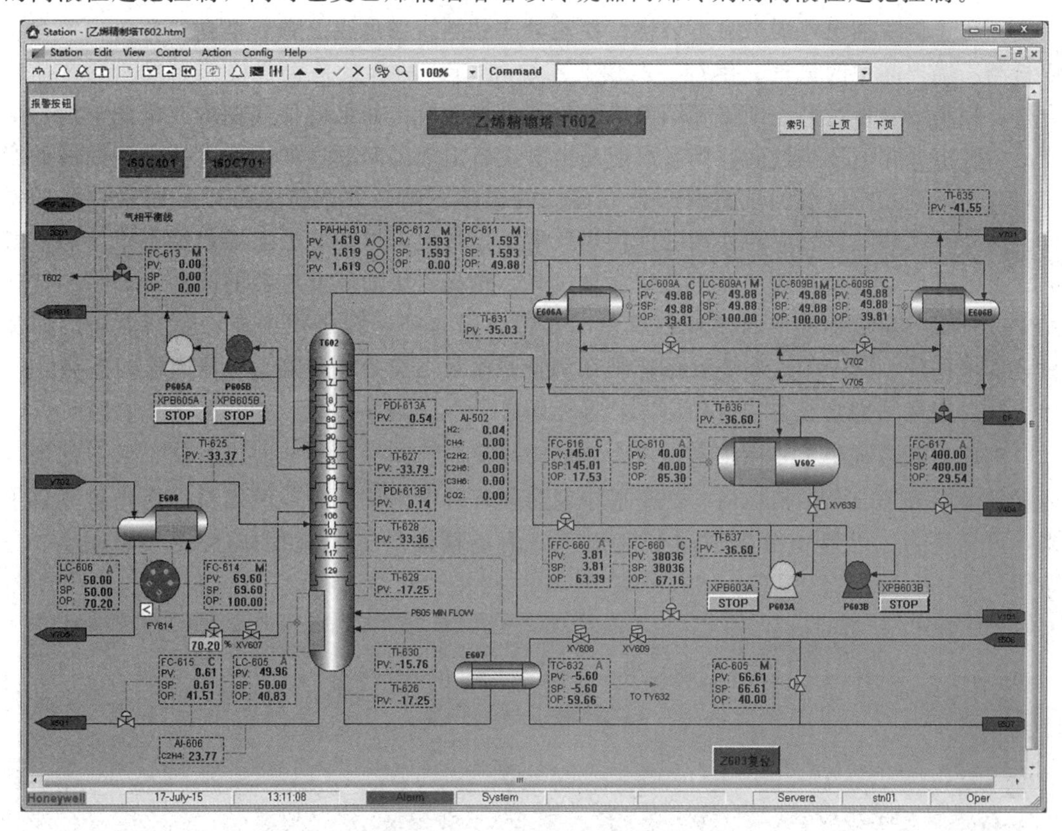

图 2-3-8 乙烯精馏工艺流程图

乙烯精馏塔内未被液化的气相和部分汽化的液相到达塔顶，塔顶气相通过塔顶冷凝器中的−40 ℃的丙烯冷剂被部分冷凝，然后进入乙烯精馏塔回流罐。乙烯精馏塔塔顶回流罐中的气相在乙烯精馏塔回流罐不凝气返回流控器控制下返回到产品气压缩机三段吸入罐。这股气相流量设定值为15 kmol/h，使轻组分和不凝气(氢气、甲烷、氮气等)从系统中脱除，目的是控制甲烷和氮气在乙烯产品中的含量。乙烯精馏塔进料中的所有甲烷都会去塔顶，大部分在气相之中，部分进入乙烯产品，因此必须控制脱甲烷塔塔釜物料中甲烷的含量，以达到预先期望的值。

乙烯精馏塔塔顶回流罐中的液相通过回流泵送到乙烯精馏塔塔顶。回流罐液控器串级乙烯精馏塔回流流控器，同时也就控制了产品的采出量。

乙烯精馏塔塔顶设有两个压力控制器。第一个压力控制器——乙烯精馏塔塔顶压控器串级控制乙烯精馏塔塔顶冷凝器壳层丙烯冷剂的液位。当第一个压力控制器不能阻止塔压持续上升时，第二个压力控制器——乙烯精馏塔回流罐罐顶压控放空器会打开将物料排放到冷火炬。

乙烯精馏塔第93层塔盘的液体通过C2绿油抽出泵侧线抽出进入C2绿油分液罐，作为乙炔加氢反应器出口物料的 C2 冲洗物流。这股侧线抽出的 C2 流量同时受 C2 绿油分液罐高液的超驰控制。

乙烯产品从乙烯精馏塔第 7 层塔盘(自上而下)液相侧线抽出被送往乙烯储罐。乙烯产品的侧线抽出采用流量比值调节，通过流量控制器保持侧线乙烯产品流量与回流量的比值不变，防止侧线抽出乙烯产品不合格。在乙烯产品侧线采出线上有一个在线分析仪表，用以检测乙烯产品中的氢气、甲烷、乙炔、乙烷和 CO_2 的含量是否合格。如果乙烯产品不合格，轻组分含量过高，则需要调整塔顶气相排放的量；如果塔顶气相排放量调整后乙烯产品中轻组分含量还是过高，则有可能是上游设备出现了问题。如果增大乙烯精馏塔的回流量对乙烯产品中甲烷的含量并不会有多大的影响，则必须调整上游设备脱甲烷塔的操作。另外，乙炔加氢反应器使用的外供氢气质量不合格，也会增加乙烯产品中甲烷和氢气的含量。同样，如果乙烯产品中乙炔含量过高，也是乙炔加氢反应器的问题。如果乙烯产品中的重组分含量不合格而循环乙烷中的乙烯含量合格，则必须调整乙烯精馏塔的回流量；如果循环乙烷中的乙烯不合格，则在调整回流量之前必须调整乙烯精馏塔的再沸量。

(五)丙烯精馏系统工艺流程

丙烯精馏系统的主要作用是生产合格的丙烯成品。丙烯精馏系统设有两个塔，即第一丙烯精馏塔和第二丙烯精馏塔，两个塔串联协作，其中丙烷从第一丙烯精馏塔塔釜分离出来，丙烯从第二丙烯精馏塔塔顶分离出来。丙烯精馏塔工艺流程如图 2-3-9、图 2-3-10 所示。

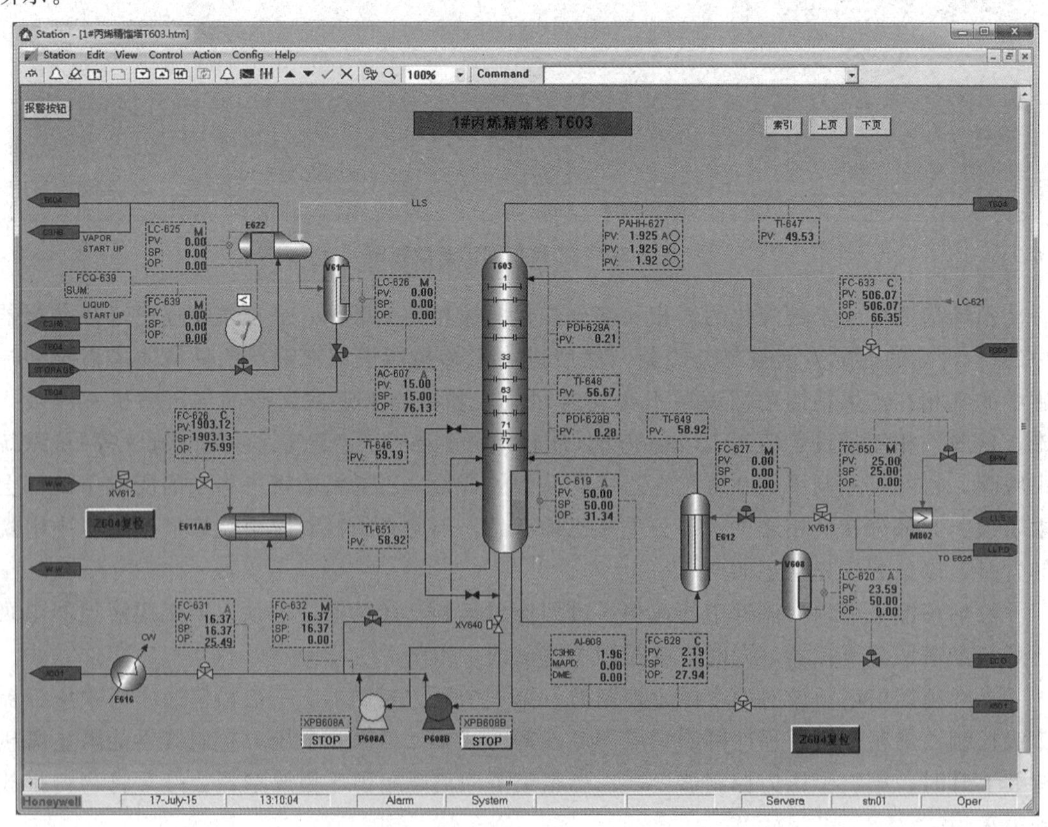

图 2-3-9　第一丙烯精馏塔工艺流程图

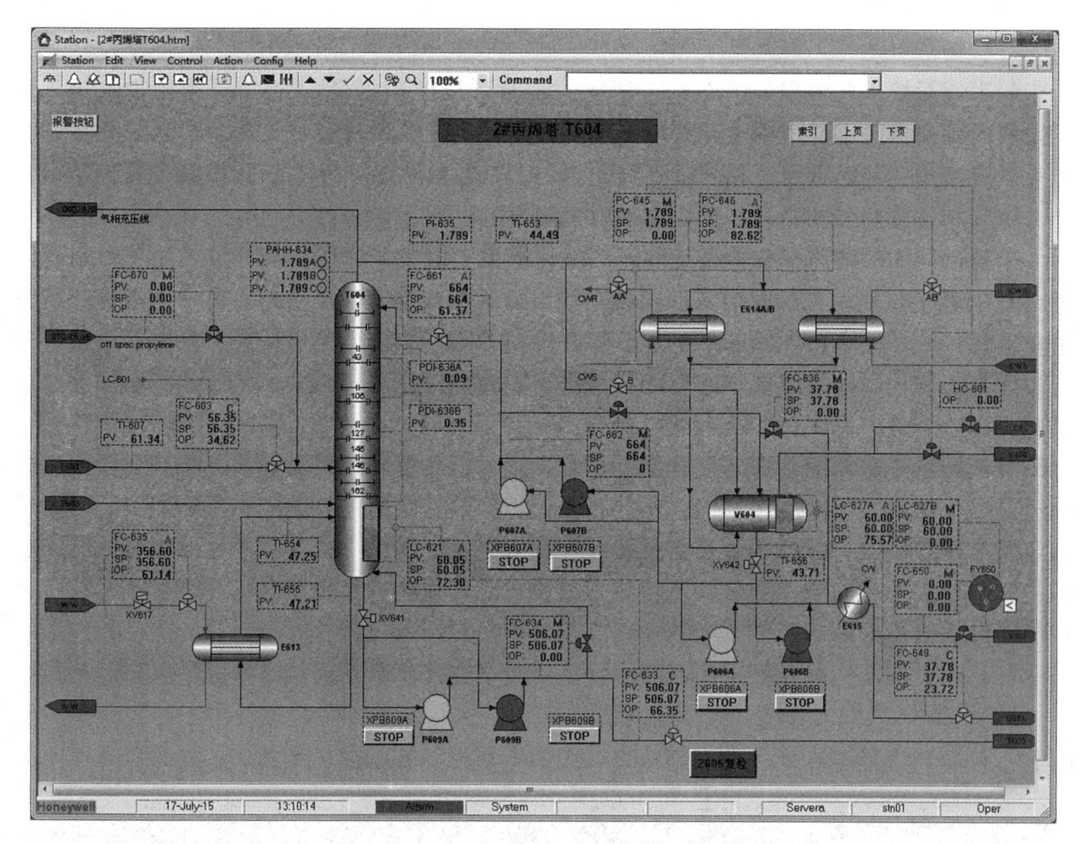

图 2-3-10 第二丙烯精馏塔工艺流程图

来自脱乙烷塔(T601)塔釜的物料进入第二丙烯精馏塔的第 146 层塔盘，第一丙烯精馏塔的塔顶气相进入第二丙烯精馏塔塔釜，物料在第二丙烯精馏塔内进行分离提纯。

第二丙烯精馏塔塔顶冷凝器(E614A/B)采用冷却水作为冷却介质，冷凝器的出料进入第二丙烯精馏塔回流罐(V604)，回流罐中的部分液相在第二丙烯精馏塔回流流量控制阀(FV661)控制下通过回流泵(P607)打回第二丙烯精馏塔塔顶。另一部分作为聚合级丙烯产品在第二丙烯产品采出流量控制阀(FV649)控制下通过丙烯产品采出泵(P606)送往丙烯产品冷却器(E615)，用冷却水冷却、经丙烯产品保护床(D602)精制后送出装置。丙烯产品的采出量受第二丙烯精馏塔回流罐液控器(LC627)串级控制。

第二丙烯精馏塔(T604)的塔釜物料通过第一丙烯精馏塔回流泵(P609)，流量在第一丙烯精馏塔进料流控器(FC633)控制下送到第一丙烯精馏塔塔顶，作为第一丙烯精馏塔的回流。回流量(FC633)受第二丙烯精馏塔的塔釜液位控制器(LC621)串级控制。

第一丙烯精馏塔(T603)塔釜物料分两股，第一股物料通过冲洗丙烷泵(P608)，在冲洗丙烷流量器(FC631)控制下先通过冲洗丙烷冷却器(E616)，用冷却水进行冷却，然后进入冷箱(X501)进一步冷却，冷却后丙烷进入脱甲烷塔(T603)的回流管线；第二股物料在循环丙烷流控器(FC628)控制下作为循环丙烷产品进入冷箱(X501)进行加热，经加热后的物流进入甲醇洗塔(T606)进行洗涤。循环丙烷的流量 FC628 受塔釜液位第一丙烯精馏塔塔釜液控器(LC619)的串级控制。

（六）脱丁烷系统工艺流程

脱丁烷系统工艺流程如图 2-3-11 所示。来自低压脱丙烷塔（T502）塔釜的物料进入脱丁烷塔内，在塔盘上与塔中上升蒸汽接触，发生传质传热，料液吸收蒸汽热量，发生部分汽化，料液中的轻组分由液相转移到气相中，蒸汽放出热量，发生部分冷凝，蒸汽中的重组分由气相转移到液相中。每层塔盘都发生同样的过程。

未被汽化的料液与部分冷凝液逐板下降，汇集至塔釜，釜液一部分进入脱丁烷塔再沸器（E618）被低低压蒸汽加热后返回到脱丁烷塔作为蒸汽回流。脱丁烷塔再沸器低低压蒸汽流控器（FC655）与脱丁烷塔灵敏板温控器（TC662）串级控制。控制脱丁烷塔（T605）的灵敏板温度是为了控制塔釜中 C4's 组分的含量。脱丁烷塔再沸器（E618）及其凝液罐（V606）的液位由凝液罐液控器（LC636）来调整。

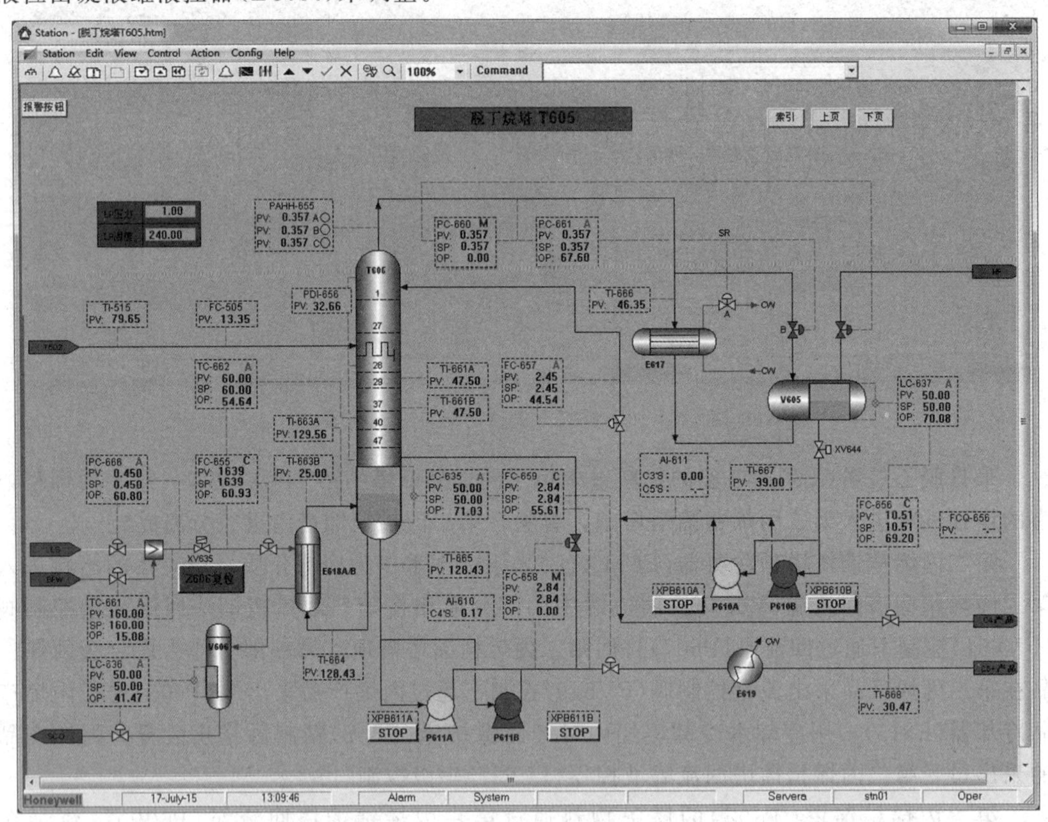

图 2-3-11　脱丁烷系统工艺流程图

塔釜物料另一部分 C5's 物料由泵 P611 经 E619 冷却到 <40 ℃后送至 C5's 罐区。脱丁烷塔塔釜产品采出的流量 FC659 与脱丁烷塔塔釜液控器（LC635）串级控制，并在塔釜采出线上设有一台在线分析仪表（AI610），以检测塔釜产品中的 C4 组分的含量。

脱丁烷塔内未被液化的气相和部分汽化的液相到达塔顶，塔顶气相通过塔顶冷凝器（E617）完成冷凝后，进入脱丁烷塔回流罐。回流罐内的 C4 产品通过脱丁烷塔回流泵（P610）分为两部分，一部分送到烯烃罐区 C4 产品储罐，另一部分送到塔顶作为回流。脱丁烷塔回流罐（V605）的液位 LC637 与 C4 产品流控器（FC656）组成串级控制。C4 产品中的 $C5^+$ 组分含量由脱丁烷塔回流流控器（FC657）控制，并在 C4 产品采出线上设有分析仪表(AI611)，以监控C3’s和C5’s组分的含量。

脱丁烷塔(T605)的压力通过两个压力调节器进行控制。第一个压力调节器——脱丁烷塔塔顶压控器(PC661)通过分程控制脱丁烷塔塔顶冷凝器(E617)冷却水的量(A阀)和热旁通量(B阀)来控制塔压。当第一个压力调节器不能阻止塔压持续上升时，则打开脱丁烷塔回流罐(V605)顶部的压力调节阀(PV660)(第二个压力调节器)，将物料排放到热火炬系统。

能力训练

一、填空题

1. 精馏塔按照内件不同，大致可分为________塔和________塔两大类。

2. 乙烯产品的纯度指标是________。

3. 乙烯对乙烷的相对挥发度随乙烯浓度的增加而________，因此在精馏段内乙烯浓度增加________。乙烯纯度要求越高，分离越困难。

4. 蒸馏是一个________与________同时进行的过程。

二、选择题

1. 气固相催化反应器，分为固定床反应器和(　　)反应器。

A. 流化床　　B. 移动床　　C. 间歇　　D. 连续

2. 乙烯工业上前加氢和后加氢是以(　　)为界划分的。

A. 冷箱　　B. 脱甲烷塔　　C. 脱乙烷塔　　D. 脱丙烷塔

3. 当回流从全回流逐渐减小时，精馏段操作线向平衡线靠近。为达到给定的分离要求，所需的理论板数(　　)。

A. 逐渐减少　　B. 逐渐增多　　C. 不变　　D. 无法判断

4. 精馏塔提馏段的作用是(　　)。

A. 增浓低沸点组分　　B. 提高易挥发组分的收率

C. 提供热量　　D. 提高难挥发组分的收率

5. 带控制点工艺流程图中管径一律用(　　)。

A. 内径　　B. 外径

C. 公称直径　　D. 中径

6. 从温度—组成($t-x-y$)相图中的气液共存区内，当温度增加时，液相中易挥发组分的含量会(　　)。

A. 增大　　B. 增大及减少

C. 减少　　D. 不变

三、判断题

1. 精馏塔的操作弹性越大，说明保证该塔正常操作的范围越大，操作越稳定。(　　)

2. 将从精馏塔塔顶出来的蒸汽先在分凝器中部分冷凝，冷凝液刚好供回流用，相当于一次部分冷凝，精馏段的理论塔板数应比求得的能完成分离任务的精馏段理论板数少一块。(　　)

3. 丙烯与丙烷的相对挥发度相当接近，因此所需要的板数也最多。(　　)

4. 乙烯塔设计侧线采出的目的是减少产品中的乙烷含量。 ( )

四、简答题

1. 简述实现精馏过程的两个必备条件。

2. 简述催化剂老化、催化剂中毒、催化剂再生。

任务二 精馏系统操作与控制

任务描述

进行脱甲烷塔、脱乙烷塔、乙烯精馏塔、丙烯精馏塔、乙炔加氢反应器、脱丁烷塔的操作，进行精馏系统装置联锁控制。

知识储备

一、脱甲烷系统操作与控制

脱甲烷塔和一般精馏塔有明显差别。一般精馏塔塔顶气相流出物可全部冷凝，塔顶回流液组成与塔顶气相流出物是相同的。而脱甲烷塔塔顶流出物中有基本不凝气体——氢气。因此，脱甲烷塔的精馏段是有其特殊性的。脱甲烷系统包括进料预冷(前冷)系统、脱甲烷系统、乙烯回收系统三部分。

进料预冷(前冷)系统是使用丙烯冷剂将原料气逐级冷却到－37 ℃，在气液分离罐分出氢气、甲烷含量高的气相和氢气、甲烷含量低的液相两部分，气相和液相分别作为脱甲烷塔的两股进料，以降低脱甲烷塔的操作负荷。

脱甲烷系统是由脱甲烷塔塔顶分离出甲烷、氢气等轻组分，塔釜分离出C2、C3等重组分。

乙烯回收系统的作用是降低脱甲烷塔塔顶物料中携带的乙烯，减少乙烯损失。

脱甲烷系统在烯烃分离工序中消耗冷量大，工艺又最复杂，它的操作效果严重地影响产品的纯度和其后的分离工序，所以是烯烃分离的关键。

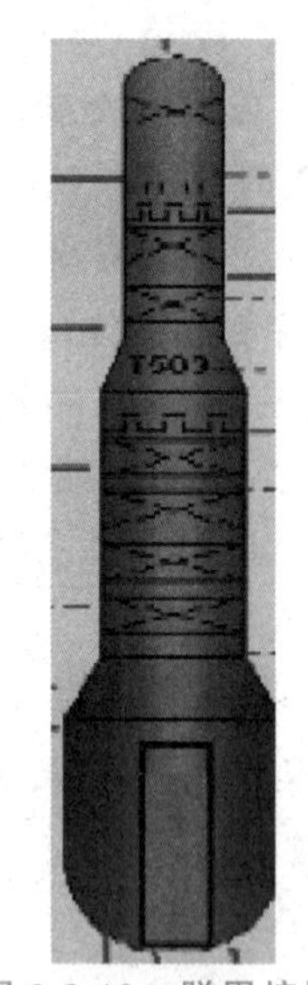

图 2-3-12 脱甲烷塔

(一)脱甲烷塔

如图 2-3-12 所示，脱甲烷塔是一个七层填料塔。精馏段三层，提馏段四层。第一层底部设置液体收集器和再分布器，液体沿再分布器进入第三层，第三层底部设再分布器，液体沿再分布器依次经过第四至七层填料。

实训视频：脱甲烷塔投用(仿真)

(二)脱甲烷系统投用

脱甲烷系统操作时，DCS 控制及现场如图 2-3-13～图 2-3-19 所示。

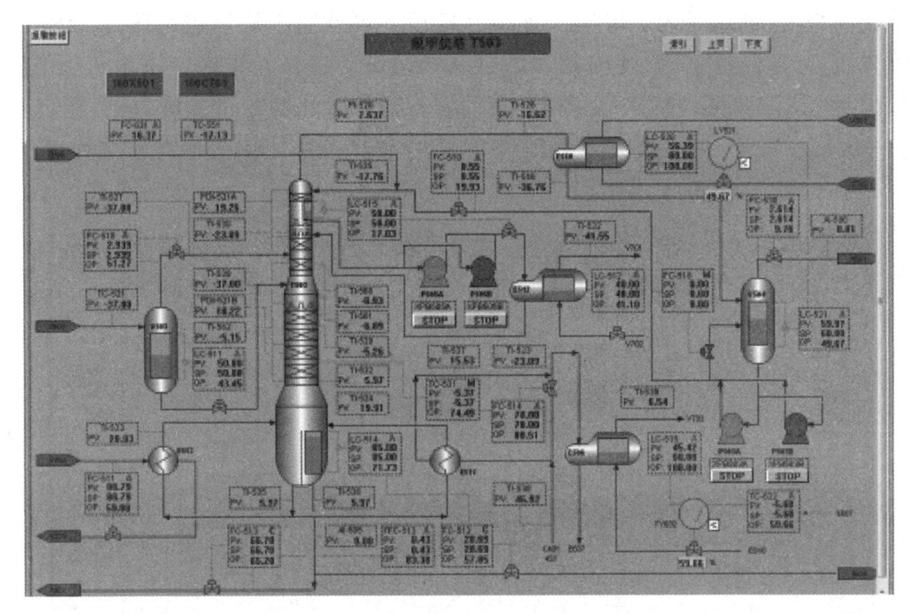

图 2-3-13　脱甲烷系统 DCS 控制示意(一)

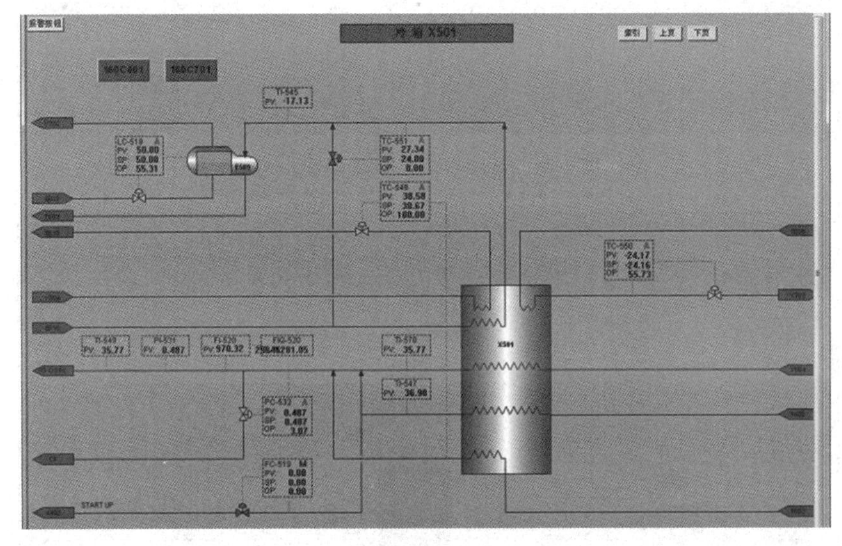

图 2-3-14　脱甲烷系统 DCS 控制示意(二)

1. 脱甲烷塔实气置换

确认脱甲烷塔塔顶安全阀正常投用，低压脱丙烷塔塔顶安全阀正常投用。关闭丙烷洗进料阀门及脱甲烷系统所有的导淋阀和排放阀。

关闭脱甲烷塔进料罐压力控制阀、脱甲烷塔液相进料流量控制阀、脱乙烷塔液相进料流量控制阀、脱乙烷塔气相进料流量控制阀、脱甲烷塔压力控制阀及相关控制阀的旁路阀，前后阀门打开。

打开脱甲烷塔中段回流液位控制阀、脱甲烷塔回流流量控制阀、脱甲烷塔进料流量控制阀前后阀门及旁路阀。

高压脱丙烷塔/低压脱丙烷塔实气置换合格后，调节脱甲烷塔进料罐压力控制阀向脱甲烷系统充压，打开脱甲烷系统内各火炬排放阀门进行置换。置换结束后进行化验分析，氮气含量小于2%为合格。如果不合格，继续置换，直至化验分析合格为止。

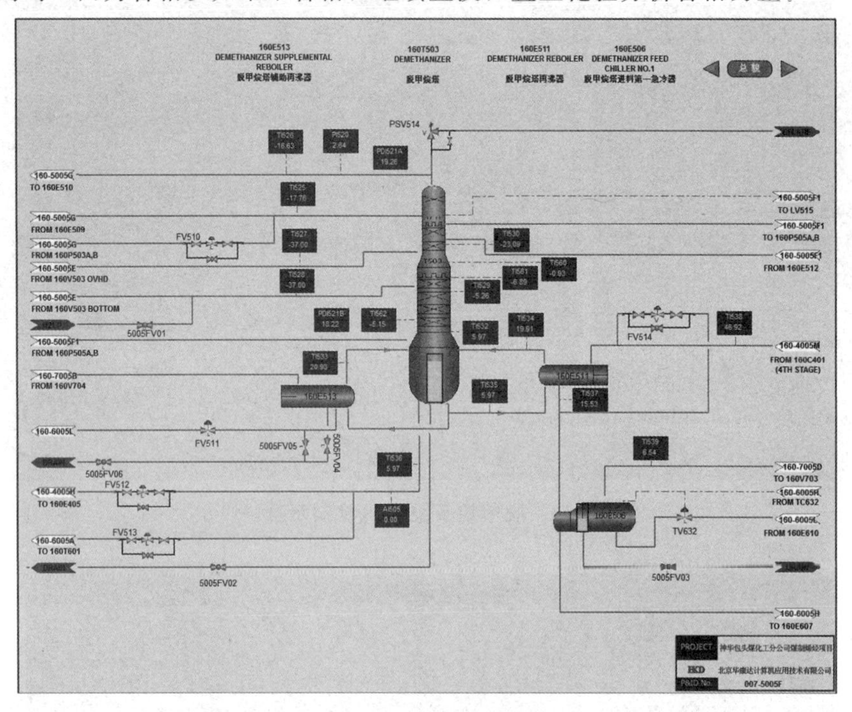

图 2-3-15 脱甲烷系统现场图(一)

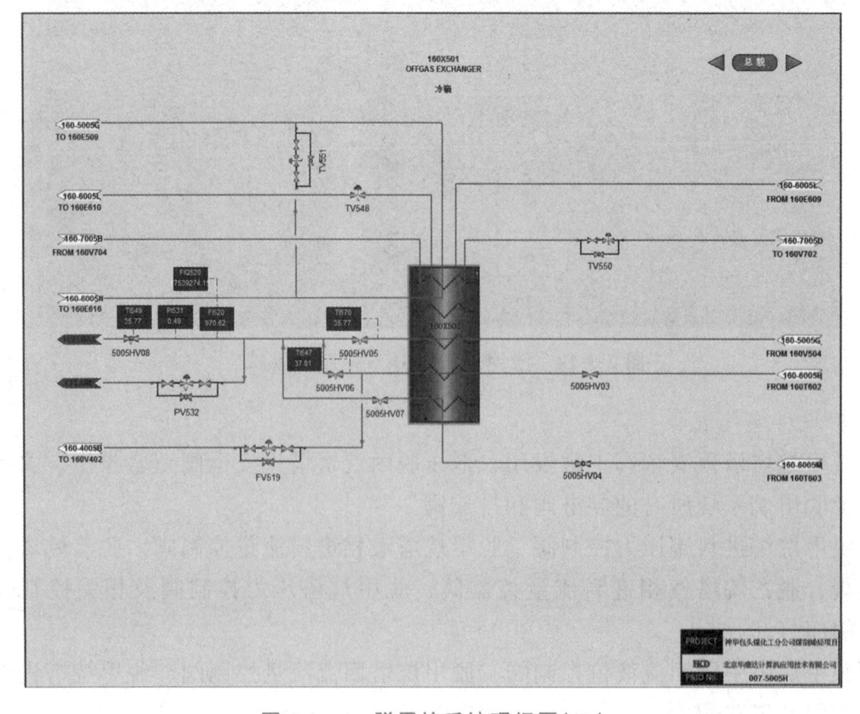

图 2-3-16 脱甲烷系统现场图(二)

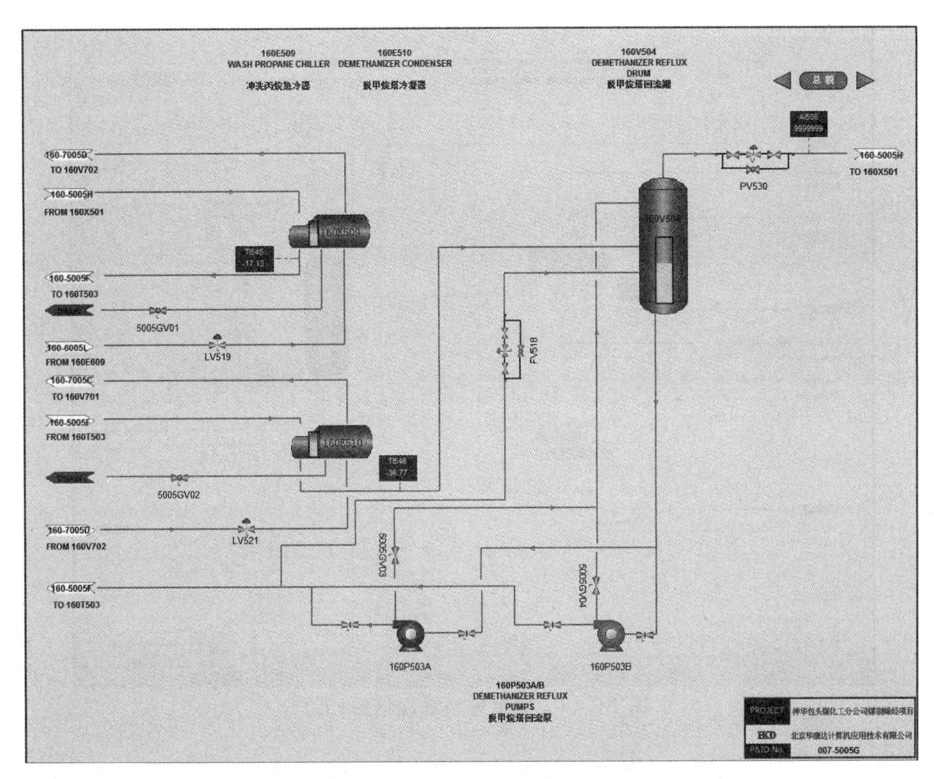

图 2-3-17 脱甲烷系统现场图(三)

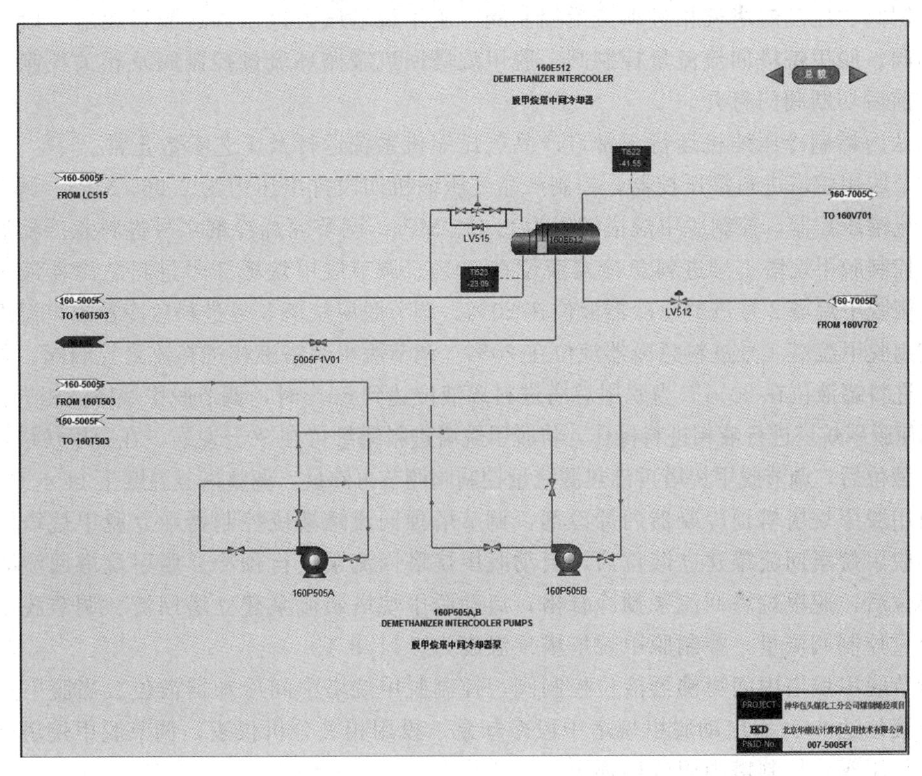

图 2-3-18 脱甲烷系统现场图(四)

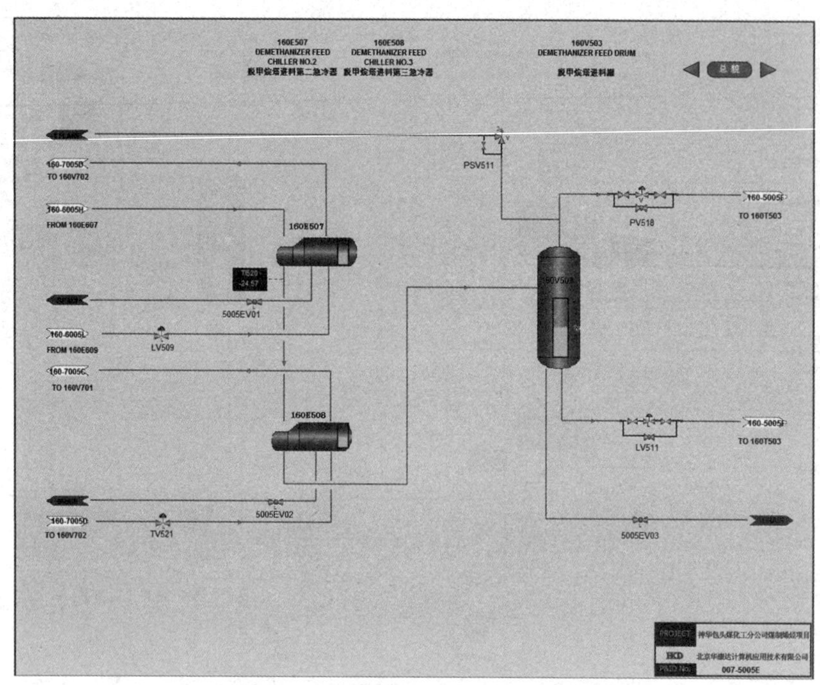

图 2-3-19　脱甲烷系统现场图(五)

2. 脱甲烷系统开工

关闭脱甲烷塔进料罐压力控制阀、脱甲烷塔液相进料流量控制阀、脱乙烷塔液相进料流量控制阀、脱乙烷塔气相进料流量控制阀、脱甲烷塔压力控制阀、脱甲烷塔中段回流液位控制阀、脱甲烷塔回流流量控制阀、脱甲烷塔回流罐循环流量控制阀及相关控制阀的旁路阀，前后切断阀门打开。

确认丙烯制冷压缩机运行正常，产品气压缩机系统运行及工艺参数正常。

调节脱甲烷塔进料罐压控器，控制产品气压缩机四段排出压力为 2.965 MPa。调节脱甲烷塔回流罐压控器，控制脱甲烷塔塔压为 2.652 MPa。调节丙烯冷剂 1 号进料急冷器温度控制阀，控制脱甲烷塔 1 号进料急冷器液位在 20%。调节脱甲烷塔 2 号进料急冷器液位控制阀，控制脱甲烷塔 2 号进料急冷器液位在 20%。调节脱甲烷塔 3 号进料急冷器出口温度控制阀，控制脱甲烷塔 3 号进料急冷器液位在 20%。调节脱甲烷塔液相进料流量控制阀，控制脱甲烷塔进料罐液位在 20%。当脱甲烷塔进料罐液位达到 50%时，调节脱甲烷塔液相进料流量控制阀使脱甲烷塔进行液相进料操作，将脱甲烷塔进料罐维持在 30%左右。在脱甲烷塔塔釜建立 10%液位后，调节脱甲烷塔再沸热源流量控制阀调节再沸量，调整塔釜温度至 14.4 ℃。

投用脱甲烷塔塔顶冷凝器丙烯冷剂，调节塔顶回流罐液位控制器建立脱甲烷塔回流罐液位。脱甲烷塔回流罐建立液位后，启动脱甲烷塔回流泵进行预冷。脱甲烷塔回流罐建立 80%液位后，脱甲烷塔回流泵预冷合格，启动脱甲烷塔回流泵建立塔回流。调节脱甲烷塔回流流量控制阀流量，控制脱甲烷塔塔顶温度为－11.8 ℃。

调节脱甲烷塔中间再沸器液位控制阀，控制脱甲烷塔中间冷却器液位。当脱甲烷塔中段回流液位达 80%后启动脱甲烷塔中段冷却泵。投用相关分析仪表，调节脱甲烷塔中段回流液位控制阀，控制塔内回流循环量。

投用冷箱，调节丙烷出冷箱温控器控制 40 ℃丙烯流量，丙烷出冷箱温控器设定 35 ℃

投自动。调节丙烯冷剂温控器控制 7 ℃丙烯流量，温控器设定－30 ℃投自动。投用燃料气管线压力控制阀，控制甲烷去界区压力至 0.61 MPa。投用冲洗丙烷急冷器液位控制阀，控制丙烷急冷器液位在 20%。调节冲洗丙烷进脱甲烷塔旁路温度控制阀，控制进塔循环丙烷温度至 27.0 ℃。

脱乙烷塔塔釜合格后在向第二丙烯精馏塔进料前，投用丙烷洗(用丙烯临时代替丙烷)。启动丙烷泵，调节冲洗丙烷流控器，控制丙烯进入脱甲烷塔流量为 16 t/h。

在脱甲烷塔塔釜液位正常后，调节脱乙烷塔下部气相进料流量控制阀/脱乙烷塔上部液相进料流量控制阀，向脱乙烷系统进料。

微课：脱甲烷塔塔釜液位控制

微课：脱甲烷塔塔顶压力控制

(三)脱甲烷塔参数控制

1. 操作要点

脱甲烷塔再沸器通过脱甲烷塔再沸热源流量控制阀调节，此阀门同时受到位于塔的第七层填料上部的脱甲烷塔上部温控器的串级控制，以获得适当的加热量。丙烯冷剂用量由乙烯精馏塔再沸器热源温度控制阀进行调节，此阀门由位于乙烯精馏塔再沸器的产品气管线出口上的温度控制器控制，以便为乙烯精馏塔再沸器提供适当温度的产品气热源。丙烯冷剂由脱甲烷塔 1 号进料急冷器本身的液位控制器高液位超驰控制。脱甲烷塔 2 号进料急冷器的丙烯冷剂由脱甲烷塔 2 号进料急冷器液控器控制调节。脱甲烷塔 3 号进料急冷器产品气出口管线上的温度控制器控制脱甲烷塔 3 号进料急冷器出口温度控制阀调节丙烯冷剂用量，以控制进入脱甲烷塔进料罐的产品气温度，同时受到脱甲烷塔 3 号进料急冷器冷剂侧高液位超驰控制。

脱甲烷塔进料罐中的气相在脱甲烷塔进料罐压控器控制下进入脱甲烷塔的第二层与第三层填料之间，液相在脱甲烷塔进料罐液控器控制下进入脱甲烷塔第四层填料上方。

从脱甲烷塔第一层填料下方的积液槽引出一股液相，这股被过冷的物料由积液槽液位单回路控制脱甲烷塔中段回流液位控制阀，换热器冷剂侧采用自身液位单回路控制脱甲烷塔中间再沸器液位控制阀。

脱甲烷塔塔底的烃类产品被分成两股采出：一股直接进入脱乙烷塔，由脱乙烷塔上部液相进料流量控制阀控制采出量；另一股作为脱乙烷塔较低的进料，由脱乙烷塔下部气相进料流量控制阀控制采出量。脱甲烷塔塔底产品两股采出量采用流量比值调节，并在脱甲烷塔塔釜液位的串级控制下送出。

冷箱丙烷洗物料出口设有一个温度调节器，调节丙烷洗物料旁路的量，控制冷箱丙烷洗物料出口的温度在 30 ℃。第二个温度调节器——7 ℃丙烯冷剂温控器用于调节 7 ℃的丙烯冷剂补偿阀，以保持 7 ℃补偿丙烯冷剂的出口温度为－30 ℃。这两个调节器的作用是防止高温物流与低温物流之间有过大的温差导致冷箱产生过大的应力。第三个温度调节器即丙烷出冷箱温控器用于调整 40 ℃的丙烯补偿阀，以维持丙烷出口温度为 35 ℃。最后一个温度调节器只是在 MTO 反应器生成的产品气中的乙烯/丙烯值低，有更多的丙烷产品时进行操作的。

2. 正常操作条件下的工艺控制参数

脱甲烷系统正常操作条件下的工艺参数见表 2-3-1。

表 2-3-1 脱甲烷系统正常操作条件下的工艺参数

序号	控制对象	正常值	单位
1	脱甲烷塔塔顶压力	2.652±0.1	MPa
2	脱甲烷塔塔底压力	2.680±0.1	MPa
3	脱甲烷塔塔顶温度	−11.1±2	℃
4	脱甲烷塔塔底温度	13.8±3	℃
5	脱甲烷塔塔底液位	50±10	%

3. 脱甲烷塔参数控制

(1)脱甲烷塔塔釜液位控制。脱甲烷塔塔釜需保证正常液位，防止空塔或满塔，造成塔底轻组分过多或塔顶 C2 含量多，塔釜液位要求控制在 50%左右。塔釜液位主要通过控制再沸量、采出量、回流量、进料温度进行控制，其控制回路图如图 2-3-20 所示。塔底物料含有 C2 和 C3 组分的烃类产品被分成两股采出：一股直接进入脱乙烷塔作为脱乙烷塔的上部进料，由控制器(FC-513)控制采出量；另一股作为产品气压缩机三段排出物料的冷剂，即经过干燥器 1 号进料冷却器换热后进料到脱乙烷塔较低的进料位置，由控制器(LC-512)控制采出量。脱甲烷塔塔底产品两股采出量采用流量比值调节(FFC-513)，并在塔底液位 LC-514 的串级控制下送出，作为脱乙烷塔的进料。

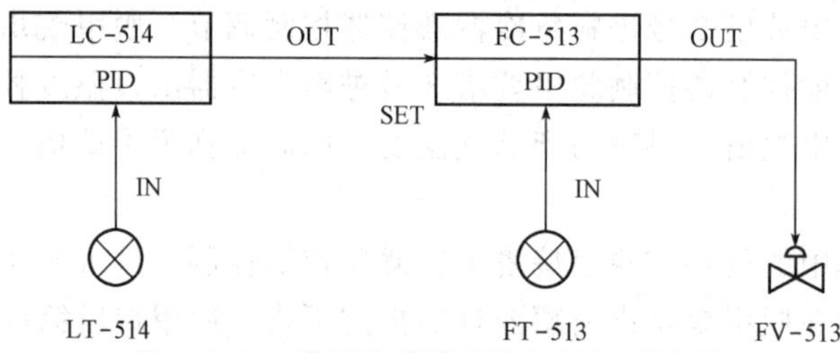

图 2-3-20 脱甲烷塔塔釜液位控制回路图

(2)脱甲烷塔塔压控制。通过控制脱甲烷塔塔压在 2.64 MPa 可以保证各组分在此压力下的液化温度和分离效果。其主要影响因素是塔顶冷凝器的冷剂温度、进料负荷、进料温度。可以通过脱甲烷塔的液位控制器开度大小来调节丙烯冷剂的量，也可以通过控制脱甲烷塔回流罐压力控制阀控制脱甲烷塔的压力。

(四)脱甲烷系统停工

1. 停工前系统降负荷

随着产品气压缩机负荷的降低，相应降低脱甲烷塔的负荷，降低脱甲烷塔塔釜、回流罐、进料罐及冷凝器液位，降低脱甲烷塔上部内回流量。

适当降低脱甲烷塔 1 号进料急冷器、脱甲烷塔 2 号进料急冷器、脱甲烷塔 3 号进料急冷器、冲洗丙烷急冷器、脱甲烷塔冷凝器、脱甲烷塔中间冷却冷器的丙烯冷剂液位及冷箱换热物料量。

调整控制脱甲烷塔塔顶温度为−10.2 ℃，塔釜温度为 11 ℃，塔顶压力为 2.655 MPa。

根据进料量适当降低脱甲烷塔回流量，确保脱甲烷塔塔顶温度为−10.2 ℃±2 ℃。确认脱甲烷系统降低负荷，减少停工物料排放。

2. 脱甲烷系统停车

产品气压缩机停车后脱甲烷塔停止进料，关闭脱甲烷塔进料罐压力控制阀、液位控制阀。关闭冲洗丙烷流量控制阀停止循环丙烷进料。

关闭甲烷送界区手阀、脱甲烷塔回流罐压力控制阀及其旁路阀，手动关闭脱甲烷塔至脱乙烷塔液相进料流量控制阀，手动关闭脱甲烷塔至脱乙烷塔气相进料流量控制阀。降低脱甲烷塔塔釜液位、塔上部液位，降低脱甲烷塔回流罐液位。停止脱甲烷塔停止回流泵，关闭泵出入口阀，防止泵反转。停止脱甲烷塔中间冷却器泵，关闭泵出入口阀，防止泵反转。减少再沸器丙烯加热量，同时防止塔釜低温。

3. 脱甲烷系统排液

打开脱甲烷塔辅助再沸器、塔釜、再沸器、回流罐排放线上阀门，将设备内残存液体排入火炬系统。

打开脱甲烷塔中间冷却器泵、脱甲烷塔回流泵、冲洗丙烷急冷器、脱甲烷塔冷凝器、冲洗丙烷冷却器排放线上阀门，将设备管线内残存液体排入冷火炬系统。

每个设备排液结束后，及时关闭排液阀门，防止系统压力泄得过低。

4. 脱甲烷系统泄压

脱甲烷系统排液结束后打开甲烷氢燃料气出冷箱压力控制阀、脱甲烷塔回流罐压力控制阀向火炬系统泄压。

打开脱甲烷塔辅助再沸器、塔釜、再沸器、回流罐、中间冷却器泵、回流泵、冲洗丙烷急冷器、冷凝器及冲洗丙烷冷却器排放线上阀门进行泄压，当脱甲烷系统压力泄至0.03 MPa后，将系统所有放火炬阀门关闭，防止其他系统排火炬压力过高而倒窜回系统。

5. 脱甲烷系统置换

(1)流程设定。

1)关闭丙烷洗进料阀门，使脱甲烷系统所有的导淋阀和排放阀关闭。

2)关闭脱甲烷塔进料罐压力控制阀、脱甲烷塔进料罐液位控制阀、脱甲烷塔至脱乙烷塔液相进料流量控制阀、脱甲烷塔至脱乙烷塔气相进料流量控制阀、脱甲烷塔压力控制阀、脱甲烷塔中段回流液位控制阀、脱甲烷塔回流流量控制阀、冲洗丙烷温度控制阀及其旁路阀，前后阀门打开。

(2)氮气置换。

1)打开脱甲烷塔塔底UC管线接临时氮气线向脱甲烷塔引入N_2。确认脱甲烷系统N_2充压，置换流程正确。系统N_2充压至0.3 MPa，停止充压。

2)打开甲烷氢燃料气出冷箱压力控制阀、脱甲烷塔回流罐压力控制阀系统泄压至冷火炬。

3)打开脱甲烷塔辅助再沸器、塔釜、再沸器、回流罐、中间冷却器泵、回流泵、冲洗丙烷急冷器、冷凝器及冲洗丙烷冷却器排放线上阀门向火炬系统泄压，系统N_2泄压至0.03 MPa后停止泄压。重复加减压3次。分析系统内各采样点N_2>98%为置换合格，各测爆点测爆合格。不合格重复置换，直至合格为止。

(五)常见异常情况及处理方法

脱甲烷系统常见异常情况及处理方法见表 2-3-2。

表 2-3-2　脱甲烷系统常见异常情况及处理方法

现象	原因	处理方法
脱甲烷塔塔釜液位上升	(1)回流量大； (2)采出量小； (3)再沸量小； (4)仪表故障	(1)减小回流量； (2)加大采出量； (3)加大再沸量； (4)切至手动，联系仪表商家处理
脱甲烷塔塔釜液位下降	(1)回流量小； (2)采出量大； (3)再沸量大； (4)仪表故障	(1)适当加大回流量； (2)减小采出量； (3)减小再沸量； (4)切至手动，联系仪表商家处理
脱甲烷塔塔顶产品中乙烯含量增加	(1)再沸量大，灵敏板温度高； (2)进料温度高； (3)塔压偏低； (4)回流量小； (5)冲洗丙烷流量小	(1)降低塔底再沸量，降低灵敏板温度； (2)提高 E506、E507、E508 冷剂量来降低进料温度； (3)调整塔压至正常值； (4)提高 LC521 液位来增加回流量； (5)提高冲洗丙烷流量 FC631
塔压差上升	(1)塔回流量过大； (2)塔进料量增加； (3)塔采出量小； (4)仪表指示不准； (5)塔内有冻堵现象	(1)减小回流量； (2)减小进料量； (3)适当控制采出量，塔釜液位控制在 50%； (4)联系仪表商家处理； (5)检查冻堵原因，注甲醇解冻

二、脱乙烷系统操作与控制

(一)脱乙烷塔

如图 2-3-21 所示，脱乙烷塔设有 79 层浮阀塔盘，该塔将脱甲烷塔塔底来的物料分馏成两股物流，分别是塔顶的混合 C2 物流和塔底的混合 C3 产品，要求塔釜产品中 C2’s 组分含量少于 133 ppm，塔顶产品中 C3’s 组分含量少于 131 ppm。

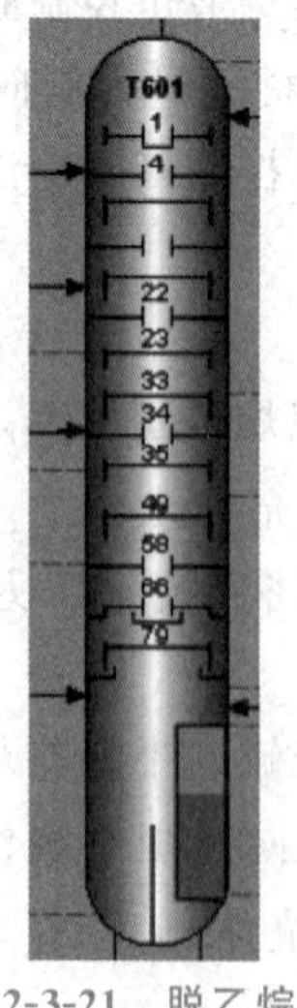

图 2-3-21　脱乙烷塔

实训视频：脱乙烷塔投用(仿真)

脱乙烷塔再沸器利用水洗水提供热量。在开工初期，如果没有充足的水洗水以满足再沸的要求，可以用以低压蒸汽为加热介质的脱乙烷塔蒸汽再沸器为塔提供热量。

(二)脱乙烷系统投用

脱乙烷系统操作时，DCS 控制及现场如图 2-3-22～图 2-3-24 所示。

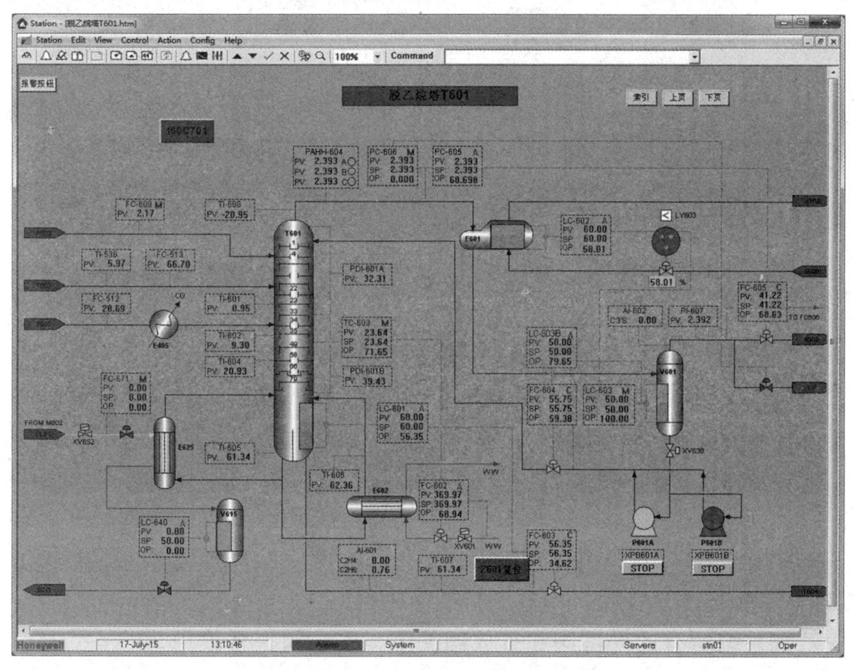

图 2-3-22 脱乙烷系统 DCS 控制图

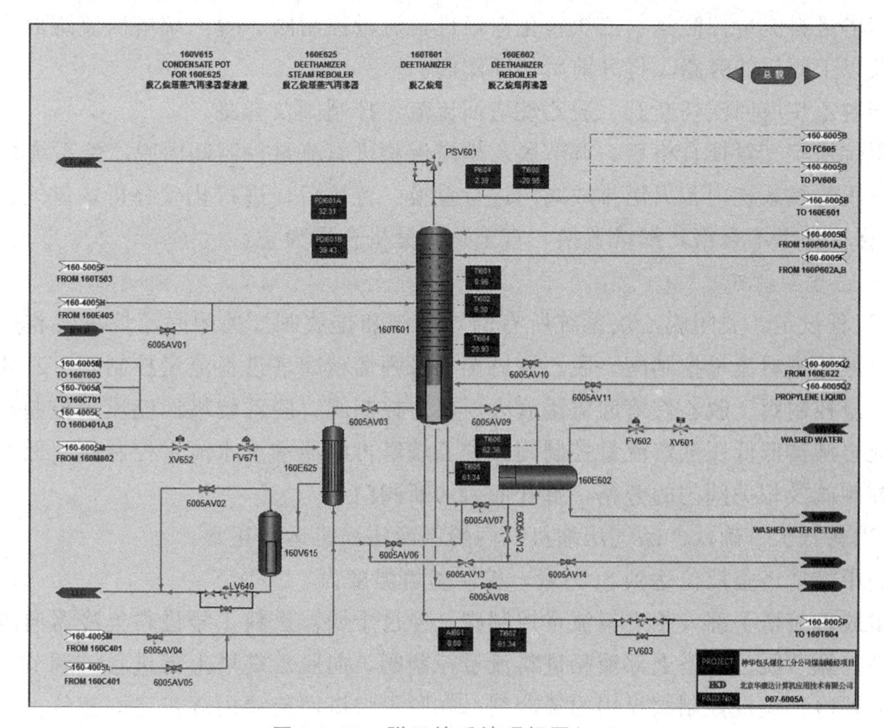

图 2-3-23 脱乙烷系统现场图(一)

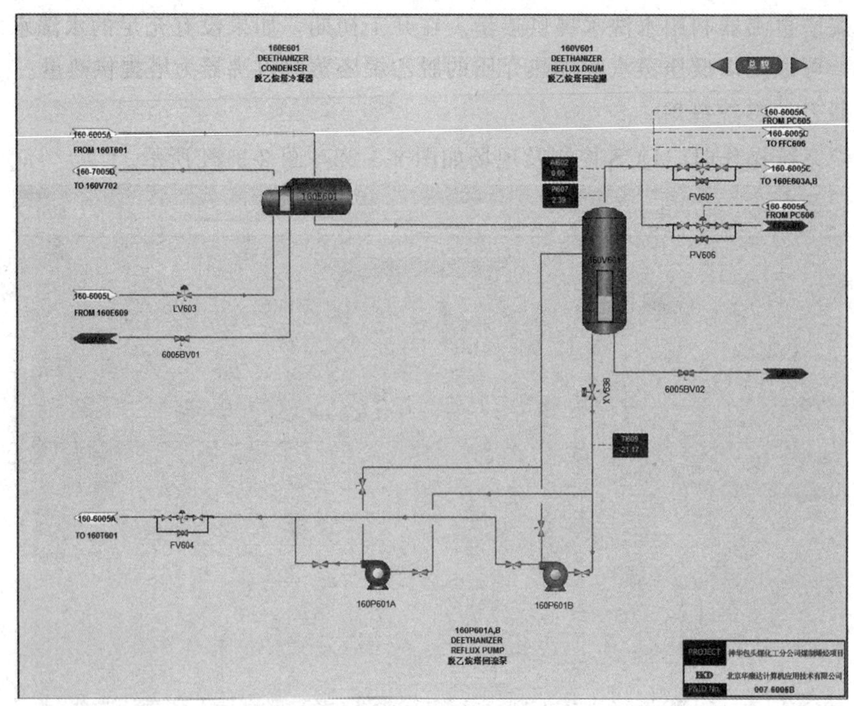

图 2-3-24　脱乙烷系统现场图(二)

1. 脱乙烷实气置换

确认脱乙烷系统所有的导淋阀和排放阀关闭，安全阀正常投用。

关闭脱乙烷塔气相进料流量控制阀、脱乙烷塔液相进料流量控制阀、脱乙烷塔至 2 号丙烯精馏塔进料流量控制阀、乙炔转化器烃进料流量控制阀、脱乙烷塔回流罐放火炬压力控制阀及以上阀门的旁路，打开前后切断阀门。

打开脱乙烷塔回流切断阀、脱乙烷塔回流流量控制阀及旁路。

脱甲烷塔实气置换合格后，调节脱乙烷塔液相进料流量控制阀向脱乙烷系统充压。

打开脱乙烷系统内各火炬排放阀门进行置换。置换后，进行化验分析，氮气含量小于 2%为合格。如果不合格，继续置换，直至化验分析合格为止。

2. 脱乙烷系统开工

(1)流程设定。关闭脱乙烷系统所有的导淋阀和排放阀。关闭脱乙烷塔气相进料流量控制阀、液相进料流量控制阀、脱乙烷塔至 2 号丙烯精馏塔进料流量控制阀、乙炔转化器烃进料流量控制阀、脱乙烷塔回流罐放火炬压力控制阀、脱乙烷塔回流流量控制阀、脱乙烷塔补充再沸器低低压蒸汽流量控制阀、脱乙烷塔再沸器水洗水流量控制阀、低低压凝结水流量控制阀及相关阀门的旁路，打开前后切断阀门。

(2)进料开工。确认产品气压缩机、丙烯制冷压缩机运行正常。

在脱甲烷塔塔釜液位达到 50%后，控制釜塔温度为 11 ℃。

调节脱乙烷塔下部气相进料流量控制阀，经过干燥器进料 1 号进料集冷器向脱乙烷塔下部进料。调节脱乙烷塔上部液相进料流量控制阀，向脱乙烷塔上部进料。调节脱乙烷塔塔顶冷凝器冷剂流量控制阀投用丙烯冷剂，在脱乙烷塔回流罐内逐步建立液位。调节脱乙烷塔塔顶压力控制阀，控制脱乙烷塔塔压，设定 2.407 MPa 投自动。

脱乙烷塔回流罐液位达到80%启动脱乙烷塔回流泵，调节回流流量控制阀控制脱乙烷塔塔顶温度。调节脱乙烷塔再沸器水洗水流量控制阀控制再沸器水洗水流量，投用分析仪表。

调整再沸量、回流量，将顶温、釜温、塔压分别控制在－20.4 ℃、63 ℃、2.407 MPa。系统工艺参数正常后，调节乙炔转化器烃进料流量控制阀向后系统进料。

微课：脱乙烷塔顶压力控制

微课：脱乙烷塔回流罐液位控制

微课：脱乙烷塔塔釜液位控制

(三)脱乙烷塔参数控制

1. 操作要点

脱乙烷塔正常情况下用水洗水作为传热介质，在第 49 层塔盘上设有一个温度控制器，串级控制进入脱乙烷塔再沸器的水洗水的流量，以维持第 49 层塔盘温度的稳定。可以通过提高塔釜的温度来减少塔釜产品中的 C2 组分的含量。塔釜再沸量过高，会导致塔顶冷凝器对冷剂的需求量增加，同时会造成塔釜结垢，推荐塔釜温度控制在 70 ℃以下。通过塔顶控制系统保持乙炔加氢反应器进料的稳定，保证乙炔加氢反应器稳定操作。

2. 正常操作条件下的工艺控制参数

脱乙烷系统正常操作条件下的工艺参数见表 2-3-3。

表 2-3-3　脱乙烷系统正常操作条件下的工艺参数

序号	控制对象	正常值	单位
1	脱乙烷塔塔顶压力	2.405±0.1	MPa
2	脱乙烷塔塔底压力	2.479±0.1	MPa
3	脱乙烷塔塔顶温度	－20.4±2	℃
4	脱乙烷塔塔底温度	62.7±3	℃
5	脱乙烷塔塔底液位	50±10	%

3. 脱乙烷塔参数控制

(1)脱乙烷塔塔釜液位控制。脱乙烷塔塔釜需保证正常液位，防止空塔或满塔，造成塔底轻组分过多或塔顶 C3 含量多，同时保证进入乙炔加氢反应器的量稳定，塔釜液位要求控制在 50%左右。塔釜液位主要通过控制再沸量、采出量、回流量、进料温度进行控制。塔釜液位与釜液流量串级控制回路如图 2-3-25 所示。

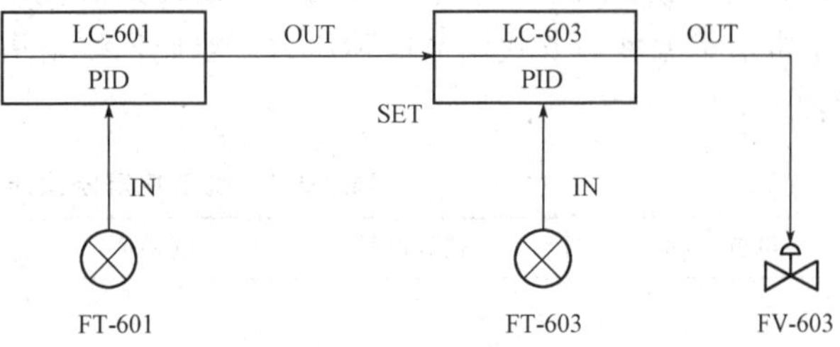

图 2-3-25　脱乙烷塔塔釜液位与釜液流量串级控制回路图

(2)脱乙烷塔灵敏板温度控制。脱乙烷塔通过串级控制进入脱乙烷塔再沸器水洗水的流量以维持第 49 层塔盘温度的稳定。其控制回路如图 2-3-26 所示。

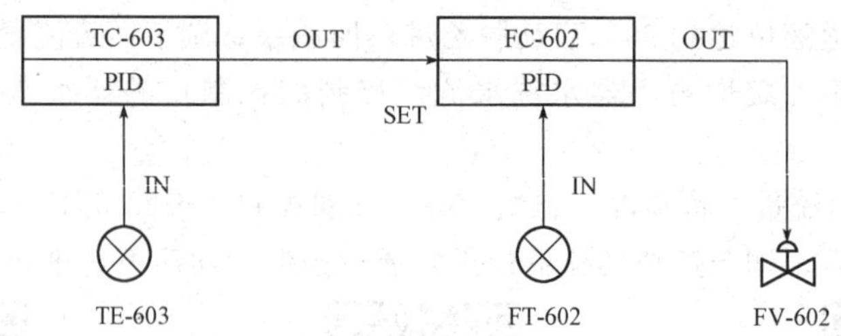

图 2-3-26 脱乙烷塔灵敏板温度与再沸器加热用水洗水流量串级控制回路图

(3)脱乙烷塔回流罐液位控制。脱乙烷塔需保证回流罐液位，确保回流不中断，稳定塔顶温度、压力，连续给乙烯精馏塔送料。回流罐液位与回流量、脱乙烷塔塔顶回流罐顶的气相量控制器流量、塔顶冷凝量、脱乙烷塔回流泵抽空、塔釜温度等因素有关，其回流罐液位与塔顶冷凝器液位超驰控制回路如图 2-3-27 所示。可以通过适当调节回流量大小、调节回流罐顶的气相量控制器流量的大小、调整塔顶冷剂量的大小、切换至备用泵或现场处理、适当调整塔釜温度等方式调节回流罐液位。

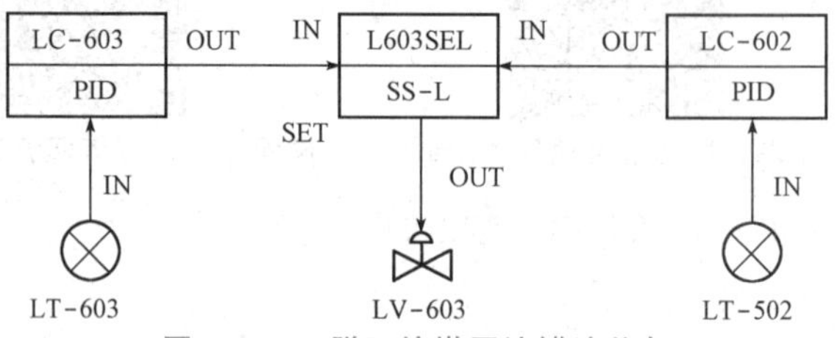

图 2-3-27 脱乙烷塔回流罐液位与塔顶冷凝器液位超驰控制回路图

(4)脱乙烷塔塔压控制。脱乙烷塔需要稳定塔顶压力，保证各组分在此压力下的相对挥发度和分离效果。同时，通过塔顶控制系统保持乙炔加氢反应器进料的稳定，保证乙炔加氢反应器稳定操作。脱乙烷塔塔顶压力与灵敏板温度、塔顶冷凝器冷剂温度、脱乙烷塔塔顶冷凝器液位、塔釜温度、进料组分、回流罐液位、回流量、塔的负荷、塔顶采出量及塔顶冷凝器过滤网是否畅通等因素有关。其中，塔顶压力与塔顶回流罐放火炬流量串级控制回路如图 2-3-28 所示。

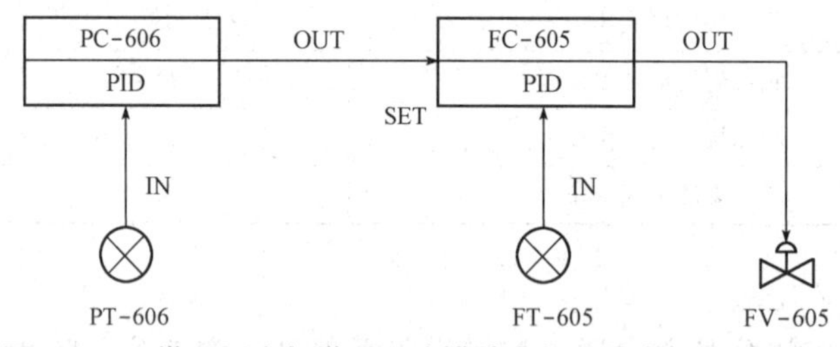

图 2-3-28 塔顶压力与塔顶回流罐放火炬流量串级控制回路图

为保证脱乙烷塔塔顶温度稳定，需要联系压缩岗位保证冷剂温度。可通过调节再沸量保证灵敏板温度正常；联系压缩岗位调解冷剂温度；调整脱乙烷塔塔顶冷凝器液位，调整至正常塔釜温度等方式调节塔顶压力。当脱乙烷塔塔顶压力过高时，则发生联锁，其联锁见表 2-3-4。

表 2-3-4 脱乙烷塔塔顶压力高联锁

联锁名称	仪表位号	联锁值	联锁动作
塔顶压力高高	PAHH－604A/B/C	2.631 MPa	关闭再沸器(E625)低低压蒸汽进料阀门(FV671、XV652)、再沸器(E602)水洗水进料阀门

当塔顶压力联锁后，待压力恢复后，在脱乙烷塔 DCS 控制图点击“Z601 复位”按钮后，按照联锁动作要求进行操作。

(四)脱乙烷系统停工

1. 停工前系统降负荷

随着产品气压缩机负荷的降低，相应降低脱甲烷塔至脱乙烷塔的进料负荷，降低脱乙烷塔塔釜、回流罐及冷凝器液位。适当降低脱乙烷塔冷凝器丙烯冷剂液位、脱乙烷塔再沸器再沸热量，调整控制脱乙烷塔塔顶温度为－20.4 ℃，塔釜温度为 62.6 ℃，塔压为 2.407 MPa。

根据进料量适当降低脱乙烷塔回流量，确保脱乙烷塔塔顶温度为－20.4 ℃±2 ℃。

2. 系统停车

产品气压缩机停车后脱甲烷塔停止向脱乙烷塔进料，降低脱乙烷塔塔釜液位、回流罐液位。关闭脱乙烷塔气相进料流量控制阀、脱乙烷塔液相进料流量控制阀及调节阀前后阀门，停止进料。

关闭乙炔转化器烃进料流量控制阀、调节阀前后阀门，停止向后系统进料。关闭脱乙烷塔至 2 号丙烯精馏塔进料流量控制阀(FV603)及调节阀前后阀门，停止向 2 号丙烯精馏塔进料。关闭脱乙烷塔塔顶冷凝器丙烯冷剂液位控制阀。

停止脱乙烷塔回流泵，关闭泵出入阀，防止泵反转。减少脱乙烷塔蒸汽再沸器/脱乙烷塔再沸器加热量，同时防止塔釜低温。

3. 脱乙烷系统排液、泄压

(1)脱乙烷系统排液。

1)打开脱乙烷塔蒸汽再沸器、塔釜、脱乙烷塔再沸器、脱乙烷塔回流罐、脱乙烷塔回流泵、脱乙烷塔冷凝器排放线上阀门，将设备内残存液体排入火炬系统。

2)每个设备排液结束后，应及时关闭排液阀门，防止系统压力泄得过低。不能在系统存在液体时采取降压操作，防止冷脆损坏设备。

(2)脱乙烷系统排液结束后泄压。

1)打开脱乙烷塔塔顶压力控制器系统向火炬系统泄压。

2)打开脱乙烷塔蒸汽再沸器、塔釜、脱乙烷塔再沸器、脱乙烷塔回流罐、脱乙烷塔回流泵、脱乙烷塔冷凝器排放线上阀门。

3)脱乙烷系统压力泄至 0.03 MPa 后，将系统所有放火炬阀门关闭，防止其他系统排火炬压力过高而倒窜回系统。

4. 脱乙烷系统置换

(1)设定流程。关闭脱乙烷塔气相进料流量控制阀、脱乙烷塔液相进料流量控制阀、脱乙烷塔至 2 号丙烯精馏塔进料流量控制阀、乙炔转化器烃进料流量控制阀、脱乙烷塔回流罐放火炬压力控制阀、脱乙烷塔回流切断阀、脱乙烷塔回流流量控制阀及旁路，打开前后阀门。

(2)氮气置换。

1)由脱乙烷塔塔底 UC 管线接临时氮气线向脱乙烷塔引入氮气，系统充压至 0.3 MPa。

2)打开脱乙烷塔塔顶压力控制器系统向火炬系统泄压。

3)打开脱乙烷塔蒸汽再沸器、塔釜、脱乙烷塔再沸器、脱乙烷塔回流罐、脱乙烷塔回流泵、脱乙烷塔冷凝器排放线上阀门向火炬系统泄压。

4)系统 N_2 泄压至 0.03 MPa，停止泄压，重复加减压 3 次。

5)系统内各采样点 N_2＞98%为置换合格，各测爆点测爆合格。若不合格，重复置换，直至合格为止。

(五)常见异常情况及处理方法

脱乙烷系统常见异常情况及处理方法见表 2-3-5。

表 2-3-5　脱乙烷系统常见异常情况及处理方法

现象	原因	处理方法
塔釜液位上升	(1)回流量大； (2)采出量小； (3)再沸量小； (4)仪表故障	(1)减小回流量； (2)加大采出量； (3)加大再沸量； (4)切至手动，联系仪表商家处理
塔釜液位下降	(1)回流量小； (2)采出量大； (3)再沸量大； (4)仪表故障	(1)适当加大回流量； (2)减小采出量； (3)减小再沸量； (4)切至手动，联系仪表商家处理
回流罐液位上升	(1)回流量小； (2)FC605 流量小； (3)塔顶冷凝器冷剂量大； (4)再沸温度高； (5)进料量大； (6)仪表故障	(1)提高回流量； (2)加大 FC605 流量； (3)减小塔顶冷凝器冷剂量； (4)降低塔釜温度； (5)降低负荷； (6)切至手动，联系仪表商家处理
回流罐液位下降	(1)回流量大； (2)FC605 流量过大； (3)再沸温度低； (4)塔顶冷凝器冷剂量小； (5)仪表故障； (6)安全阀启跳	(1)适当减小回流量； (2)适当减小 FC605 流量； (3)提高塔釜温度； (4)适当加大塔顶冷凝器冷剂量； (5)切至手动，联系仪表商家处理； (6)检查确认安全阀
塔压上升	(1)灵敏板温度太高； (2)塔顶冷凝器冷剂温度高； (3)塔釜温度高； (4)轻组分多； (5)回流罐液位过高； (6)回流量小； (7)负荷处理能力不够； (8)塔顶冷凝器过滤网堵； (9)塔顶采出量小； (10)脱乙烷塔塔顶冷凝器液位低； (11)脱乙烷塔塔顶冷凝器液位超高(丙烯汽化空间变小)； (12)仪表故障	(1)调节灵敏板温度； (2)联系压缩岗位降低冷剂温度； (3)适当降低塔底温度； (4)提高釜温； (5)降低回流罐液位至正常； (6)加大回流量； (7)降低负荷； (8)注甲醇或停工处理； (9)加大采出量； (10)提高脱乙烷塔塔顶冷凝器液位； (11)降低脱乙烷塔塔顶冷凝器液位； (12)切至手动，联系仪表商家处理

续表

现象	原因	处理方法
塔压下降	(1)灵敏板温度太低； (2)塔顶冷凝器冷剂温度低； (3)塔釜温度低； (4)回流量大； (5)塔顶采出量大； (6)1606E01 液位高； (7)仪表故障	(1)提高灵敏板温度； (2)提高冷剂温度； (3)提高塔釜温度； (4)减小回流量； (5)减小塔顶采出量； (6)降低脱乙烷塔塔顶冷凝器液位； (7)切至手动，联系仪表商家处理
塔顶 C3 含量超标	(1)再沸量大，灵敏板温度高； (2)回流量小； (3)塔压力差偏低； (4)进料温度高	(1)减小塔底再沸量，降低灵敏板温度； (2)提高 LC602 液位，增加回流； (3)适当调整回流量或塔顶冷凝器冷剂量，将塔压力差调整到合适值； (4)降低进料温度

三、乙炔加氢系统操作与控制

(一)乙炔加氢系统

乙炔加氢系统包括两台加氢反应器，一台运行，另一台再生或备用，以及反应器进出料换热器。每台反应器都有一个催化剂床层。当反应器催化剂再生时，备用的反应器投入使用。

实训视频：乙炔加氢反应器仿真操作

微课：乙炔加氢反应器投用

微课：C2 绿油缓冲罐和乙烯干燥器投用

为防止乙炔加氢反应器中形成的绿油进入乙烯干燥器和乙烯精馏塔中，在乙炔加氢系统中设置 C2 绿油分液罐。

(二)乙炔加氢反应器投用

乙炔加氢系统操作时 DCS 控制及现场如图 2-3-29～图 2-3-32 所示。

1. 乙炔加氢反应器投用

为防止反应器飞温，与反应器相关的仪表包括一个安全联锁系统，即乙炔加氢反应器温度高高报 18 取 2 联锁停车。脱乙烷塔塔顶馏出物在乙炔加氢反应器中将乙炔转化成乙烯和乙烷，然后进入乙烯精馏塔。所有的反应都是气相反应并且放热。

氢气(纯度为 99.9%)加入乙炔加氢反应器进料加热器上游入口线，由流量控制器(FC606)和脱乙烷塔塔顶回流罐罐顶的气相量控制器(FC605)在比值控制器(FFC606)的控制下进入反应器。

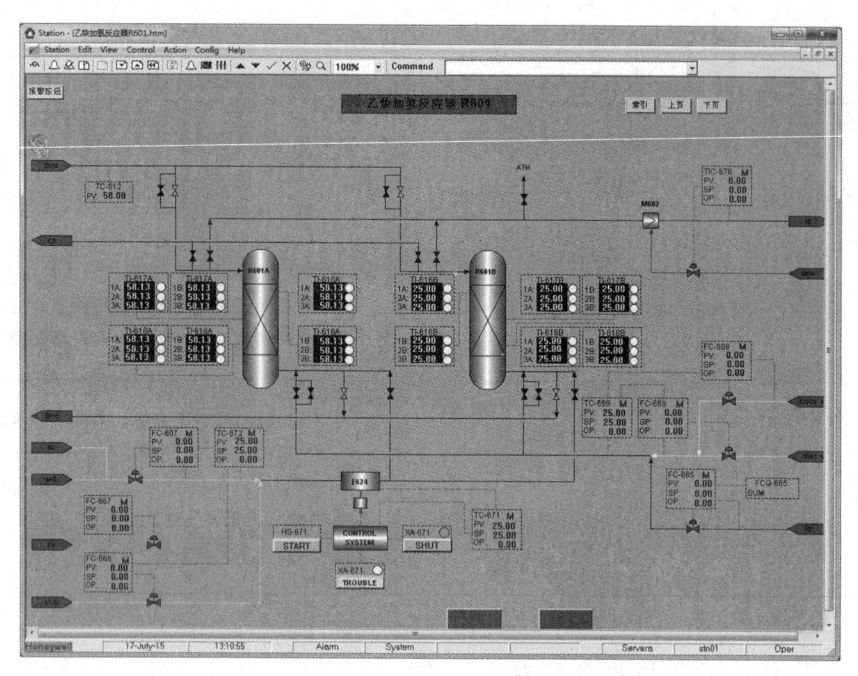

图 2-3-29　乙炔加氢系统 DCS 控制图(一)

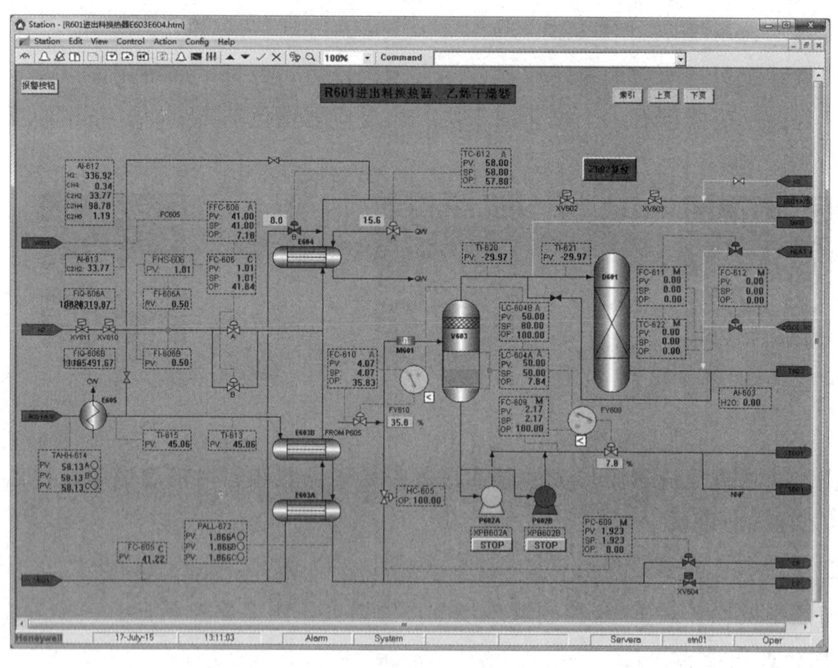

图 2-3-30　乙炔加氢系统 DCS 控制图(二)

乙炔加氢反应器的进料首先经过乙炔加氢反应器进出料换热器预热，然后通过乙炔加氢反应器进料加热器用急冷水加热到反应温度，进料加热器内设有旁路线调节阀，在加热器出口总线上有一个分程的加氢反应器进料温度控制器，分程控制急冷水入口阀和加热器的跨线阀，正常情况下急冷水入口阀全开，用加热器的跨线阀调节，以调整反应器的进料温度。物料进入反应器中并从上到下经过催化剂床层后，乙炔被加氢。在催化剂床层上会形成少量的聚合物并伴随加氢馏出物离开反应器，经换热器、乙炔加氢反应器馏出物冷却器和乙炔加氢反应器进出料换热器冷却后，被送往 C2 绿油分液罐以脱除在反应器中形成的重组分。

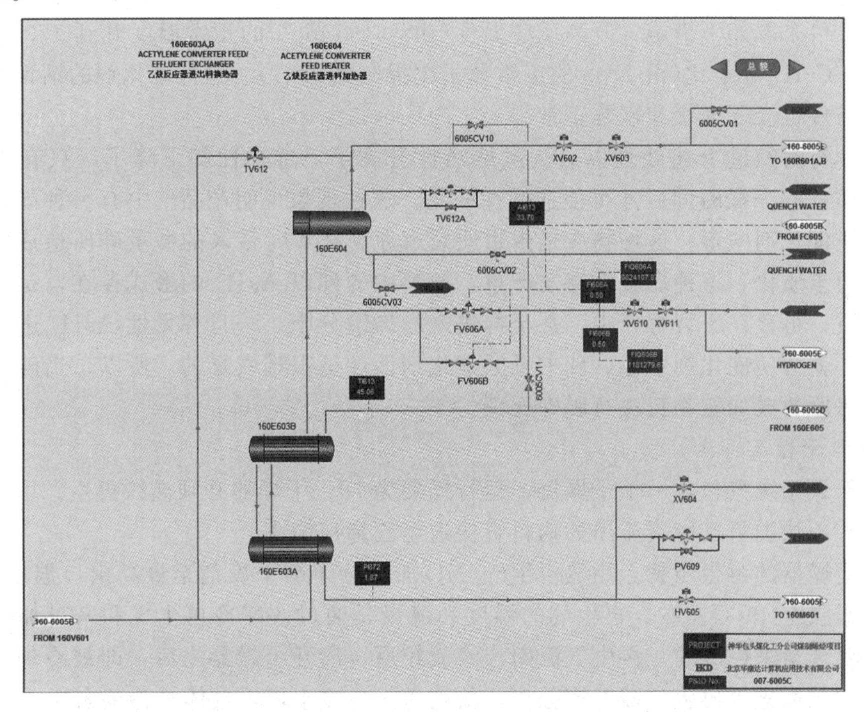

图 2-3-31　乙炔加氢系统现场图(一)

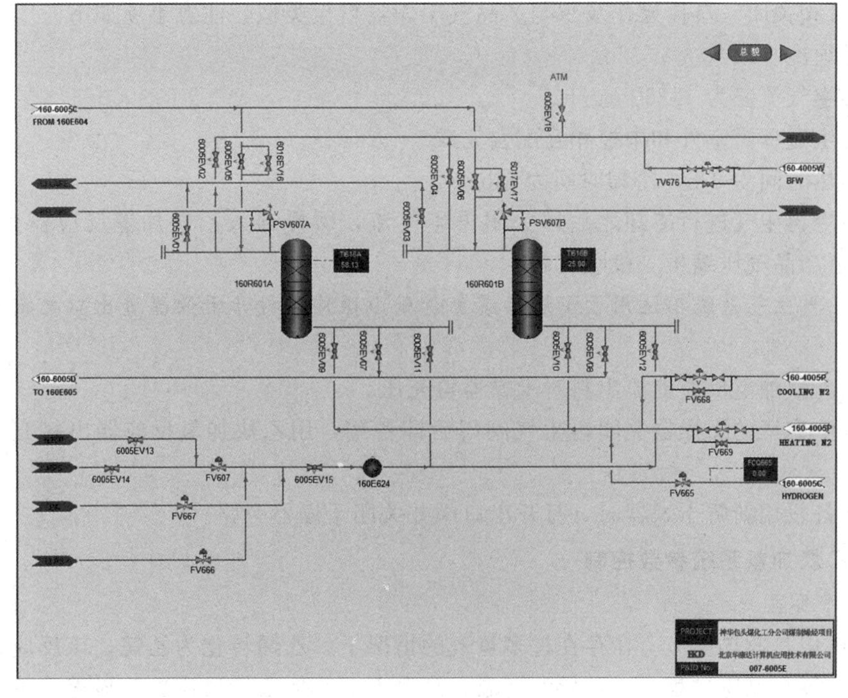

图 2-3-32　乙炔加氢系统现场图(二)

2. 催化剂中毒与再生问题

部分贵金属催化剂对毒物很敏感。例如，若CO和H_2S脱除不好，窜入乙炔加氢反应器，会使催化剂中毒，严重影响催化剂加氢活性和选择性。这种中毒是暂时性的，在短时间中毒后，可采取如下措施：升高反应温度(由80～145 ℃的正常温度升到170～175 ℃)和提高H_2/C_2H_2分子比(由2～3的正常分子比提高到4～7)。这样催化剂的活性会渐渐恢复，反应条件也会逐渐缓和恢复正常。

但是，有时经过上述处理以后，虽然活性升高了，选择性却下降了，只有在用不含H_2S等气体吹扫一段时间后才可使选择性恢复。这种现象说明产品气中有一种尚未检测出的物质会使催化剂中毒。这种物质是由重质裂解原料裂解时带入的微量砷所造成的，随着裂解原料的重质化，这种现象就越发严重。原料中的砷以AsH_3的形式存在，是一种极易挥发的物质，可存在于裂解气中，甚至会进入乙烯馏分中。一旦挥发性AsH_3进入乙炔加氢反应器，就会使催化剂中毒。砷中毒的催化剂活性是很难恢复的。所以，当砷含量较高时需对裂解原料或加氢物料进行脱砷处理。

3. 气体干燥及再生

乙烯干燥系统只包含一个干燥器，运行周期为7d。干燥器必须离线再生，由于没有备用干燥器，乙炔加氢反应器流出的物料直接送至乙烯精馏塔。

乙烯干燥器的再生步骤：用热再生气(N_2)加热分子筛干燥剂至最高出口温度232 ℃，然后冷却床层至40 ℃左右，再生气的温度和流量是通过改变冷再生气和来自加热器的热再生气的混合量来控制的。再生气流向与液流相反，离开干燥器之后，即被冷却，水蒸气和重烃冷凝，后进入再生气缓冲罐分离，凝液送至急冷水塔，气体排放至火炬。

再生过程需室外和中控相互配合手动完成。再生时，应确保通入再生气之前将干燥器的进、出口阀关闭。具体操作步骤与产品气干燥器再生类似，注意事项如下。

(1)无须冷吹。

(2)再生气流速为1.250 kg/h。

(3)再生过程需室外和中控相互配合完成。

(4)加热时间为9 h，冷却时间为5 h。

(5)用冷再生气进行冷却之后，关闭再生气流，缓慢通入乙炔加氢反应器出料充压。然后泄压至产品气压缩机1段吸入罐。

注意：再生气系统不适用于干燥器满负荷压力操作，打开干燥器进出口之前应先隔离再生气线。

(6)用乙炔加氢反应器流出料对干燥器再充压。

(7)再生完毕的干燥器关闭再生气阀门后即备用，用乙炔加氢反应器出料充压至正常操作温度。

(8)准备投用新鲜干燥器时，打开出口阀并关闭干燥器旁路。

(三)乙炔加氢系统参数控制

1. 操作要点

乙炔转化是放热反应。在存在过多氢气的情况下，乙烯转化为乙烷，该反应是放热反应，因此在氢化反应过程中，可导致高温。高温下，其他乙烯反应更为显著，可能导致反应失控，而且会损坏反应容器。

高温的第一个迹象是报警。此时操作工可以通过降低氢气流量或降低入口温度，从而保持反应受控，但必须监测反应器出口的乙炔泄漏。

但是，如果二级乙烯反应如聚合或分解是产生高温的原因，单独降低氢气流量就不能控制住温度。如果温度持续升高，反应器会被停车，氢气流量将被切断，且反应器入口、出口将被堵住，反应器被泄压至火炬。可以通过将塔顶物排至火炬来控制脱乙烷塔压力。总停车也可以通过控制室内的"事故停车"按钮来执行。

乙炔加氢系统的总产品气通过脱乙烷塔塔顶压力控制器控制，脱乙烷塔回流罐罐顶反应器的气相流量与脱乙烷塔回流罐罐顶气相流量的比值是一个定值，反应器进料量决定了氢气用量。床层进口的进料 CO 分析仪和乙炔分析仪要连续监测，并定期根据实验室分析数据校验。在催化剂老化和操作条件变化的情况下，使反应器在其优化状态下操作，并保持催化剂的选择性。

2. 正常操作条件下的工艺控制参数

乙炔加氢系统正常操作条件下的工艺参数见表 2-3-6。

表 2-3-6 乙炔加氢系统正常操作条件下的工艺参数

序号	控制对象	正常值	单位
1	乙炔加氢反应器进口温度	50±3	℃
2	乙炔加氢反应器出口温度	76±3	℃

3. 乙炔加氢反应器联锁

反应器进出料换热器通过 C2 加氢出料加热产品气，同时 C2 加氢出料被产品气冷却。反应器后冷器用 C2 加氢进料来降低 C2 加氢出料的温度。反应器中的温度检测器应该定期检查，根据催化剂的使用时间来调节温度，使反应器在最优活性和选择性下操作。为防止反应器温度失控，常采用联锁系统。乙炔加氢反应器反应失控和联锁系统见表 2-3-7。

表 2-3-7 乙炔加氢反应器反应失控和联锁系统

序号	联锁名称	仪表位号	联锁值	联锁动作
1	一段床层温度高高	TI－616A1A/2A/3A/1B/2B/3B	100 ℃	关闭进料阀门(XV602、XV603)；关闭氢气进口阀门(XV610、XV611)；打开事故排放阀门(XV604)；关闭界区来氢气阀门(FV606)
2	二段床层温度高高	TI－617A1A/2A/3A/1B/2B/3B	100 ℃	关闭进料阀门(XV602、XV603)；关闭氢气进口阀门(XV610、XV611)；打开事故排放阀门(XV604)；关闭界区来氢气阀门(FV606)
3	三段床层温度高高	TI－618A1A/2A/3A/1B/2B/3B	100 ℃	关闭进料阀门(XV602、XV603)；关闭氢气进口阀门(XV610、XV611)；打开事故排放阀门(XV604)；关闭界区来氢气阀门(FV606)
4	出口温度高高	TAHH－614A/B/C	100 ℃	关闭进料阀门(XV602、XV603)；关闭氢气进口阀门(XV610、XV611)；打开事故排放阀门(XV604)；关闭界区来氢气阀门(FV606)

在进出料换热器、乙烯干燥器DCS控制图点击“Z602复位”按钮后，按照联锁动作要求进行操作。

(四)乙炔加氢反应器A切换B

1. 切换前的准备工作

(1)再生氮气管线排凝，确认再生氮气管线畅通，备用。

(2)A组进出口管线低点导淋、出口底部排液管线导淋接好排放管排绿油到预备的容器内。

(3)拆除B组进出口管线盲板、再生气管线盲板、出口底部排液管线盲板，打开再生气管线上盲板前旁路阀和盲板后阀门，合理调整控制冷热氮气流量，使床层温度达到45～50 ℃，打开反应器进口管线导淋排放，测氧含量≤0.2%且床层温度达到标准恒温后，关闭冷热氮气阀门，安装B组再生气管线盲板及关闭其前后阀。

2. B组投用(以下全部指B组)

(1)投运B组联锁。

(2)缓慢打开B组出料切断阀的旁路阀，将备用反应器加压到0.20 MPa，然后用转化器入口处安全阀旁路上的放空阀缓慢减压至0.03 MPa，排向热火炬。重复加减压3次，测氮含量≤2%。然后充压至1.9 MPa的工作压力。

(3)增压后马上关闭出料切断阀旁路，完全打开进料切断阀旁路及出口底部排液阀，逐渐形成通过乙炔转化器加热器进入乙炔转化器的流量，通过催化剂床层去火炬。不要使转化器压力降到1.9 MPa以下。

(4)抽取转化器流出物样本检查乙炔含量。若含量不合格，适当增加配氢量，直到乙炔含量合格为止。

(5)缓慢打开出口切断阀，关闭出口底部排液阀，B组与A组同时运行。

(6)缓慢打开B组进料切断阀，同时监测每个催化剂床层的各个操作参数，适当调整配氢量，缓慢关闭A组进出料切断阀(在关闭A组进出料切断阀时，拆除A组再生管线盲板)。A组进出料切断阀全关，B组进料切断阀全开，B组进料切断阀旁路阀关闭。A组切出准备再生，B组正式投用。

3. A组再生(以下全部指A组)

(1)氮气冷吹、升温。

(2)A组切出后，立即打开安全阀旁路阀，缓慢泄压至0.03 MPa；安装进出料管线上盲板和出口底部排液线上盲板。

(3)再生充压：打开C2加氢反应器再生冷氮气流量控制阀、前后闸阀及进口旁路阀、盲板后闸阀，开始对转化器进行再生气(冷氮气)充压，充压至与再生气系统压力一致(0.5 MPa)，再生气流量降低时充压完毕，关闭氮气进口旁路阀，打开进口阀，通过安全阀放火炬。

(4)加热(即升温)：打开C2加氢反应器再生热氮气流量控制阀、前后闸阀，调节冷热氮气流量，从500 kg/h逐渐增加到3 500 kg/h(最大不超过4 200 kg/h)，再生气入口温度逐渐升高到230 ℃。继续吹床层，直到顶层催化剂出口温度达到150 ℃。其间不断对进出口低点导淋、出口底部排液管线导淋排绿油。

(5)拆除再生总管的盲板，打开盲板前闸阀、经转子流量计的氮气管线上的阀门，对再生总管进行氮气吹扫，打开盲板后导淋排放。

4. 蒸汽汽提

催化剂氮气加热一经完成，再生回路在引入汽提蒸汽前，安装经减温器去热火炬管线上的短管，拆除此管线的盲板，打开此管线上的阀门，关闭转化器入口处安全阀的旁路阀。维持热再生气气体流量，直至汽提蒸汽启动。

对中压蒸汽、低低压蒸汽管线暖管合格。

停止增加热再生气气体的流量，缓慢加入去往转化器的 500 kg/h 的汽提蒸汽流量，流出物去往热火炬。首先将蒸汽温度设定为 150 ℃，逐渐将蒸汽流量增加到 1 200 kg/h。最大流量不应超过 2 440 kg/h。投用进入减温器(M2302)的锅炉给水对蒸汽冷却，确保到热火炬的蒸汽温度不大于 170 ℃。

在恒定的蒸汽流量下以 50 ℃/h 的速度增加蒸汽温度，直到达到 370～400 ℃。需要中压和低低压蒸汽的混合物。汽提步骤应继续进行，直到取自 A 组出口的冷凝样本不再显示聚合物痕迹。

根据催化剂上含有的聚合物数量的不同，该再生阶段通常需要 12～36 h。应不定期检查反应器和相关管线上的排放口排放的聚合物，聚合物在容器和管道的低点收集。气体在燃烧过程中不要打开这些阀门。

当蒸汽汽提不再从催化剂中除去聚合物时，缓慢打开高架放空管线上的阀门(盲板已拆除)，缓慢关闭经减温器去热火炬管线上的阀门，蒸汽经由高架放空管送往大气。这应该通过缓慢打开大气隔离阀进行，以便保持通过系统的蒸汽流量不间断。

5. 烧焦

拆除非净化风管线上的盲板，将经减温器去热火炬管线上的短管移至非净化风管线，打开非净化风总管阀前导淋，无凝水后打开闸阀。

在恒定蒸汽速率下以大约 1.9 kg/h(相当于大约 0.1%)的速度缓慢引入空气，同时观察通过催化剂床层的温度曲线是否有不正常的温度增加。流出物经高架放空排放到大气(确认所有反应器火炬和排泄口在开启空气流量前已关闭)。

当温度稳定在 385～400 ℃时，在恒定的蒸汽速率下以 1.9 kg/h(0.1%)的增量增加空气速率，每次增加前等待温度稳定，直到达到 1.0%(19 kg/h)的浓度。在空气流量增加的过程中，转化器入口温度可通过再生蒸汽电加热器满足此温度需求。在空气燃烧的任何阶段，温度升高过快或局部热点超过 500 ℃的极限，立即去除(或减少)空气，使在重新增加空气流量前催化剂热点冷却到 450 ℃以下。

再生进行时，记录排放物流中的 CO_2 的含量。当排放物流中的 CO_2 从 0.4%降低到 0.1%且跨床层温差降低到 0 时，认为再生完成。

当燃烧呈现出已停止且温差降低到基本为 0 时，开始将入口温度缓慢升高到 425 ℃，观察是否有燃烧。如果未见燃烧，则在恒定的蒸汽流量下以 1.0%(19 kg/h)的增量将空气增加到 10%(190 kg/h)，观察是否有燃烧。如果未见燃烧，则持续 2 h 或直到床层温度均匀。小心监测床层温度和出口 CO_2 的含量，如果发现燃烧，则降低空气流量。

再生阶段完成，关闭工厂空气阀门并加盲板，同时维持蒸汽流量，直到将空气完全吹出系统，包括通往大气的总管和三通。将短管从再生空气管线上移至经减温器去热火炬的管线上。将流出物方向从大气改为热火炬，继续用蒸汽冷却，直到流出物温度达到 150 ℃，以准备催化剂干燥还原。

6. 还原

当催化剂床层冷却到150 ℃(最高175 ℃)时，停止增加蒸汽流量，用经过再生蒸汽电加热器的热氮气引向热火炬吹扫转化器，直至露点合格(≤−60 ℃)。

氮气置换合格后，逐渐引入氢气/氮气(再生气氮气)至3 825 kg/h(直到最大3 375 Nm^3/h)。氢气/氮气混合物在进入反应器之前预热，以便在还原过程中维持反应器温度。氢气/氮气混合物基于10%氢气和90%氮气混合物。在该步骤期间，来自反应器出口的流出物应送往热火炬。还原4 h后，停止氢气流量。维持氮气流量，以吹扫反应器中的氢气，最后将反应器冷却到室温约40 ℃，关闭A组经减温器去热火炬管线上的阀门，安装此管线上的盲板，打开安全阀的旁路阀，在0.1 MPa下用氮气吹扫该系统，排向火炬。

用氮气给A组充压至0.2 MPa，置于备用状态。安装再生管线盲板、中压蒸汽管线盲板、还原氢气管线盲板。A组再生完成。

(五)乙炔加氢反应器故障处理

反应器故障导致乙炔穿透的情况下，应通过流出物压力控制器关闭乙炔加氢出料手控阀，使流向乙烯精馏塔的整个乙炔转化器流出物，被手动引至冷火炬。这样，将关闭绿油分液罐前面的转化器流出物阀门。在压力控制器控制下将转化器流出物送至火炬。最终，乙烯干燥器入口的手动隔离阀应被关闭，以确保没有顺流。保持这一操作直至乙炔转化器处于正常操作并产出合格产品。乙炔加氢反应器常见故障见表2-3-8。

表2-3-8 乙炔加氢反应器常见故障

现象	原因	处理方法
反应器出口乙炔含量不合格	(1)进料组分变化； (2)反应器进料温度下降； (3)反应器催化剂失活； (4)配入氢气量太少	(1)调整上游相关控制； (2)提高反应器进料温度； (3)调整上游相关控制，切换反应器； (4)加大配入氢气量
反应器飞温	(1)配入氢气量过大； (2)进料温度太高； (3)催化剂活性太高； (4)负荷过小	(1)减小配入氢气量； (2)通过调整进料加热器降低进料温度； (3)降低进料温度； (4)调整负荷

当乙炔转化器床内具有快速和失控温升时，乙炔转换器会经受失控反应，从而对容器及其内含物造成危害。可能造成过量温升的两个(放热)反应是在具有过量氢气下的乙烯氢化及乙烯聚合分解。第二个反应可能更危险，因为它自传播并导致极快的温升。

如果乙烯开始二级反应(如聚合和分解)，则必须切断全部给料并立即用氮气对转换器内含物进行吹扫和冷却。

安全系统配有停车系统，通过高高温开关(位于床内和床出口处)或远程按钮可自动激活该停车系统。

在高高温开关或按钮激活时，温度开关将激活以下操作，以停止反应器。

(1)切断流向乙炔转换器的氢气和烃给料流量。

(2)切断来自乙炔转换器的流量。

(3)将乙炔转换器排放到火炬。

(4)激活主控制室中的跳车报警。

每当乙炔转换器中温度剧增时，建议对反应器进行有计划的控制，而不要惊慌。当得知转换器中具有显著的、无法说明的温升(但给料温度未增加)时，应进行以下操作。

(1)手动切断氢气流量，进行双重阻塞和放泄。

(2)切断乙烯精馏塔的给料并将来自转换器流出物管线的烃蒸汽排放到火炬。这将防止乙炔进入乙烯精馏塔。

(3)继续让烃流过转换器床。

(4)通过在乙炔转换器加热器附近设置尽量多的旁路并通过切断流向乙炔转换器加热器的急冷水，来停止乙炔转换器加热器中的供热。

(5)如果温升持续，则必须对反应器进行跳车和减压。利用激活反应器跳车的手动按钮来完成这一点。反应器跳车会切断进口给料和出口产品。控制阀将转换器减压到火炬压力。

(6)用氮气对床进行吹扫。

(7)对备用转换器加压并将其投入运行。

四、乙烯精馏系统操作与控制

(一)乙烯精馏塔

微课：乙烯精馏塔系统

如图 2-3-33 所示，乙烯精馏塔(T602)设有 129 层浮阀塔盘，由于进入乙烯精馏塔物料的组成包括乙烯、乙烷、氢气、甲烷和 C3 组分，在乙烯精馏塔的第 7 层塔盘以上的部分称为巴氏精馏段，巴氏精馏段可以将氢气、甲烷等不凝气进行提浓并从乙烯产品中脱除。

(二)乙烯精馏系统投用

乙烯精馏系统操作时，DCS 控制及现场如图 2-3-34～图 2-3-37 所示。

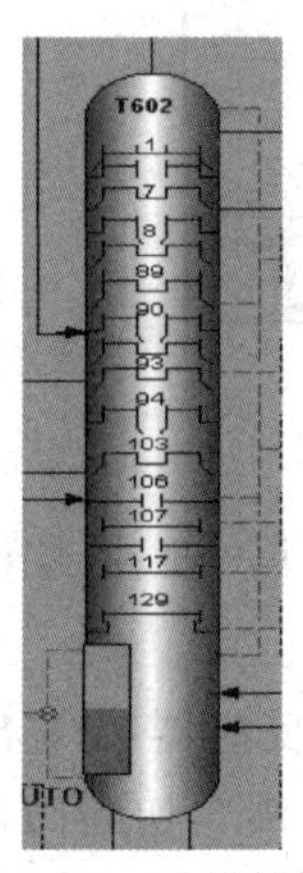

图 2-3-33　乙烯精馏塔

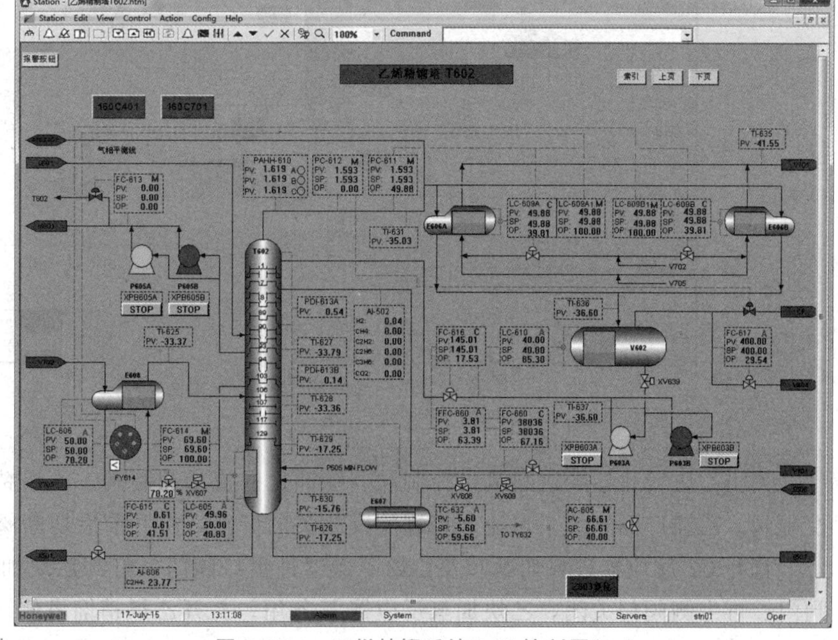

图 2-3-34　乙烯精馏系统 DCS 控制图(一)

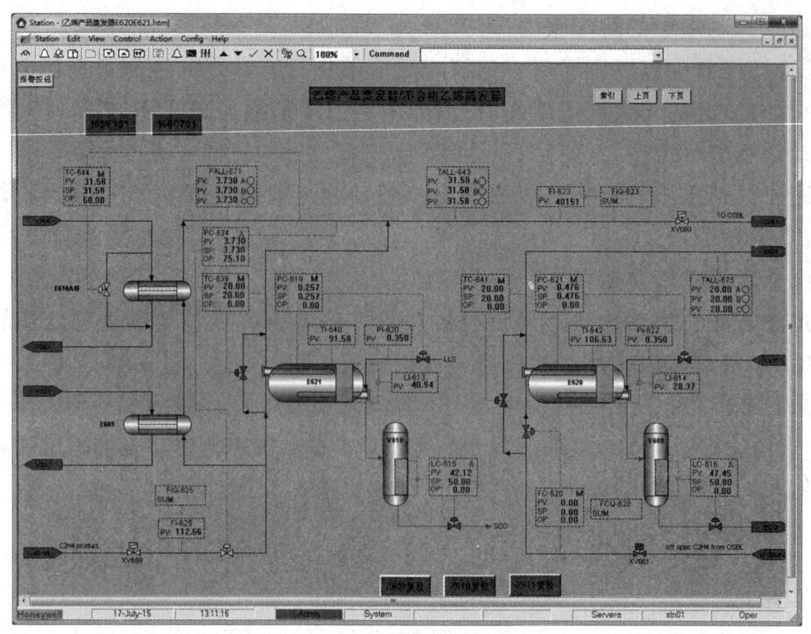

图 2-3-35　乙烯精馏系统 DCS 控制图(二)

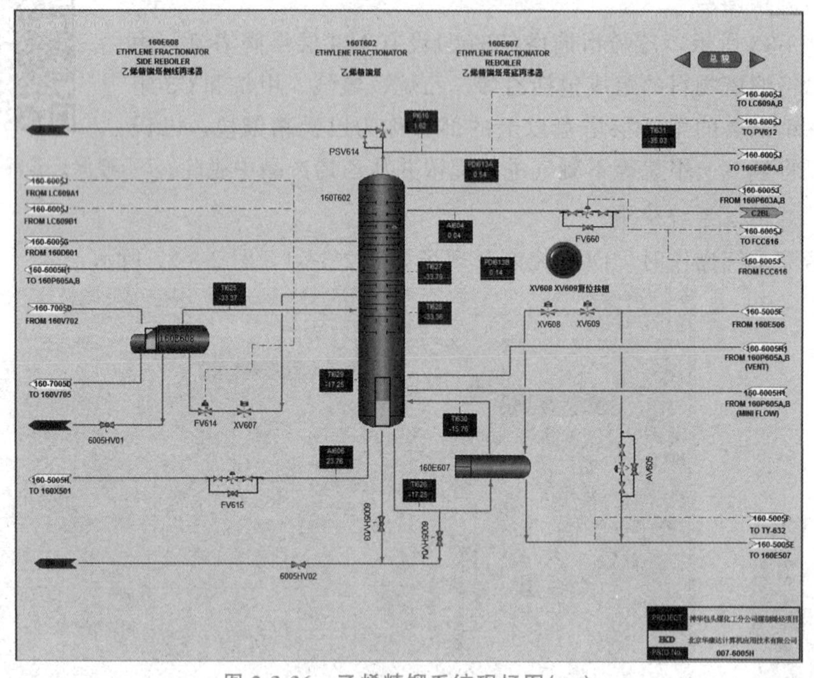

图 2-3-36　乙烯精馏系统现场图(一)

1. 实气置换

关闭乙炔转化器烃进料流量控制阀、绿油返回流量控制阀、乙烯精馏塔塔底乙烷流量控制阀、乙烯产品侧线采出流量控制阀及相关的旁路，打开前后切断阀门。

打开 C2 反应器进料切断阀及乙烯干燥器进出口阀门。打开乙炔加氢反应器 A 进出口阀门，再生侧阀门关闭，乙炔加氢反应器 B 备用。打开乙烯精馏塔侧线再沸器切断阀，乙烯精馏塔回流切断阀。打开调节阀乙烯精馏侧线再沸流量控制阀、前后阀门及旁路阀。

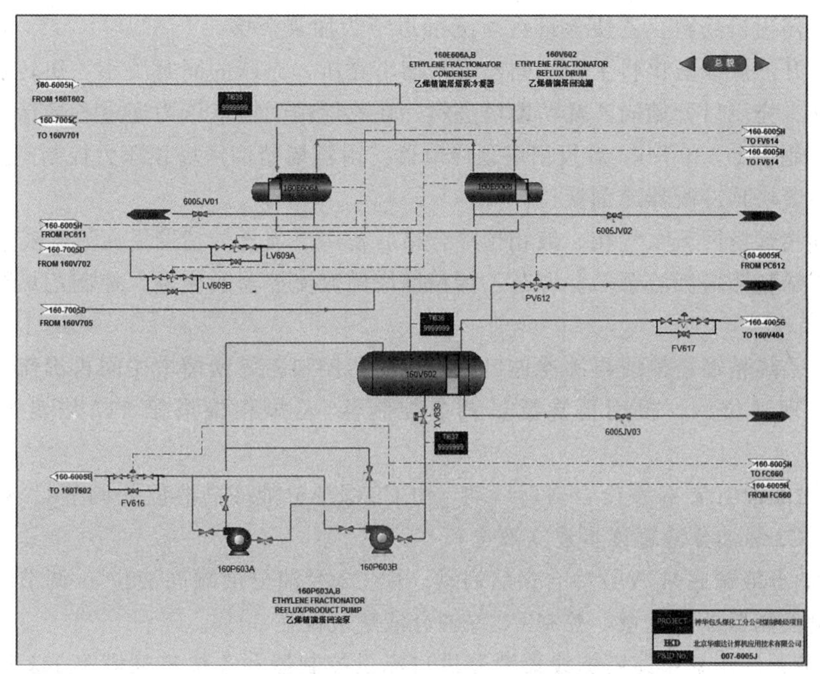

图 2-3-37　乙烯精馏系统现场图(二)

脱乙烷塔实气置换合格后，调节乙炔转化器烃进料流量控制阀向乙炔加氢反应器、乙烯干燥器、乙烯精馏塔系统充压。打开系统内各火炬排放阀门进行置换。联系化验分析，氮气含量小于2%为合格。如果不合格，继续置换，直至化验分析合格为止。

2. 乙炔加氢反应器/乙烯精馏塔系统开工步骤

(1)流程设定。

1)关闭乙炔加氢反应器/乙烯精馏塔系统所有的导淋阀和排放阀。

2)关闭乙炔转化器烃进料流量控制阀、乙炔加氢反应器进料加热器TV-612、乙炔转化器加氢流量控制阀、乙炔转化器出口压力控制阀、乙炔加氢进出料换热器出料手动阀、绿油返回流量控制阀、乙烯精馏塔侧线C2绿油进C2绿油分液罐流量控制阀、乙烯精馏塔侧线再沸器流量控制阀、乙烯精馏塔塔底乙烷流量控制阀、乙烯产品侧线采出流量控制阀、乙烯精馏塔灵敏板组分分析控制阀、乙烯精馏塔回流流量控制阀、乙烯精馏塔不凝气流量控制阀、乙烯精馏塔回流罐压力控制阀及相关旁路，打开前后切断阀门。

(2)乙炔加氢反应器/乙烯精馏塔进料。

1)脱乙烷塔开工正常，顶温达到−20 ℃后，乙炔加氢反应器联锁复位。

2)打开乙炔转化器烃进料流量控制阀旁路给反应器充压。

3)联系投用脱乙烷塔回流罐顶气相产品管线分析仪表。

4)乙炔转化器出口压力控制阀压力达到1.75 MPa后，关闭乙炔转化器烃进料流量控制阀旁路，调节乙炔转化器烃进料流量控制阀向反应器进料。用乙炔加氢反应器进料温度控制阀调节反应器床层温度。反应器床层温度达到50 ℃时，调节脱乙烷塔回流罐顶气相流量控制阀缓慢向反应器加氢。配氢要缓慢防止反应器飞温，氢炔比控制在3∶1。投用乙炔转化器出口分析仪表。

5)乙炔加氢反应器床层上部、中部、下部温度均匀达到50～51 ℃，联系化验分析乙炔加氢反应器出口物料，乙炔含量在1 ppm以下为加氢合格。

6)缓慢开乙炔加氢出料手控阀向乙烯精馏塔充压，充压的同时关小乙炔转化器烃进料流量控制阀。充压后开始向乙烯精馏塔进料。在乙烯精馏塔塔压力通过乙烯精馏塔塔顶压力控制阀控制在1.639 MPa后投用塔顶冷凝器。由乙烯精馏塔塔顶压力控制阀控制丙烯冷剂流量、调节塔顶冷凝器冷剂液位。

7)乙烯精馏塔回流泵气相、液相预冷合格后备用。当乙烯精馏塔回流罐液位达到80%时，启动乙烯精馏塔回流泵A。调节乙烯精馏塔回流流控器的流量，控制乙烯精馏塔回流罐液位在50%。

8)调节乙烯精馏塔侧线再沸器进口流量控制器控制乙烯精馏塔中间再沸流量。乙烯精馏塔塔釜出现液位后，投用再沸流量调节控制器(乙烯精馏塔第117塔盘分析仪表控制器)。

9)C2绿油抽出泵A预冷合格后启动。由C2绿油分液罐高液位B调节C2绿油抽出流控器流量，C2绿油分液罐逐步建立液位。

10)绿油分液罐底泵A预冷合格后启动。由C2绿油分液罐高液位A调节绿油分液罐底绿油流量控制器控制流量，控制C2绿油分液罐液位在50%。

11)调节再沸乙烯精馏塔侧线再沸器进口流量控制器和乙烯精馏塔第117塔盘分析仪表控制器流量，控制乙烯精馏塔釜温在−11.6 ℃。

12)调整冷剂、再沸、回流量控制乙烯精馏塔顶温至−34.3 ℃，釜温为−11.6 ℃，塔压为1.639 MPa。

13)调节乙烯产品侧线采出流量控制阀、乙烯精馏塔塔底乙烷流量控制阀控制乙烯采出量，不合格乙烯产品进不合格罐。分析馏出口乙烯产品，当乙烯合格后，改进合格罐。

(三)乙烯精馏系统参数控制

1. 操作要点

在乙烯干燥器发生故障的情况下，微量水产生的水合物有可能在塔内生产。塔盘压差逐渐上升表明这种情况发生。提供了三个甲醇注入点，有产品侧线下的第8块塔盘、乙炔转化器流出物C2冲洗侧线下面的第94块塔盘、去乙烯精馏塔塔侧再沸器的侧线下面的第104块塔盘，通过让水合物溶解使塔盘压差恢复正常。

聚集在塔或再沸器底部的甲醇，应经塔或再沸器排液阀排至冷火炬系统。应小心确保无大量甲醇随循环乙烷被引至尾气换热器。

2. 正常操作条件下的工艺参数

乙烯精馏塔系统正常操作条件下的工艺参数见表2-3-9。

表2-3-9　乙烯精馏塔系统正常操作条件下的工艺参数

序号	工艺参数	正常值	单位
1	塔底压力	1.716	MPa
2	乙烯产品侧线压力	1.640	MPa
3	塔顶压力	1.639	MPa
4	回流罐压力	1.615	MPa
5	塔底温度	−11.6	℃

续表

序号	工艺参数	正常值	单位
6	乙烯精馏塔再沸器(入口/出口)温度	−11.6/−11.5	℃
7	乙烯精馏塔侧线再沸器(入口/出口)温度	−31.9/−31.4	℃
8	C2 冲洗侧线温度	−32.7	℃
9	进料温度	−32.1	℃
10	乙烯产品侧线温度	−34.2	℃
11	粗塔顶物温度	−34.3	℃
12	回流温度	−35.2	℃
13	净塔顶物温度	−35.2	℃
14	塔底物流量	754	kg/h
15	乙烯精馏塔再沸器流量	72.016	kg/h
16	乙烯精馏塔侧线再沸器流量	68.383	kg/h
17	C2 冲洗侧线流量	4.076	kg/h
18	进料流量	43.768	kg/h
19	乙烯产品侧线流量	39.019	kg/h
20	粗塔顶物流量	147.096	kg/h
21	回流流量	147.178	kg/h
22	净塔顶物流量	418	kg/h
注：表中粗塔顶物不包括从合格乙烯产品储罐蒸发到乙烯精馏塔冷凝器的 500 kg/h 排气			

3. 乙烯精馏塔参数控制

(1)乙烯精馏塔塔釜液位控制。乙烯精馏塔要保证正常塔釜液位，防止空塔或满塔，造成塔底轻组分过多或塔顶乙烷含量多，同时保证侧线采出量稳定。影响乙烯精馏塔塔釜液位的因素主要是再沸量的大小、冷剂温度的高低及进料温度高低，为保证乙烯精馏塔塔釜液位正常，由乙烯精馏塔塔釜液位控制器与塔底采出流量控制器组成串级调节。其控制回路图如图 2-3-38 所示。

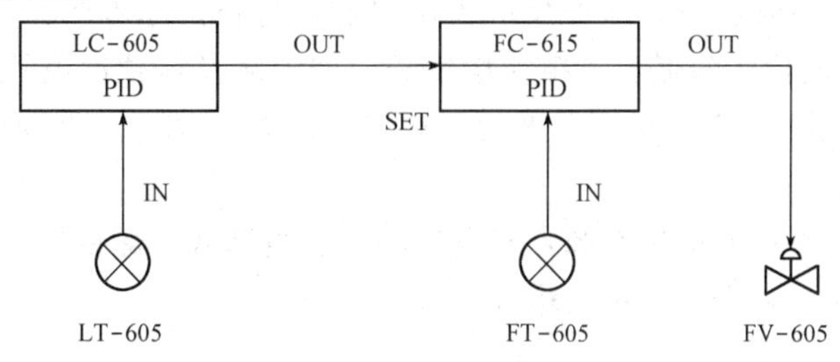

图 2-3-38 乙烯精馏塔塔釜液位控制器与塔底采出流量控制器组成串级控制

(2)乙烯精馏塔回流罐液位控制。在生产操作中要保证回流罐液位，确保回流不中断，稳定塔顶温度、压力。其主要影响因素是回流量大小、塔顶冷凝量大小及塔釜温度高低。一般通过乙烯精馏塔塔顶回流罐液位控制器与乙烯精馏塔回流流量控制器组成串级控制。其控制回路如图 2-3-39 所示。

(3)乙烯精馏塔顶压力控制。稳定乙烯精馏塔塔顶压力可以保证各组分在此压力下的相对挥发度和分离效果。影响塔顶压力的主要因素是塔顶冷凝器的冷剂温度、冷剂罐的液位、进料负荷的大小、进料温度高低及进料中轻组分含量、侧线采出量。乙烯精馏塔塔顶设有两个压力控制器，首先由乙烯精馏塔塔顶压力控制器串级控制乙烯精馏塔塔顶冷凝器壳层丙烯冷剂的液位。当第一个压力控制器不能阻止塔压持续上升时，乙烯精馏塔回流罐顶压力控制放空器会打开乙烯精馏塔回流罐顶的放空阀，将物料排放到冷火炬。

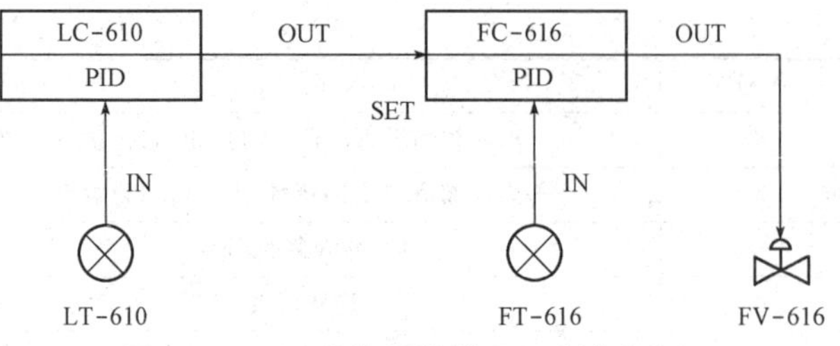

图 2-3-39　乙烯精馏塔塔顶回流罐液位与塔顶回流量串级控制

(4)乙烯精馏塔超压高高联锁。乙烯精馏塔采用联锁防止超压。生产中出现乙烯精馏塔高一高压力、按下事故停车按钮(自控制室)、出现冷却水系统失效和整个装置电源中断，可采取表 2-3-10 所列的措施通过 SIS 系统使乙烯精馏塔停车。当联锁解除时，单击 DCS 控制系统“乙烯精馏塔”中的“联锁复位”按钮，打开乙烯精馏塔再沸器产品气进料阀门、乙烯精馏塔再沸器热源切断阀。

表 2-3-10　乙烯精馏塔超压高高联锁

序号	联锁名称	联锁值	联锁动作
1	塔顶压力高高	1.788 MPa	关闭乙烯精馏塔再沸器产品气进料阀门、乙烯精馏塔再沸器热源切断阀；关闭乙烯精馏塔塔侧再沸器进料阀，乙烯精馏塔侧线再沸流量控制阀。开启乙烯精馏塔再沸器上的产品气旁路阀

当联锁解除时，在乙烯精馏塔 DCS 控制图点击“Z603 复位”按钮后，按照联锁动作要求进行操作。

(四)乙炔加氢系统及乙烯精馏塔系统停工

1. 停工前系统降负荷

调整乙炔转化器烃进料流量控制阀，减少加氢反应器流量。通过乙炔转化器加氢流量控制阀调整进反应器氢气流量，保证反应器出口乙炔合格。随着产品气压缩机负荷降低，降低 C2 绿油分液罐液位，降低乙烯精馏塔塔釜、回流罐及塔顶冷凝器液位，调整控制乙烯精馏塔釜温度为−11.6 ℃，塔顶温度为−34.3 ℃，塔压为 1.639 MPa。

2. 降低乙烯精馏塔回流量

调节乙烯精馏塔回流流量控制阀，根据进料量适当降低乙烯精馏塔回流量，确认乙烯精馏塔系统降低负荷，减少停工物料排放。

3. 系统停车

在产品气压缩机停车后乙炔转化器联锁停车，乙烯产品改进不合格罐。关闭乙炔转化器烃进料流量控制阀及前后阀门，乙炔转化器停止进料。关闭乙炔转化器加氢流量控制阀及前后阀门，停止氢气进料。降低 C2 绿油分液罐液位，停止绿油分液罐底泵及 C2 绿油抽出泵。

降低乙烯精馏塔塔釜、回流罐液位，关闭绿油返回流量控制阀及前后阀门，手动关闭乙烯精馏塔不凝气流量控制阀，停止返丙烯冷剂中间罐。关闭乙烯精馏塔塔底乙烷流量控制阀及前后阀门，停止乙烷外送。关闭乙烯产品侧线采出流量控制阀及后阀门，停止乙烯采出。停止乙烯精馏塔回流泵，减少再沸器加热量，同时控制塔压，防止超压，并防止塔釜低温。

4. 乙炔转化器/乙烯精馏塔系统排液、泄压

(1)乙炔转化器/乙烯精馏塔系统排液。打开C2绿油分液罐、乙烯精馏塔再沸器、乙烯精馏塔侧线再沸器、乙炔加氢反应器进出料换热器、乙炔加氢反应器进料加热器、乙炔反应器馏出物冷却器、乙炔转化器、乙烯精馏塔塔釜、乙烯精馏塔塔顶冷凝器、绿油分液罐底泵、乙烯精馏塔回流泵、C2绿油抽出泵排放线上阀门，将设备内残存液体排入火炬系统。

每个设备排液结束后，均应及时关闭排液阀门，防止系统压力泄得过低，影响系统内其他设备排液，也为了防止系统压力低，液体闪蒸，造成系统低温，损坏设备。

(2)乙炔转化器/乙烯精馏塔系统排液结束后泄压。

1)反应器联锁停车后，将自动由乙炔转化器出口放火炬切断阀泄压到火炬系统。

2)打开乙炔加氢反应器进出料换热器、乙炔加氢反应器进料加热器、乙炔反应器馏出物冷却器、乙炔转化器、C2绿油分液罐、乙烯精馏塔再沸器、乙烯精馏塔侧线再沸器、乙烯精馏塔塔顶冷凝器、绿油分液罐底泵、乙烯精馏塔回流泵、C2绿油抽出泵排放线上阀门。打开乙炔转化器出口放火炬压力控制阀，将乙炔转化器系统内的气相物料排入火炬系统。打开乙烯精馏塔回流罐压力控制阀，将乙烯精馏塔系统内的气相物料排入火炬系统。

3)乙炔转化器/乙烯精馏塔系统压力泄至0.03 MPa后，通知外操将系统所有放火炬阀门关闭。防止其他系统排火炬压力过高而倒窜回系统。

4)关闭乙烯精馏塔侧线再沸流量控制阀停止乙烯精馏塔再沸。关闭乙炔转化器出口放火炬切断阀后阀门。确认乙炔转化器/乙烯精馏塔系统泄压结束。

5. 乙炔转化器/乙烯精馏塔系统置换

(1)设定流程。

1)关闭C2加氢反应器进料流量控制阀、绿油返回流量控制阀、乙烯精馏塔塔底乙烷流量控制阀调节阀、乙烯产品侧线采出流量控制阀及旁路，打开前后阀门。

2)打开C2反应器进料切断阀，打开乙烯干燥器进出口阀门。

3)打开乙炔转化器A进出口阀门，再生侧阀门关闭，乙炔转化器B备用。

4)打开乙烯精馏塔侧线再沸器切断阀、乙烯精馏塔回流切断阀。

5)打开乙烯精馏塔侧线再沸器流量控制阀、前后阀门及旁路阀。

(2)氮气置换。

1)打开乙炔转化器再生氮气阀门，将系统充压至0.3 MPa。

2)打开乙炔加氢反应器进出料换热器、乙炔加氢反应器进料加热器、乙炔反应器馏出物冷却器排放线上阀门，将换热器内剩余气体排入火炬系统。

3)打开乙炔转化器、C2绿油分液罐、乙烯精馏塔再沸器、乙烯精馏塔侧线再沸器、乙烯精馏塔塔釜、乙烯精馏塔塔顶冷凝器、绿油分液罐底泵、乙烯精馏塔回流泵、C2绿油抽出泵排放线上阀门，将设备内剩余气体排入火炬系统。

4)打开乙烯精馏塔塔顶压力控制阀将乙烯精馏塔系统内的气相物料排入火炬系统。

5)打开乙炔转化器出口压力控制阀将乙烯精馏塔系统内的气相物料排入火炬系统。

6)系统N_2泄压至0.03 MPa，停止泄压。联系化验分析系统内各采样点$N_2>98\%$为置换合格，各测爆点测爆合格。不合格重复置换，直至合格为止。

(五)常见异常情况及处理方法

乙烯精馏塔系统常见故障及处理方法见表 2-3-11。

表 2-3-11 乙烯精馏塔系统常见故障及处理方法

现象	原因	处理方法
乙烯精馏塔塔釜液位上升	(1)回流量大； (2)采出量小； (3)再沸量小； (4)仪表故障	(1)减小回流量； (2)加大采出量； (3)加大再沸量； (4)切至手动，联系仪表商家处理
乙烯精馏塔塔釜液位下降	(1)回流量小； (2)采出量大； (3)再沸量大； (4)仪表故障	(1)适当加大回流量； (2)减小采出量； (3)减小再沸量； (4)切至手动，联系仪表商家处理
回流罐液位上升	(1)回流量小； (2)塔顶冷剂量大； (3)再沸温度高； (4)进料量大； (5)仪表故障	(1)提高回流量； (2)减小冷剂量； (3)降低塔釜温度； (4)降低负荷； (5)切至手动，联系仪表商家处理
回流罐液位下降	(1)回流量大； (2)再沸温度低； (3)塔顶冷剂量小； (4)仪表故障； (5)安全阀启跳	(1)适当减小回流量； (2)提高塔釜温度； (3)适当提高塔顶冷剂量； (4)切至手动，联系仪表商家处理； (5)检查确认安全阀
塔压上升	(1)灵敏板温度太高； (2)塔顶冷凝器冷剂温度高； (3)塔釜温度高； (4)轻组分多； (5)回流罐过高； (6)回流量小； (7)负荷处理能力不够； (8)塔顶冷凝器过滤网堵； (9)塔顶采出量小； (10)乙烯精馏塔塔顶冷凝器液位低； (11)仪表故障	(1)调节灵敏板温度； (2)联系压缩，降低冷剂温度； (3)适当降低塔底温度； (4)提高脱乙烷塔塔釜温度； (5)降低回流罐液位至正常； (6)提高回流量； (7)联系降低负荷； (8)注甲醇或停工处理； (9)加大采出量； (10)提高乙烯精馏塔塔顶冷凝器液位； (11)切至手动，联系仪表商家处理
塔压下降	(1)灵敏板温度太低； (2)塔顶冷凝器冷剂温度低； (3)塔釜温度低； (4)回流量大； (5)塔顶采出量大； (6)乙烯精馏塔塔顶冷凝器液位高； (7)仪表故障	(1)提高灵敏板温度； (2)提高冷剂温度； (3)提高塔釜温度； (4)降低回流量； (5)减小塔顶采出量； (6)降低乙烯精馏塔塔顶冷凝器液位； (7)切至手动，联系仪表商家处理

五、丙烯精馏塔系统操作与控制

(一)丙烯精馏塔

如图 2-3-40 所示，本装置设置两个丙烯精馏塔，即 1 号丙烯精馏塔和 2 号丙烯精馏塔，两个塔串联操作，将脱乙烷塔塔釜 C3 物料分离成聚合级丙烯产品、液相丙烷循环物料和丙烷洗物料。

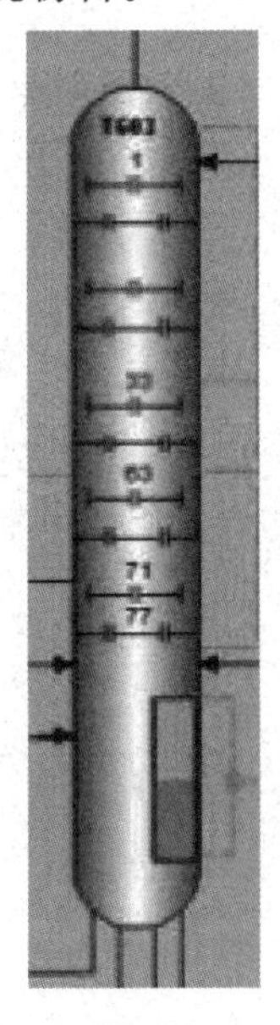

图 2-3-40　丙烯精馏塔

实训视频：丙烯精馏塔投用 1(仿真)

微课：丙烯精馏系统

实训视频：丙烯精馏塔投用 2(仿真)

1 号丙烯精馏塔相当于丙烯精馏塔的塔釜部分。这个塔设置 77 层四溢流浮阀塔盘。1 号丙烯精馏塔的第一再沸器用水洗水作为加热介质。1 号丙烯精馏塔的第二再沸器采用脱过热的低低压蒸汽作为加热介质，在装置开工期间或水洗水不能正常供给时为丙烯塔提供热源。

2 号丙烯精馏塔设有 162 层四溢流浮阀塔盘，再沸器采用急冷水作为加热介质。

(二)丙烯精馏塔系统投用

丙烯精馏系统操作时，DCS 控制及现场如图 2-3-41～图 2-3-45 所示。

(1)丙烯精馏系统设定、引液。

1)确认丙烯精馏系统所有的导淋阀及排放阀关闭，确认系统安全阀正常投用。1 号丙烯精馏塔再沸器 A 台投用，B 台备用。2 号丙烯精馏塔塔顶冷凝器、丙烯产品冷却器、冲洗丙烷冷却器冷却水投用，1 号丙烯精馏塔的第二再沸器用低压蒸汽暖管合格。

2)关闭 1 号丙烯精馏塔再沸器水洗水加热量控制阀及旁路阀，打开前后阀门。

3)关闭丙烷产品流量控制阀、冲洗丙烷流量控制阀、冲洗丙烷最小流量控制阀、1 号丙烯精馏塔回流调节阀、1 号丙烯精馏塔回流泵最小回流控制阀、2 号丙烯精馏塔急冷水加热量控制阀、2 号丙烯精馏塔回流调节阀、2 号丙烯精馏塔回流泵最小回流控制阀、丙烯放空到三段吸入罐压力控制阀、2 号丙烯精馏塔回流罐罐顶放火炬手动控制阀、丙烯产品泵最小回流控制阀、丙烷产品保护床缓冲罐充压器、丙烷产品保护床缓冲罐泄压器、氮气流量控制阀、聚合丙烯出料阀及旁路阀，打开前后阀门。关闭丙烯产品压力控制阀旁路，前后阀门打开，设定 1.805 MPa 投自动调节。

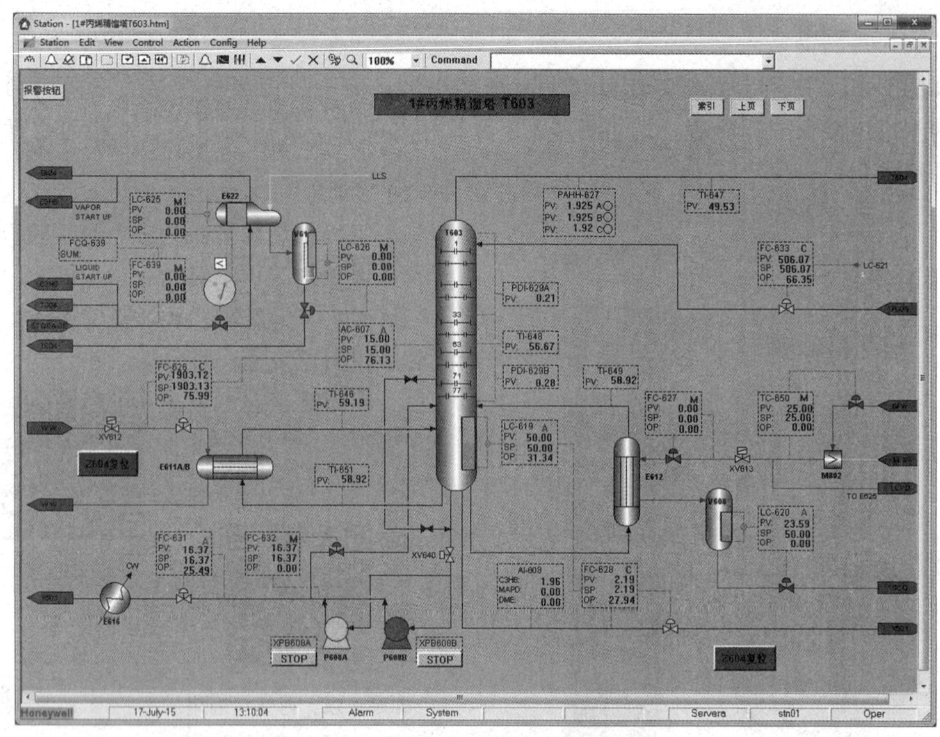

图 2-3-41　丙烯精馏系统 DCS 控制图(一)

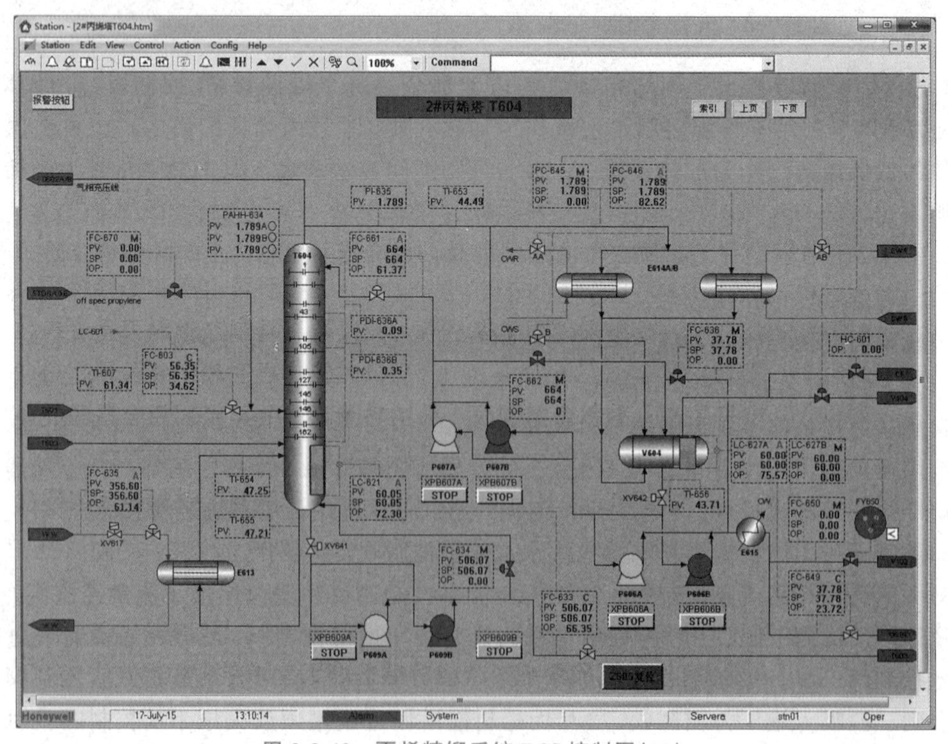

图 2-3-42　丙烯精馏系统 DCS 控制图(二)

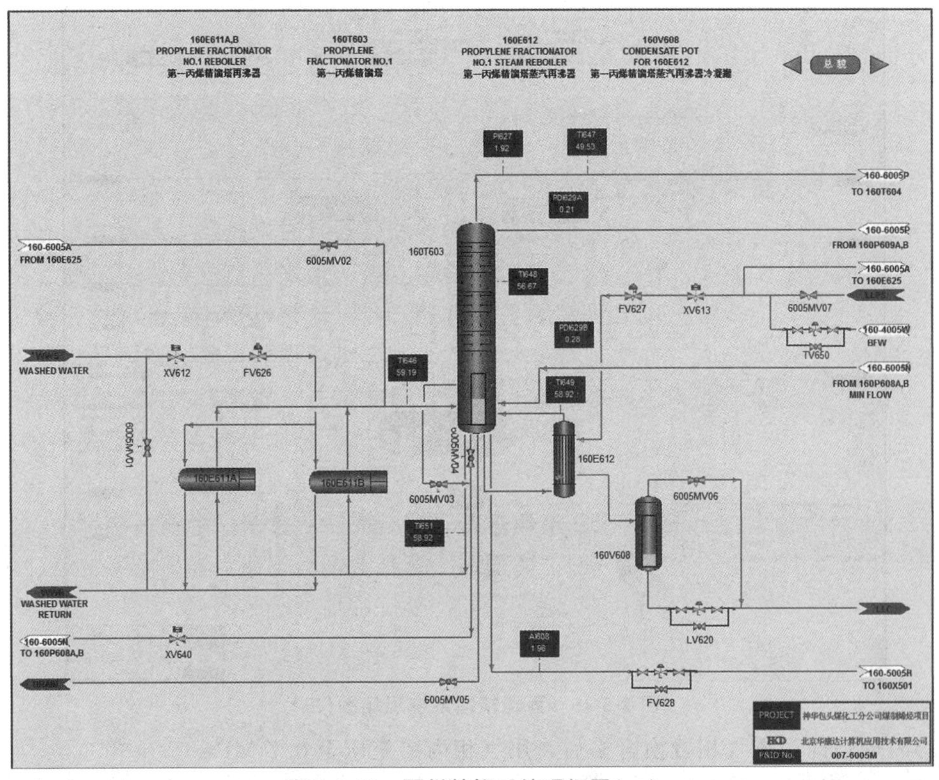

图 2-3-43　丙烯精馏系统现场图(一)

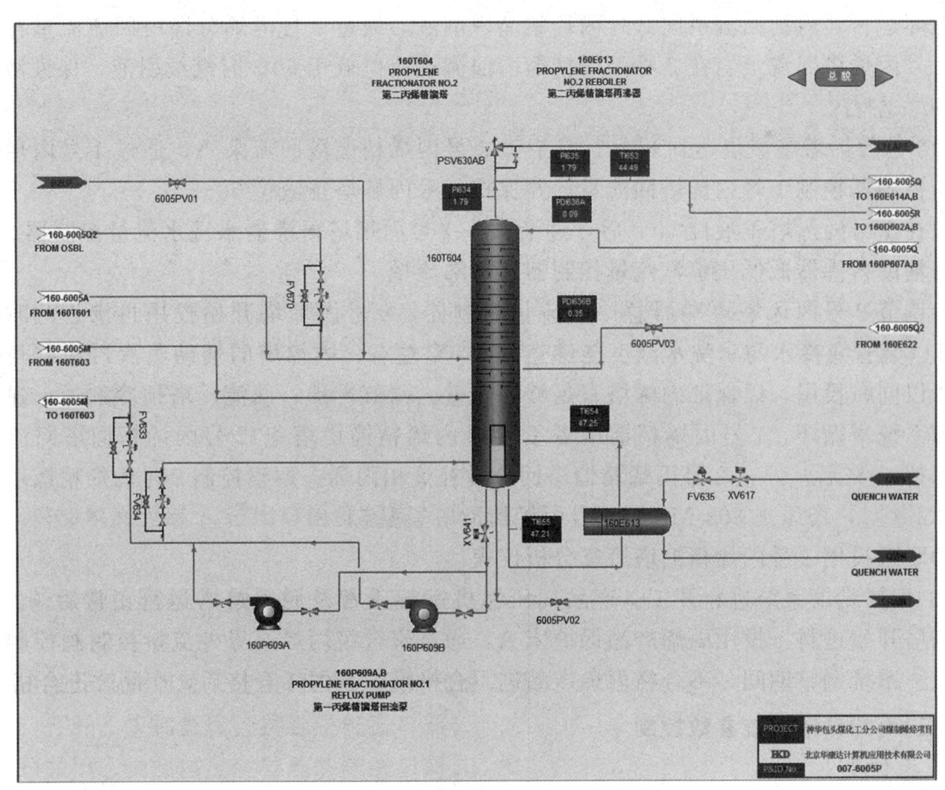

图 2-3-44　丙烯精馏系统现场图(二)

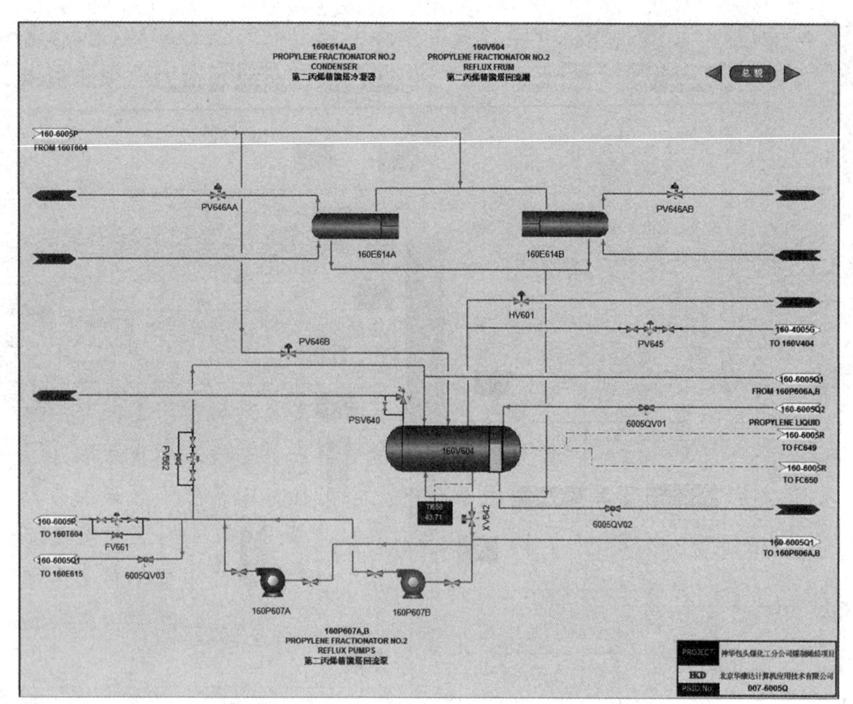

图 2-3-45　丙烯精馏系统现场图(三)

(2)丙烯精馏系统气相置换合格后，用气相丙烯充压至 0.7 MPa。

1)缓慢打开 2 号丙烯精馏塔回流罐液相引液阀门，回流罐液位达到 80%关闭阀门，全回流循环运转。启动回流泵向 2 号丙烯精馏塔倒液，通过 2 号丙烯分馏塔回流流量控制阀控制 2 号丙烯塔回流量。在 2 号丙烯精馏塔回流罐液位低于 50%时继续引液，保证液位维持在 50%左右。

2)2 号丙烯塔釜液位达到 80%后，启动 1 号丙烯精馏塔回流泵 A，通过 1 号丙烯塔进料流量控制器控制 1 号丙烯塔回流量，并保持 2 号丙烯塔釜液位 50%。

3)在 1 号丙烯塔釜液位 50%后，逐渐调节 1 号丙烯塔再沸器水洗水流量控制器、1 号丙烯塔辅助再沸器低低压蒸汽流量控制器及再沸流量。

4)调节 2 号丙烯塔再沸器急冷水流量控制器，2 号丙烯塔开始投用再沸。此时，如果 MTO 装置急冷水与水洗水温度能够达到 80 ℃左右，丙烯塔的辅助蒸汽再沸器与主再沸器可以同时投用，以保证丙烯塔有足够的热量。调节再沸、回流、塔顶冷剂量，建立丙烯精馏系统塔循环。1 号丙烯精馏塔塔釜/2 号丙烯精馏塔塔釜/2 号丙烯精馏塔回流罐液位能保持 50%后，停止 2 号丙烯精馏塔回流罐补液相丙烯。调整控制 2 号丙烯精馏塔塔顶温度 45.8 ℃，塔压 1.803 MPa，1 号丙烯精馏塔釜温 51.8 ℃。

5)联系投用 1 号丙烯精馏塔塔釜分析仪表。

(3)丙烯精馏系统进料开工。产品气压缩机运行正常及脱乙烷塔运行正常后，2 号丙烯精馏塔开始进料。投用丙烯产品保护床 A，通过聚合级丙烯至界外流量控制阀控制丙烯采出量。系统调整期间，不合格丙烯产品进不合格罐。当丙烯合格后，产品改进合格罐。

(三)丙烯精馏系统参数控制

1. 操作要点

对于丙烯精馏系统而言，适当的丙烷产品采出量是关键，如果丙烷采出量过小，丙烷在塔内长期累积必将影响丙烯产品质量；但也不能过大，过大的丙烷采出会增加丙烯损失，降低丙烷纯度。

适当的塔顶产品采出及回流对任何一个精馏塔来说都是重要的。如果丙烯采出量过大，回流不足，丙烯中丙烷含量增加。适当的调整 1 号丙烯精馏塔、2 号丙烯精馏塔塔釜循环量有利于减小丙烯系统的负荷，提高丙烯及丙烷的纯度。

2. 正常操作条件下丙烯精馏系统工艺控制参数

丙烯精馏塔系统正常操作条件下的工艺参数见表 2-3-12。

表 2-3-12　丙烯精馏塔系统正常操作条件下的工艺参数

序号	控制对象	正常值	单位
1	1 号丙烯精馏塔塔顶压力	1.937±0.1	Pa
2	1 号丙烯精馏塔塔底压力	1.985±0.1	Pa
3	1 号丙烯精馏塔塔顶温度	51.9±2	℃
4	1 号丙烯精馏塔塔底温度	59.1±3	℃
5	1 号丙烯精馏塔塔底液位	50±10	%
序号	控制对象	正常值	单位
1	2 号丙烯精留塔塔顶压力	1.803±0.1	Pa
2	2 号丙烯精留塔塔底压力	1.939±0.1	Pa
3	2 号丙烯精留塔塔顶温度	45.8±2	℃
4	2 号丙烯精留塔塔底温度	51.8±3	℃
5	2 号丙烯精留塔塔底液位	50±10	%

3. 丙烯精馏塔参数控制

(1)丙烯精馏塔塔釜液位控制。丙烯精馏塔要保证正常液位，防止空塔或满塔，影响塔釜丙烷纯度。主要影响因素是塔釜采出量大小、回流量大小、进料量大小、再沸量大小。生产中采用丙烯精馏塔塔釜液位与釜液流量串级控制进行控制。其回路图如图 2-3-46 所示。

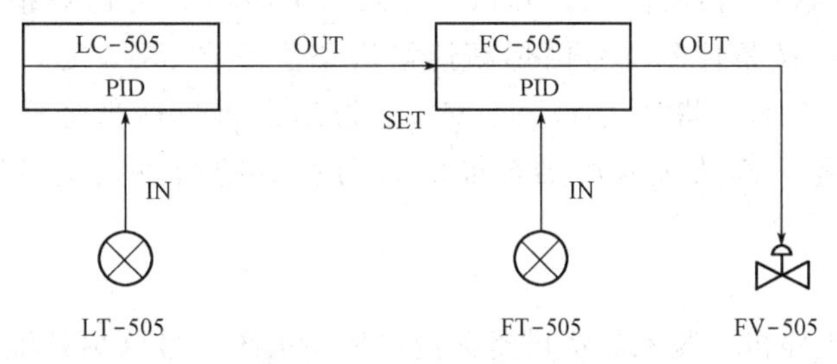

图 2-3-46　丙烯精馏塔塔釜液位与釜液流量串级控制回路图

通过塔釜采出量的大小来控制塔釜液位，塔釜采出量的大小会影响塔的平衡，当进料量不变时，塔釜采出量过大，会降低塔釜液面或抽空，这将使通过蒸发器的釜液循环量减少从而导致传热不好，轻组分蒸不出去，塔顶、塔釜产品均不合格，釜液采出量变小时，会引起液面过高，增加釜液循环阻力，同样造成加热不好，使产品不合格。对于易聚合的物料，釜液面过高或过低，都全造成停留时间加长，增加聚合的可能性。

(2)丙烯精馏塔塔顶压力控制。丙烯精馏塔将丙烯与丙烷的混合C3进行分离，塔顶得到聚合级丙烯产品，塔釜得到冲洗丙烷和丙烷燃料气。操作中需要保证压力恒定，控制好丙烯、丙烷的相对挥发度来确保产品纯度。丙烯精馏塔塔顶压力主要影响因素是进料温度、压力、温度、流量、组成、冷剂量、热旁通、再沸器加热量、环境温度变化。生产中丙烯精馏塔的压力由两个压力调节器进行控制。第一个压力调节器通过分程调节丙烯精馏塔塔顶冷凝器冷却水的量和气相旁路的量来控制塔的压力。如果第一个压力调节器不能阻止塔压持续上升，则第二个压力调节器将2号丙烯精馏塔回流罐中的气相物料排放到产品气压缩机三段吸入罐。

当丙烯精馏塔塔顶压力过高时，则联锁启动。其中，1号丙烯精馏塔塔顶压力高高联锁见表2-3-13；2号丙烯精馏塔塔顶压力高高联锁见表2-3-14。

表2-3-13　1号丙烯精馏塔塔顶压力高高联锁

序号	联锁名称	联锁值	联锁动作
1	塔顶压力高高	2.118 MPa	关闭1号丙烯精馏塔的第一再沸器水洗水进料阀门；关闭1号丙烯精馏塔的第二再沸器低低压蒸汽进料阀门

当联锁解除时，在1号丙烯精馏塔DCS控制图点击“Z604复位”按钮后，按照联锁动作要求进行操作。

表2-3-14　2号丙烯精馏塔塔顶压力高高联锁

序号	联锁名称	联锁值	联锁动作
1	塔顶压力高高	1.971 MPa	关闭再沸器E613急冷水进料阀门(FV635)、切断阀

当联锁解除时，在2号丙烯精馏塔DCS控制图点击“Z604复位”按钮后，按照联锁动作要求进行操作。

(四)丙烯精馏塔系统停工

1. 停工前系统降负荷

随着产品气压缩机负荷的降低，降低1号丙烯精馏塔/2号丙烯精馏塔塔釜、回流罐及塔顶冷凝器液位。调整控制1号丙烯精馏塔塔釜温度在58.6 ℃，调整控制2号丙烯精馏塔塔顶温度在46 ℃，塔压为1.791 MPa。根据进料量适当降低1号丙烯精馏塔/2号丙烯精馏塔回流量。确认1号丙烯精馏塔/2号丙烯精馏塔系统降低负荷，减少停工物料排放。

2. 系统停车

在产品气压缩机停机、脱乙烷塔塔釜无液位后，关闭2号丙烯精馏塔进料流量控制阀及前后阀门。降低1号丙烯精馏塔/2号丙烯精馏塔塔釜、回流罐液位。

关闭2号丙烯精馏塔回流罐顶放火炬手动控制阀、回流罐顶压力控制阀，停止返丙烯冷剂中间罐。

停冲洗丙烷泵、1号丙烯精馏塔回流泵、丙烯产品泵，关闭泵出入阀，防止泵反转。

减少1号丙烯精馏塔再沸器/1号丙烯精馏塔的第二再沸器、2号丙烯精馏塔再沸器加热量，控制塔压，防止超压并防止塔釜低温。

3.1号丙烯精馏塔/2号丙烯精馏塔系统排液、泄压

(1)1号丙烯精馏塔/2号丙烯精馏塔系统排液。打开1号丙烯精馏塔再沸器、1号丙烯精馏塔的第二再沸器、2号丙烯精馏塔再沸器、冲洗丙烷冷却器、2号丙烯精馏塔塔顶冷凝器、丙烯产品冷却器、1号丙烯精馏塔塔釜、2号丙烯精馏塔塔釜、冲洗丙烷泵、1号丙烯精馏塔回流泵、丙烯产品泵、2号丙烯精馏塔回流罐、丙烯产品保护床、丙烯产品保护床后过滤器、丙烯产品保护床缓冲罐等设备排放线上阀门，将设备内残存液体排入火炬系统。

每个设备排液结束后，均应及时关闭排液阀门，防止系统压力泄得过低，影响系统内其他设备排液，也为了防止系统压力低，液体闪蒸，造成系统低温，损坏设备。

(2)1号丙烯精馏塔/2号丙烯精馏塔系统排液结束后泄压。

1)打开1号丙烯精馏塔再沸器、1号丙烯精馏塔的第二再沸器、冲洗丙烷冷却器、冲洗丙烷泵、1号丙烯精馏塔塔釜、1号丙烯精馏塔回流泵、2号丙烯精馏塔塔釜、2号丙烯精馏塔再沸器、2号丙烯精馏塔塔顶冷凝器、丙烯产品冷却器、丙烯产品保护床、丙烯产品泵、2号丙烯精馏塔回流罐、丙烯产品保护床后过滤器、丙烯产品保护床缓冲罐等设备排放线上阀门。

2)打开2号丙烯精馏塔回流罐罐顶放火炬手动控制阀，将1号丙烯精馏塔/2号丙烯精馏塔系统内的气相物料排入火炬系统。

3)1号丙烯精馏塔/2号丙烯精馏塔系统压力泄至0.2 MPa后，将系统所有放火炬阀门关闭，防止其他系统排火炬压力过高而倒窜回系统。

4)关闭1号丙烯精馏塔水洗水加热量控制阀，停止1号丙烯精馏塔再沸；关闭2号丙烯精馏塔急冷水加热量控制阀，停止2号丙烯精馏塔再沸。

4.1号丙烯精馏塔/2号丙烯精馏塔系统氮气置换

(1)流程设定。

1)关闭2号丙烯精馏塔进料调节阀、不合格丙烯回炼调节阀及旁路阀，打开前后阀门。

2)打开1号丙烯精馏塔塔底冲洗丙烷切断阀、1号丙烯精馏塔回流切断阀、2号丙烯精馏塔回流罐罐底切断阀、冲洗丙烷最小流量控制阀、1号丙烯精馏塔回流泵最小回流控制阀、2号丙烯精馏塔回流泵回流控制阀、2号丙烯精馏塔回流泵最小回流控制阀、丙烯产品泵最小回流控制阀、丙烷产品流量控制阀、冲洗丙烷流量控制阀、聚合级丙烯至界外流量控制阀、丙烯放空到三段吸入罐压力制阀、丙烯放火炬手控阀及旁路阀，打开前后阀门。

(2)氮气置换。

1)由2号丙烯精馏塔塔底UC管线接临时氮气线向1号丙烯精馏塔/2号丙烯精馏塔系统引入N_2。确认1号丙烯精馏塔/2号丙烯精馏塔系统N_2充压，置换流程正确。系统N_2充压至0.7 MPa，停止充压。

2)打开1号丙烯精馏塔再沸器/1号丙烯精馏塔的第二再沸器、冲洗丙烷冷却器、冲洗丙烷泵、1号丙烯精馏塔塔釜、2号丙烯精馏塔塔釜、2号丙烯精馏塔再沸器、1号丙烯精馏塔回流泵、2号丙烯精馏塔塔顶冷凝器A/B、丙烯产品冷却器、丙烯产品泵、丙烯产品保护床、丙烯产品保护床后过滤器、丙烯产品保护床缓冲罐等设备排放线上阀门，向火炬系统泄压。

3)打开丙烯放火炬手控阀，将1号丙烯精馏塔/2号丙烯精馏塔系统内的气相物料排入火炬系统。系统 N_2 泄压至0.03 MPa，停止泄压，重复加减压3次。联系化验分析系统内各采样点，N_2>98%为置换合格，各测爆点测爆合格。不合格重复置换，直至合格为止。

(五)常见异常情况及处理方法

丙烯精馏塔系统常见故障及处理方法见表2-3-15。

表2-3-15 丙烯精馏塔系统常见故障

现象	原因	处理方法
丙烯精馏塔塔釜液位上升	(1)进料量增加； (2)回流量大； (3)采出量小； (4)再沸量小； (5)仪表故障	(1)减小进料量； (2)减小回流量； (3)加大采出量； (4)加大再沸量； (5)切至手动，联系仪表商家处理
丙烯精馏塔塔釜液位下降	(1)进料量减少； (2)回流量增加； (3)采出量小； (4)再沸量增大； (5)仪表故障	(1)增加进料量； (2)增加回流量； (3)减小采出量； (4)减小再沸量； (5)切至手动，联系仪表商家处理
2号丙烯精馏塔压力升高	(1)仪表故障； (2)回流罐满； (3)进料量增大； (4)进料轻组分增多； (5)丙烯精馏塔回流罐热旁路调节阀(PV646B)开度小； (6)急冷水温度升高； (7)E614冷却水侧堵，流量小或水温高	(1)联系仪表处理； (2)加大采出量； (3)适当减小进料量； (4)开大返V404量；再保证脱乙烷塔灵敏板温度，调整T601塔釜温度； (5)适当开大该调节阀； (6)减小再沸； (7)E614反冲洗，加大流量或联系调度调整水温
2号丙烯精馏塔压力降低	(1)仪表故障； (2)PV646B开度小； (3)进料量减少； (4)急冷水温度降低； (5)塔釜液位过高； (6)安全阀内漏； (7)塔釜温度低	(1)联系仪表处理； (2)开大PV646B； (3)适当提高进料量； (4)提高水温、加大再沸量； (5)调整塔釜液位； (6)现场确认并处理； (7)提高塔釜温度

六、脱丁烷系统操作与控制

(一)脱丁烷塔

如图2-3-47所示，脱丁烷塔的作用是从C5及更重的组分中分离出C4组分。脱丁烷塔的进料来自低压脱丙烷塔塔釜。脱丁烷塔塔顶采出C4产品、塔釜采出 $C5^+$ 产品分别送往罐区。

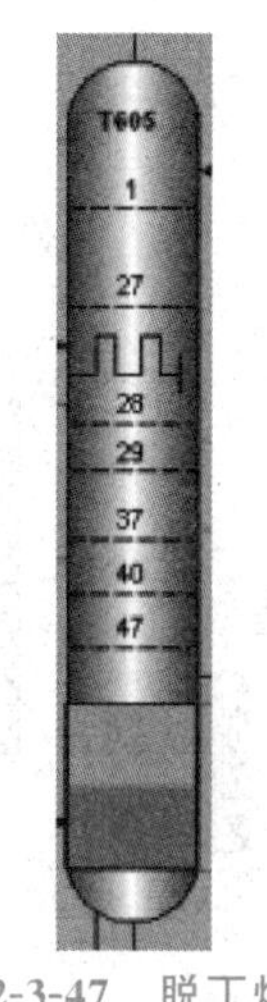

图 2-3-47　脱丁烷塔

实训视频：脱丁烷塔投用(仿真)

微课：脱丁烷系统

(二)脱丁烷塔系统投用

脱丁烷塔系统操作时，DCS 控制及现场如图 2-3-48～图 2-3-50 所示。

1. 脱丁烷塔系统实气置换

关闭脱丁烷塔进料流量控制阀、产品至界外流量控制阀、混合 C4 产品至界外流量控制阀、脱丁烷塔顶压力控制器、脱丁烷塔回流罐回流控制阀、脱丁烷塔冷凝器压力控制阀及旁路阀，打开前后阀门。打开脱丁烷塔回流罐出料切断阀。

进行实气置换，调节脱丁烷塔进料流量控制阀向脱丁烷塔系统充压至 0.3 MPa。打开系统内各火炬排放阀门进行置换，工艺系统泄压至 0.03 MPa 后关闭泄压阀门。重复 3 次加、减压置换。联系化验分析，氮气含量小于 2% 为合格。如果不合格继续置换，直至化验分析合格为止。

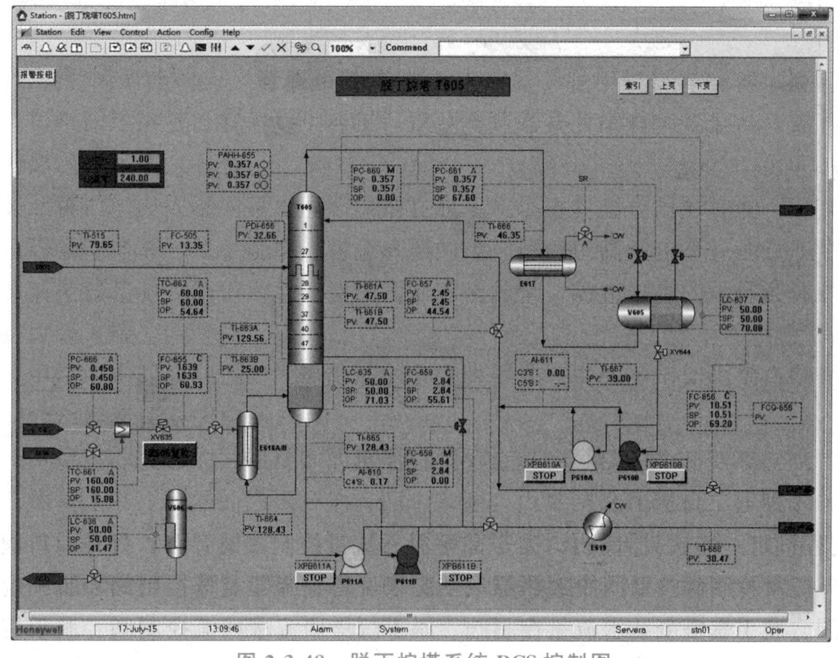
图 2-3-48　脱丁烷塔系统 DCS 控制图

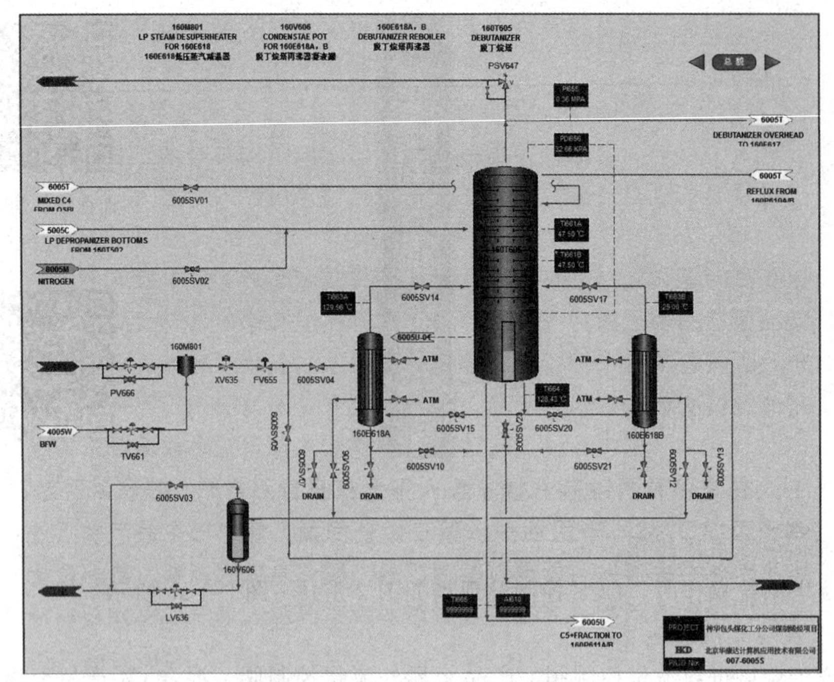

图 2-3-49　脱丁烷塔系统现场图(一)

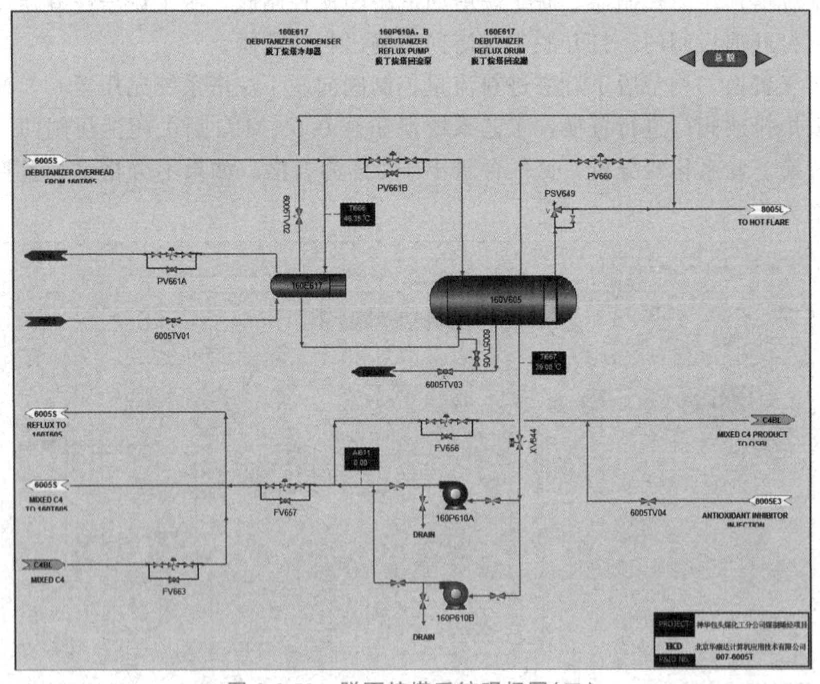

图 2-3-50　脱丁烷塔系统现场图(二)

2. 脱丁烷系统开工操作

(1)流程设定。确认关闭混合 C4 产品至界外流量控制阀及旁路，打开前后阀门。关闭产品至界外流量控制阀、低压脱过热蒸汽至脱丁烷塔重沸器流量控制阀、脱丁烷塔冷凝器压力控制阀、脱丁烷塔凝结水流量控制阀、脱丁烷塔回流罐回流控制阀、脱丁烷塔塔顶压力控制阀、脱丁烷塔冷凝器压力控制阀及旁路，打开前后阀门。脱丁烷塔重沸器低压蒸汽暖管合格，蒸汽引至调节阀前。

(2)脱丁烷塔系统开工。确认反应气压缩机、丙烯压缩机运行正常。投用塔顶冷凝器循环冷却水，低压脱丙烷塔向脱丁烷塔进料。启动C4产品阻聚剂和脱丁烷塔阻聚剂注入泵，向系统内注入药剂。调节混合C4产品至界外流量控制阀控制脱丁烷塔回流罐液位。在脱丁烷塔回流罐液位达到80%后，启动脱丁烷塔回流泵。

在脱丁烷塔塔釜建立50%液位，调节再沸器低压蒸汽流量控制阀控制釜温逐渐达到94.8 ℃。调节脱丁烷塔塔顶压力控制器控制脱丁烷塔塔压力为0.371 MPa。联系投用塔釜产品中C4组分含量在线检测仪表及C4产品采出线在线检测仪表。

调节回流量控制脱丁烷塔塔顶温度在46 ℃。脱丁烷塔塔顶温度正常后，化验分析C4产品，合格后调节产品采出。

脱丁烷塔塔釜温度正常后，液位达到50%时启动塔釜产品采出泵，通过产品至界外流量控制阀控制塔釜采出量。

启动C4抗氧化剂泵和脱丁烷塔阻聚剂注入泵，向系统内注入药剂。

(三)脱丁烷塔系统参数控制

1. 操作要点

开工初期系统的负荷变化较大，要随时调整。通过调整回流及再沸量控制塔顶、塔底温度及灵敏板温度，确保产品质量合格。

在系统停止进料情况下，脱丁烷塔不宜做长时间的全回流操作，因为在脱丁烷塔全回流操作时，塔提馏段乙基乙炔和丁二烯浓度增高，当这些炔烃化合物的浓度过高时，有可能在塔中产生爆炸；另外不能有产品采出。

2. 正常操作条件下的工艺控制参数

脱丁烷塔系统正常操作条件下的工艺参数见表2-3-16。

表2-3-16 脱丁烷塔系统正常操作条件下的工艺参数

序号	控制对象	正常值	单位
1	脱丁烷塔塔顶压力	0.369±0.05	Pa
2	脱丁烷塔塔底压力	0.409±0.05	Pa
3	脱丁烷塔塔顶温度	46.8±2	℃
4	脱丁烷塔塔底温度	95±3	℃
5	脱丁烷塔塔底液位	50±10	%

3. 脱丁烷塔参数控制

(1)脱丁烷塔塔釜液位控制。保证脱丁烷塔塔釜正常液位，防止空塔或满塔，造成塔顶C5过多或塔底C4含量多。塔釜液位要求控制在50%左右。其塔釜液位控制回路图如图2-3-51所示。塔釜液位与再沸量大小、冷剂温度高低、进料温度高低有关，主要由脱丁烷塔液位控制器与$C5^{+}$至界区外流量控制器组成串级调节。

(2)脱丁烷塔回流罐液位控制。脱丁烷塔生产中需要维持一定回流罐液位，确保回流不中断，稳定塔顶温度、压力，C4产品连续采出。脱丁烷塔回流罐液位主要与回流量大小、混合C4产品至界区外流量大小、塔顶冷凝量大小、回流泵故障、塔釜温度高低等因素有关。其中，脱丁烷塔回流罐液位与混合C4产品至界区外流量控制回路如图2-3-52所示，由脱丁烷塔回流罐液位控制器混合C4产品至界区外流量控制器组成串级调节。

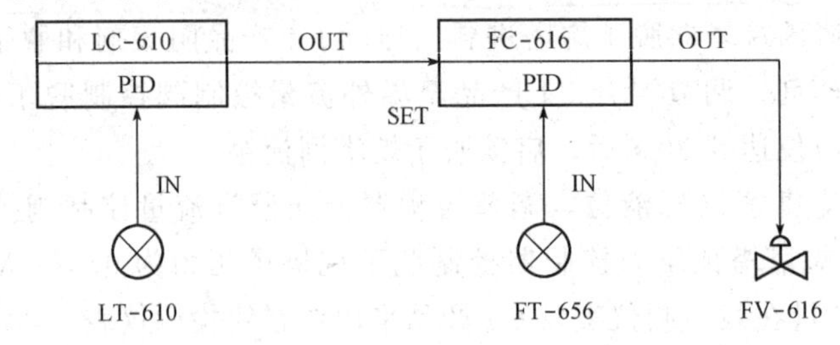

图 2-3-51　脱丁烷塔塔釜液位与至界区外流量控制器组成串级调节回路图

(3)脱丁烷塔塔顶压力控制。稳定的塔压能较好保证各组分在此压力下的液化温度和分离效果，如果塔压波动则会导致C4产品带重组分、汽油产品带轻组分。影响脱丁烷塔塔顶压力的主要因素为塔顶冷凝器的冷剂温度、冷剂罐的液位、进料负荷的大小、进料温度高低。生产中联系压缩岗位保证冷剂温度，从而控制塔顶压力。

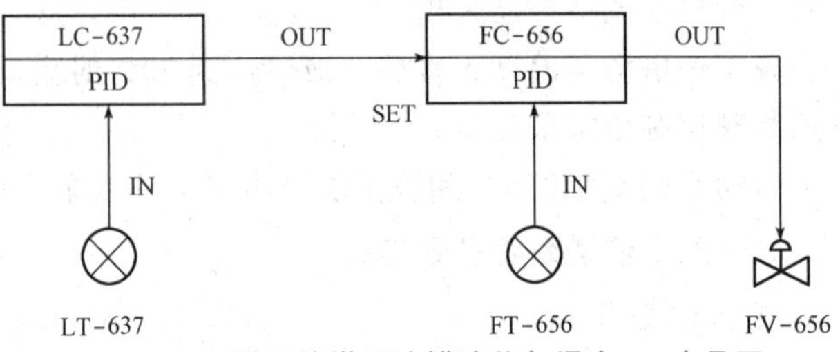

图 2-3-52　脱丁烷塔回流罐液位与混合C4产品至界区外流量控制器组成串级调节回路图

当脱丁烷塔塔顶压力过高时，则联锁启动。脱丁烷塔塔顶压力高高联锁见表2-3-17。

表 2-3-17　脱丁烷塔塔顶压力高高联锁

序号	联锁名称	联锁值	联锁动作
1	塔顶压力高高	0.446 MPa	关闭脱丁烷塔再沸器低压蒸汽进料阀门

当联锁解除时，在脱丁烷塔DCS控制图点点击“Z606复位”按钮后，按照联锁动作要求进行操作。

(四)脱丁烷系统停工

1. 停工前系统降负荷

随着反应气压缩机负荷的降低，相应降低低压脱丙烷塔至脱丁烷塔的进料负荷，降低脱丁烷塔塔釜、回流罐液位。调整控制脱丁烷塔塔顶温度为46 ℃，塔釜温度为94.8 ℃，塔压为0.371 MPa。

根据进料量适当降低脱丁烷塔回流量，减少再沸量，确保脱丁烷塔塔顶温度在46 ℃±2 ℃。减少再沸器脱丁烷塔重沸器加热量时，控制塔压，防止超压，并防止塔釜低温。

确认脱丁烷塔系统降低负荷，减少停工物料排放。

2. 脱丁烷系统停车

反应气压缩机停车后低压脱丙烷塔停止向脱丁烷塔进料，停废汽油进料。降低脱丁烷塔塔釜、回流罐液位，关闭脱丁烷塔进料流量控制阀及前后阀门，停止进料。停塔釜产品采出泵，关闭$C5^+$产品至界外流量控制阀及前后阀门，停止向界外送传$C5^+$产品。

停脱丁烷塔回流泵，关闭混合C4产品至界外流量控制阀及前后阀门，停止向界外送混合 C4 产品。

3. 脱丁烷塔系统排液

打开脱丁烷塔重沸器、塔釜、脱丁烷塔塔顶冷凝器、脱丁烷塔回流罐、脱丁烷塔回流泵、塔釜产品采出泵、脱丁烷塔塔底冷凝器排放线上阀门，将设备内残存液体排入火炬系统。

每个设备排液结束后，均应及时关闭排液阀门，防止系统压力泄得过低，影响系统内其他设备排液。

4. 脱丁烷塔系统排液结束后泄压

(1)打开脱丁烷塔塔顶压力控制器系统向火炬泄压。

(2)打开脱丁烷塔重沸器、塔釜、脱丁烷塔塔顶冷凝器、脱丁烷塔回流罐、脱丁烷塔回流泵、塔釜产品采出泵、脱丁烷塔塔底冷凝器排放线上阀门。

(3)脱丁烷塔系统压力泄至 0.1 MPa 过后，通知外操将系统所有放火炬阀门关闭，防止其他系统排火炬压力过高而倒窜回系统。

(4)确认脱丁烷塔系统泄压结束，关闭低低压脱过热蒸汽至脱丁烷塔重沸器流量控制阀，停止脱丁烷塔重沸器再沸。

5. 脱丁烷塔系统置换

(1)流程设定。关闭脱丁烷塔进料流量控制阀、$C5^+$ 产品至界外流量控制阀、混合 C4 产品至界外流量控制阀、脱丁烷塔回流罐至热火炬压力控制阀、脱丁烷塔回流罐回流控制阀、脱丁烷塔冷凝器压力控制阀、脱丁烷塔回流罐出料切断阀及旁路阀，打开前后阀门。

(2)氮气置换。

1)由脱丁烷塔塔底 UC 管线接临时氮气线向脱丁烷塔引入 N_2，将系统充压至 0.3 MPa。

2)打开脱丁烷塔回流罐至热火炬第二压力控制器系统向火炬系统泄压。

3)打开脱丁烷塔重沸器、塔釜、脱丁烷塔塔顶冷凝器、脱丁烷塔回流罐、脱丁烷塔回流泵、塔釜产品采出泵、脱丁烷塔塔底冷凝器排放线上阀门向火炬系统泄压。系统 N_2 泄压至 0.03 MPa，停止泄压。重复加减压 3 次。联系化验分析系统内各采样点，$N_2>98\%$ 为置换合格，各测爆点测爆合格。不合格重复置换，直至合格为止。

(五)脱丁烷塔再沸器切换(B 切 A)

1. 脱丁烷塔重沸器 A 预热

(1)将脱丁烷塔塔釜液位由 50%提升至 65%左右；打开脱丁烷塔重沸器 A 底部火炬排污阀，排尽残液，然后关闭阀门。

(2)打开脱丁烷塔重沸器 A 气相线放火炬旁路阀，在脱丁烷塔重沸器 A 底部火炬排污线导淋处接低压氮气，涨压式置换两次，泄压至无压力，关闭底部排污导淋和放火炬旁路阀。

(3)微开汽相出口阀充压至 0.3 MPa，关闭气相出口阀，打开安全阀旁路阀，涨压式置换 3 次，检测氮气含量≤2%，关闭安全阀旁路阀。

(4)微开汽相出口阀充压，压力平衡后全开汽相出口阀。打开 LLP 凝结水罐液位控制阀及前后切断阀；微开 LLP 进口切断阀；略开壳程上、下蒸汽导淋，排凝，预热；脱丁烷塔重沸器 A 汽相出口温度接近正常值时，预热结束；关闭壳程上、下蒸汽导淋，全开 LLP 进口切断阀。

2. 切换

(1)室外微开脱丁烷塔重沸器A液相进口阀，充液，并通知内操注意塔釜液面变化。脱丁烷塔塔釜液面稳定后，全开脱丁烷塔重沸器A液相进口阀。室内注意调整LLP加热量，控制灵敏板温度保持稳定。室内确认加热正常，再沸器加热蒸汽流量控制阀开度正常后，通知室外将B组切出。

(2)室外关闭脱丁烷塔重沸器B液相进口阀，关闭脱丁烷塔重沸器B的LLP进口阀、LLP凝结水罐液位控制阀上游阀，打开壳程导淋泄压。

(3)关闭脱丁烷塔重沸器B汽相出口阀，切换完成。打开B组底部排凝阀进行排液至HD系统。

(4)在脱丁烷塔重沸器B底部排凝线导淋处用临时软管接低压氮气，打开脱丁烷塔重沸器B气相线放火炬旁路阀，涨压式置换2次，氮气≥98%为合格，交付检修。

(六)脱丁烷塔常见异常情况及处理方法

脱丁烷塔常见异常情况及处理方法见表2-3-18。

表2-3-18　脱丁烷塔常见异常情况及处理方法

现象	原因	处理方法
塔釜液位上升	(1)回流量大； (2)采出量小； (3)再沸量小； (4)仪表故障	(1)减小回流量； (2)加大采出量； (3)加大再沸量； (4)切至手动，联系仪表商家处理
塔釜液位下降	(1)回流量小； (2)采出量大； (3)再沸量大； (4)仪表故障	(1)适当加大回流量； (2)减小采出量； (3)减小再沸量； (4)切至手动，联系仪表商家处理
回流罐液位上升	(1)回流量小； (2)FC605流量小； (3)塔顶冷凝器冷剂量大； (4)再沸温度高； (5)进料量大； (6)仪表故障	(1)提高回流量； (2)提高FC605流量； (3)减小塔顶冷凝器冷剂量； (4)降低塔釜温度； (5)降低负荷； (6)切至手动，联系仪表商家处理
回流罐液位下降	(1)回流量大； (2)FC605流量过大； (3)再沸温度低； (4)塔顶冷凝器冷剂量小； (5)仪表故障； (6)安全阀启跳	(1)适当减小回流量； (2)适当减小FC605流量； (3)提高塔釜温度； (4)适当提高塔顶冷凝器冷剂量； (5)切至手动，联系仪表商家处理； (6)检查确认安全阀
塔压上升	(1)灵敏板温度太高； (2)塔釜温度高； (3)轻组分多； (4)回流罐满； (5)回流量小； (6)负荷处理能力不够； (7)塔顶采出量小； (8)仪表故障	(1)调节灵敏板温度； (2)适当降低塔底温度； (3)提高T502釜温； (4)降低回流罐液位至正常； (5)提高回流量； (6)联系降低负荷； (7)加大采出量； (8)切至手动，联系仪表商家处理

续表

现象	原因	处理方法
塔压下降	(1)灵敏板温度太低； (2)塔釜温度低； (3)回流量大； (4)塔顶采出量大； (5)仪表故障	(1)提高灵敏板温度； (2)提高塔釜温度； (3)降低回流量； (4)减小塔顶采出量； (5)切至手动，联系仪表商家处理

能力训练

一、填空题

1. 冷箱系统的操作与调整需要把握________和________两个原则。

2. 乙烯装置生产的污水主要含________、含________和含硫的污水。

3. 氢烃比是影响________和________的一个关键性因素。

4. 内回流比可通过________来调节。

5. 精馏塔在操作过程中，气液平衡组成发生了变化，其表现在塔的________发生了紊乱，影响此操作最主要的是进料参数中的进料温度发生了改变。

6. 在PI图上调节阀处标FC表示：气源故障时阀门处于________位置，即________阀。

二、选择题

1. 加大回流比，塔顶轻组分组成将(　　)。

A. 不变　　B. 变小　　C. 变大　　D. 忽大忽小

2. 化工生产要认真填写操作记录，差错率要控制在(　　)。

A. 1%　　B. 2%　　C. 5‰　　D. 1.5‰

3. 聚合级乙烯产品中乙炔含量控制指标为(　　)ppm。

A. <1　　B. <2　　C. <5　　D. <10

4. 聚合级丙烯产品纯度为(　　)。

A. ≥99.9%　　B. ≥99.8%　　C. ≥99.6%　　D. ≥99.5%

5. 聚合级丙烯产品中乙烯含量控制值为(　　)ppm。

A. <2　　B. <5　　C. <8　　D. <10

6. 精馏塔的操作压力增大(　　)。

A. 气相量增加　　B. 液相和气相中易挥发组分的浓度增加

C. 塔的分离效果增加　　D. 处理能力减少

7. 精馏塔塔底产品纯度下降，可能是(　　)。

A. 提馏段板数不足　　B. 精馏段板数不足

C. 再沸器热量过多　　D. 塔釜温度升高

三、简答题

1. 在精馏过程中，如何进行压力调节？

2. 回流温度对塔操作有何影响？

3. 在精馏单元操作中，影响稳定塔的操作因素有哪些？

任务三　精馏系统生产异常现象判断与处理

任务描述

及时判断脱甲烷塔、脱乙烷塔、乙烯精馏塔、丙烯精馏塔、乙炔加氢反应器、脱丁烷塔系统生产异常现象并做出正确处理，防止事故发生。

知识储备

一、精馏系统停循环水事故处理

1. 事故现象

精馏中各系统需要冷却的控制点温度上升。

2. 事故原因

精馏系统停循环水。

3. 处理步骤

(1)关闭冷箱至燃料气管网现场手阀。

(2)停脱乙烷塔再沸器加热。

(3)停脱乙烷塔塔釜至 2 号丙烯精馏塔进料，防止丙烯精馏系统污染。

(4)加氢反应器乙炔转化器隔离，并泄压至 0.3 MPa 后通入冷氮气降温。

(5)乙炔加氢反应器进料加热器换热器停止加热。

(6)脱甲烷塔，脱乙烷塔塔底重沸器注意调整，以防止超温。

(7)停精馏系统内回流泵、塔釜泵、产品采出泵。

(8)停精馏系统药剂注入泵。

(9)乙烯精馏塔停止产品采出，停止塔釜乙烷采出。

(10)停 1 号丙烯精馏塔再沸器加热，停止塔釜丙烷采出。

(11)停 2 号丙烯精馏塔再沸器加热。

(12)关闭聚合级丙烯至界外流量控制阀，丙烯精馏塔停止产品采出。

(13)停脱丁烷塔再沸器加热。

(14)脱丁烷塔停止 C4 产品采出。

(15)关闭产品至界外流量控制阀，脱丁烷塔停止 C5 产品采出。

(16)工艺系统保液、保压，防止超温、超压。

二、精馏系统停蒸汽事故处理(1.0 MPa 和 0.5 MPa)

1. 事故现象

精馏系统中脱甲烷塔、脱乙烷塔、脱丁烷塔、乙烯精馏塔、丙烯精馏塔等塔设备温度持续下降，生产终停。

2. 事故原因

精馏系统停蒸汽。

3. 处理步骤

(1)及时查找原因尽快恢复蒸汽供应。

(2)关闭冷箱并燃料气总管现场手阀。

(3)停脱乙烷塔再沸器加热。

(4)停脱乙烷塔塔釜至 2 号丙烯精馏塔进料，防止丙烯精馏系统污染。

(5)加氢反应器乙炔转化器隔离，泄压至 0.3 MPa 后通入氮气降温。

(6)乙炔加氢反应器进料加热器换热器停止加热。

(7)停精馏系统内回流泵、塔釜泵、产品采出泵。

(8)停精馏系统药剂注入泵。

(9)乙烯精馏塔停止产品采出，停止塔釜乙烷采出。

(10)停 1 号丙烯精馏塔再沸器加热，停止塔釜丙烷采出。

(11)停 2 号丙烯精馏塔再沸器加热。

(12)关闭聚合级丙烯至界外流量控制阀，丙烯精馏塔停止产品采出。

(13)停脱丁烷塔再沸器加热。

(14)脱丁烷塔停止 C4 产品采出。

(15)关闭产品至界外流量控制阀，脱丁烷塔停止 C5 产品采出。

(16)工艺系统保液、保压，防止超温、超压。

三、罐区系统停蒸汽事故处理

1. 事故现象

罐区系统温度持续下降。

2. 事故原因

罐区系统停蒸汽。

3. 处理步骤

(1)关闭球罐产品进料阀，防止产品污染。

(2)产品外送泵根据下游装置情况进行调整。

四、精馏系统停进料事故处理

1. 事故现象

进料流量降低，并最终逐渐变为 0。

2. 事故原因

产品气停进料。

3. 处理步骤

(1)关闭冷箱并燃料气总管现场手阀。

(2)停脱乙烷塔再沸器加热。

(3)停脱乙烷塔塔釜至 2 号丙烯精馏塔进料，防止丙烯精馏系统污染。

(4)加氢反应器乙炔转化器隔离，泄压至 0.3 MPa 后通入氮气降温。

(5)乙炔加氢反应器进料加热器换热器停止加热。

(6)停精馏系统药剂注入泵。

(7)乙烯精馏塔停止产品采出，停止塔釜乙烷采出。

(8)丙烯塔投用蒸汽加热器，全回流操作。

(9)脱丁烷塔全回流操作。

(10)工艺系统保液、保压，防止超温、超压。

(11)关闭所有非用于全回流操作的电泵。

五、精馏系统停仪表风事故处理

1. 事故现象

精馏中脱甲烷系统、脱乙烷系统、乙烯精馏系统、丙烯精馏系统、脱丁烷系统等仪表风终停。

2. 事故原因

精馏系统停仪表风。

3. 处理步骤

(1)关闭冷箱并燃料气总管现场手阀。

(2)加氢反应器乙炔转化器 A/B 隔离，泄压至 0.3 MPa 后通入氮气降温。

(3)停精馏系统内回流泵、塔釜泵、产品采出泵。

(4)停精馏系统药剂注入泵。

(5)工艺系统保液、保压，防止超温、超压。

(6)停电事故处理。

六、10 V 停电事故处理

1. 事故现象

丙烯制冷压缩机和产品气压缩机机组正常运行、其他电信号输出终停。

2. 事故原因

10 V 停电事故。

3. 处理步骤

(1)丙烯精馏塔停止运行。

(2)停 1 号丙烯精馏塔再沸器加热，停止塔釜丙烷采出。

(3)停 2 号丙烯精馏塔再沸器加热。

(4)关闭聚合级丙烯至界外流量控制阀，丙烯精馏塔停止产品采出。

(5)脱乙烷塔塔釜停止向丙烯塔送料，改为火炬排放。

(6)罐区系统维持正常运行。

七、精馏系统 DCS 停电事故处理

1. 事故现象

DCS 失去电源后，控制室无法监控和操作，装置需要停车。

2. 事故原因

精馏系统 DCS 停电。

3. 处理步骤

(1)关闭冷箱并燃料气总管现场手阀。

(2)停脱乙烷塔再沸器加热。

(3)停脱乙烷塔塔釜至 2 号丙烯精馏塔进料，防止丙烯精馏系统污染。

(4)加氢反应器乙炔转化器隔离，泄压至 0.3 MPa 后通入氮气降温。

(5)乙炔加氢反应器进料加热器换热器停止加热。

(6)乙烯精馏塔停止产品采出，停止塔釜乙烷采出。

(7)停 1 号丙烯精馏塔再沸器加热，停止塔釜丙烷采出。

(8)停 2 号丙烯精馏塔再沸器加热。

(9)关闭聚合级丙烯至界外流量控制阀，丙烯精馏塔停止产品采出。

(10)停脱丁烷塔再沸器加热。

(11)脱丁烷塔停止 C4 产品采出。

(12)关闭产品至界外流量控制阀，脱丁烷塔停止 C5 产品采出。

(13)工艺系统保液、保压，防止超温、超压。

八、罐区系统 DCS 停电事故处理

1. 事故现象

DCS 失去电源后，控制室无法监控和操作，装置需要停车。

2. 事故原因

罐区系统 DCS 停电。

3. 处理步骤

(1)乙烯产品外送泵停运，关闭乙烯外送球罐根部阀门，切断产品外送流程。

(2)丁烯产品外送泵停运，关闭丁烯产品外送球罐根部阀门，切断产品外送流程。

(3)丙烯产品外送泵停运，关闭丙烯外送球罐根部阀门，切断产品外送流程。

(4)混合 C4 产品外送泵停运，关闭混合 C4 外送球罐根部阀门，切断产品外送。

(5)C5 以上产品外送泵停运，关闭罐 C5 产品外送球罐根部阀门，切断产品外送。

(6)异戊烷产品外送泵停运，关闭异戊烷外送球罐根部阀门，切断产品外送流程。

(7)己烯产品外送泵停运，关闭己烯外送球罐根部阀门，切断产品外送流程。

九、乙炔加氢反应器催化剂失活

1. 事故现象

乙炔加氢反应器 A 进出口温度相同，反应暂停。

2. 事故原因

乙炔加氢反应器 A 催化剂失活了。

3. 处理步骤

(1)打开乙炔加氢反应器(R601)乙炔气进口阀。

(2)打开乙炔加氢反应器乙炔气出口阀。

(3)关闭乙炔加氢反应器乙炔气进口阀。

(4)关闭乙炔加氢反应器乙炔气出口阀。

(5)工艺系统保液、保压，防止段间罐液位高，防止系统超压。
(6)丙烯冷剂用户切断丙烯冷剂。

十、工艺输送泵故障处理

1. 事故现象

工艺输送泵在运行过程中出口流量为0。

2. 事故原因

工艺输送泵故障。

3. 处理步骤

(1)持续运转的工艺输送泵都有备用泵，主泵故障停止运转时启用备用泵。
(2)确认故障泵电流表为零，否则手动关闭泵的开关。
(3)确认备用泵处于热备用状态，否则按照备用程序将其置于热备用状态。
(4)启动备用泵。
(5)联系主操调整泵出口流量。
(6)故障泵交付检修。

知识链接

紧急停车和故障

能力训练

一、填空题

1. 毒物进入人体的途径有三个，即________、________和________。
2. 氮气是无毒的，但处在充满高浓度氮气的容器或区域时，会造成________现象。
3. 当调节阀的噪声超过________时需使用低噪声阀。

二、选择题

1. 可能导致液泛的操作是(　　)。
   A. 液体流量过小　B. 气体流量太小　C. 过量液沫夹带　D. 严重漏夜
2. 下列操作中(　　)可引起冲塔。
   A. 塔顶回流量大　B. 塔釜蒸汽量大　C. 塔釜蒸汽量小　D. 进料温度低
3. 严重的雾沫夹带将导致(　　)。
   A. 塔压增大　B. 板效率下降　C. 液泛　D. 板效率提高
4. 在精馏操作中，其他条件不变，仅将进料量升高则塔液泛速度将(　　)。
   A. 减少　B. 不变　C. 增加　D. 以上答案都不正确

三、简答题

说明在精馏过程中，淹塔是怎样造成的？

项目四　丙烯制冷系统运行与控制

学习目标

知识目标

(1)了解制冷基础知识、丙烯制冷系统的任务和生产原理。

(2)了解丙烯制冷系统原料的主要物理化学性质、规格、用途及技术经济指标。

(3)熟悉丙烯制冷系统的工艺流程、工艺指标。

(4)了解丙烯制冷系统的机械设备、管道、阀门的位置，以及它们的构造、材质、性能、工作原理、操作维护和防腐知识。

(5)了解丙烯制冷系统控制点的位置、操作指标的控制范围及其作用、意义和相互关系。

(6)了解丙烯制冷系统正常操作要点、系统开停车程序和注意事项。

(7)了解丙烯制冷系统的不正常现象和常见事故产生的原因及预防处理知识。

(8)了解丙烯制冷系统各种仪表的一般构造、性能、使用及维护知识。

(9)了解丙烯制冷系统防火、防爆、防毒知识，熟悉安全技术规程，掌握有关的产品气质量标准及环境保护方面的知识。

能力目标

(1)认识丙烯制冷系统工艺流程图，能够识读仪表联锁图和工艺技术文件，能够熟练画出丙烯制冷系统 PFD 图和 PID 图，能够在现场熟练指出各种物料走向并指出工艺控制点位置。

(2)熟悉丙烯制冷系统关键设备，并能够进行丙烯制冷压缩机等设备的操作、控制及必要的维护与保养。

(3)能够进行丙烯制冷系统的开停车操作，并能与上下游岗位进行协调沟通。

(4)能够熟练操作丙烯制冷系统 DCS 控制系统进行工艺参数的调节与优化，确保产品气质量。

(5)能够根据生产过程中异常现象进行故障判断并进行一般处理。

(6)能够辨识丙烯制冷系统危险因素，查找岗位上存在的隐患并进行处理，能够根据岗位特点做到安全、环保、经济和清洁生产。

素质目标

(1)建立学生的工程技术观念，培养其分析问题、处理问题的能力。

(2)培养学生合作学习、团结协助的精神。

(3)培养学生的节能、环保、创新意识和创新精神。

任务一　丙烯制冷系统生产工艺的认识

任务描述

认识制冷原理，识读丙烯制冷生产工艺流程并进行绘制。

微课：丙烯制冷压缩机制冷方法

知识储备

一、认识制冷原理

制冷是利用冷剂的压缩、冷凝和膨胀得到冷剂液体，在不同压力下蒸发，则获得不同温度级的冷冻过程。

(一)制冷原理

制冷是指从物体或流体中取出热量，并将热量排放到环境介质中，以产生低于环境温度的过程。由于低温范围不同，所使用的工质、机器设备、采取的制冷方式及其所依据的具体原理有很大差别。

(二)制冷的分类及制冷方法

按照制冷所能达到的温度范围，可以做以下区分：120 K 以上为普通制冷；20～120 K 为深度制冷；0.3～20 K 为低温制冷；0.3 K 以下为超低温制冷。也可以将 120 K 以下的制冷系统称为低温制冷。

常见的制冷方法有液体汽化制冷、气体膨胀制冷、涡流管制冷系统和热电制冷等。其中，应用最为广泛的制冷方法为液体汽化制冷，它是利用液体汽化时的吸热效应来实现制冷目的的，吸收式、蒸汽喷射式、蒸汽压缩式和吸附式制冷都属于液体汽化制冷。

当密闭容器内的液体汽化形成蒸汽与液体达到气液平衡时，液体称为饱和液体，气体称为饱和蒸汽。此时饱和蒸汽的压力随温度的升高而升高。液体汽化时，需要吸收热量(汽化潜热)，这部分热量来自冷却对象(环境)，使冷却对象(环境)变冷，或者使被冷却对象维持在低于环境温度的某一低温区。这样，就必须不断地从容器中抽出蒸汽，再不断地将液体补充进去。通过一定的方法将蒸汽抽出，并使它凝结成液体后再补回到容器中，就能满足这一要求。此时只有比蒸汽温度还要低的冷却介质才能使容器中抽出的蒸汽直接凝结成液体。如果希望蒸汽的冷凝过程在常温下实现，就需要将蒸汽中的压力提高到常温下的饱和压力。这样，制冷工质将在低温、低压下蒸发，产生制冷效应，并在常温、高压下冷凝，向环境或冷却介质放出热量。因此，汽化制冷循环由蒸发、压缩、冷凝和膨胀4个过程组成。

(三)制冷压缩机

制冷压缩机在系统中的作用是抽吸来自蒸汽发生器的制冷剂蒸汽，通过提高其温度和压力使其变成高压过热蒸汽后排至冷凝器。在冷凝器中，高压制冷剂的过热蒸汽在冷凝温度下冷凝放热，然后通过节流元件降压，降压后的气液混合物流向蒸发器，制冷剂液体在蒸发温度下吸热沸腾，液相制冷剂变为蒸汽后进入压缩机，从而实现制冷系统中制冷剂的不断循环流动，制冷压缩机由压缩机、冷凝器、节流机构和蒸发器组成。在压缩式制冷系统中，各类型的制冷压缩机是决定装置能力大小的关键设备，对装置运行性能、操作弹性和使用寿命等有着直接影响。

单级压缩制冷循环过程由压缩、冷凝、膨胀和蒸发组成。压缩是外界对系统做功，提高制冷介质压力的过程；冷凝是制冷介质由气相冷却、冷凝转变为液态，将热量转移给冷却水或其他冷剂的过程；膨胀是高压液态制冷介质在节流阀中降压，由于压力降低，相应的沸点就降低；蒸发是制冷介质由液态蒸发为气态，从而吸收冷量用户的热量，达到制冷目的。

（四）MTO原料气深冷

MTO原料气的分离可采用深冷分离法。深冷分离过程除原料气的压缩需要能量外，还需要制冷剂。因为被冷物料是低温的，冷却水做冷凝冷却介质已不能满足要求。因此，需要用冷冻过程获得制冷用冷剂。冷冻过程在深冷分离装置中能耗占有重要地位，所占比重较大。以产品气压缩机、乙烯压缩机和丙烯压缩机三机所需功率来看，乙烯和丙烯压缩机占三机总功率的50%左右，而在冷量消耗中以脱甲烷塔和乙烯塔所占的比例较大。关于深冷分离冷量消耗分配：脱甲烷塔进料预冷32%、脱甲烷塔10%、脱乙烷塔9%、乙烯塔44%、脱丙烷塔5%。

制冷系统对整个乙烯装置的能耗有重大影响，因此，对制冷系统冷量的合理分配及利用显得极为重要。

在制冷过程中，当所需要的冷凝温度和蒸发温度之差较大，需要高的压缩比时，或者工艺要求不同级别的低温时，则采用多级压缩。经冷却和冷凝，凝液在不同压力下闪蒸，其不同温度的液相，作为不同级别的冷剂；其不同温度的闪蒸蒸汽，作为不同级位的热剂，供相应温度级位的热量用户使用(如精馏塔再沸器)。制冷工质作为热剂，实际上是回收制冷系统。

1. 多级制冷循环

段间冷却制冷循环：压缩机分成多段，段间用水冷却，这样可以接近等温压缩操作，比单段省功。而且，被压缩气体出口温度也可降低。例如，某中小型深冷分离装置用活塞式压缩机对工质乙烯进行四段压缩。

2. 复迭制冷循环

大体来说，中小型装置有采用氨气与乙烯构成复迭制冷循环的。较大型装置则大多采用乙烯与丙烯复迭制冷。

3. 蒸汽压缩制冷循环的节能措施

考虑多级制冷循环中压缩机各段间设有闪蒸分离罐，都会引出蒸汽和分出液体。而且各段的温度不同，自然地形成了许多冷级，如利用这些冷级，可以采取下列措施，使能量合理利用：

(1)作不同级位热剂。尽可能使各段撤出的不同温度的蒸汽作不同级位的热剂，供工艺中相应温度级位的热量用户(如精馏塔的再沸器等)之需。

(2)组织热交换。尽可能组织热交换，将作冷剂的液态工质进行过冷，然后节流。这样可降低节流后的汽化率，提高制冷能力。

(3)作不同级位冷剂。尽可能使各段分出的不同温度的液态工质作不同级位的冷剂，供工艺中相应温度级位的冷量用户(如进脱甲烷塔的裂解气)之需。在制冷能力相同的条件下，与只引出一个级位的冷剂相比，这样做降低了传热过程冷剂与工艺流体的温差。提高了换热器的有效能效率，降低了压缩机的功耗和冷凝器负荷。

(4)合理安排中间级位冷剂。确定制冷循环制冷级位的数目以后，还需要合理选择中间级位冷剂的温度和不同级位的制冷能力，使冷剂的蒸发曲线与工艺流体的冷却曲线相适应，从而使压缩功耗最小。

二、认识丙烯制冷生产工艺

丙烯制冷压缩机系统可以为低温分离过程提供－40 ℃、－24 ℃、7 ℃的换热介质。不同温度等级的冷剂是通过在不同压力下丙烯汽化而获得的。汽化后的全部气相丙烯最终被压缩到1.627 MPa，并通过丙烯冷剂冷凝器用冷却水冷凝到40 ℃。冷凝后的液相丙烯冷剂进入丙烯冷剂收集罐。丙烯冷剂在2号乙烯产品汽化器中过冷。当MTO反应器的产品气中乙烯/丙烯的值较小时，丙烯冷剂也可以通过为尾气换热器提供热量而被冷却。当乙烯/丙烯的值较大时，丙烯冷剂也可以通过为脱甲烷塔再沸器提供热量而被冷却。

丙烯制冷系统工艺流程如图2-4-1所示。

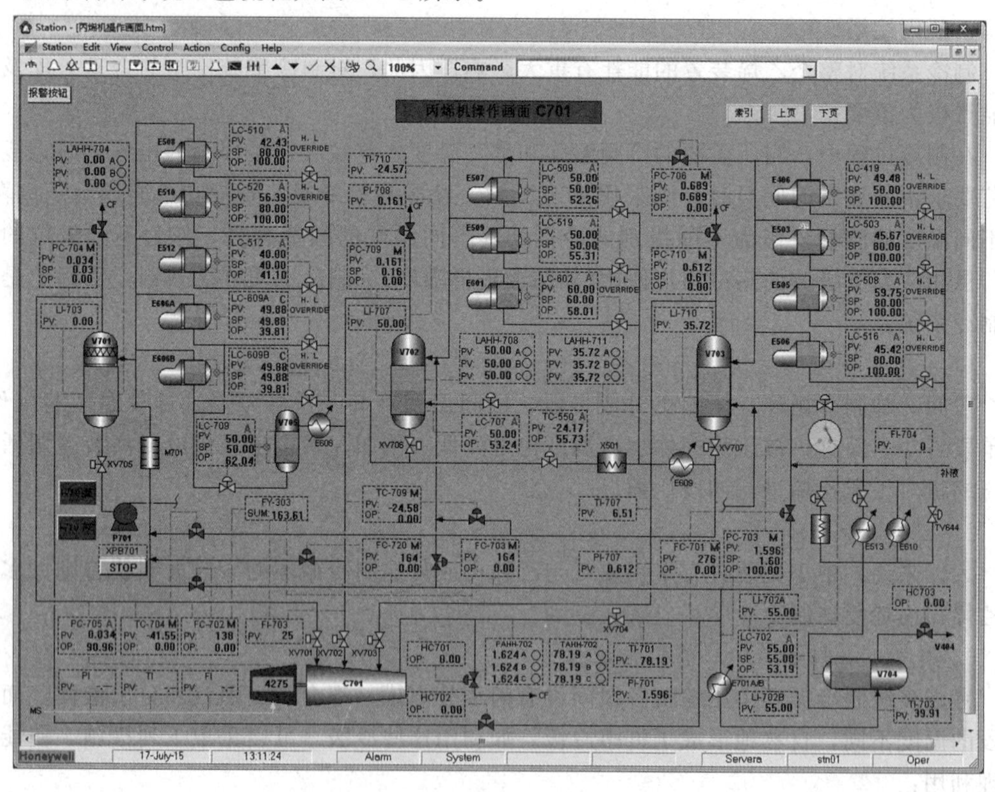

图2-4-1 丙烯制冷系统工艺流程图

丙烯冷剂分成两股物流。一股是用于三段用户的液相物流：干燥器2号进料急冷器、高压脱丙烷塔冷凝器、低压脱丙烷塔冷凝器、脱甲烷塔1号进料急冷器。三段用户所产生的气相物流则在三段至二段进口压力控制阀控制下和－24 ℃丙烯剂一起进入丙烯制冷压缩机二段吸入罐。另一股物流在丙烯压缩机三段出口压力控制阀的控制下与三返三，三段最小回流阀及丙烯冷剂排液泵打回的丙烯剂一同进入丙烯制冷压缩机三段吸入罐。来自三段用户的气相丙烯进入丙烯制冷压缩机三段吸入罐。三段吸入罐的气相丙烯然后进入丙烯制冷压缩机的三段吸入口。

来自丙烯制冷压缩机三段吸入罐的 7 ℃的液相丙烯经 1 号乙烯产品汽化器过冷。过冷后的液相丙烯分成三路：－24 ℃级用户的冷剂；脱甲烷塔 2 号进料急冷器，冲洗丙烷急冷器，脱乙烷塔冷凝器；用作控制丙烯制冷压缩机二段吸入罐液位控制阀的液相丙烯；在温度控制下经冷箱过冷的液相丙烯与来自丙烯制冷压缩机二段吸入罐的液相物流汇合。

未经 1 号乙烯产品汽化器的液相丙烯，分为两股：一股以汽化线分别给丙烯制冷压缩机二段吸入罐和丙烯制冷压缩机一段吸入罐降温，控制阀分别为二段最小流量急冷线温度控制阀、一段急冷线温度控制阀；另一股进入丙烯冷剂排液泵入口。

来自二段用户的气相丙烯(三返二，二段最小回流阀及二段最小流量急冷线温度控制阀)进入丙烯制冷压缩机二段吸入罐。二段吸入罐的部分气相丙烯进入乙烯精馏塔侧线再沸器并被全部冷凝，冷凝后进入乙烯精馏塔侧线再沸器丙烯中间罐液位，在乙烯精馏塔侧线再沸器丙烯中间罐液位控制阀控制下的丙烯冷剂进入乙烯精馏塔塔顶冷凝器。其余的气相丙烯分别进入丙烯制冷压缩机二段吸入口和在防阻塞流量控制阀控制下进入丙烯制冷压缩机一段吸入罐(保证一段吸入罐足够的吸入量)。

来自丙烯制冷压缩机二段吸入罐的液相丙烯与经冷箱过冷后的液相丙烯混合后，用于一段－40 ℃级的用户：脱甲烷塔 3 号进料急冷器、脱甲烷塔塔顶冷凝器、脱甲烷塔中间冷却器、乙烯精馏塔冷凝器。

来自一段用户的气相丙烯进入丙烯制冷压缩机一段吸入罐。一段吸入罐中收集的液相丙烯被来自丙烯制冷压缩机三段排出的气相丙烯一段罐紧急气化线手动控制阀间断汽化，三段排出的气相丙烯经手动控制进入设置在一段吸入罐中的喷头。一段吸入罐的气相丙烯进入压缩机的一段吸入口。系统设有一个丙烯冷剂排液泵，可以将任何一个吸入罐中的液相丙烯送到丙烯制冷压缩机三段吸入罐或烯烃罐区。

－40 ℃级的丙烯冷剂为 3 号脱甲烷塔进料急冷器、脱甲烷塔冷凝器、脱甲烷塔中间冷却器和乙烯精馏塔塔顶冷凝器提供冷量。这些换热器接收来自丙烯制冷压缩机二段吸入罐的液相丙烯。

来自压缩机二段吸入罐的过冷丙烯冷剂在脱甲烷塔进料温控器的控制下进入 3 号脱甲烷塔进料急冷器。当 3 号脱甲烷塔进料急冷器的冷剂侧液位高液位时，通过脱甲烷塔 3 号进料急冷器液控器超驰控制进入急冷器的丙烯冷剂的量，防止过量的丙烯液体进入丙烯制冷压缩机一段吸入罐。

进入脱甲烷塔中间冷却器的丙烯冷剂的量受脱甲烷塔中间冷却器丙烯冷剂侧液位的脱甲烷塔中间冷却器液控器的控制。

进入脱甲烷塔冷凝器的丙烯冷剂的量通过脱甲烷塔冷凝器的冷剂侧液位控制。

进入乙烯精馏塔冷凝器的丙烯冷剂有两个来源：丙烯制冷压缩机二段吸入罐液相和丙烯制冷压缩机二段吸入罐气相。气相经过乙烯精馏塔侧线再沸器后进入乙烯精馏塔侧线再沸器丙烯中间罐的液相。来自乙烯精馏塔侧线再沸器丙烯中间罐的液相丙烯冷剂受 160－LC-2409 控制。来自丙烯制冷压缩机二段吸入罐的丙烯冷剂量通过乙烯精馏塔塔顶冷凝器丙烯冷剂侧液位的控制，塔顶冷凝器丙烯冷剂侧液位受乙烯精馏塔的塔压乙烯精馏塔塔顶压控器串级控制。当乙烯精馏塔塔顶冷凝器丙烯冷剂侧高液位时，通过乙烯精馏塔塔顶冷凝器液位控制阀超驰控制乙烯精馏塔侧线再沸流量控制阀调节乙烯精馏塔侧线再沸器工艺侧 C2 组分的量，通过减少来自乙烯精馏塔侧线再沸器的丙烯冷剂中间罐的丙烯冷剂的量，来防止过量的丙烯冷剂液体进入丙烯制冷压缩机一段吸入罐。

丙烯制冷压缩机一段吸入罐的压力通过设于一段吸入罐的压力调节器调节透平的转速来控制。

压缩机一段吸入罐中正常没有液位。一段吸入罐设有高液位报警和高高液位报警压缩机透平自动停车联锁系统。如果罐里出现液位，可以打开控制压缩机三段出口气相丙烯去往一段吸入罐里的喷头的控制阀三段排出至一段吸入手动阀，使高温的丙烯气相进入压缩机一段吸入罐，将一段吸入罐里的丙烯液体汽化。或者可以通过启动丙烯冷剂排液泵将罐里的液相丙烯输送到压缩机三段吸入罐或烯烃罐区。

−24 ℃级丙烯冷剂：来自压缩机三段吸入罐的过冷液相丙烯冷剂进入 1 号乙烯产品汽化器，回收乙烯产品中的冷量，然后分为三路。一路用作−24 ℃的丙烯冷剂用于脱甲烷塔 2 号进料急冷器、冲洗丙烷急冷器、脱乙烷塔冷凝器；一路去往冷箱回收冷量，然后与来自丙烯制冷压缩机二段吸入罐的液相物流汇合；还有一路用作控制丙烯制冷压缩机二段吸入罐液位的液相丙烯。

进入脱乙烷塔冷凝器的冷剂的流量由脱乙烷塔回流罐液位脱乙烷塔回流罐液控器控制，当乙烷塔冷凝器冷剂侧高液位时，通过脱乙烷塔冷凝器液控器超驰控制脱乙烷塔回流罐液位控制阀，防止过量的丙烯液体进入丙烯制冷压缩机二段吸入罐。

进入脱甲烷塔 2 号进料急冷器的丙烯冷剂量通过急冷器的丙烯冷剂侧的液位脱甲烷塔 2 号进料急冷器液控器来控制。

进入冲洗丙烷急冷器的冷剂量通过换热器冷剂侧的液位丙烷急冷器液控器来控制。

进入冷箱的液相丙烯冷剂的量通过换热器出口温度 7 ℃丙烯冷剂温控器来控制。

来自以上二段用户的气相丙烯进入丙烯制冷压缩机二段吸入罐。

丙烯制冷压缩机二段吸入罐中的部分气相为乙烯精馏塔侧线再沸器提供热量并被全部冷凝，进入乙烯精馏塔侧线再沸器丙烯中间罐，在 160−LC-2409(160−V−2409 液控器)控制下，进入乙烯精馏塔塔顶冷凝器。其余的气相丙烯进入丙烯制冷压缩机二段吸入口。

二段吸入罐接收的来自三段吸入罐的丙烯液体经过 1 号乙烯产品汽化器过冷，在丙烯制冷压缩机二段吸入罐液控器控制下进入二段吸入罐。二段吸入罐收集的丙烯液体进入工艺用户闪蒸后，为用户提供−40 ℃级的冷剂。二段吸入罐设有高液位报警和高高液位压缩机停车联锁系统。二段不设压力控制，但是二段的压力会随着压缩机一段压力、压缩机转数和流量的变化而变化。

7 ℃的丙烯冷剂用户是 2 号干燥器进料急冷器、高压脱丙烷塔冷凝器、低压脱丙烷塔冷凝器、1 号脱甲烷塔进料急冷器和丙烯产品冷凝器。来自丙烯冷剂中间罐中的冷剂在经过 2 号乙烯产品汽化器过冷之后进入这些换热器并被冷凝，2 号乙烯产品汽化器设计有跨线，在跨线上调节乙烯产品汽化器和乙烯温度控制阀，通过 2 号乙烯产品汽化器旁路温度控制阀调节进入 2 号乙烯产品汽化器的丙烯流量使乙烯产品的温度稳定。

当 MTO 反应器的产品气中乙烯/丙烯的值较小时，丙烯冷剂为冷箱提供热量，同时自身被过冷，通过丙烷出冷箱温控器控制丙烯冷剂的流量。当 MTO 反应器的产品气中乙烯/丙烯的值较大时，丙烯冷剂为脱甲烷塔再沸器提供热量，同时自身被过冷，通过去脱甲烷塔再沸器的丙烯冷剂流控器控制丙烯冷剂的流量。进入 2 号干燥器进料急冷器的冷剂的量由工艺侧物流的温度三段排出罐进料温控器进行控制，当 2 号干燥器进料急冷器冷剂侧液位高时，通过冷剂侧液位干燥器 2 号进料激冷器液控器超驰控制。

注意：当 MTO 反应器产生的产品气中乙烯/丙烯的值较大时，有必要将提供给高压脱丙烷塔塔顶冷凝器的冷剂的温度控制在 7 ℃以下，方法是将高压脱丙烷塔冷凝器的丙烯冷剂在高压脱丙烷塔塔顶冷凝器丙烯出料压控器控制下改 V0 进丙烯制冷压缩机二段吸入罐，同时，将高压脱丙烷塔塔顶冷凝器的丙烯冷剂去三级吸入罐的手阀关闭，从而得到相应温度的丙烯冷剂。随着二段吸入罐的冷剂量增加，压缩机一段的压力也应该相应降低到 0.015 6 MPa，这样做能够控制二段的压力并防止二段丙烯冷剂(－24 ℃)的温度过高。

压缩机三段吸入罐设有液位警报和高液位停车联锁系统。三段吸入罐不设液位控制，该吸入罐的液位是直接通过压缩机排出压力调节器控制来自丙烯冷剂中间罐的过冷液体的量而得到控制的。如果三段吸入罐的液位低了，补充的丙烯可以通过开工线引入罐中。来自压缩机三段吸入罐的丙烯液体通过 1 号乙烯产品汽化器进行过冷。过冷后的丙烯液体进入二段冷剂冷户，并在丙烯制冷压缩机二段吸入罐液控器控制下进入压缩机二段吸入罐。

三段吸入罐不设压力控制，但能够通过压缩机的排出压力、压缩机转速和流量得到控制。压缩机三段吸入罐的气相丙烯进入压缩机三段进行压缩后，然后经过丙烯制冷剂冷凝器进行冷凝。丙烯在冷凝器的壳层中冷凝后被收集在丙烯冷剂中间罐中。丙烯冷剂中间罐中的液相丙烯经乙烯产品汽化器过冷，当 MTO 反应器产生的产品气中乙烯/丙烯的值不同时，丙烯冷剂可以分别通过冷箱和脱甲烷塔辅助再沸器进行工艺物料的冷量回收。混合后的液相丙烯被分成两股，一股为 7 ℃的丙烯用户提供冷剂，剩余的丙烯在丙烯制冷压缩机三段压控器控制下进入三段吸入罐。三段排出压力调节器通过调整离开丙烯冷剂中间罐的丙烯液体的流量来控制压缩机的排出压力。丙烯冷剂中间罐设有一个低液位超驰控制器，当丙烯冷剂中间罐液位低时，进入三段吸入罐的液相丙烯的量受丙烯冷剂中间罐液控器低液位超驰控制，防止气相串入压缩机三段吸入罐。

丙烯制冷压缩机设有以下防喘振保护措施：通过检测一段吸入的流量，通过 FC-702 控制从压缩机三段排出返回到一段吸入罐的最小返回气相量。这股防喘振回路返回的物流是气相的，必须利用丙烯液体进行激冷，以满足压缩机的机械要求(注：温度控制太低也会导致液体丙烯进入压缩机一段吸入罐)。激冷用液体丙烯来自压缩机三段吸入罐(160V703)。利用温度控制器(TC-704)，通过检测压缩机一段吸入的温度来调节压缩机一段的激冷。

激冷液注入热的压缩机排出气相管线中，压缩机跳车的时候，激冷液将会自动被切断，防止液相丙烯进入低压罐中。

压缩机一段吸入的流量(FC-702)与二段吸入的流量 FI－703 和 FC-703，控制二段吸入罐的防喘振回路。类似于一段防喘振回路，二段吸入罐的激冷液来自三段吸入罐，利用温度控制器(FC-709)，通过检测压缩机二段吸入的温度来调节压缩机二段的激冷。当压缩机跳车的时候，激冷液将会自动被切断，防止罐液位过高。

为防止压缩机二段流量过大，通过测量一段和二段的流量之差，一个流量控制器(FC-720)可以控制二段吸入罐的气相丙烯通过旁路阀(STONEWALL)进入一段吸入罐。

这股气相物料对一段来说温度过高，所以要同一段的防喘振气相一样进行激冷。

通过测量压缩机三段排出进入丙烯冷剂冷凝器(160V704)的气相丙烯的流量，通过FC-701控制进入压缩机三段吸入罐的最小返回量。

能力训练

一、选择题

1. 下列压缩过程耗功最大的是(　　)。

A. 等温压缩　　B. 绝热压缩

C. 多变压缩　　D. 以上都不是

2. 为了提高制冷系统的经济性，发挥较大的效益，工业上单级压缩循环压缩比不超过(　　)。

A. 12　　B. 6～8　　C. 4　　D. 8～10

3. 离心压缩机联轴器的选用，由于在高速转动时，要求能补偿两轴的偏移，又不会产生附加荷载，一般选用联轴器是(　　)。

A. 凸缘式联轴器　　B. 齿轮联轴器

C. 十字滑块联轴器　　D. 万向联轴器

4. 容易发生喘振的制冷压缩机是(　　)。

A. 活塞式　　B. 离心式　　C. 螺杆式　　D. 滑片式

二、判断题

1. 离心式压缩机不属于容积型压缩机。(　　)

2. 对于一台透平驱动的压缩机机组来说，临界转速只有一个。(　　)

3. 在各丙烯换热器中，丙烯都是起制冷作用的。(　　)

三、简答题

什么是迷宫式密封，其作用是什么？

任务二　丙烯制冷系统操作与控制

任务描述

进行丙烯制冷压缩机制冷操作；进行丙烯制冷压缩机联锁控制。

知识储备

一、丙烯制冷压缩机制冷

丙烯制冷压缩机投用前先进行开车前检查，主要检查内容为消防设备齐全，且具备使用条件；系统气密、干燥合格；照明系统具备使用条件；通信系统具备使用条件；试压系统无泄漏，各设备设施无损坏；仪表、联锁系统调试完毕；系统已干燥合格、氮气置换完毕。

(一)干气密封投用

1. 投用隔离气

打开隔离气管路截止阀，此时压力表应指示氮气压力为规定压力，压力变送器指示减压后的压力符合要求。

注意：在正常运行中不可中断后置隔离气，压缩机停车后，后置隔离气必须在润滑油停止供给后停止。

打开隔离气自力调节阀前后阀门，关闭旁路阀。全开低压端隔离气流量计前阀门，调节流量计后阀门，使隔离气流量维持在规定流量。全开高压端隔离气流量计前阀门，调节流量计后阀门，使隔离气流量维持在规定的流量。

2. 投用主密封气

丙烯制冷压缩机进气前引入 N_2 作为密封气，投用自立调节阀。全开低压端主密封气流量计前阀门，调节流量计后阀门使密封气流量维持规定流量。全开高压端主密封气流量计前阀门，调节流量计后阀门使密封气流量维持规定流量。

3. 投用火炬线

投用一级密封气后，投用火炬线；投用二级密封气，调节密封气流量。在机组运行正常后，密封气流量维持在规定流量。

注意：压缩机必须带压启动，机内压力必须高于火炬线压力，否则一级密封上游可能形成负压差，启动后会损坏密封。一级密封进气流量计上下游阀门在开机前必须保证100%打开，在机组运行的过程中禁止调节阀门开度，保证一级密封气与火炬线和平衡管的压差值准确。机组出口压力高于低压氮气压力或机组进出口压差高于0.2 MPa后，将密封气气源切换为机组出口气。全开高、低压端火炬排放流量计前后阀门，排放压力约0.035 MPa为正常。将隔离气、缓冲气入口的阀门打开，隔离气、缓冲气进入监控系统，调节缓冲气流量，使之保持在规定流量，隔离气压力为0.02 MPa。

4. 机组正式启动前干气密封的投用(盘车之前)

外引密封气入口阀门打开，密封气进入监控系统。将两个粗滤器中的一个打开，另一个处于备用状态。将两个精过滤器中的一个打开，另一个处于备用状态。将压缩机充压至规定压力，同时调节主密封气流量，使之保持在规定流量。

干气密封静态时的一次泄漏压力小于低报警值0.01 MPa，如果该值过大(超过高报警值低压缸0.304 MPa)，表明干气密封安装或密封本身有问题，密封需要拆卸检查或重新安装。压缩机干气密封启动压力为0.5 MPa。

(二)油路系统投用

1. 流程设定

观察油泵出口压力表指示，压力是否稳定。泵出口压力稳定后，将油压调节阀设定为自动，压力设定为规定值。调节阀自动关闭后，缓慢打开调节阀前手阀。

泵出口压力稳定后，缓慢关闭压力调节阀跨线，并密切观察泵出口压力表变化，当压力达到规定值时停止跨线阀的动作。观察压力变化。将压力调节阀设定为规定值，观察压力调节阀是否动作(此过程中压力调节阀将根据压力变化进行调节)。继续缓慢关闭压力调节阀跨线(此过程中密切观察泵出口压力变化)，直到调节阀跨线关闭为止。油冷器循环水一侧投用，将油冷器三通阀转向投水一侧，打开油冷器入口阀，缓慢打开返油箱阀，油试镜见油后关闭返油箱阀，缓慢打开出口阀。将油过滤器三通阀转向一侧，缓慢打开过滤器入口手阀，打开油过滤器顶部排气阀，油试镜见油后关闭排气阀，油过滤器投用。检查油系统管线、导淋、油冷器、油过滤器、法兰是否泄漏。

2. 系统供油

缓慢打开润滑油调节阀手阀，并检查管线、导淋、法兰是否有泄漏。

打开润滑油调节阀前手阀，手动打开丙烯制冷压缩机系统润滑油压力调节阀，将压力调整为规定值，将调节阀投自动。缓慢关闭润滑油调节阀。缓慢手动打开控制油进调速系统阀，将压力调整为规定值。供油结束后，由各回油视镜观察润滑油流动情况。开润滑油高位油槽供油阀向油箱注油，回油视镜见油后，关闭阀门。再次检查管线、油冷器、过滤器、法兰是否有泄漏。

3. 蓄能器投用

(1)蓄能器的定义。蓄能器是液压气动系统中的一种能量储蓄装置。它在适当的时机将系统中的能量转变为压缩能或位能储存起来，当系统需要时，又将压缩能或位能转变为液压或气压等能而释放出来，重新补供给系统。当系统瞬间压力增大时，它可以吸收这部分的能量，以保证整个系统压力正常。

(2)蓄能器的种类。蓄能器主要分为弹簧式和充气式。

(3)蓄能器的功能。蓄能器的功能主要分为存储能量、吸收液压冲击、消除脉动和回收能量四大类。

1)存储能量。存储能量在实际使用中又可细分为作辅助动力源，减小装机容量；补偿泄漏；作热膨胀补偿；作紧急动力源；构成恒压油源。

2)吸收液压冲击。换向阀突然换向、执行元件运动的突然停止都会在液压系统中产生压力冲击，使系统压力在短时间内快速升高，造成仪表、元件和密封装置的损坏，并产生振动和噪声。为保证吸收效果，蓄能器应设置在冲击点附近，所以，蓄能器一般装设在控制阀或液压缸等冲击源之前，可以很好地吸收和缓冲液压冲击。

3)消除脉动、降低噪声。对于采用柱塞泵且其柱塞数较少的液压系统，泵流量周期变化使系统产生振动。装设蓄能器可以大量吸收脉动压力和流量中的能量，在流量脉动的一个周期内，瞬时流量高于平均流量的部分油液被蓄能器吸收，低于平均流量部分由蓄能器补充，这就吸收了脉动中的能量，降低了脉动，减小了对敏感仪器和设备的损坏程度。

4)回收能量。用蓄能器回收能量是目前研究较多的一个领域。能量回收可以提高能量利用率，是节能的一个重要途径。

(4)蓄能器投用。确定各蓄能器已充 N_2，充氮压力满足设计要求。缓慢打开供油阀，观察压力表的压力指示，待压力稳定以后，全开供油阀。检查蓄能器是否有泄漏。

(三)建立冷凝液循环

联系调度，分别打开集液箱、热井脱盐水补水阀进行补水，补水至 100 mm。打开各自冷凝液泵进口阀进行灌泵，将两个液位分程调节阀置手动位置。微开冷凝液送出阀，全开冷凝液回流阀，开启冷凝液泵，缓慢打开冷凝液泵的出口阀，使冷凝液打循环。根据液位变化情况调整冷凝液外送阀阀位开度，待各自液位稳定后，将液位分程调节阀打到自动位置维持循环。

（四）系统氮气置换

1. 准备及确认

氮气置换前确认火炬系统投用正常，系统氮气压力稳定。丙烯气能引入系统，并能随时供给。丙烯制冷压缩机油系统运行正常。确认工艺系统氮气置换合格（氮气含量大于99.5%），确认安全阀根部截止阀打开，旁通阀关闭。

2. 流程设定

关闭系统中所有的导淋阀和排放阀。打开下列各阀组的前后阀门及旁路。

一段罐紧急气化线手动控制阀、至脱甲烷塔补充重沸器的丙烯流量控制阀、三段最小回流阀、一段最小回流阀、二段最小回流阀、产品气压缩机三段排出罐温度控制阀、至甲醇洗塔丙烷温度控制阀、7 ℃丙烯出冷箱温度控制阀、2 号乙烯产品汽化器旁路温度控制阀、丙烯冷剂进 1 号急冷器温度控制阀、一段急冷线温度控制阀、二段最小流量急冷线温度控制阀、低压脱丙烷压力控制阀、丙烯压缩机三段出口压力控制阀、三段至二段进口压力控制阀、高压脱丙烷塔顶冷凝器液位控制阀、脱甲烷塔 2 号进料急冷器液位控制阀、脱甲烷塔中间再沸器液位控制阀、冲洗丙烷急冷器液位控制阀、脱甲烷塔 3 号进料急冷器出口温度控制阀、脱乙烷塔塔顶冷凝器液位控制阀、乙烯精馏塔塔顶冷凝器液位控制阀、二段吸入罐液位控制阀、乙烯精馏塔侧线再沸器丙烯中间罐液位控制阀、脱甲烷塔塔顶冷凝器液位控制阀、防阻塞流量控制阀、丙烯冷剂中间罐返压缩手控阀。

打开下列各阀组的前后阀门：一段吸入罐压力控制阀、二段吸入罐压力控制阀、三段吸入罐压力控制阀、三段排出放火炬手动阀。

联系仪表打开下列阀门：一段吸入切断阀、二段吸入切断阀、三段吸入切断阀、三段排出切断阀、一段吸入罐底切断阀。

3. 氮气置换

确认汽化器投用正常。慢慢打开气相丙烯充压阀门，把系统充压到 0.3～0.5 MPa。在各段吸入罐压力表监视系统压力。利用系统火炬排放泄压置换。系统压力降至 0.03 MPa 时停止排放。重复 3 次置换。

联系化验分析采样点，确定丙烯含量大于 95%为合格。不合格重复加、减压，直至合格为止。

（五）系统充液

1. 流程设定

关闭系统中所有的导淋阀及排放阀。打开下列控制阀前后切断阀门，关闭控制阀和旁路阀：一段罐紧急气化线手动控制阀、脱甲烷辅助再沸器热源流量控制阀、三段最小回流阀、一段最小回流阀、二段最小回流阀、产品气压缩机三段排出罐温度控制阀、至甲醇洗塔丙烷温度控制阀、7 ℃丙烯出冷箱温度控制阀、2 号乙烯产品汽化器旁路温度控制阀、丙烯冷剂进 1 号急冷器温度控制阀、一段急冷线温度控制阀、二段最小流量急冷线温度控制阀、低压脱丙烷塔顶压力控制阀、丙烯压缩机三段出口压力控制阀、三段至二段进口压力控制阀、高压脱丙烷塔顶冷凝器液位控制阀、2 号脱甲烷塔进料急冷器液位控制阀、脱甲烷塔中间再沸器液位控制阀、冲洗丙烷急冷器液位控制阀、脱甲烷塔 3 号进料急冷器出口温度控制阀、脱乙烷塔塔顶冷凝器液位控制阀、乙烯精馏塔塔顶冷凝器液位控制阀、二段吸入罐液位控制阀、乙烯精馏塔侧线再沸器丙烯中间罐液位控制阀、脱甲烷塔塔顶冷凝器液位控制阀、防阻塞流量控制阀、丙烯冷剂中间罐返压缩手控阀。

2. 丙烯制冷系统充液

向丙烯制冷压缩机引入气相丙烯，将工艺系统压力充到 0.7 MPa 后停止充压。

打开丙烯制冷压缩机三段吸入罐的丙烯液体补充线充液阀向压缩机三段吸入罐充液50%，在维持压缩机三段吸入罐液位的前提下，打开丙烯压缩机三段出口压力控制阀及其前后阀门向丙烯冷剂中间罐充一定液位后，停止向丙烯冷剂中间罐充液。打开压缩机二段吸入罐液位及其前后阀门，丙烯制冷压缩机二段吸入罐液控器设定 40%，向丙烯制冷压缩机二段吸入罐充液，满足要求后，关闭压缩机三段吸入罐的丙烯充液阀。

充液时要缓慢进行，注意罐内温度，不允许低于−5 ℃以下。应严密监控丙烯制冷压缩机一段吸入罐及丙烯制冷压缩机二段吸入罐的顶部压力不得超过 0.8 MPa，充液完成后关闭充液阀(当压缩机正常运行后，可根据系统需要向压缩机补充液相丙烯，以满足系统对冷量的需求)。

(六)丙烯制冷压缩机开车

1. 开车前确认

确认油路系统运行正常，干气密封系统运行正常，机组联锁投用正常，中压蒸汽暖管合格，真空冷凝系统运行正常。

2. 盘车

确认油系统运行正常后，投用盘车装置。

(1)投用盘车应具备的条件：确认机组转速为零；机组润滑油总管压力 160－PISA－2730＞0.03 MPa；汽轮机速关阀全关；盘车器与盘车齿轮吻合完好；在此期间投用密封蒸汽。

(2)投用方法：中控确认上述条件满足，显示“允许盘车”字样后通知现场启动盘车油泵，当 ITCC 画面上延时时间由 60 s 倒计为 0 s 后，单击“启动盘车”按钮即可投用盘车电磁阀，现场确认盘车器是否动作。

(3)停止盘车方法：中控单击“停止盘车”按钮停止盘车电磁阀，现场停盘车油泵。

3. 蒸汽暖管

(1)蒸汽暖管的目的。采用缓慢加热的方法将蒸汽管道逐渐加热到接近其工作温度的过程，称为暖管。暖管的目的是通过缓慢加热使管道及附件均匀升温，防止出现较大的温差应力，并使管道内疏水顺利排出，防止出现水击现象。为达到暖管的目的，暖管的升温速度一般控制在 2～3 ℃/min。若暖管时升温速度过快，会使管道与附件有较大的温差，从而产生较大的附加应力，而产生这种应力是不允许的；同时，暖管的升温速度过快，可能使管道中的疏水来不及排出，引起严重水击，从而危及管道、管道附件及吊架的安全。

(2)蒸汽暖管的步骤。蒸汽管线在供汽之前必须进行吹扫，以清除管道内的杂物和锈皮，否则蒸汽管网运行后，锈皮、焊渣、灰污等杂质的存在影响蒸汽品质，并随蒸汽带到各处，造成阀门结合面损坏，更严重的是杂物一旦进入汽轮机，就会引起调速汽门故障或损坏汽轮机叶片等重大事故。

(3)蒸汽管网吹扫原理和方法。蒸汽吹扫是利用管内蒸汽介质流动时的能量(也称动能)冲刷管内锈皮杂物，能量越大效果越好，吹扫时影响蒸汽介质能量的因素有吹扫时的蒸汽参数(压力、温度)；蒸汽管道的水力特征；吹扫时阀门开度的大小等。

蒸汽吹扫参数选择原则是使吹扫时管内蒸汽动能量应大于额定负荷下的蒸汽动量，即被吹系统任何一点的吹洗系数应等于 1～1.5。

方法：蒸汽系统吹扫通常采用降压吹扫的方法，暖管→吹扫→降温→暖管→吹扫→降温的方法重复进行，管线升压到一定压力后，尽快全开控制阀(电动阀)，利用压力下降产生的附加蒸汽量增大冲洗流量，当压力下降到一定值后，关闭控制阀重新升压，准备再次冲洗。

(4)暖管前的准备。

1)确认管道吹扫合格，管道保温完成并检验合格。

2)联系调度送蒸汽，依次打开中压蒸汽管线沿途导淋、界区隔离阀前导淋、速关阀前暖管放空阀、汽轮机缸体及平衡管上的疏水阀(疏水膨胀箱上 7 个导淋阀)。界区阀暂处关闭状态。

3)将汽轮机及管路上所有的压力表根部阀打开，速关阀和调节汽阀均关闭。

(5)暖管。

1)通知调度向管网送蒸汽，开始低压暖管。

2)缓慢打开隔离阀旁路阀，当前后压力均等后缓慢打开隔离阀(关闭旁路阀)，控制蒸汽压力在 0.2～0.3 MPa，升温速率为 5 ℃/min，暖管 30 min，对其至速关阀间的管道进行低压暖管；当管道温度达到 120～130 ℃后，可以按 0.1 MPa/min 的速率提升管内压力；当蒸汽压力升至 3.8 MPa、温度达到 390 ℃左右时，暖管结束(可以适当关小速关阀前放空阀，维持压力和温度恒定即可)。

3)暖管期间注意观察汽轮机缸体温度，检查速关阀的严密性，防止蒸汽漏入汽轮机缸内。同时加强疏水，避免产生水击。

为了加快暖管速度，待主蒸汽隔离阀打开后，开启隔离阀后暖管消声器根部阀进行暖管。

注意：在机组升速至低速暖机模式时，关闭暖管消声器根部阀。

(6)轴封汽的建立。

1)轴封的作用。在汽轮机气缸两端，转子引出气缸处，为确保转子转动时不发生动静摩擦，两者之间需要留有适当的间隙，在高中压缸两端，蒸汽会通过这一间隙泄露，从而减少汽轮机做功的蒸汽量，泄露的蒸汽还会污染运行厂房及设备。而在低压缸两端，因气缸的压力低于大气压力，外界空气会通过这一间隙漏入低压缸内，破坏凝汽器真空，增加抽汽设备的负担。这些都会使汽轮机的效率降低，因此，在汽轮机各轴端需要设置轴封，轴封和相连的管道、附属设备构成了汽轮机的轴封系统。一个合理的轴封系统应使高中压端向外漏气量和低压缸漏入的空气量尽可能小，同时实现轴封漏气的有效分级利用，提高机组的热经济性。

2)轴封的分类。

①转子穿出气缸两端处的汽封称为轴端汽封，简称轴封。高压轴封用来防止高压蒸汽漏出气缸，造成工质损失，恶化运行环境；低压轴封用来防止空气漏入气缸，使凝汽器真空下降。

②隔板内圆处的汽封称为隔板汽封，用来阻碍蒸汽流过喷嘴造成的能量损失。

③动叶栅顶部和根部的汽封称为通流部分汽封，用来阻碍蒸汽从动叶栅两端绕过动叶栅而造成的损失。

3)汽封原理。

①迷宫式汽封由带汽封齿的汽封环、固定在气缸上的汽封套和固定在转子上的轴套三部分组成。这种汽封是通过将蒸汽的压力能转换成动能，再在汽封中将汽流的动能以涡流形式转换成热能而消耗的。在汽封前后压差及漏汽截面一定的条件下，随着汽封齿数的增加，每个汽封齿前后压差相应减少。这样，流过每一汽封齿的流速就比无汽封齿时小得多，就起到减少蒸汽的泄露量的作用。

②轴封系统由前后轴封、轴封加热器、轴加风机、均压箱、轴封蒸汽压力和温度调节阀及相连的管道、阀门等组成。

③机组正常运行时，由高压段轴端的漏汽经喷水减温后作为低压段汽封供汽形成自密封，多余漏汽经溢流站溢流至凝汽器。由高压段漏气分别供给高、低压轴封，最后分别经过轴封加热器和轴封疏水回到汽轮机凝汽器。

④机组的汽封系统分前汽封和后汽封。前汽封有五段汽封环组成四档汽室；后汽封有三段汽封环组成二档汽室。其中，前汽封一漏入第 6 压力级前，二漏入第 7 压力级前，三漏入自密封系统，四漏入汽封加热器。阀杆漏汽的一漏入 7 级前，二漏入汽封加热器。后轴封漏汽：共 3 段 2 个漏汽口。一漏来自自密封系统，二漏入汽封加热器。

⑤机组的前后汽封和隔板汽封，均采用了梳齿式汽封结构。这种汽封结构的转子上面的汽封高低槽齿与汽封环的长短齿相配，形成了迷宫式汽封。这种结构形式其汽封环的长短齿强度较高、封汽性能良好，同时便于维护和检修。

4)轴封汽的建立。

①轴封系统暖管应通过辅汽至轴封调整门或旁路电动门控制，不能依靠辅汽联箱上的手动门控制。手动门开之前，辅汽至轴封调整门和旁路电动门应关闭。暖管应使低压轴封温度达 50 ℃以上。

②真空接近到零时，轴封汽停用，应注意随着真空的下降，轴封汽量应逐渐减少，否则原适量的轴封汽可能随着真空的下降而显得多余，使低压缸两端、小机两端轴封冒汽。随着真空的下降，停用轴封汽应先停用主汽，然后关闭辅汽至轴封旁路阀，再根据真空下降情况逐渐关小辅汽至轴封调整门，真空到零或接近到零时关闭调整门，关闭调整门前隔离门、停用辅汽联箱、开辅汽联箱和轴封疏水。

③待主蒸汽界区阀打开后，即可投用轴封汽。在投用轴封蒸汽前，需要确认前后轴承氮封投用正常。

④全开汽封调节阀 1 前后切断阀，微开汽封调节阀旁路阀暖管 5～10 min。

⑤在开汽封调节阀的信号阀，通过汽封调节控制箱上手动旋钮调整汽封压力控制在 0.008 MPa 左右，使轴封冒汽口有少量蒸汽冒出即可，防止轴封汽因压力过高沿轴封漏入轴承箱，污染油系统。

⑥如果轴封两端冒汽口汽量大小不均匀，则通过汽封平衡管手动阀进行调节。

(7)建立真空系统。

1)确认轴封投用正常后，投用抽气器建立真空系统。

2)微开抽气器蒸汽阀缓慢升压，并充分疏水，暖管 5～10 min。

3)打开启动抽气器蒸汽阀，再打开启动抽气器空气阀，对系统抽真空，确保真空达到−0.06 MPa以上。

4)当启动抽气器运行正常后，进行启动抽气器与主抽气器的切换，具体切换步骤：开抽气冷凝器冷凝液排放阀；开二级驱动蒸汽阀；开二级抽气阀；再开一级驱动蒸汽阀；开一级抽气阀。

5)当主抽气器稳定后，依次关启动抽气器的抽气阀、蒸汽阀，停、启动抽气器。

6)随着冷凝系统真空度的增加，相应用轴封蒸汽调节阀调整轴封汽的压力，保证汽轮机两端轴封冒汽管有少量蒸汽冒出。

(8)真空度联锁停机试验。缓慢关小抽气器蒸汽阀，降低系统真空度，当汽轮机排汽压力≥−0.06 MPa时报警；当排汽压力≥−0.03 MPa时，关闭速关阀，记录跳车时的数值。

注意：在进行此项试验时要求关闭调速气阀(不让蒸汽进入汽轮机)，打开速关阀，投用排气压力联锁。

备注：在真空建立汽轮机冲转以后，根据排气压力升高情况投用空冷器。

(9)流程设定。

1)关闭系统中所有导淋阀及排放阀。

2)气相丙烯充压线、液相丙烯补液线阀门关闭。

3)关闭下列调节阀及旁路阀丙烯压缩机三段出口压力控制阀、一段吸入罐压力控制阀、三段至二段进口压力控制阀、二段吸入罐压力控制阀、三段吸入罐压力控制阀、一段急冷线温度控制阀、二段最小流量急冷线温度控制阀、防阻塞流量控制阀、二段吸入罐液位控制阀、脱甲烷辅助再沸器热源流量控制阀、7 ℃丙烯出冷箱温度控制阀、2号乙烯产品汽化器旁路温度控制阀、产品气压缩机三段排出罐温度控制阀、高压脱丙烷塔塔顶冷凝器液位控制阀、低压脱丙烷塔塔顶压力控制阀、丙烯冷剂进1号急冷器温度控制阀、脱甲烷塔2号进料急冷器液位控制阀、冲洗丙烷急冷器液位控制阀、脱乙烷塔塔顶冷凝器液位控制阀、脱甲烷塔3号进料急冷器出口温度控制阀、脱甲烷塔中间再沸器液位控制阀、乙烯精馏塔塔顶冷凝器液位控制阀、至甲醇洗塔丙烷温度控制阀、脱甲烷塔塔顶冷凝器液位控制阀。

4)关闭三段排出放火炬手动阀、一段罐紧急气化线手动控制阀、丙烯冷剂中间罐返压缩手控阀。

5)手动全开返回线调节阀三段最小回流阀、一段最小回流阀、二段最小回流阀、三段最小回流阀。打开一段吸入切断阀二段吸入切断阀、三段吸入切断阀、三段排出切断阀、一段吸入罐底切断阀。

(10)升速过程。

1)当"开车条件"全部满足，指示灯变绿，显示"机组允许开机"，打开调速画面，单击"启动"按钮，进入暖机模式，可以选择ITCC或现场仪表盘升速开车，当按下"升速"按钮后，达到最小暖机转速目标设定值500 r/min后保持30 min(如果手动操作需单击"保持"按钮)。暖机完毕，继续升速至1 000 r/min(暂定)左右保持5～10 min，检查确认机组各项参数均正常后继续升速，当转速达到临界区域内(2 200～3 000 r/min)，将自动高速通过，不受手动影响，此模式为"加速"。当继续升速至3 318 r/min最小运行转速，即进入运行模式。当进入运行模式后，根据机组负荷情况和实际工况需要对转速进行调整以满足生产需求(转速调节范围 2 589～3 884 r/min)。压缩机升速曲线如图 2-4-2 所示。

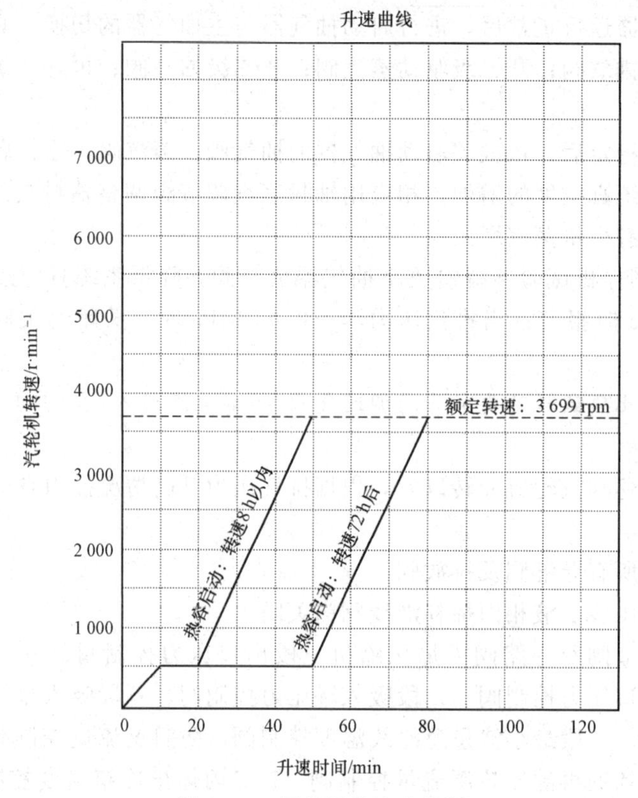

图 2-4-2　压缩机升速曲线图

2)如果进入运行模式下，投自动调节时，压缩机将自动加减负荷。因为系统初次开车，调速装置尚待磨合，存在不稳定性，故开车初期不建议投自动。

3)当压缩机正常运转后进行切换一级密封气源切换工作，切换时注意中压氮气阀门与工艺气阀门配合进行，严禁出现大幅波动引起机组跳车。为了减小波动，要求中控与现场岗位加强联系。切换时，现场操作人员先缓慢开启工艺气阀门，然后根据压差情况缓慢关闭中压氮气阀门，直至完全关闭，则切换完成。考虑到本系统的特殊性(尽量减少系统漏入的惰性气量)，在机组过完临界转速区域后停留检查期间视情况即可进行一级密封气切换操作。

4)若要做超速试验，应在运行模式下，先按一次"允许超速"按钮，将其变为"超速模式"字样，再一直按下"超速试验"按钮，如果达到联锁值 4 195 r/min 时未发生联锁，松开"允许超速"按钮，使转速再返回运行模式，以便查找原因，而不必停机。

5)若要做危急保安器试验，则将超速试验联锁旁路，同样按下"超速"按钮直至转速升至4 195 r/min，观察联锁是否动作，如果联锁未动作则紧急停车，联系仪表处理。

(11)工艺调整。

1)随着转速的升高，逐渐关小返回线调节阀，注意防止喘振。一旦发生喘振应迅速增加返回流量，以保证压缩机在最小流量以上运转。

2)丙烯机三段排出压控器调整为 1.63 MPa 后投自动调节。排出压力稳定后，干气密封由主密封气改为三段排出丙烯气。调节各段吸入温度控制在指标范围内，确保压力。特别注意各吸入罐液位。

3)在启运压缩机前将丙烯冷剂排液泵预冷合格备用。压缩机升至正常转速后，缓慢打开各冷剂用户进丙烯冷剂阀门，各冷剂用户液位设定15%左右，液位建好后投手动，关闭阀门。调整系统各参数至设计值。根据分离冷剂用户要求，逐级投用冷剂用户。

(七)丙烯压缩机压力控制

(1)控制范围目标：三段出口压力为(1.642±0.1) MPa。

(2)相关参数：压缩机转数、冷却水量，冷却水温度。

(3)控制方式：通过调整丙烯冷剂冷凝器的冷却水量来控制。

(4)正常调整：调节方法见表2-4-1。

表2-4-1 调节方法

影响因素	调节方法
生产负荷变化	相应的调整冷却水的开度
冷却水温度变化	相应的改变冷却水的量

(5)异常处理：异常原因及处理方法见表2-4-2。

表2-4-2 异常原因及处理方法

现象	原因	处理方法
压力持续高，冷却水阀已经达到调整极限	循环水温过高	联系调度调节循环水温
	冷却器换热效果下降	联系现场确认是否在丙烯侧存有不凝气并排放；确认是不是换热器管程发生堵管影响水量
丙烯压缩机排出温度高	压缩机吸入温度高	提高冷剂吸入罐液位
	出口压力高	调整丙烯冷剂冷凝器的冷却水阀开度
	压缩机转速高	降低压缩机转速
丙烯压缩机排出压力高	冷却水压力低、温度高、流量小，造成丙烯机出口温度高	提高冷却水压力，降低温度，打开冷却水出口阀增加冷却水流量
	系统内轻组分过多，在丙烯冷剂冷凝器中不冷凝	打开1号丙烯冷剂中间罐不凝气手动放空器向产品气压缩机三段吸入罐排放不凝气
	吸入压力高	调整段间返回量及冷剂用户液位，降低吸入压力
	换热器堵塞、冻堵严重	检查换热器是否冻堵、堵塞。冻堵，则在上游注入甲醇解冻，由低压段低点排放，其他堵塞切除或停机检查清理
	丙烯冷剂冷凝器换热器结垢，影响换热效果	切除结垢换热器，清理
	丙烯压缩机转速高	降压缩机转速，降负荷
	出口止逆阀故障	停车由维修人员处理
	丙烯制冷压缩机三段吸入罐液位高	降低丙烯制冷压缩机三段吸入罐液位

<table>
<tr><th>现象</th><th>原因</th><th>处理方法</th></tr>
<tr><td rowspan="6">丙烯制冷压缩机一段吸入罐液位高</td><td colspan="2">仪表不准</td></tr>
<tr><td rowspan="4">现场玻璃板液位高</td><td>联系仪表调校</td></tr>
<tr><td>启动丙烯冷剂排液泵向丙烯制冷压缩机三段吸入罐排凝</td></tr>
<tr><td>向 CBD 排放</td></tr>
<tr><td>打开一段罐紧急气化线手动控制阀</td></tr>
<tr><td>用户液位不正常</td><td>调整用户液位</td></tr>
<tr><td rowspan="6">丙烯制冷压缩机二段吸入罐液位高</td><td colspan="2">仪表不准</td></tr>
<tr><td rowspan="4">现场玻璃板液位高</td><td>联系仪表调校</td></tr>
<tr><td>关小二段吸入罐液位控制阀</td></tr>
<tr><td>向 CBD 排放</td></tr>
<tr><td>启动丙烯冷剂排液泵向丙烯制冷压缩机三段吸入罐排凝</td></tr>
<tr><td>用户液位不正常</td><td>调整用户液位</td></tr>
<tr><td rowspan="6">丙烯制冷压缩机三段吸入罐液位高</td><td colspan="2">仪表不准</td></tr>
<tr><td rowspan="4">现场玻璃板液位高</td><td>联系仪表调校</td></tr>
<tr><td>三段吸入罐流控器不正常</td></tr>
<tr><td>向 CBD 排放</td></tr>
<tr><td>启动丙烯冷剂排液泵向外界储罐排凝</td></tr>
<tr><td>用户液位不正常</td><td>调整用户液位</td></tr>
</table>

(八)丙烯压缩机压力控制

1. 停工前各项准备

确认吹扫胶带、阀门扳手、空桶、照明装置、密封头、双丝头、弯头等停工物品准备足够、完好。组织岗位员工学习停工方案并熟练掌握，明确设备管线吹扫的具体要求。对检修设备进行现场标记，做好停工后加盲板的准备工作及记录。进行确认消防蒸汽用、消防器材完好备用，可燃气报警仪无报警，安全阀投用、打铅封。

2. 丙烯制冷压缩机系统停车

丙烯制冷压缩机系统停车前确认产品气压缩机已经停车，将丙烯制冷压缩机系统内各用户内液相丙烯尽量回收至段间罐，在中控室按丙烯制冷压缩机手动停车。确认三段最小回流阀、一段最小回流阀、二段最小回流阀为手动全开状态。

确认轴已经停止旋转，润滑油保持运转正，启动盘车装置。同时，将丙烯制冷压缩机系统内丙烯回收。系统管线、设备残存液相丙烯通过 LD 排入火炬系统。

3. 凝液系统及真空系统处理

关闭真空喷射器的蒸汽入口阀，打开通大气阀门将真空破坏。破坏真空后关闭密封蒸汽供给阀。关闭泄漏蒸汽冷凝液真空喷射器的蒸汽入口阀，打开透平缸体导淋排凝，关闭安全阀密封冲洗水阀门，取消备泵联锁，停运行冷凝液泵、热井泵，关冷凝液外送阀。关闭锅炉补给水阀，打开热井、集液箱导淋，将热井、集液箱内的水放净后关闭。

4. 丙烯制冷压缩机系统氮气置换

(1)流程设定。

1)系统液体全部排空后排放气体泄压，确认系统内无液体。关闭一段吸入切断阀、二段吸入切断阀、三段吸入切断阀、三段排出切断阀。确认各罐和各用户的控制阀前后截止阀打开，并打开旁通阀。打开下列各控制阀的前后截止阀及旁通：一段罐紧急气化线手动控制、至脱甲烷塔补充重沸器的丙烯流量控制阀、三段最小回流阀、一段最小回流阀、二段最小回流阀、产品气压缩机三段排出罐温度控制阀、至甲醇洗塔丙烷温度控制阀、7 ℃丙烯出冷箱温度控制阀、2 号乙烯产品汽化器旁路温度控制阀、丙烯冷剂进 1 号急冷器温度控制阀、一段急冷线温度控制阀、二段最小流量急冷线温度控制阀、低压脱丙烷压力控制阀、丙烯压缩机三段出口压力控制阀、三段至二段进口压力控制阀、高压脱丙烷塔顶冷凝器液位控制阀、脱甲烷塔 2 号进料急冷器液位控制阀、脱甲烷塔中间再沸器液位控制阀、冲洗丙烷急冷器液位控制阀、脱甲烷塔 3 号进料急冷器出口温度控制阀、脱乙烷塔塔顶冷凝器液位控制阀、乙烯精馏塔塔顶冷凝器液位控制阀、二段吸入罐液位控制阀、乙烯精馏塔侧线再沸器丙烯中间罐液位控制阀、脱甲烷塔塔顶冷凝器液位控制阀、防阻塞流量控制阀、一段吸入罐压力控制阀、二段吸入罐压力控制阀、三段吸入罐压力控制阀。

2)确认一段吸入罐底切断阀打开。关闭三段排出放火炬手动阀、丙烯冷剂中间罐返压缩手控阀、一段吸入罐压力控制阀、二段吸入罐压力控制阀、三段吸入罐压力控制阀。

(2)氮气置换。从引气点引入氮气，将系统加压 0.4 MPa。从各排气点泄压，将系统减压至 0.03 MPa。重复三次进行加、减压操作。联系化验采样分析 N_2＞98％为置换合格。分析不合格的系统单独隔离反复进行加压、减压，直至合格为止。

5. 丙烯制冷压缩机油系统停车

确认油温降至环境温度后停止盘车。将辅助油泵打手动，防止停主油泵时辅助油泵自启动。停润滑油泵，拉下紧急断流阀，停机。手动关闭润滑油、控制油的调节阀。

6. 停干气密封系统

关闭主密封气阀门，关闭缓冲气阀门，关闭隔离气阀门，关闭火炬排放阀门。

二、丙烯制冷系统装置联锁

丙烯制冷压缩机 160C701 联锁见表 2-4-3。

表 2-4-3 丙烯制冷压缩机 160C701 联锁

序号	联锁名称	仪表位号	联锁值	联锁动作
1	一段吸入罐液位高高 160V701	LAHH－704A/B/C	70％	160C701 机组停车
2	二段吸入罐液位高高 160V702	LAHH－708A/B/C	80％	160C701 机组停车
3	三段吸入罐液位高高 160V703	LAHH－711A/B/C	85％	160C701 机组停车
4	压缩机排出压力	PAHH－702	1.952 MPa	160C701 机组停车
5	压缩机排出温度	TAHH－702	100 ℃	160C701 机组停车

续表

序号	联锁名称	仪表位号	联锁值	联锁动作
6	一段吸入阀门开度小于80%	XV701	80%	160C701机组停车
7	二段吸入阀门开度小于80%	XV702	80%	160C701机组停车
8	三段吸入阀门开度小于80%	XV703	80%	160C701机组停车

丙烯制冷压缩机机组停车时，会引起以下动作：XV401、XV402、XV403、XV404停止。

启动丙烯制冷压缩机时，必须具备以下条件。

(1)所有联锁信号解除。

(2)XV401、XV402、XV403、XV404可操作。

(3)最小返回线FV701、FV702、FV703打开。

能力训练

一、选择题

1. 压缩机正常运行时，如入口压力高，则需要(　　)。

A. 升转速　　B. 降转速

C. 关闭防喘阀　　D. 关闭出口阀

2. 压缩机密封油气压差低，可以通过(　　)。

A. 降低密封油高位油槽液位　　B. 升高密封油高位油槽液位

C. 提高密封油泵出口压力　　D. 降低密封油压力

3. 开车前盘车的目的是(　　)。

A. 校正压缩机的轴弯曲度　　B. 保持真空度

C. 使汽轮机受热均匀　　D. 易过临界区

4. 当离心式压缩机润滑系统供油压力降至(　　)MPa时应联锁停机。

A. 0.1　　B. 0.15

C. 0.2　　D. 0.25

二、判断题

1. 采用改变压缩机排气节流阀开度的调节方法可以保持调节前后的压力不变。(　　)

2. 对于正常运行的离心式压缩机，当冷凝器中的冷却水进水量持续减少，会引起压缩机的喘振。(　　)

3. 在喘振过程中，管路中的气体会倒流入离心式压缩机内。(　　)

4. 发动机在正常运行中，对冷却水系统检查的主要内容是水位和水压。(　　)

三、简答题

1. 简述压缩机启动前需要做的准备工作。

2. 压缩机油箱油位过高、过低对机组有何影响？

任务三　丙烯制冷系统生产异常现象判断与处理

任务描述

及时判断丙烯制冷系统生产异常现象并作出正确处理，防止事故发生。

知识储备

一、丙烯制冷压缩机系统停循环水事故处理

丙烯制冷压缩机系统停循环水事故处理见表 2-4-4。

表 2-4-4　丙烯制冷压缩机系统停循环水事故处理

现象：丙烯制冷压缩机透平联锁停车		
原因：丙烯制冷压缩机系统停循环水事故		
处置：		
序号	步骤说明	备注
1	丙烯制冷压缩机透平联锁停车	
2	确认油路系统运行正常，机组干气密封由主密封气改为备用	
3	关闭中后冷凝器一二级真空喷射器工艺侧、蒸汽侧阀门，破坏真空，停复水泵，复水系统停止运行	
4	关闭外供密封蒸汽调节阀	
5	4.1 MPa、1.1 MPa 蒸汽管线端头排凝	
6	工艺系统保液、保压，防止段间罐液位高、防止系统超压	
7	丙烯冷剂用户切断丙烯冷剂	

二、丙烯制冷压缩机系统停蒸汽事故处理(停中压蒸汽)

丙烯制冷压缩机系统停蒸汽事故处理(停中压蒸汽)见表 2-4-5。

表 2-4-5　丙烯制冷压缩机系统停蒸汽事故处理(停中压蒸汽)

现象：中压蒸汽停		
原因：丙烯制冷压缩机系统停蒸汽事故		
处置：		
序号	步骤说明	备注
1	丙烯制冷压缩机机组停车	
2	润滑油备泵自启，确认油路运行正常	
3	机组干气密封由主密封气改为备用	
4	停复水泵，复水系统停止运行	
5	关闭外供密封蒸汽调节阀	
6	各等级蒸汽管线端头排凝阀打开，随时准备暖管	
7	工艺系统保液、保压，防止段间罐液位高、防止系统超压	
8	丙烯冷剂用户切断丙烯冷剂	
9	丙烯压缩机停车，压缩区反应气压缩机按紧急停车处理	

三、丙烯制冷压缩机系统停氮气事故处理

其工艺处理措施如下。

(1)丙烯压缩机机组干气密封系统氮气用户改用备用仪表风维持运行。

(2)确认油路系统运行正常。

(3)确认复水系统运行正常，机组维持正常运行。

(4)调整工艺系统参数至正常。

四、丙烯制冷压缩机系统停仪表风事故处理

其工艺处理措施如下。

(1)丙烯制冷压缩机机组停车。

(2)确认油路运行正常。

(3)机组干气密封由主密封气改为备用，隔离气供应正常。

(4)破坏真空，停复水泵，复水系统停止运行。

(5)关闭外供密封蒸汽调节阀。

(6)4.1 MPa、1.1 MPa 蒸汽管线端头排凝。

(7)工艺系统保液、保压，防止段间罐液位高、防止系统超压。

五、丙烯制冷压缩机系统 DCS 停电处理

丙烯制冷压缩机系统 DCS 停电处理见表 2-4-6。

表 2-4-6　丙烯制冷压缩机系统 DCS 停电处理

现象：丙烯制冷压缩机机组打闸停车		
原因：丙烯制冷压缩机系统 DCS 停电		
处置：		
序号	步骤说明	备注
1	丙烯制冷压缩机机组打闸停车	
2	确认油路系统运行正常，机组干气密封由主密封气改为备用	
3	确认复水泵停，复水系统停止运行	
4	关闭中后冷凝器一二级真空喷射器工艺侧、蒸汽侧阀门	
5	关闭外供密封蒸汽调节阀	
6	4.1 MPa、1.1 MPa 蒸汽管线端头排凝	
7	工艺系统保液、保压，防止段间罐液位过高、防止系统超压	

知识链接

"9.4"甲醇厂丙烯压缩机跳车事件

能力训练

一、选择题

1. 在发动机工作环境温度低于5 ℃时，可在冷却水中加入(　　)作为防冻剂。

A. 乙二醇　　B. 食盐

C. 白矾　　D. 小苏打

2. 负荷试车时轴承、十字头温度不超过(　　)℃。

A. 50　　B. 65

C. 80　　D. 110

3. 压缩机润滑油消耗过多主要是(　　)。

A. 原动机的转速减低　　B. 润滑油油压过高

C. 活塞、气缸之间的间隙过小　　D. 原动机的转速提高

4. 压缩气缸的发热与(　　)有关。

A. 空冷器堵塞　　B. 水泵皮带打滑

C. 活塞环断裂　　D. 排气量大

二、判断题

1. 汽轮机进汽压力高，有利于降低汽耗，因此越高越好。(　　)

2. 当机组发生异常振动和异常声响时，应马上卸载，做必要的检查和调整。(　　)

3. 灰尘进入气缸与润滑油相混合，在气缸、活塞环中会结成焦块。一方面妨碍机械润滑，可能引起拉缸、拉瓦；另一方面在压缩机高温，砂粒多的情况下可能引起爆炸的危险。(　　)

三、简答题

在开、停车时压缩机防喘振阀手操器应置于什么位置？为什么？

参 考 文 献

[1]樊红珍，孙晓伟．甲醇制烯烃工艺[M]．北京：化学工业出版社，2016.

[2]刘中民．甲醇制烯烃[M]．北京：科学出版社，2015.

[3]张晓光，薛新巧．煤制烯烃仿真工厂实训指导[M]．银川：宁夏人民教育出版社，2017.